民族预科

初等数学

主　编◎高　洁　江海洋　罗炯兴
副主编◎文琼瑶　敬景荣　洛木拉古　谌悦斌

四川大学出版社
SICHUAN UNIVERSITY PRESS

图书在版编目（CIP）数据

民族预科初等数学 / 高洁，江海洋，罗炯兴主编
. — 成都 : 四川大学出版社，2023.8（2025.8 重印）
ISBN 978-7-5690-6225-0

Ⅰ．①民… Ⅱ．①高… ②江… ③罗… Ⅲ．①初等数学－少数民族教育－教学参考资料 Ⅳ．①O12

中国国家版本馆 CIP 数据核字（2023）第 134761 号

书　　名：民族预科初等数学
　　　　　Minzu Yuke Chudeng Shuxue
主　　编：高　洁　江海洋　罗炯兴
丛 书 名：民族预科系列教材

选题策划：梁　平
责任编辑：梁　平
责任校对：傅　奕
装帧设计：裴菊红
责任印制：李金兰

出版发行：四川大学出版社有限责任公司
　　　　　地址：成都市一环路南一段 24 号（610065）
　　　　　电话：（028）85408311（发行部）、85400276（总编室）
　　　　　电子邮箱：scupress@vip.163.com
　　　　　网址：https://press.scu.edu.cn
印前制作：四川胜翔数码印务设计有限公司
印刷装订：成都市新都华兴印务有限公司

成品尺寸：185mm×260mm
印　　张：22.5
字　　数：547 千字

版　　次：2023 年 9 月 第 1 版
印　　次：2025 年 8 月 第 2 次印刷
定　　价：78.00 元

本社图书如有印装质量问题，请联系发行部调换

扫码获取数字资源

四川大学出版社
微信公众号

总　序

党和国家历来高度重视民族教育的发展。民族地区教育高质量发展是我国教育高质量发展不可或缺的组成部分，是建设教育强国、科技强国、人才强国的重要内容。培养拥护中国共产党的领导，拥护社会主义制度，维护国家统一和民族团结，具备一定专业知识，能较好适应大学学习生活的少数民族学生，是少数民族预科教育的根本。

西昌学院民族预科教育始于1980年，是四川省内最早承担民族预科教育的省属高校之一，也是四川省少数民族预科教育基地。40余年来，学校少数民族预科教育秉承“预本贯通”的思想，坚持“养习惯、重品性、强基础、拓素质”的办学理念，立足区域经济社会发展实际，积极构建民族地区人才培养体系，先后培养输送了近两万名合格的少数民族预科学生，为加快民族地区经济社会发展，实现各民族平等、团结、共同繁荣进步作出了突出贡献。

近年来，随着国家高等教育改革与发展的不断深入，少数民族预科教育教学改革也加速推进。教材是学生获取系统知识的重要工具，是教师进行教学的主要依据，教材质量的优劣直接影响着教育教学的好坏。目前高校预科教学尚未有统编教材，现行少数民族预科教育教材多为20世纪90年代初编写的，一定程度上存在教材内容陈旧、学科前沿知识较少、对学生学习兴趣的激发较弱、与当前民族地区教育实际需求结合度不够等问题。为进一步加强少数民族预科教学研究、深化教学改革、提高预科教学质量，学校以习近平新时代中国特色社会主义思想为指导，组织少数民族预科教育学院全体教师，按照“夯实基础、突出重点、兼顾专业、预本对接”的原则，以培养预科学生科学思维方式，改进学生学习方法，提高学生自主学习能力为主要教学目标，坚持科学性、系统性，突出区域化、差异化和精准性，针对我校少数民族预科学生（以彝族、羌族、藏族、回族为主，包括苗族、白族、满族、蒙古族、侗族、布依族、土家族、傈僳族、壮族和傣族等十余个民族）的学习特点和专业学习要求，编写了《阅读与写作》《民族预科普通话训练教程》《民族预科初等数学》《民族预科高等数学》《民族预科英语综合教程1》《民族预科英语综合教程2》等教材。该套教材是学校持续铸牢中华民族共同体意识教育，不断深化预科教育教学改革，提高预科教育教学质量，建设一流的民族预科教育基地的体现；是学校以教学为中心，以学生为本，紧扣少数民族预科教育教学实际，开展教学研究的重要成果，对推动和促进少数民族预科教育具有示范和促进作用。

甘瓜苦蒂，物无全美。期待社会各界为该套教材提出宝贵的意见和建议，我们将虚心接受、认真完善，与各位一道推动少数民族预科教育高质量发展。

西昌学院党委副书记、校长　朱占元

前　言

为适应普通高等学校少数民族预科数学课程教学需要，更好地贯彻“补预结合、以预为主、预本贯通”的预科教育理念，西昌学院少数民族预科教育学院一线教师以学生为本，不断优化教学方法和教学内容，积累丰富教学经验，对预科学生的学习需求以及预科阶段应达到的教学目标有了深刻认识。本教材紧密围绕预科学生特点和数学课程对学生知识、能力的要求，在当前为数不多的预科教材中，具有鲜明的自身特点。

本书力求结构严谨、逻辑清晰、叙述详细、通俗易懂，除了例题选择精当，习题针对性强，还特别强化了高中内容与大学内容的过渡与衔接。每章的起始内容是本章内容简介和数学文化，既增强了教材的可读性，还可让读者带着目标去学习，提升学习的兴趣和动力。全书最鲜明的特点是打破常规，以旁注的形式加入大量的思考、分析、评析、归纳和方法论，将教师多年一线教学经验中的总结和体会融入教材，在适应当代大学生学习特点的同时，还可培养学生的自主探索精神，赋予学生更大的思维空间，也为教师备课教学提供参考。部分题目采用一题多解的形式，培养学生发散型思维能力，拓展学生的解题思路，在对比中提高探寻最优解题方法的能力。

参与编写本教材的教师均为西昌学院少数民族预科教育学院从事多年数学课程教学的一线教师。高洁、江海洋、罗炯兴任主编并负责全书的统筹规划，第一章由敬景荣编写，第二章由罗炯兴编写，第三章由文琼瑶编写，第四章由高洁编写，第五章由洛木拉古编写，第六章第 1～7 节和第 10 节由江海洋编写、第 8～9 节由谌悦斌编写。

本教材在编写过程中得到了西昌学院各级领导的大力支持以及四川大学出版社的帮助，在此我们表示衷心的感谢。由于编者编写水平和经验有限，加之时间仓促，书中难免存在不妥之处，恳请广大读者批评指正并给予谅解。

《民族预科初等数学》教材编写组

目　　录

第 1 章　集合与简易逻辑

第 2 章　数与式

第 3 章　方程与不等式

第 4 章　函　数

第5章 排列组合数学归纳法和二项式定理

第6章 平面解析几何

CHAPTER 1

第1章 集合与简易逻辑

格奥尔格·康托尔(Georg Cantor，1845—1918)，德国数学家，集合论的创始人，生于俄国圣彼得堡.

本章在高中数学的基础上比较深入地讲解集合和逻辑知识. 逻辑是人类为了获取可靠性，在漫长的生存经历中摸索总结出来的最为有力的认知法宝. 集合则是人类为了更加精确地思考，借助逻辑获得的一个十分有效的表达逻辑思维的工具. 逻辑用语是数学语言的重要组成部分，是数学表达和交流的工具. 通过学习逻辑用语，可以正确理解数学概念、合理论证数学结论、准确表达数学内容.

19世纪，由于分析的严格化和函数论的发展，数学家们提出了一系列重要问题，并对无理数理论、不连续函数理论进行认真考察，这方面的研究成果为康托尔后来的工作奠定了必要的思想基础.

康托尔是在寻找函数展开为三角级数表示的唯一性判别准则的工作中，认识到无穷集合的重要性，并开始从事无穷集合的一般理论研究. 1872年他在《数学年鉴》上发表了《三角级数中一个定理的推广》，把唯一性的结果推广到允许例外值是某种无穷的集合情形. 为了描述这种集合，他首先定义了点集的极限点，然后引进了点集的导集和导集的导集等有关重要概念. 这是从唯一性问题的探索向点集论研究的开端，并为点集论奠定了理论基础. 以后，他又发表诸多文章，称集合为一些确定的、不同的东西的总体，人们能意识到并且能判断一个给定的东西是否属于这个总体. 他还指出，如果一个集合能够和它的一部分构成一一对应，它就是无穷的. 他又给出了开集、闭集和完全集等重要概念，并定义了集合的并与交两种运算.

由康托尔首创的全新且具有划时代意义的集合论，是自古希腊时代的二千多年以来，人类认识史上第一次给无穷建立起抽象的形式符号系统和确定的运算. 它从本质上揭示了无穷的特性，使无穷的概念发生了一次革命性的变化，并渗透到所有的数学分支，从根本上改造了数学的结构，促进了数学的其他许多新的分支的建立和发展，还给逻辑和哲学带来了深远的影响. 不过康托尔的集合论并不是完美无缺的，一方面，康托尔对“连续统假设”和“良序性定理”始终束手无策；另一方面，19世纪和20世纪之交发现的布拉利-福蒂悖论、康托尔悖论和罗素悖论，使人们对集合论的可靠性产生了严重的怀疑. 加之集合论的出现确实冲击了传统的观念，颠覆了许多前人的想法，很难为当时的数学家所接受，遭到了许多人的反对.

伯特兰·阿瑟·威廉·罗素（Bertrand Arthur William Russell，1872—1970），英国哲学家、数学家、逻辑学家，提出了反驳集合论的"罗素悖论".

瑞士苏黎世理工大学教授胡尔维茨（Hurwitz，1859—1919）在他的综合报告中，明确地阐述康托尔集合论对函数论的进展所起的巨大推动作用，第一次向国际数学界显示康托尔的集合论不是可有可无的哲学，而是真正对数学发展起作用的理论工具. 随着时间的推移，人们逐渐认识到集合论的重要性. 希尔伯特（Hilbert，1862—1943）高度赞誉康托尔的集合论"是数学天才最优秀的作品"，"是人类纯粹智力活动的最高成就之一"，"是这个时代所能夸耀的最巨大的工作".

集合的理论早已成为现代数学的基础，在后面各章的学习中将越来越多地应用它. 本章旨在切实提高对集合和逻辑知识的理解程度. 将学习集合的概念、基本关系和运算，学习用集合语言刻画一类事物的方法. 本章还将通过逻辑用语的学习，理解使用逻辑用语表达数学对象、进行数学推理的方法，学会使用集合和逻辑语言表述数学问题，提高学术交流的逻辑性和精确性.

§1.1　集合

1.1.1　集合的基本概念

1. 集合与元素

集合是一个描述性的概念. 我们界定一个概念往往从两个方面着手：一是揭示其内涵，二是罗列其外延. 当内涵和外延都不好把握时，我们就采用描述对象的办法来给出定义. 这样的定义往往不完美，只能起到引导读者自己去认识被界定的对象的作用.

在中学的数学课本和日常生活中有如下的一些关于集合的语句.

（1）某大学今年入学的全体大一学生.

（2）在代数中学习数的分类时，就用到了“正数的集合”“负数的集合”和“自然数的集合”等.

（3）在几何中学习圆时，讲到圆是到定点的距离等于定长的点的集合.

（4）我们在讨论问题时，常常会把讨论的对象限定在一个合适的范围内，这个合适的范围其实也是一个集合.

（5）所有的正方形.

（6）地球上的四大洋.

（7）方程 $\sin x\cos x+\ln x=0$ 的所有根.

从这些例子可以看出，集合可以由数、代数式、点、图形、物体或讨论对象等构成.

一般地，我们把具有某种特定性质的事物的全体称为**集合**，简称**集**. 组成集合的每一个个体称为集合的**元素**. 习惯上，集合通常用大写字母 A，B，C，…表示，集合中的元素通常用小写字母 a，b，c，…表示. 由集合的定义可知集合元素的三个基本属性：

（1）确定性：对于一个给定的集合，集合中的元素必须是确定的，即任何一个元素要么属于这个集合，要么不属于这个集合. 这个性质是集合的最基本的特征，也是康托尔集合区别于模糊集合与灰集合的标志.

例如，“年长的人”“比较厚的书”“好看的花”“美丽的姑娘”等都不能构成我们这里所讲的集合. 它们所描述的对象不准确.

（2）互异性：同一个集合里不能重复出现同一元素.

例如，$\{a, a, b, c\}$不是正确的表示法，而$\{a, b, c\}$才正确. 又如集合$\{x, x^2-x\}$中，x 应满足 $2x\neq x^2-x$，即 $x\neq$

0 且 $x\neq 3$.

(3) 无序性：集合中的元素可以是没有顺序的.

例如，$A=\{a, b, c, d\}=\{d, b, a, c\}$.

元素的无序性主要体现在：①给出元素属于某集合，则它可能表示集合中的任一元素；②给出两集合元素相同，则其中的元素不一定按顺序对应相等.

元素的互异性主要体现在求出参数后要代入检验，同一集合中的元素要互不相等.

2. 元素与集合的关系

如果 a 是集合 A 的元素，就说 a 属于 A，记作 $a\in A$；如果 a 不是集合 A 中的元素，就说 a 不属于 A，记作 $a\notin A$.

例 1 已知集合 A 有三个元素：$a-3$，$2a-1$，a^2+1. 集合 B 也有三个元素：0，1，x.

(1) 若 $-3\in A$，求 a 的值；

(2) 若 $x^2\in B$，求实数 x 的值；

(3) 是否存在实数 a，x，使集合 A 与集合 B 中元素相同.

解 (1) 由 $-3\in A$ 且 $a^2+1\geqslant 1$，

可知 $a-3=-3$ 或 $2a-1=-3$，

当 $a-3=-3$ 时，$a=0$；当 $2a-1=-3$ 时，$a=-1$.

经检验，0 与 -1 都符合要求.

所以 $a=0$ 或 -1.

(2) 当 $x=0$，1，-1 时，都有 $x^2\in B$，但考虑到集合元素的互异性，$x\neq 0$，且 $x\neq 1$，故 $x=-1$.

(3) 显然 $a^2+1\neq 0$. 由集合元素的无序性，只可能有 $a-3=0$ 或 $2a-1=0$.

若 $a-3=0$，则 $a=3$，A 包含的元素为 0，5，10，与集合 B 中元素不相同.

若 $2a-1=0$，则 $a=\frac{1}{2}$，A 包含的元素为 0，$-\frac{5}{2}$，$\frac{5}{4}$，与集合 B 中元素不相同.

故不存在实数 a，x，使集合 A 与集合 B 中元素相同.

3. 集合的表示方法

为了简洁、准确地表述数学对象和研究范围，必须学会使用集合的各种表示方法.

在数学上，集合的表示法常用的有列举法、描述法、图示法.

(1) 列举法.

把集合中的元素一一列举出来，写在大括号“{ }”内表示集合的方法，即 $A=\{$全部元素$\}$. 例如：

$M=\{1, 2, 3, 4\}$，$N=\{2, 4, 6, 8, \cdots\}$.

（2）描述法.

用集合所含元素的共同特征表示集合的方法. 其具体方法是：

$$A=\{\underbrace{x}_{\text{集合的代表元素}}\in M \mid \underbrace{p(x)}_{\text{集合中元素的公共属性}}\}$$

例如，$M=\underbrace{\{\text{不大于 4 的自然数}\}=\{\text{小于或等于 4 的自然数}\}}_{\text{自然语言}}$，

$=\{x\in \mathbf{N} \mid x\leqslant 4\}=\{x \mid x\leqslant 4,\ x\in \mathbf{N}\}$

$N=\{$全体偶数组成的集合$\}=\{x \mid x=2k,\ k\in \mathbf{Z}\}$，

$P=\{$全体奇数组成的集合$\}=\{x \mid x=2k+1,\ k\in \mathbf{Z}\}$

设 a，b 是两个数，且 $a<b$，在函数中常用区间来表示集合：

"∞" 是一种变化趋势，它不是一个数，切不可把它和很大的数混淆起来.

	表达	名称	符号
有界区间	$\{x \mid a\leqslant x\leqslant b\}$	闭区间	$[a, b]$
	$\{x \mid a<x<b\}$	开区间	(a, b)
	$\{x \mid a<x\leqslant b\}$	左开右闭区间	$(a, b]$
	$\{x \mid a\leqslant x<b\}$	左闭右开区间	$[a, b)$
无界区间	实数集 $\mathbf{R}$		$(-\infty, +\infty)$
	$\{x \mid x\geqslant a\}$		$[a, \infty)$
	$\{x \mid x>a\}$		(a, ∞)
	$\{x \mid x<b\}$		$(-\infty, b)$
	$\{x \mid x\leqslant b\}$		$(-\infty, b]$

用描述法表示集合时应注意：
在描述法的一般形式 $\{x\in I \mid p(x)\}$ 中，"x" 是集合中元素的代表形式，I 是 x 的范围，"$p(x)$"是集合中元素 x 的共同特征，竖线不可省略.

特别地，几种常用的数集，约定用特定的大写黑体字母表示，如：

自然数集：全体非负整数构成的集合，记作 $\mathbf{N}$；

正整数集：全体正整数构成的集合，记作 $\mathbf{N}^*$ 或 $\mathbf{N}^+$；

整数集：全体整数构成的集合，记作 $\mathbf{Z}$；

有理数集：全体有理数构成的集合，记作 $\mathbf{Q}$；

实数集：全体实数构成的集合，记作 $\mathbf{R}$.

（3）图示法.

在平面上用一个图或一条封闭曲线来表示集合，这种图称为韦恩图（Venn）. 这种表示方法形象、直观，如图 1－1、图 1－2 所示.

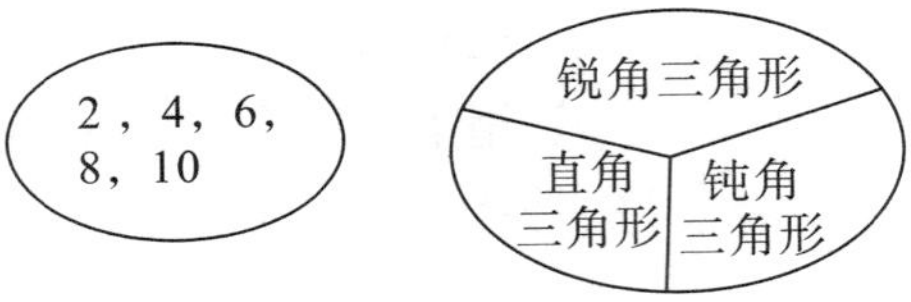

图 1—1

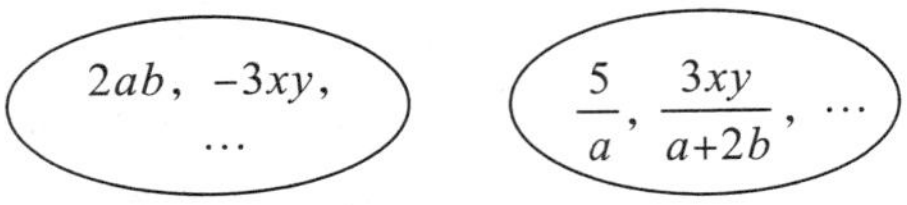

图 1—2

例 2 用列举法表示下列集合：

(1) 由大于 3 小于 10 的整数组成的集合；

(2) 方程 $x^2-9=0$ 的解的集合.

解 (1) 设大于 3 小于 10 的整数组成的集合为 A，则

$$A=\{4，5，6，7，8，9\}；$$

(2) 设方程 $x^2-9=0$ 的解的集合为 B，则

$$B=\{-3，3\}.$$

例 3 用描述法表示下列集合：

(1) 小于 10 的所有有理数组成的集合；

(2) $\{2，4，6，8，10，12\}$.

解 (1) 设小于 10 的所有有理数组成的集合为 A，则

$$A=\{x\,|\,x<10，x\in\mathbf{Q}\}；$$

(2) 设集合$\{2，4，6，8，10，12\}$为 B，则

$$B=\{x\,|\,x=2n，n\leqslant 6，n\in\mathbf{N}^+\}.$$

4. 空集、单元集、有限集、无限集

(1) **空集** 不含任何元素的集合叫做空集，记作$\varnothing$. 并规定，空集是任何集合的子集.

例如：$\{x\,|\,x^2<0\}$和$\{x\,|\,x+1=x+3\}$，这两个集合都不含任何元素，均为空集，即

$$\{x\,|\,x^2<0\}=\varnothing和\{x\,|\,x+1=x+3\}=\varnothing.$$

(2) **单元集** 只有一个元素的集合. 例如$\{0\}$，$\{\varnothing\}$，$\{a\}$都是单元集. 下表给出了 0，$\{0\}$，$\varnothing$，$\{\varnothing\}$的区别：

	$\varnothing$与 0	$\varnothing$与$\{0\}$	$\varnothing$与$\{\varnothing\}$
相同点	都表示“无”的意思	都是集合	都是集合
不同点	$\varnothing$是集合，0 是实数	$\varnothing$中不含任何元素，$\{0\}$含一个元素 0	$\varnothing$不含任何元素；$\{\varnothing\}$含一个元素，该元素是$\varnothing$

续表

	$\varnothing$与 0	$\varnothing$与$\{0\}$	$\varnothing$与$\{\varnothing\}$
关系	$0\notin\varnothing$	$\varnothing\subsetneqq\{0\}$	$\varnothing\subsetneqq\{\varnothing\}$或$\varnothing\in\{\varnothing\}$

（3）**有限集**　含有有限个元素的集合叫做有限集．特别地，空集也是有限集．

（4）**无限集**　含有无限个元素的集合叫做无限集．

1.1.2　集合之间的关系

1. 子集与真子集

不能简单地把“$A\subseteq B$”理解成“A 是 B 中部分元素组成的集合”．因为若 $A=\varnothing$时，则 A 中不含任何元素；若 $A=B$，则 A 中含有 B 中的所有元素．

子集　若$\forall x\in A\Rightarrow x\in B$，则称 A 是 B 的子集，记作$A\subseteq B$（或 $B\supseteq A$），读作“A 包含于 B”（或“B 包含 A”）．

例如，$A=\{1,\ 2,\ 3\}$，$B=\{1,\ 2,\ 3,\ 4,\ 5\}$，集合 A 中的任何一个元素都是集合 B 的元素，则 A 是 B 的子集．

$C=\{x\mid x$ 是两条边相等的三角形$\}$，$D=\{x\mid x$ 是等腰三角形$\}$，C 则是 D 的子集．

由子集的定义，容易得到下面性质：

①$A\subseteq A$，即任何一个集合是它本身的子集；

②如果 $A\subseteq B$，$B\subseteq C$，则 $A\subseteq C$．

在真子集的定义中，$A\subset B$ 首先要满足 $A\subseteq B$，其次至少有一个 $x\in B$，但 $x\notin A$．

真子集　若$\forall x\in A\Rightarrow x\in B$，但是存在 $y\in B$，且 $y\notin A$，则称 A 是 B 的真子集，记作 $A\subsetneqq B$，读作“A 真包含于 B”（或“B 真包含 A”）．

例如，$A=\{a,\ b,\ c\}$，$B=\{a,\ b,\ c,\ d,\ e\}$，知 $A\subseteq B$，且 $d\in B$，$d\notin A$，所以 $A\subsetneqq B$．

特别地，空集$\varnothing\subseteq A$，即空集$\varnothing$是任何集合的子集，是任何非空集合的真子集．

关于集合子集和真子集的个数，有如下结论：

若 A 为含有 n 个元素的任意非空集合，那么 A 中含有 2^n 个子集，有(2^n-1)个真子集，有(2^n-2)个非空真子集．

2. 集合相等

若两个集合 A，B 的元素完全相同，则称集合 A 与集合 B 相等，记作 $A=B$．

因此若 $A\subseteq B$ 且 $B\subseteq A$，则 $A=B$．

例 4　列举集合$\{1,\ 2,\ 3\}$的所有子集．

解　含有 0 个元素的子集有$\varnothing$；

含有 1 个元素的子集有$\{1\}$，$\{2\}$，$\{3\}$；

含有 2 个元素的子集有$\{1,2\}$，$\{1,3\}$，$\{2,3\}$；

含有 3 个元素的子集有$\{1,2,3\}$.

共有子集 8 个.

（1）利用数轴处理不等式表示的集合间的关系问题，可化抽象为直观，要注意端点值的取舍，“含”用实心点表示，“不含”用空心点表示.

（2）涉及“$A\subseteq B$”或“$A\subseteq B$ 且 $B\neq\varnothing$”的问题，一定要分 $A=\varnothing$ 和 $A\neq\varnothing$ 两种情况讨论，不要忽视空集的情况.

例 5　（1）已知集合 $A=\{x\mid -2\leqslant x\leqslant 5\}$，$B=\{x\mid m+1\leqslant x\leqslant 2m-1\}$，若 $B\subsetneqq A$，求实数 m 的取值范围.

（2）若本例条件“$A=\{x\mid -2\leqslant x\leqslant 5\}$”改为“$A=\{x\mid -2<x<5\}$”，其他条件不变，求 m 的取值范围.

（3）若本例条件“$B\subsetneqq A$”改为“$A\subseteq B$”，其他条件不变，求 m 的取值范围.

解　（1）当 $B\neq\varnothing$时，如图所示.

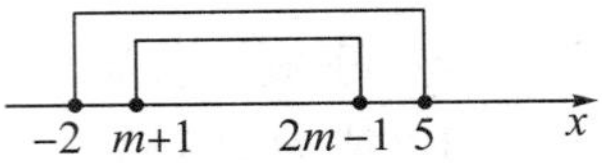

所以

$$\begin{cases}m+1\geqslant -2\\2m-1<5\\2m-1\geqslant m+1\end{cases}\quad 或\begin{cases}m+1>-2\\2m-1\leqslant 5\\2m-1\geqslant m+1\end{cases},$$

解这两个不等式组，得 $2\leqslant m\leqslant 3$.

当 $B=\varnothing$时，由 $m+1>2m-1$，得 $m<2$.

综上可得，m 的取值范围是 $m\leqslant 3$.

（2）当 $B=\varnothing$时，由 $m+1>2m-1$，得 $m<2$.

当 $B\neq\varnothing$时，如图所示

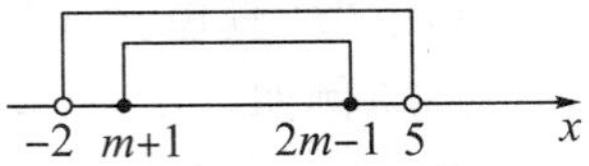

所以

$$\begin{cases}m+1>-2\\2m-1<5\\m+1\leqslant 2m-1\end{cases}，解得\begin{cases}m>-3\\m<3\\m\geqslant 2\end{cases}，即 2\leqslant m<3.$$

综上可得，m 的取值范围是 $m<3$.

（3）当 $A\subseteq B$ 时，如图所示，此时 $B\neq\varnothing$.

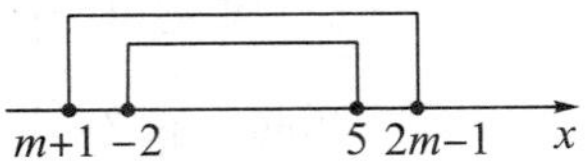

所以

$$\begin{cases}2m-1>m+1\\m+1\leqslant -2\\2m-1\geqslant 5\end{cases}，即\begin{cases}m>2\\m\leqslant -3\\m\geqslant 3\end{cases}，所以 m 不存在.$$

即不存在实数 m 使 $A\subseteq B$.

集合 A 与 B 的“交”“并”运算，实质上就是对集合 A 与 B 中元素的“求同”“合并”：

1.1.3　集合的运算

1. 交集

给定两个集合 A 和 B，由属于集合 A 且属于集合 B 的所有元素组成的集合，称为集合 A 与 B 的交集，记作 $A\cap B$，读作“A 交 B”，即

$$A\cap B=\{x\mid x\in A \text{ 且 } x\in B\}.$$

交集的 Venn 图表示如图 1－3 所示.

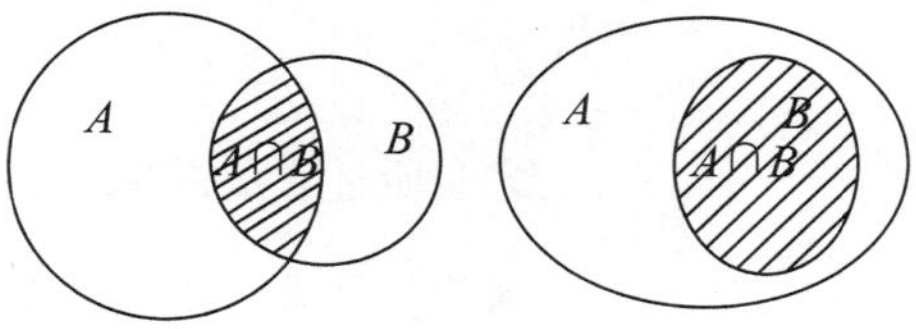

图 1－3

由交集的定义可知

(1) $A\cap B=B\cap A$；

(2) $(A\cap B)\cap C=A\cap(B\cap C)$；

(3) $A\cap B\subseteq A$，$A\cap B\subseteq B$；

(4) $A\cap B=A\Leftrightarrow A\subseteq B$；

(5) $A\cap B=\varnothing\Leftrightarrow A$ 和 B 不含相同元素.

2. 并集

给定两个集合 A 和 B，由所有属于集合 A 或属于集合 B 的元素组成的集合，称为集合 A 与 B 的并集，记作 $A\cup B$，读作 A 并 B，即

$$A\cup B=\{x\mid x\in A \text{ 或 } x\in B\}.$$

并集的 Venn 图如图 1－4 所示.

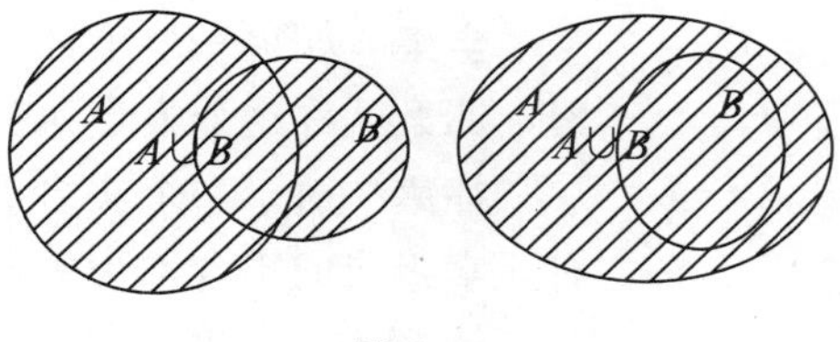

图 1－4

由并集的定义可知

(1) $A\cup B=B\cup A$；

(2) $(A\cup B)\cup C=A\cup(B\cup C)$；

(3) $A\subseteq A\cup B$，$B\subseteq A\cup B$；

(1) $A\cap B$ 中的元素是“所有”属于集合 A 且属于集合 B 的元素，而不是部分. 特别地，当集合 A 和集合 B 没有公共元素时，不能说 A 与 B 没有交集，而是 $A\cap B=\varnothing$.

(2) 对于并集，要注意其中“或”的意义，“或”与通常所说的“非此即彼”有原则性的区别. “$x\in A$ 或 $x\in B$”这一条件，包括下列三种情况：

(1) $x\in A$ 但 $x\notin B$；

(2) $x\in B$ 但 $x\notin A$；

(3) $x\in A$ 且 $x\in B$.

(1) 在利用交集、并集的性质解题时，常常会遇到 $A\cap B=A$，$A\cup B=B$ 这类问题，解答时

常借助于交集、并集的定义及集合间的关系去分析，如 $A\cap B=A\Leftrightarrow A\subseteq B$，$A\cup B=B\Leftrightarrow A\subseteq B$ 等.

(2) 当集合 $B\subseteq A$ 时，如果集合 A 是一个确定的集合，而集合 B 不确定，运算时要考虑 $B=\varnothing$ 的情况，切不可漏掉.

(4) $A\cup B=A\Leftrightarrow B\subseteq A$；

(5) $A\cup B=\varnothing\Leftrightarrow A=\varnothing$ 且 $B=\varnothing$.

例 6 已知 $A=\{x\mid 2a\leqslant x\leqslant a+3\}$，$B=\{x\mid x<-1$ 或 $x>5\}$，若 $A\cup B=B$，求 a 的取值范围.

解 $A\cup B=B\Leftrightarrow A\subseteq B$.

①当 $A=\varnothing$ 时，$2a>a+3$，即 $a>3$.

②当 $A\neq\varnothing$ 时，要使 $A\subseteq B$，则

$$\begin{cases}2a\leqslant a+3\\ a+3<-1 \text{ 或 } 2a>5\end{cases},$$

解得 $a<-4$ 或 $\frac{5}{2}<a\leqslant 3$，

综上所述，a 的取值范围是 $\{a\mid a<-4$ 或 $a>\frac{5}{2}\}$.

例 7 已知 $A=\{1, 2, 3\}$，$B=\{3, 4, 5\}$，$C=\{3, 5\}$，求 $A\cap B$，$A\cup C$，$B\cap C$.

解 $A\cap B=\{1, 2, 3\}\cap\{3, 4, 5\}=\{3\}$；

$A\cup C=\{1, 2, 3\}\cup\{3, 5\}=\{1, 2, 3, 5\}$；

$B\cap C=\{3, 4, 5\}\cap\{3, 5\}=\{3, 5\}$.

例 8 已知 $C=\{x\mid x\geqslant 1\}$，$D=\{x\mid x<5\}$，求 $C\cap D$，$C\cup D$.

解 $C\cap D=\{x\mid x\geqslant 1\}\cap\{x\mid x<5\}=\{x\mid 1\leqslant x<5\}$；

$C\cup D=\{x\mid x\geqslant 1\}\cup\{x\mid x<5\}=\mathbf{R}$.

例 9 已知 $A=\{(x, y)\mid 4x+y=6\}$，$B=\{(x, y)\mid 3x+2y=7\}$，求 $A\cap B$.

解 $A\cap B=\{(x, y)\mid 4x+y=6\}\cap\{(x, y)\mid 3x+2y=7\}$

$$=\left\{(x, y)\,\middle|\,\begin{cases}4x+y=6\\ 3x+2y=7\end{cases}\right\}=\{(1, 2)\}$$

3\. 全集和补集

全集 如果一个集合含有我们所研究问题中涉及的所有元素，那么就称这个集合为全集，通常记作 U.

补集 对于一个集合 A，由全集 U 中不属于集合 A 的所有元素组成的集合称为集合 A 相对于全集 U 的补集，简称为集合 A 的补集，记作 $\complement_U A$，即

$$\complement_U A=\{x\mid x\in U, \text{且 } x\notin A\}.$$

补集 $\complement_U A$ 的 Venn 图（如图 1－5）表示.

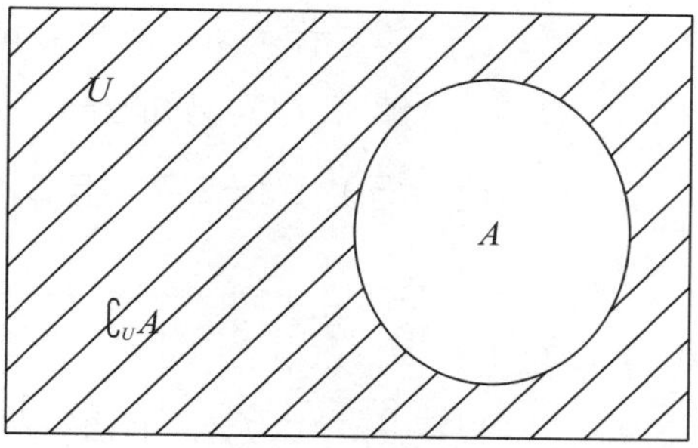

图1-5

由补集的定义可知

(1) $\complement_U A \subseteq U$;　　(2) $\complement_U U=\varnothing$;

(3) $\complement_U \varnothing=U$;　　(4) $A\cup\complement_U A=U$;

(5) $A\cap\complement_U A=\varnothing$;　　(6) $\complement_U(\complement_U A)=A$.

求集合的补集，需关注两点：一是确认全集的范围；二是善于利用数形结合求其补集，如借助 Venn 图、数轴、坐标系来求解.

求补集是集合的一种运算，其运算结果是一个集合，这种运算有两个前提：一是必须有全集，二是补集是全集的子集.

集合的补集运算与实数的减法运算可进行类比：

集合	实数
被减集合（全集）A	被减数 a
减集合 B	减数 b
补集 $\complement_A B$	差 $a-b$

很明显，同一个集合，由于全集的不同，其补集也不相同，就好像同一个数，由于被减数不同，差也不同一样.

例 10 若 $S=\{1,2,3,4,5,6\}$，$A=\{1,3,5\}$，求 $\complement_S A$.

解 已知 $S=\{1,2,3,4,5,6\}$，$A=\{1,3,5\}$，由补集的定义得

$$\complement_S A=\{2,4,6\}.$$

例 11 已知 $S=\{x\mid -1\leqslant x+2<8\}$，$A=\{x\mid -2<1-x\leqslant 1\}$，$B=\{x\mid 5<2x-1<11\}$，讨论 A 与 $\complement_S B$ 的关系.

解 由 $S=\{x\mid -1\leqslant x+2<8\}$，$B=\{x\mid 5<2x-1<11\}$知

$$S=\{x\mid -3\leqslant x<6\},\ B=\{x\mid 3<x<6\}.$$

根据补集的定义，得

$$\complement_S B=\{x\mid -3\leqslant x<3\}$$

又因为 $A=\{x\mid -2<1-x\leqslant 1\}=\{x\mid 0\leqslant x\leqslant 3\}$，由子集的定义得 $A\subseteq\complement_S B$.

例 12 已知集合 $A=\{x\mid x=m+n\cdot\sqrt{2},\ m,\ n\in\mathbf{Z}\}$.

(1) 判断 0，$(1+\sqrt{2})^2$，$\dfrac{1}{3-\sqrt{2}}$与 A 的关系；

(2) 若 x_1, $x_2\in A$，试探究 x_1x_2，x_1+x_2 与 A 的关系.

解 (1) 易知 $0=0+0\times\sqrt{2}$，且 $0\in\mathbf{Z}$，所以 $0\in A$. 因为 $(1+\sqrt{2})^2=3+2\sqrt{2}$，且 3，$2\in\mathbf{Z}$，所以 $(1+\sqrt{2})^2\in A$. 因为

$$\frac{1}{3-\sqrt{2}}=\frac{3+\sqrt{2}}{(3-\sqrt{2})(3+\sqrt{2})}=\frac{3}{7}+\frac{\sqrt{2}}{7},$$

根据 $\frac{3}{7}$，$\frac{\sqrt{2}}{7}\notin\mathbf{Z}$，可知 $\frac{1}{3-\sqrt{2}}\notin A$.

(2) 因为 x_1，$x_2\in A$，所以可设 $x_1=m_1+\sqrt{2}n_1$，$x_2=m_2+\sqrt{2}n_2$，且 m_1，n_1，m_2，$n_2\in\mathbf{Z}$，
所以，

$$\begin{aligned}x_1x_2&=(m_1+\sqrt{2}n_1)(m_2+\sqrt{2}n_2)\\&=m_1m_2+\sqrt{2}(m_2n_1+m_1n_2)+2n_1n_2\\&=(m_1m_2+2n_1n_2)+\sqrt{2}(m_2n_1+m_1n_2).\end{aligned}$$

又因为 $m_1m_2+2n_1n_2\in\mathbf{Z}$，$m_2n_1+2m_1n_2\in\mathbf{Z}$，所以 $x_1x_2\in A$.

由于 $x_1+x_2=(m_1+m_2)+\sqrt{2}(n_1+n_2)$，所以 $x_1+x_2\in A$.

例 13 集合 $A=\{x\,|\,kx^2-8x+16=0\}$，若集合 A 只有一个元素，试求实数 k 的值，并用列举法表示集合 A.

解 (1) 当 $k=0$ 时，原方程为 $16-8x=0$，所以 $x=2$，此时 $A=\{2\}$.

(2) 当 $k\neq0$ 时，若集合 A 中只有一个元素，则方程 $kx^2-8x+16=0$ 有两个相等实根，即 $\Delta=64-64k=0$，得 $k=1$，从而 $x_1=x_2=4$，故集合 $A=\{4\}$.

综上所述，实数 k 的值为 0 或 1.

当 $k=0$ 时，$A=\{2\}$；当 $k=1$ 时，$A=\{4\}$.

对于一些比较复杂、比较抽象，条件和结论之间关系不明确，难以从正面入手的数学问题，在解题时应从问题的反面入手探求已知和未知的关系，这样能化难为易、化隐为显，从而将问题解决. 这就是“正难则反”的解题策略，

例 14 设实数集 S 是满足下面两个条件的集合：

①$1\notin S$；②若 $a\in S$，则 $\frac{1}{1-a}\in S$.

(1) 求证：若 $a\in S$，则 $1-\frac{1}{a}\in S$；

(2) 若 $2\in S$，则 S 中必含有其他的两个数，试求出这两个数；

(3) 求证：集合 S 中至少有三个不同的元素.

证明 (1) 令 $\frac{1}{1-a}=1$，则 $a=0$，又由 $1\notin S$，故 $a=0\notin$

也是处理问题的间接原则的体现. 这种"正难则反"策略运用的就是补集思想，而已知全集 U，求子集 A，若直接求 A 有困难，可先求 $\complement_U A$，再由 $\complement_U(\complement_U A)=A$ 求 A.

S. 若 $a\in S$，由条件可知 $1-\frac{1}{a}\in S$，于是有 $\frac{1}{1-\frac{1}{1-a}}\in S$，即

$$\frac{1}{1-\frac{1}{1-a}}=\frac{1-a}{1-a-1}=1-\frac{1}{a}\in S.$$

所以，若 $a\in S$，则 $1-\frac{1}{a}\in S$.

(2) 由 $2\in S$，知 $\frac{1}{1-2}=-1\in S$；由 $-1\in S$，知 $\frac{1}{1-(-1)}=\frac{1}{2}\in S$；

当 $\frac{1}{2}\in S$ 时，$\frac{1}{1-\frac{1}{2}}=2\in S$，

因此，当 $2\in S$ 时，S 中必含有 -1 和 $\frac{1}{2}$.

(3) 由 (1) 知 $a\in S$，$\frac{1}{1-a}\in S$，$1-\frac{1}{a}\in S$.

下证：a，$\frac{1}{1-a}$，$1-\frac{1}{a}$ 三者两两互不相等.

①若 $a=\frac{1}{1-a}$，则 $a^2-a+1=0$，无实数解，所以 $a\neq\frac{1}{1-a}$；

②若 $a=1-\frac{1}{a}$，则 $a^2-a+1=0$，无实数解，所以 $a\neq 1-\frac{1}{a}$；

③若 $\frac{1}{1-a}=1-\frac{1}{a}$，则 $a^2-a+1=0$，无实数解，所以 $\frac{1}{1-a}\neq 1-\frac{1}{a}$.

综上所述，集合 S 中至少有三个不同的元素.

习题 1.1

1. 判断（正确的打"√"，错误的打"×"）.

(1)（　）某校高一年级 16 岁以下的学生能构成集合.

(2)（　）已知 A 是一个确定的集合，a 是任一元素，要么 $a\in A$，要么 $a\notin A$，二者必居其一，且只居其一.

(3)（　）对于数集 $A=\{1, 2, x^2\}$，若 $x\in A$，则 $x=0$.

(4)（　）集合 $\{y \mid y=x^2, x\in\mathbf{R}\}$ 与集合 $\{s \mid s=t^2, t\in\mathbf{R}\}$ 的元素完全相同.

2. 用适当的符号($\in$, $\notin$)填空.

0 ________ $\varnothing$，0 ________ $\{0\}$，0 ________ $\mathbf{N}$，-2 ________ $\mathbf{N}^*$，$\frac{1}{3}$ ________ $\mathbf{Z}$，

$\sqrt{2}$ ________ $\mathbf{Q}$，π ________ $\mathbf{R}$.

3. 选择题.

(1) 下列所给的对象能组成集合的是(　　).

A. “金砖国家”成员国　　B. 接近 1 的数

C. 著名的科学家　　D. 漂亮的鲜花

(2) 下列所给的对象不能组成集合的是(　　).

A. 我国古代的四大发明

B. 二元一次方程 $x+y=1$ 的解

C. 某班年龄较小的同学

D. 平面内到定点距离等于定长的点

4. 已知集合 A 含有三个元素 2，4，6，且当 $a\in A$ 时，有 $6-a\in A$，则 a 为(　　).

A. 2　　B. 2 或 4　　C. 4　　D. 0

5. 由实数 $-a$，a，$|a|$，$\sqrt{a^2}$ 所组成的集合最多含有的元素个数是(　　).

A. 1　　B. 2　　C. 3　　D. 4

6. 用适当的符号($\in$, $\notin$)填空.

(1) $(1, 3)$ ________ $\{(x, y)|y=2x+1\}$；

(2) 2 ________ $\{m|m=2(n-1), n\in\mathbf{Z}\}$.

7. 设 $a\in\mathbf{R}$，关于 x 的方程 $(x-1)(x-a)=0$ 的解集为 A，试分别用描述法和列举法表示集合 A.

8. 下列命题

(1) 空集没有子集；

(2) 任何集合至少有两个子集；

(3) 空集是任何集合的真子集；

(4) 若空集是集合 A 的真子集，则 $A=\varnothing$.

其中正确的有(　　).

A. 0 个　　B. 1 个　　C. 2 个　　D. 3 个

9. 已知集合 $P=\{1, 2\}$，那么满足 $Q\subseteq P$ 的集合 Q 的个数为(　　).

A. 4 个　　B. 3 个　　C. 2 个　　D. 1 个

10. 满足 $\{1, 2\}\subseteq A\subseteq\{1, 2, 3, 4, 5\}$ 条件的集合 A 的个数为(　　).

A. 4 个　　B. 6 个　　C. 8 个　　D. 10 个

11. 已知集合 $S=\{a, b, c\}$ 中的三个元素是 $\triangle ABC$ 的三边长，那么 $\triangle ABC$ 一定不是(　　).

A. 锐角三角形　　B. 直角三角形　　C. 钝角三角形　　D. 等腰三角形

12. 下列集合的表示方法正确的是(　　).

A. 第二、四象限内的点集可表示为 $\{(x, y)|xy\leqslant 0, x\in\mathbf{R}, y\in\mathbf{R}\}$

B. 不等式 $x-1<4$ 的解集为 $\{x<5\}$

C. {全体整数}

D. 实数集可表示为 $\mathbf{R}$

13. 下列集合恰有两个元素的是(   ).

A. $\{x^2-x=0\}$　　B. $\{x\mid y=x^2-x\}$　　C. $\{y\mid y^2-y=0\}$　　D. $\{y\mid y=x^2-x\}$

14. 已知集合 $A=\{0, 1, 2\}$，则集合 $B=\{x-y\mid x\in A, y\in A\}$ 中元素的个数是(   ).

A. 1　　B. 3　　C. 5　　D. 9

15. 若 $2\notin\{x\mid x-a>0\}$，则实数 a 的取值范围是(   ).

A. $a\neq 2$　　B. $a>2$　　C. $a\geqslant 2$　　D. $a=2$

16. 若 $A=\{-2, 2, 3, 4\}$，$B=\{x\mid x=t^2, t\in A\}$，则用列举法表示 $B=$________.

17. 已知集合 $A=\{x\mid ax^2-3x-4=0, x\in\mathbf{R}\}$，若 A 中至多有一个元素，则实数 a 的取值范围是________.

18. 已知集合 A 中的元素均为整数，对于 $k\in A$，如果 $k-1\notin A$ 且 $k+1\notin A$，那么称 k 是 A 的一个“孤立元”. 给定集合 $S=\{1, 2, 3, 4, 5, 6, 7, 8\}$，由 S 的3个元素构成的所有集合中，不含“孤立元”的集合共有________个.

19. 若 $\{1, 2, 3\}\subsetneqq A\subseteq\{1, 2, 3, 4\}$，则 $A=$________.

20. 列举集合 $\{a, b, c\}$ 所有子集.

21. 求满足 $\{x\mid x^2+1=0, x\in\mathbf{R}\}\subsetneqq M\subseteq\{x\mid x^2-1=0, x\in\mathbf{R}\}$ 的集合 M 的个数.

22. 已知集合 $M=\{1, 2, a^3-a\}$，$N=\{0, a+1, 3-a^2\}$. 且 $M\cap N=\{0, 1\}$，则实数 a 的解组成的集合为(   ).

A. $\{0\}$　　B. $\{0, 1\}$　　C. $\{1\}$　　D. $\varnothing$

23. 设 $A=\{4, 5, 6, 8\}$，$B=\{3, 5, 7, 8\}$，求 $A\cap B=$________，$A\cup B=$________.

24. 设 $A=\{x\mid -1<x<2\}$，$b=\{x\mid 1<x<3\}$，求 $A\cap B$，$A\cup B$.

25. 设 $A=\{(x, y)\mid y=-4x+6\}$，$B=\{(x, y)\mid y=5x-3\}$，求 $A\cap B$.

26. $A=\{x\mid x^2-3x+2=0\}$，$B=\{x\mid 2x^2-ax+2=0\}$，$A\cup B=A$，求 a 的取值构成的集合.

27. 已知集合 $S=\{2, 3, a^2+2a-3\}$，$A=\{|a+1|, 2\}$，$\complement_S A=\{a+3\}$，求 a 的值.

§1.2　简易逻辑

1.2.1　命题的概念及结构

1. 命题的定义及分类

命题定义中的两个要点："可以判断真假"和"陈述句". 我们学过的定理、推论都是命题.

一般地，我们把用语言、符号或式子表达的，可以判断真假的陈述句叫做**命题**. 判断为真的语句是**真命题**，判断为假的语句是**假命题**.

例如，"两个三角形相似，则这两个三角形的三条边对应成比例"是一个命题，"两个三角形相似"是该命题的条件，"这两个三角形的三条边对应成比例"是该命题的结论，该命题是一个真命题.

一个命题要么为真命题，要么为假命题，且必居其一.

欲判断一个命题为真命题，需进行论证；而要判断一个命题为假命题，只需举出一个反例即可.

例 1　下列命题中是真命题的为(　　)

A. "xy"为有理数，则 x，y 为有理数

B. 若 x，y 是无理数，则 $x+y$ 无理数

C. 对角线相等的四边形是矩形

D. 若 $xy=0$，则 x，y 中至少有一个为 0

解　A 中，若 $x=\sqrt{2}$，$y=\sqrt{2}$，则 $xy=2$ 为有理数，所以 A 为假命题；

B 中，若 $x=\sqrt{2}$，$y=-\sqrt{2}$，则 $x+y=0$ 为有理数，所以为 B 假命题；

C 中，如等腰梯形对角线相等，不是矩形，所以 C 是假命题；

D 中，由等式性质知命题正确，所以 D 是真命题.

数学上有一些命题虽然表面上不是"若 p，则 q"的形式，但可以将它的表述作适当改变，写成"若 p，则 q"的形式，从而得到该命题的条件和结论.

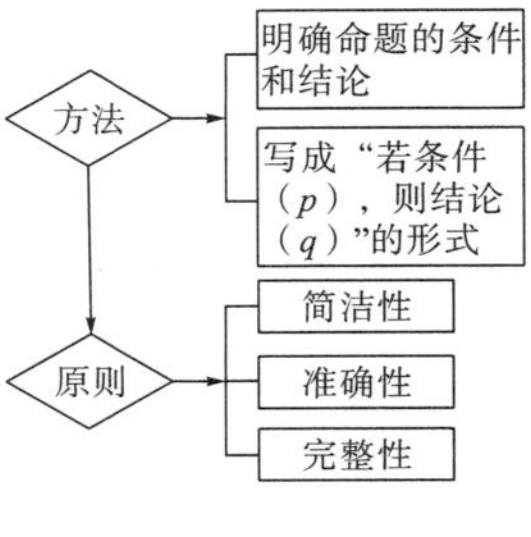

2. 命题的结构

命题的一般形式为"若 p，则 q". 其中 p 叫做命题的**条件**，q 叫做命题的**结论**.

确定命题的条件和结论时，常把命题改写成"若 p，则 q"的形式.

3. 四种命题

(1) 原命题："若 p，则 q".

(2) 逆命题："若 q，则 p"，即把原命题的条件和结论

互换.

（3）否命题："若 $\neg p$，则 $\neg q$"，即把原命题的条件和结论都否定.

（4）逆否命题："若 $\neg q$，则 $\neg p$"，即把原命题的条件和结论互换且都否定.

四种命题之间的关系，如图 1－6 所示：

四种命题的写法：

（1）要分清原命题的条件和结论，将条件和结论互换即得逆命题，将条件和结论同时否定即得否命题，将条件和结论互换的同时进行否定即得逆否命题.

（2）如果原命题含有大前提，在写出原命题的逆命题、否命题、逆否命题时，必须注意各命题中的大前提不变.

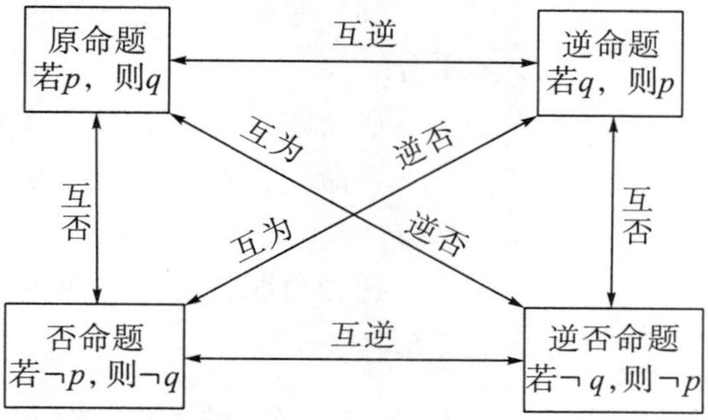

图 1－6

四种命题间的真假关系如下表所示：

原命题	逆命题	否命题	逆否命题
真	真	真	真
真	假	假	真
假	真	真	假
假	假	假	假

由上表可知四种命题的真假性之间有如下关系：

（1）两个命题互为逆否命题，它们有相同的真假性；

（2）两个命题为互逆命题或互否命题，它们的真假性没有关系.

例 2　把下列命题改写成"若 p，则 q"的形式，并写出它们的逆命题、否命题和逆否命题.

（1）相似三角形对应的角相等；

（2）当 $x>3$ 时，$x^2-4x+3>0$；

（3）正方形的对角线互相平分.

解　（1）原命题：若两个三角形相似，则这两个三角形的三个角对应相等.

逆命题：若两个三角形的三个角对应相等，则这两个三角形相似.

否命题：若两个三角形不相似，则这两个三角形的三个角不对应相等.

逆否命题：若两个三角形的三个角不对应相等，则这两个三角形不相似.

(2) 原命题：若 $x>3$，则 $x^2-4x+3>0$.

逆命题：若 $x^2-4x+3>0$，则 $x>3$.

否命题：若 $x\leqslant 3$，则 $x^2-4x+3\leqslant 0$.

逆否命题：若 $x^2-4x+3\leqslant 0$，则 $x\leqslant 3$.

(3) 原命题：若一个四边形是正方形，则它的对角线互相平分.

逆命题：若一个四边形对角线互相平分，则它是正方形.

否命题：若一个四边形不是正方形，则它的对角线不互相平分.

逆否命题：若一个四边形对角线不互相平分，则它不是正方形.

1.2.2 简单的逻辑联结词

1. "p 且 q" 形式的命题

"p 且 q"，一假即假，全真即真

用联结词"且"把命题 p 和命题 q 联结起来，就得到一个新命题，记作 $p\wedge q$，读作"p 且 q". 当 p，q 都是真命题时，$p\wedge q$ 是真命题；当 p，q 两个命题中有一个命题是假命题时，$p\wedge q$ 是假命题.

2. "p 或 q" 形式的命题

"p 或 q"，一真即真，全假即假

用联结词"或"把命题 p 和命题 q 联结起来，就得到一个新命题，记作 $p\vee q$，读作"p 或 q". 当 p，q 两个命题中有一个命题是真命题时，$p\vee q$ 是真命题；当 p，q 两个命题都是假命题时，$p\vee q$ 是假命题.

3. "非 p" 形式的命题

确定两个简单命题 p，q

↓

分别用逻辑联结词"且""或""非"将 p，q 联结起来，得到新命题"p 且 q""p 或 q""非 p"

对一个命题 p 全盘否定，就得到一个新命题，记作 $\neg p$，读作"非 p"或"p 的否定". 若 p 是真命题，则 $\neg p$ 必是假命题；若 p 是假命题，则 $\neg p$ 必是真命题.

例 3 分别写出由下列命题构成的"$p\vee q$""$p\wedge q$""$\neg p$"形式的命题：

(1) p：π 是无理数，q：e 不是无理数；

(2) p：三角形的外角等于与它不相邻的两个内角的和，q：三角形的外角大于与它不相邻的任何一个内角.

解 (1)"$p\vee q$"：π 是无理数或 e 不是无理数；

"$p \wedge q$"：π是无理数且e不是无理数；

"$\neg p$"：π不是无理数.

(2) "$p \vee q$"：三角形的外角等于与它不相邻的两个内角的和或大于与它不相邻的任何一个内角；

"$p \wedge q$"：三角形的外角等于与它不相邻的两个内角的和且大于与它不相邻的任何一个内角；

"$\neg p$"：三角形的外角不等于与它不相邻的两个内角的和.

1.2.3　充分条件与必要条件

1. 充分条件与必要条件的定义

一般地，"若 p，则 q"为真命题，是指由 p 通过推理可以得出 q. 这时就说，由 p 可以推出 q，记作 $p \Rightarrow q$，并且说，p 是 q 的**充分条件**，q 是 p 的**必要条件**.

如果"若 p，则 q"为假命题，那么由条件 p 不能推出结论 q，记作 $p \nRightarrow q$. 此时就说 p 不是 q 的**充分条件**，q 不是 q 的**必要条件**.

显然，p 是 q 的充分条件与 q 是 p 的必要条件表述的是同一个逻辑关系，即 $p \Rightarrow q$，只是说法不同而已.

由推式的传递性：$p_1 \Rightarrow p_2 \Rightarrow p_3 \Rightarrow \cdots \Rightarrow p_n$，则 p_n 是 p_1 的必要条件.

例4　在以下各题中，判断哪些能 $p \Rightarrow q$，哪些能 $q \Rightarrow p$，并分析各题中 p 与 q 的关系.

(1) p：x 是整数，q：x^2 是整数；

(2) p：$a > b$，q：$ac > bc\ (c \geqslant 0)$；

(3) p：四边形是正方形，q：四边形的对角线互相垂直平分.

解　(1) 当 x 是整数时，x^2 一定是整数，即 $p \Rightarrow q$，故 p 是 q 的充分条件，q 是的 p 必要条件.

(2) 不等式 $ac > bc\ (c \geqslant 0)$ 中隐含了 $c \neq 0$，即此时 $c > 0$，在此不等式两边同除以正数 c，便得 $a > b$，即 $q \Rightarrow p$，故 q 是 p 的充分条件，p 是 q 的必要条件.

(3) 因为当四边形是正方形时，对角线互相垂直平分且相等，所以 $p \Rightarrow q$，故 p 是 q 的充分条件，q 是 p 的必要条件.

2. 充要条件

如果 $p \Rightarrow q$ 且 $q \Rightarrow p$，此时，p 既是 q 的充分条件，也是 q 的必要条件，可记作 $p \Leftrightarrow q$. 并且说 p 是 q 的充分必要条件，简

称为**充要条件**. 反之 q 也是 p 的充要条件. 这也常常说成“p 成立，当且仅当 q 成立”，或“p 与 q 等价”.

若 p 是 q 的充要条件，q 是 s 的充要条件，即 $p\Leftrightarrow q$，$q\Leftrightarrow s$，则有 $p\Leftrightarrow s$，即 p 是 s 的充要条件.

例 5 已知 p 是 q 的充分条件，q 是 r 的必要条件，也是 s 的充分条件，r 是 s 的必要条件，问：

(1) p 是 r 的什么条件？

(2) s 是 q 的什么条件？

(3) p，q，r，s 中哪几对互为充要条件？

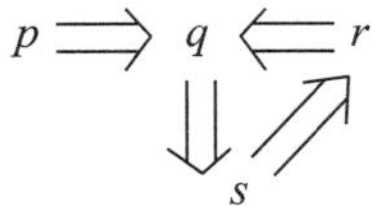

解 作出“$\Rightarrow$”图，如图所示，可知：

$$p\Rightarrow q，r\Rightarrow q，q\Rightarrow s，s\Rightarrow r.$$

(1) $p\Rightarrow q\Rightarrow s\Rightarrow r$，且 $r\Rightarrow q$，q 能否推出 p 未知，所以 p 是 r 的充分条件.

(2) 因为 $s\Rightarrow r\Rightarrow q$，$q\Rightarrow s$，所以 s 是 q 的充要条件.

(3) 共有三对充要条件：$q\Leftrightarrow s$，$s\Leftrightarrow r$，$r\Leftrightarrow q$.

判断 p 是 q 的充分必要条件，可从命题角度和集合角度解决，设 $A=\{x\mid p(x)\}$，$B=\{x\mid q(x)\}$，则有：

p 是 q 的充分条件	$p\Rightarrow q$	$A\subseteq B$
p 是 q 的充要条件	$p\Leftrightarrow q$	$A=B$
p 是 q 的充分不必要条件	$p\Rightarrow q$ 且 $q\nRightarrow p$	$A\subseteq B$ 且 $B\nsubseteq A$，即 $A\subsetneqq B$
p 是 q 的必要不充分条件	$p\nRightarrow q$ 且 $q\Rightarrow p$	$B\subseteq A$ 且 $A\nsubseteq B$，即 $B\subsetneqq A$
p 是 q 的既不充分也不必要条件	$p\nRightarrow q$ 且 $q\nRightarrow p$	$A\nsubseteq B$ 且 $B\nsubseteq A$

由条件关系求参数取值（范围）的步骤：
(1) 根据条件关系建立条件构成的集合之间的关系.
(2) 根据集合端点、数形结合列方程或不等式（组）求解[关于方程和不等式（组）的求解将在第 3 章详细讨论].

例 6 指出下列各题中，p 是 q 的什么条件（在“充分不必要条件”“必要不充分条件”“充要条件”“既不充分也不必要条件”中选出一个作答）.

(1) 在 $\triangle ABC$ 中，p：$a>b$，q：$BC>AC$；

(2) 对非空集合 A，B，p：$x\in A\cup B$，q：$x\in B$；

(3) 在 $\triangle ABC$ 中，p：$\sin A>\sin B$，q：$\tan A>\tan B$；

(4) 已知 x，$y\in R$，p：$(x-1)^2+(y-2)^2=0$，q：$(x-1)(y-2)=0$.

解 (1) 在 $\triangle ABC$ 中，显然有 $A>B\Leftrightarrow BC>AC$，所以 p 是 q 的充要条件.

(2) 显然 $x\in A\cup B\nRightarrow x\in B$，但 $x\in B\Rightarrow x\in A\cup B$，所以

p 是 q 的必要不充分条件.

(3) 取 $A=120°$，$B=30°$，$p\nRightarrow q$，又取 $A=30°$，$B=120°$，$q\nRightarrow p$，所以 p 是 q 的既不充分也不必要条件.

(4) $p\Rightarrow q$ 且 $q\nRightarrow p$，所以 p 是 q 的充分不必要条件.

例 7　已知 p：$-2\leqslant x\leqslant 10$，$q$：$1-m\leqslant x\leqslant 1+m(m>0)$，若 p 是 q 的必要不充分条件，求实数 m 的取值范围.

解　由已知可得 $p\nRightarrow q$ 且 $q\Rightarrow p$，

令 $A=\{x\mid -2\leqslant x\leqslant 10\}$，$B=\{x\mid 1-m\leqslant x\leqslant 1+m(m>0)\}$，

则有 $B\subsetneqq A$，故有

$$\begin{cases}1-m\geqslant -2\\1+m<10\end{cases}\text{或}\begin{cases}1-m>-2\\1+m\leqslant 10\end{cases},$$

解得 $m\leqslant 3$.

又 $m>0$，所以实数 m 的取值范围为 $(0,3]$.

求一个问题的充要条件，就是利用等价转化的思想，使得转化前后的两个命题所对应的解集是两个相同的集合，这就要求我们转化的时候思维要缜密.

例 8　求关于 x 的一元二次不等式 $ax^2+1>ax$ 对于一切实数 x 都成立的充要条件.

解　由题意可知，关于 x 的一元二次不等式 $ax^2+1>ax$ 对于一切实数 x 都成立，

等价于对于方程 $ax^2-ax+1=0$ 中，$\begin{cases}a>0\\\Delta<0\end{cases}\Leftrightarrow a^2-4a<0\Leftrightarrow a(a-4)<0\Leftrightarrow 0<a<4$.

3. 充要条件的证明

根据充要条件的定义，证明充要条件时要从充分性和必要性两个方面分别证明：一般地，证明“p 成立的充要条件为 q”.

(1) 充分性：把 q 当作已知条件，结合命题的前提条件，推出 p.

(2) 必要性：把 p 当作已知条件，结合命题的前提条件，推出 q.

在证明过程中，若能保证每一步推理都有等价性($\Leftrightarrow$)，就可以直接证明充要性.

例 9　已知 $ab\neq 0$，求证：$a+b=1\Leftrightarrow a^3+b^3+ab-a^2-b^2=0$.

分析　首先证明 $a+b=1$ 是 $a^3+b^3+ab-a^2-b^2=0$ 的充分条件，即证明在 $ab\neq 0$ 这个大前提下，只要 $a+b=1$ 成立，就有 $a^3+b^3+ab-a^2-b^2=0$ 成立. 然后再证明 $ab\neq 0$ 这个大前提下 $a+b=1$ 是 $a^3+b^3+ab-a^2-b^2=0$ 的必要条件，即证明只要 $a^3+b^3+ab-a^2-b^2=0$ 成立，就有 $a+b=1$ 成立. 只有在这两件事都证明了，才能够认为完成了题中命题的证明.

证明 ①充分性：因为 $a+b=1$，所以 $b=1-a$，所以

$$\begin{aligned}&a^3+b^3+ab-a^2-b^2\\=&a^3+(1-a)^3+a(1-a)-a^2-(1-a)^2\\=&a^3+1-3a+3a^2-a^3+a-a^2-a^2-1+2a-a^2\\=&0\end{aligned}$$

即 $a^3+b^3+ab-a^2-b^2=0$.

②必要性：因为 $a^3+b^3+ab-a^2-b^2=0$，所以

$$(a+b)(a^2-ab+b^2)-(a^2-ab+b^2)=0,$$

因为 $ab\neq0$，所以 $a\neq0$ 且 $b\neq0$.

又由 $a^2-ab+b^2\neq0$. 故 $a+b-1=0$，所以 $a+b=1$.

综上可知，当 $ab\neq0$ 时，$a+b=1$ 是 $a^3+b^3+ab-a^2-b^2=0$ 的充要条件.

例 10 求证：关于 x 的方程 $ax^2+bx+c=0(a\neq0)$ 有一正根和一负根$\Leftrightarrow ac<0$.

关于方程的知识，详见第 3 章.

分析 首先探讨在 $ac<0$ 成立的情况下，关于 x 的方程 $ax^2+bx+c=0(a\neq0)$ 是否有一正根和一负根；然后再探讨该方程有一正根和一负根的情况下，$ac<0$ 是否成立.

证明 ①必要性：由于方程 $ax^2+bx+c=0(a\neq0)$ 有一正根和一负根，

所以$\Delta=b^2-4ac>0$，$x_1x_2=\dfrac{c}{a}<0$，所以 $ac<0$.

②充分性：由 $ac<0$ 可得 $b^2-4ac>0$ 及 $x_1x_2=\dfrac{c}{a}<0$，

所以方程 $ax^2+bx+c=0$ 有两个不相等的实根，且两根异号，即方程 $ax^2+bx+c=0$ 有一正根和一负根.

综上可知，关于 x 的方程 $ax^2+bx+c=0(a\neq0)$ 有一正根和一负根的充要条件是 $ac<0$.

1.2.4 全称与存在量词

1. 全称和全称命题

(1) 有些全称量词命题在语言叙述上省略了全称量词，理解时需把它补充出来.
(2) 全称命题中的 $p(x)$ 是对于指定的集合 M 内的任意 x 都具备的一个

短语“所有的”“任意一个”在逻辑中通常叫做**全称**，并用符号“$\forall$”表示. 含有全称的命题，叫做**全称命题**，表示为“$\forall x\in M$，$p(x)$”.

常见的全称还有“一切”“每一个”“任给”等.

2. 存在量词和特称命题

短语“存在一个”“至少有一个”在逻辑中通常叫做**存在量**

结论.
(3) 有些特称命题中的存在量词是省略的.
(4) 特称命题的含义是指定集合 M 中存在元素 x 具备结论 $p(x)$.

词，并用符号“∃”表示. 含有存在量词的命题，叫做**特称命题**，表示为“$\exists x_0 \in M$，$p(x_0)$”.

常见的存在量词还有“有些”“有一个”“某些”“有的”等.

例 11　判断下列命题是全称命题还是特称命题，并用符号“∀”或“∃”表示下列命题：

(1) 自然数的平方大于或等于零；

(2) 存在实数 x，满足 $x^2>2$；

(3) 有些平行四边形的对角线不互相垂直；

(4) 存在实数 a，使函数 $y=ax+b$ 的值随 x 的增大而增大.

判断一个语句是全称命题还是特称命题的思路：

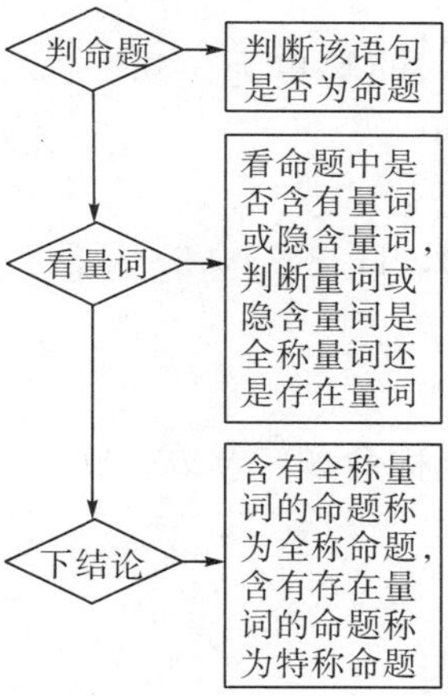

解　(1) 是全称命题，表示为 $\forall x \in \mathbf{N}$，$x^2 \geqslant 0$.

(2) 是特称命题，表示为 $\exists x \in \mathbf{R}$，$x^2>2$.

(3) 是特称命题，表示为 ∃ 四边形是平行四边形，但四边形的对角线不互相垂直.

(4) 是特称命题，表示为 $\exists a \in \mathbf{R}$，函数 $y=ax+b$ 的值随 x 的增大而增大.

例 12　判断下列命题的真假.

(1) 对每一个无理数 x，x^2 也是无理数；

(2) 末位是零的整数，可以被 5 整除；

(3) 有些整数只有两个正因数；

(4) 某些平行四边形是菱形.

解　(1) 因为 $\sqrt{2}$ 是无理数，但 $(\sqrt{2})^2=2$ 是有理数，所以全称命题“对每一个无理数 x，x^2 也是无理数”是假命题.

(2) 因为每一个末位是零的整数，都能被 5 整除，所以全称命题“末位是零的整数，可以被 5 整除”是真命题.

(3) 由于存在整数 3 只有两个正因数 1 和 3，所以特称命题“有些整数只有两个正因数”是真命题.

(4) 由于存在邻边相等的平行四边形是菱形，所以特称命题“某些平行四边形是菱形”是真命题.

例 13　$\exists a \in \mathbf{Z}$，使关于 x 的分式方程 $\frac{2}{x-1}+\frac{a}{1-x}=4$ 的解为正数，且 $\forall y \in \{y \mid y<-2\}$，关于 y 的不等式组 $\begin{cases}\frac{y+2}{3}-\frac{y}{2}>1 \\ 2(y-a) \leqslant 0,\end{cases}$ 成立. 求符合条件的 a 的值.

分析　∃ 是指存在数 $a \in \mathbf{Z}$ 可以使得分式方程存在正解，这里的 a 就会有一定的取值范围. 符号 ∀ 代表取得任意值 $y \in$

关于分式方程和不等式组的具体讨论在第 3 章将进行详细的介绍.

$\{y|y<-2\}$，使得不等式组$\begin{cases}\dfrac{y+2}{3}-\dfrac{y}{2}>1\\2(y-a)\leqslant 0\end{cases}$成立，保证两个条件下，找到合适的 a.

解 分式方程$\dfrac{2}{x-1}+\dfrac{a}{1-x}=4$的解为 $x=\dfrac{6-a}{4}$且 $a\neq 2$，因为关于 x 的分式方程

$$\frac{2}{x-1}+\frac{a}{1-x}=4$$

的解为正数，所以$\dfrac{6-a}{4}>0$且 $a\neq 2$，所以 $a<6$ 且 $a\neq 2$.

$$\begin{cases}\dfrac{y+2}{3}-\dfrac{y}{2}>1\cdots\cdots(1)\\2(y-a)\leqslant 0\cdots\cdots(2)\end{cases},$$

解不等式（1），得 $y<-2$；解不等式（2），得 $y\leqslant a$.

因为关于 y 的不等式组$\begin{cases}\dfrac{y+2}{3}-\dfrac{y}{2}>1\\2(y-a)\leqslant 0\end{cases}$的解集为 $y<-2$，所以 $a\geqslant -2$. 所以 $-2\leqslant a<6$ 且 $a\neq 2$.

因为 a 为整数，所以 $a=-2$，-1，0，1，3，4，5.

3. 全称命题的否定

全称命题$\xrightarrow{\text{否定}}$特称命题
(1) 全称量词 (∀) $\xrightarrow{\text{改为}}$存在量词 (∃)；
(2) 结论$\xrightarrow{\text{否定}}$否定结论.

全称命题的否定是特称命题. 对于全称命题：$\forall x\in M$，$p(x)$，它的否定为

$$\exists x\in M,\ \neg p(x).$$

一般地，全称命题的否定：

(1) 改变量词：把全称换为恰当的存在量词.

(2) 否定结论：原命题中的“是”“成立”等改为“不是”“不成立”等.

4. 特称命题的否定

存在量词命题$\xrightarrow{\text{否定}}$全称量词命题
(1) 存在量词 (∃) $\xrightarrow{\text{改为}}$全称量词 (∀)；
(2) 结论$\xrightarrow{\text{否定}}$否定结论.

特称命题的否定是全称命题. 对于特称命题：$\exists x\in M$，$p(x)$，它的否定为

$$\forall x\in M,\ \neg p(x).$$

一般地，特称命题的否定：

(1) 改变量词：把存在量词换为恰当的全称.

(2) 否定结论：原命题中的“有”“存在”等更改为“没有”“不存在”等.

全称命题的否定是特称命题，对省略全称量词的全称命题可补上量词后进行否定.

例 14　写出下列全称命题的否定：

(1) 任何一个平行四边形的对边都平行；

(2) 数列1，2，3，4，5中的每一项都是偶数；

(3) $\forall a, b \in \mathbf{R}$，方程 $ax=b$ 都有唯一解.

解　(1) 命题否定：存在一个平行四边形，它的对边不都平行.

(2) 命题否定：数列1，2，3，4，5中至少有一项不是偶数.

(3) 命题否定：$\exists a, b \in \mathbf{R}$，使方程 $ax=b$ 的解不唯一或不存在.

特称命题的否定是全称命题，写命题的否定时要分别改变其中的量词和判断词，即 p：$\exists x_0 \in M$，$p(x_0)$ 成立 $\Rightarrow \neg p$：$\forall_x \in M$，$\neg p(x)$ 成立.

例 15　写出下列特称命题的否定，并判断真假.

(1) 有的素数是偶数；

(2) $\exists x \in \mathbf{R}$，$x^2+x+\frac{1}{4}\neq 0$；

(3) 至少有一个实数 x，使 $x^3+1=0$.

解　(1) 题中命题的否定为"所有的素数都不是偶数".这个命题是假命题，如2是素数也是偶数.

(2) 题中命题的否定为"$\forall x \in \mathbf{R}$，$x^2+x+\frac{1}{4}=0$". 这个命题是假命题，因为当 $x=1$ 时，$x^2+x+\frac{1}{4}=2+\frac{1}{4}=\frac{9}{4}\neq 0$.

(3) 题中命题的否定为"$\forall x \in \mathbf{R}$，$x^3+1\neq 0$". 这个命题是假命题，因为 $x=-1$ 时，$x^3+1=0$.

(1) 若全称命题为假命题，通常转化为其否定形式——特称命题为真命题解决，同理，若特称命题为假命题，通常转化为其否定形式——全称命题为真命题解决.

(2) 通常对于"至多""至少"的命题，应采用逆向思维的方法处理，先考虑命题的否定，求出相应的集合，再求集合的补集，可避免繁杂的运算.

例 16　已知命题"对于任意 $x \in \mathbf{R}$，$x^2+ax+1\geqslant 0$"是假命题，求实数 a 的取值范围.

解　因为全称命题"对于任意 $x \in \mathbf{R}$，$x^2+ax+1\geqslant 0$"的否定形式为"存在 $x_0 \in \mathbf{R}$，$x_0^2+ax_0+1<0$".

由"命题真，其否定假；命题假，其否定真"可知，这个否定形式的命题是真命题.

由于函数 $f(x)=x^2+ax+1$ 是开口向上的抛物线，借助二次函数的图象（图略）易知 $\Delta=a^2-4>0$，解得 $a<-2$ 或 $a>2$.

所以实数 a 的取值范围是 $(-\infty, -2)\cup(2, +\infty)$.

习题 1.2

1. 下列命题为真命题的是(　　).

A. 若 $\frac{1}{x}=\frac{1}{y}$，则 $x=y$　　B. 若 $x^2=1$，则 $x=1$

C. 若 $x=y$，则 $\sqrt{x}=\sqrt{y}$　　D. 若 $x<y$，则 $x^2<y^2$

2. 给出下列命题：

①若 $ac=bc$，则 $a=b$；　②方程 $x^2-x+1=0$ 有两个实根；

③对于实数 x，若 $x-2=0$，则 $x-2\leqslant 0$；　④若 $p>0$，则 $p^2>p$；

⑤正方形不是菱形.

其中真命题是________，假命题是________.（填写命题序号）

3. 写出下列各个命题的逆命题、否命题和逆否命题.

（1）若 $\sin\alpha=\dfrac{1}{2}$，则 $\tan\alpha=\sqrt{3}$；　（2）等底等高的两个三角形是全等三角形；

（3）当 $1<x<2$ 时，$x^2-3x+2<0$；　（4）若 $ab=0$，则 $a=0$ 或 $b=0$.

4. （1）若 a，b 都是实数，试从①$ab=0$；②$a+b=0$；③$ab>0$ 中分别选出适合下列条件者，用序号填空.

（ⅰ）a，b 都为 0 的必要条件是________；

（ⅱ）使 a，b 都不为 0 的充分条件是________.

（2）是否存在实数 p，使“$4x+p<0$”是“$x>2$ 或 $x<1$”的充分条件？若存在，求出 p 的取值范围；若不存在，说明理由.

5. 指出下列各题中 p 是 q 的什么条件（在“充分不必要条件”“必要不充分条件”“充要条件”“既不充分也不必要条件”中选一个作答）.

（1）p：$x-3=0$，q：$(x-2)(x-3)=0$；

（2）p：两个三角形相似，q：两个三角形全等；

（3）p：$a>b$，q：$a+c>b+c$；

（4）p：$a>b$，q：$ac>bc$.

6. 已知集合 $A=\left\{y\,\middle|\,y=x^2-\dfrac{3}{2}x+1,\ -\dfrac{1}{2}\leqslant x\leqslant 2\right\}$，$B=\{x\mid x\geqslant m+1 \text{ 或 } x\leqslant m-1\}$，命题 p：$t\in A$，命题 q：$t\in B$，并且命题 p 是命题 q 的充分条件，求实数 m 的取值范围.

7. 求方程 $x^2+kx+1=0$ 与 $x^2+x+k=0$ 有一个公共实根的充要条件.

8. 设 x，$y\in\mathbf{R}$，求证：$|x+y|=|x|+|y|$ 成立的充要条件是 $xy\geqslant 0$.

9. 写出下列命题.

（1）$p\vee q$，其中 p：$4\in\{2,3\}$，q：$2\in\{2,3\}$；

（2）$p\wedge q$，其中 p：$4>4$，q：23 不是偶数；

（3）$\neg p$，其中 p：5 不是 15 的约数.

10. 指出下列命题中，哪些是全称命题，哪些是特称命题，并判断其真假.

（1）在平面直角坐标系中，任意有序实数对 (x,y) 都对应一点；

（2）存在一个实数，它的绝对值不是正数；

（3）对任意实数 x_1，x_2，若 $x_1<x_2$，都有 $x_1^2<x_2^2$；

（4）存在一个实数 x，使得 $x^2+2x+3=0$.

11. 存在 $a\in\mathbf{R}$，关于 x 的不等式组 $\begin{cases}\dfrac{1}{3}x-1\leqslant\dfrac{1}{2}(x-1)\\ 2x-a\leqslant 3(1-x)\end{cases}$ 有且仅有三个整数解，且使关

于 y 的分式方程 $\frac{3y}{y-2}+\frac{a+12}{2-y}=1$ 有整数解，则满足条件的所有 a 的值之和是(　　)

A. -10　　B. -12　　C. -16　　D. -18

12. a，b，c 为实数，且 $a=b+c+1$，证明：两个一元二次方程 $x^2+x+b=0$，$x^2+ax+c=0$ 中至少有一个方程有两个不相等的实数根.

13. 已知命题 p：$\forall x\in\mathbf{R}$，$2x\neq -x^2+m$，命题 q：$\exists x\in\mathbf{R}$，$x^2+2x-m-1=0$. 若命题 p 为假命题，命题 q 为真命题，求实数 m 的取值范围.

§1.3　习题选解

1.3.1　习题 1.1 选解

1. (1)√　(2) √　(3) ×　(4) √

2. $\notin$　$\in$　$\in$　$\notin$　$\notin$　$\notin$　$\in$

3. (1)A　(2) C　4. B　5. B　6. (1)$\in$　(2)$\in$

7. **解**　$A=\{x\mid(x-1)(x-a)=0\}$；当 $a=1$ 时，$A=\{1\}$；当 $a\neq1$ 时，$A=\{1, a\}$.

8. B　9. A

10. **解析**　因 A 是 $\{1, 2, 3, 4, 5\}$ 的子集，且包含 $\{1, 2\}$，故 A 可以为 $\{1, 2\}$，$\{1, 2, 3\}$，$\{1, 2, 4\}$，$\{1, 2, 5\}$，$\{1, 2, 3, 4\}$，$\{1, 2, 3, 5\}$，$\{1, 2, 4, 5\}$，$\{1, 2, 3, 4, 5\}$，总计为 8 个，故选 C.

11. D　12. D　13. C　14. C　15. C

16. $\{4, 9, 16\}$

17. **解析**　当 $a=0$ 时，$A=\left\{x\mid x=-\frac{4}{3}\right\}$；当 $a\neq0$ 时，关于 x 的方程 $ax^2-3x-4=0$ 应有两个相等的实数根或无实数根，所以 $\Delta=9+16a\leqslant0$，即 $a\leqslant-\frac{9}{16}$. 故所求的 a 的取值范围是 $\{a\mid a=0$ 或 $a\leqslant-\frac{9}{16}$，$a\in\mathbf{R}\}$.

18. **解析**　根据“孤立元”的定义，由 S 的 3 个元素构成的所有集合中，不含“孤立元”的集合为 $\{1, 2, 3\}$，$\{2, 3, 4\}$，$\{3, 4, 5\}$，$\{4, 5, 6\}$，$\{5, 6, 7\}$，$\{6, 7, 8\}$，共有 6 个. 故答案为 6.

19. $\{1, 2, 3, 4\}$

20. **解**　所有子集有：$\varnothing$，$\{a\}$，$\{b\}$，$\{c\}$，$\{a, b\}$，$\{a, c\}$，$\{b, c\}$，$\{a, b, c\}$. 总计集合 $\{a, b, c\}$ 子集的个数为 8 个.

21. **解**　因为 $x^2+1=0$，故 $x^2=-1$ 无解，所以 $\{x\mid x^2+1=0, x\in\mathbf{R}\}=\varnothing$，又因为 $x^2-1=0$，解得 $x=\pm1$，所以

$$\{x \mid x^2-1=0, x\in\mathbf{R}\}=\{-1, 1\}.$$

又由集合 M 满足 $\varnothing \subset M \subseteq \{-1, 1\}$，根据子集的定义可知：集合 M 可能为 $\{-1\}$，$\{1\}$ 和 $\{-1, 1\}$，故集合 M 的个数为 3 个.

22. **解析**　因为 $M\cap N=\{0, 1\}$，所以 $0\in M$，故 $a^3-a=0$，解得 $a=0$ 或 $a=\pm 1$.

(1) 当 $a=0$ 时，$M=\{0, 1, 2\}$，$N=\{0, 1, 3\}$，$M\cap N=\{0, 1\}$ 满足条件；

(2) 当 $a=1$ 时，$M=\{0, 1, 2\}$，$N=\{0, 1, 2\}$，$M\cap N=\{0, 1, 2\}$ 不满足条件；

(3) 当 $a=-1$ 时，$M=\{0, 1, 2\}$，$N=\{0, 2\}$，$M\cap N=\{0, 2\}$ 不满足条件.

所以选 A.

23. $\{5, 8\}$；$\{3, 4, 5, 6, 7, 8\}$

24. $\{x \mid 1<x<2\}$；$\{x \mid -1<x<3\}$

25. $\left\{(x, y) \mid \begin{cases} y=-4x+6 \\ y=5x-3 \end{cases}\right\}=\{(1, 2)\}$

26. **解**　由 $x^2-3x+2=0 \Rightarrow x_1=1$，$x_2=2$，故 $A=\{1, 2\}$. 又因为 $A\cup B=A$，所以 $B\subseteq A$.

可分三种情况讨论：

(1) 若 $B=\varnothing$，则 $\Delta=a^2-16<0 \Rightarrow -4<a<4$.

(2) 若 B 有一个元素，即 $B=\{1\}$ 或 $\{2\}$，则 $\Delta=a^2-16=0 \Rightarrow a=\pm 4$，

当 $a=-4$ 时，$B=\{-1\}$ 不满足条件，舍去；当 $a=4$ 时，$B=\{1\}$ 满足条件.

(3) 若 B 有两个元素，即 $B=\{1, 2\}$，则 $\Delta=a^2-16>0$，即 $a<-4$ 或 $a>4$，

此时 $x_1x_2=2\neq 1$，这与根与系数关系矛盾，所以不成立.

综上可知，a 的取值构成的集合为 $\{a \mid -4<a\leqslant 4\}$.

27. **解**　因为 $\complement_S A=\{a+3\} \Rightarrow a+3\in S$，且 $a+3\notin A$，所以 $a+3=3$ 或 $a+3=a^2+2a-3$；

(1) 若 $a+3=3$，则 $a=0$，此时 $S=\{2, 3, -3\}$，$A=\{1, 2\}$，与 S 是全集矛盾，舍去；

(2) 若 $a+3=a^2+2a-3$，则 $a=-3$ 或者 $a=2$，当 $a=-3$ 时，$A=\{2, 2\}$ 与集合的互异性矛盾. 当 $a=2$ 时，$S=\{2, 3, 5\}$，$A=\{2, 3\}$，$\complement_S A=\{5\}$ 成立.

综上所述，$a=2$.

1.3.2　习题 1.2 选解

1. A　2. ③　①②④⑤

3. **解**　(1) 逆命题：若 $\tan\alpha=\sqrt{3}$，则 $\sin\alpha=\frac{1}{2}$. 否命题：若 $\sin\alpha\neq\frac{1}{2}$，则 $\tan\alpha\neq\sqrt{3}$.

逆否命题：若 $\tan\alpha\neq\sqrt{3}$，则 $\sin\alpha\neq\frac{1}{2}$.

(2) 逆命题：若两个三角形全等，则这两个三角形等底等高. 否命题：若两个三角形不等底或不等高，则这两个三角形不全等. 逆否命题：若两个三角形不全等，则

这两个三角形不等底或不等高.

(3) 逆命题：若 $x^2-3x+2<0$，则 $1<x<2$. 否命题：若 $x\leqslant 1$ 或 $x\geqslant 2$，则 $x^2-3x+2\geqslant 0$. 逆否命题：若 $x^2-3x+2\geqslant 0$，则 $x\leqslant 1$ 或 $x\geqslant 2$.

(4) 逆命题：若 $a=0$ 或 $b=0$，则 $ab=0$. 否命题：若 $ab\neq 0$，则 $a\neq 0$ 且 $b\neq 0$. 逆否命题：若 $a\neq 0$ 且 $b\neq 0$，则 $ab\neq 0$.

4. **解析**　(1) ①$ab=0$ 即为 $a=0$ 或 $b=0$，即 a，b 中至少有一个为 0；②$a+b=0$ 即 a，b 互为相反数，则 a，b 可能均为 0，也可能为一正一负；③由 $ab>0$ 知 a 与 b 同号，即 a，b 都不为 0. 综上可知，"a，b 都为 0"能推出①②，③能推出"a，b 都不为 0"，所以 a，b 都为 0 的必要条件是①②，使 a，b 都不为 0 的充分条件是③.

(2) 记 $A=\{x\mid x>2$ 或 $x<-1\}$，由 $4x+p<0$，得 $x<-\frac{p}{4}$，记 $B=\left\{x\mid x<-\frac{p}{4}\right\}$. 由题意得 $B\subseteq A$，则 $-\frac{p}{4}\leqslant -1$，即 $p\geqslant 4$，此时 $x<-\frac{p}{4}\leqslant -1\Rightarrow x>2$ 或 $x<-1$，故当 $p\geqslant 4$ 时，"$4x+p<0$"是"$x>2$ 或 $x<-1$"的充分条件.

5. **解**　(1) $x-3=0\Rightarrow(x-2)(x-3)=0$，但 $(x-2)(x-3)=0\nRightarrow x-3=0$，故 p 是 q 的充分不必要条件.

(2) 两个三角形相似$\nRightarrow$两个三角形全等，但两个三角形全等$\Rightarrow$两个三角形相似，故 p 是 q 的必要不充分条件.

(3) $a>b\Rightarrow a+c>b+c$，且 $a+c>b+c\Rightarrow a>b$，故 p 是 q 的充要条件.

(4) $a>b\nRightarrow ac>bc$，且 $ac>bc\nRightarrow a>b$，故 p 是 q 的既不充分也不必要条件.

6. **解**　先化简集合 A，由 $y=x^2-\frac{3}{2}x+1$，配方，得 $y=\left(x-\frac{3}{4}\right)^2+\frac{7}{16}$.

因为 $-\frac{1}{2}\leqslant x\leqslant 2$，所以 $\frac{7}{16}\leqslant y\leqslant 2$.

所以 $A=\left\{y\mid \frac{7}{16}\leqslant y\leqslant 2\right\}$. 因为 $B=\{x\mid x\geqslant m+1$ 或 $x\leqslant m-1\}$，命题 p 是命题 q 的充分条件，所以 $A\subseteq B$.

所以 $m+1\leqslant\frac{7}{16}$ 或 $m-1\geqslant 2$，解得 $m\leqslant -\frac{9}{16}$ 或 $m\geqslant 3$. 故实数 m 的取值范围是 $m\leqslant -\frac{9}{16}$ 或 $m\geqslant 3$.

7. **解**　$\begin{cases}x^2+kx+1=0,\\x^2+x+k=0,\end{cases}\Leftrightarrow\begin{cases}x^2-(x^2+x)x+1=0,\\x^2+x+k=0,\end{cases}\Leftrightarrow\begin{cases}1-x^3=0,\\x^2+x+k=0,\end{cases}\Leftrightarrow\begin{cases}x=1,\\k=-2,\end{cases}$ 所以两方程有一公共实根的充要条件为 $k=-2$.

8. **证明**　①充分性：如果 $xy\geqslant 0$，则有 $xy=0$ 和 $xy>0$ 两种情况，

当 $xy=0$ 时，不妨设 $x=0$，得 $|x+y|=|y|$，$|x|+|y|=|y|$，所以等式成立.

当 $xy>0$，即 $x>0$，$y>0$ 或 $x<0$，$y<0$ 时. 又当 $x>0$，$y>0$ 时，$|x+y|=x+y$，$|x|+|y|=x+y$，所以等式成立.

当 $x<0$，$y<0$ 时，$|x+y|=-(x+y)$，$|x|+|y|=-x-y=-(x+y)$，所以

等式成立.

总之，当 $xy\geqslant 0$ 时，$|x+y|=|x|+|y|$ 成立.

②必要性：

若 $|x+y|=|x|+|y|$ 且 x，$y\in\mathbf{R}$，得 $|x+y|^2=(|x|+|y|)^2$，即 $x^2+2xy+y^2=x^2+2|x|\cdot|y|+y^2$，所以 $xy=|xy|$，所以 $xy\geqslant 0$.

综上可知，$xy\geqslant 0$ 是等式 $|x+y|=|x|+|y|$ 成立的充要条件.

9. **解** (1) $4\in\{2,3\}$ 或 $2\in\{2,3\}$. (2) $4>4$ 且 23 不是偶数. (3) 5 是 15 的约数.

10. **解** (1)(3) 是全称命题，(2)(4) 是特称命题.

(1) 在平面直角坐标系中，任意有序实数对 (x,y) 与平面直角坐标系中的点是一一对应的，所以该命题是真命题.

(2) 存在一个实数零，它的绝对值不是正数，所以该命题是真命题.

(3) 存在 $x_1=-5$，$x_2=-3$，$x_1<x_2$，但 $(-5)^2>(-3)^2$，所以该命题是假命题.

(4) 由于 $x\in\mathbf{R}$，则 $x^2+2x+3=(x+1)^2+2\geqslant 2$，因此使得 $x^2+2x+3=0$ 的实数 x 不存在，所以该命题是假命题.

11. **解析** $\begin{cases}\dfrac{1}{3}x-1\leqslant\dfrac{1}{2}(x-1)\cdots\cdots(1)\\ 2x-a\leqslant 3(1-x)\cdots\cdots(2)\end{cases}$，解 (1) 得 $x\geqslant -3$，解 (2) 得 $x\leqslant\dfrac{3+a}{5}$，依题意，不等式组的解集是 $-3\leqslant x\leqslant\dfrac{3+a}{5}$. 因为不等式组仅有三个整数解，所以 $-1\leqslant\dfrac{3+a}{5}<0$，解得 $-8\leqslant a<-3$，又 $\dfrac{3y}{y-2}+\dfrac{a+12}{2-y}=1$ 有整数解，即 $3y-a-12=y-2$，所以 $y=\dfrac{a+10}{2}$，因为 $y\neq 2$，所以 $a\neq -6$，且 $y=\dfrac{a+10}{2}$ 是整数，所以 $a=-8$ 或 -4，所以满足条件的所有 a 的值之和是 $-8-4=-12$，故选 B.

12. **证明** 要证明结论的否定：两个方程都没有两个不相等的实数根，则有 $\Delta_1=1-4b\leqslant 0$，$\Delta_2=a^2-4c\leqslant 0$.

所以 $\Delta_1+\Delta_2=1-4b+a^2-4c\leqslant 0$.

因为 $a=b+c+1$，所以 $b+c=a-1$. 所以 $1-4(a-1)+a^2\leqslant 0$，即 $a^2-4a+5\leqslant 0$.

但是 $a^2-4a+5=(a-2)^2+1>0$，故矛盾.

所以要证明结论的否定是假命题，要证明的结论为真命题，即两个一元二次方程 $x^2+x+b=0$，$x^2+ax+c=0$ 中至少有一个方程有两个不相等的实数根.

13. **解** 因为命题 p 为假命题，所以命题 p 的否定为真命题，即命题“$\exists x\in\mathbf{R}$，$2x=-x^2+m$”为真命题，则 $-x^2-2x+m=0$ 有实根.

所以 $\Delta=4+4m\geqslant 0$，即 $m\geqslant -1$.

若命题 q：$\exists x\in\mathbf{R}$，$x^2+2x-m-1=0$ 为真命题，则方程 $x^2+2x-m-1=0$ 有实根，

所以 $\Delta=4+4(m+1)\geqslant 0$，所以 $m\geqslant -2$.

于是，$m\geqslant -1$ 且 $m\geqslant -2$，所以 m 的取值范围为 $m\geqslant -1$.

CHAPTER 2

第 2 章

数与式

在古代，当算术里积累了大量的关于各种数量问题的解法后，为了寻求有系统的、更普遍的方法，解决各种数量关系的问题，就产生了以解代数方程的原理为中心问题的初等代数．代数(Algebra) 是由算术（Arithmetic）演变来的．至于什么年代产生的代数学这门学科，没有明确记载．16 世纪发展起来解 $bx+k=0$ 这类用符号表示的代数方程的技巧的“代数学”．如果我们对代数符号不是要求与现在一样简练，那么代数学的产生可上溯到更早的年代．西方人将 3 世纪古希腊数学家刁藩都看作代数学的鼻祖，而在中国，用文字来表达的代数问题出现得就更早了．从清朝开始，“代数”作为一个数学专有名词、代表一门数学分支在我国正式使用．当然，代数的内容和方法在我国古代早就产生了，比如《九章算术》中就有方程问题．

初等代数的中心内容是解代数方程，数学家们长期以来把主要精力集中在代数方程的研究上，它的研究方法是高度计算性的．要讨论代数方程，首先遇到的一个问题是如何把实际中的数量关系列出带有未知数的代数式，然后根据等量关系列出代数方程，所以初等代数的一个重要内容就是代数式．由于事物中的数量关系的不同，大体上初等代数形成了整式、分式和根式这三大类代数式．代数式是数的化身，因而在代数中，它们都可以进行四则运算，而且还可以进行有理数指数的乘方和开方两种新的运算．通常把这六种运算叫做代数运算，以区别于只包含四种运算的算术运算．

代数式概念的形成与发展经历了一个漫长的历史过程，13 世纪，斐波那契（Fibonacci）就开始采用字母表示运算对象，但尚未使用运算符号．韦达（Viete）于 1584—1589 年间引入数学符号系统，使代数成为关于方程的理论，因而人们普遍认为他是代数式的创始人．笛卡儿（Descartes）对韦达的字母用法做了改进，用拉丁字母表中前面的字母 a，b，c，…表示已知数，用末尾的一些字母 x，y，z，…表示未知数．莱布尼茨（Leibniz）对各种符号记法进行了系统研究，发展并完善了代数式的表示方法．

在实数范围内，代数式可分为有理式和无理式两种．

（1）有理式包括整式（除数中没有字母的有理式）和分式（除数中有字母且除数不为 0 的有理式）．这种代数式中对于字母只进行有限次加、减、乘、除和整数次乘方这些运算（也称之为代数运算）．整式有包括单项式（数字或字母的乘积，或者是单独的一个数字或字母）和多项式（若干个单项式的和）．

(2) 把被开方数含有字母的根式、字母的非整数次乘方或者带有非代数运算的式子叫做无理式. 无理式包括根式和超越式，把有理式与根式统称代数式.

本章将介绍有理式中整式的运算、因式分解与恒等变形，以及整式乘法中的分离系数法和整式除法中的综合除法；然后介绍有理式中分式的运算和部分分式分解；最后介绍根式和分数指数幂的概念，以及它们的运算和相关性质.

§ 2.1　整式

2.1.1　整式的概念和分类

1. 整式的概念

整式为单项式和多项式的统称，是有理式的一部分，在有理式中可以包含加、减、乘、除、乘方五种运算，但在整式中除数不能含有字母.

齐次多项式　各单项式的次数相同的多项式叫做齐次多项式.

一般地，把代表数的字母与数进行加、减、乘、除这四种运算所得的式子称为关于这些字母的整式. 整式一般用大写英文字母 A，B，C，…表示，关于字母 x 的整式可用 $f(x)$，$g(x)$等符号表示，例如：$f(x)=2x^2-x+4$，$g(x)=6x+4$. 关于字母 x，y 的整式则可用 $f(x, y)$，$g(x, y)$ 等符号表示，例如：

$$f(x, y)=4x^2+7xy-6y+9,$$
$$g(x, y)=2x^2-4y^2+3xy-5.$$

当 $x=1$ 时，整式 $f(x)=2x^2-x+4$ 所得的值记为 $f(1)$，即

$$f(1)=2\times1^2-1+4=5.$$

同样，当 $x=1$，$y=2$ 时，整式 $f(x, y)=4x^2+7xy-6y+9$ 所得的值可记为 $f(1, 2)$，即

$$f(1, 2)=4\times1^2+7\times1\times2-6\times2+9=15.$$

2. 整式的分类

(1) **单项式**　由数与字母的积或字母与字母的积所组成的代数式称为**单项式**. 特别地，单独一个数或一个字母也称为单项式，如 Q，-1，a，$-\frac{3}{5}$，β 等.

一元多项式　只含有一个字母的多项式.

多元多项式　含有两个及以上字母的多项式. 多元多项式是一元多项式的推广，它是多项式理论研究的重要对象.

单项式中的数字因数叫做单项式（或字母因数）的数字系数，简称系数. 一个单项式中，所有字母的指数的和叫做这个单项式的代数式次数，简称单项式的次数.

(2) **多项式**　几个单项式的代数和称为多项式，即多个单项式的和或差运算形成的代数式.

在多项式中，每个单项式叫做多项式的项，不含字母的项叫做常数项，次数最高的项的次数就是这个多项式的次数.

对于一个多项式，若按字母 x 指数从大到小的顺序排列，称为将多项式 $ax^2+bx+c=0$ 按字母 x 的降幂排列；若按字母

x 指数从小到大的顺序排列，就是把多项式按字母 x 的升幂排列.

当次数大于零的有理系数的多项式，不能分解为两个次数大于零的有理数系数多项式的乘积时，称为有理数范围内不可约多项式. 实数范围内不可约多项式是一次或某些二次多项式.

（3）**同类项** 在多项式中含有相同的字母，并且相同字母的指数也分别相同的项叫做同类项. 由此所有常数项都是同类项，在求代数式的值时，常常先合并同类项，化简代数式后再求值.

2.1.2 整式的加、减法

整式加减法导图见图 2－1.

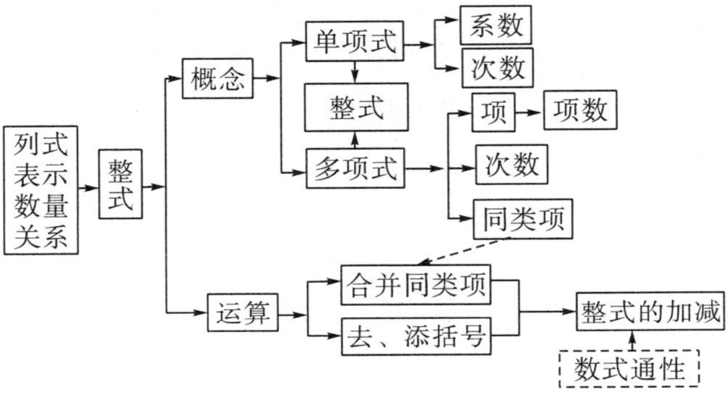

图 2－1

整式的加、减法运算本质上是合并同类项，对整式的加、减法法则可归纳为：

（1）同类项相加（减），可把它们的系数相加（减），并把相同的字母部分写在后面.

（2）多项式相加，可接连写出它们的一切项，而不改变符号，再合并同类项进行化简.

（3）多项式相减，可改变减式中各项的符号再相加.

（4）括号法则：括号前是“＋”号，可以去掉括号，括号中各项符号不变；括号前是“－”号，可以去掉括号，并且括号中各项都变号.

下面举例说明整式的加法和减法.

为了便于寻找两个多项式的同类项，可以先将多项式按照字母的升幂或者降幂排列. 如：

$$3x-5x^2+2-5x^3$$
$$=-5x^3-5x^2+3x+2.$$

例 1 求 $7x^3-3x^2-5x-1$ 与 $3x-5x^2+2-5x^3$ 的差.

解 由整式的减法规则可得，

$$\begin{aligned}&(7x^3-3x^2-5x-1)-(3x-5x^2+2-5x^3)\\=&(7x^3+5x^3)+(-3x^2+5x^2)+(-5x-3x)\\&+(-1-2)\\=&12x^3+2x^2-8x-3\end{aligned}$$

例2　求 $(ax^3+ax^2y+2ab^2)+(bx^2y-5ab^2)$ 的值.

解　由整式的加法规则可得，

$$\begin{aligned}&(ax^3+ax^2y+2ab^2)+(bx^2y-5ab^2)\\=&ax^3+(ax^2y+bx^2y)+(2ab^2-5ab^2)\\=&ax^3+(a+b)x^2y-3ab^2\end{aligned}$$

2.1.3　整式的乘法与分离系数法

1. 整式的乘法

整式乘法法则可归纳为：

(1) 两个单项式的乘积，等于系数的积乘字母因数的积，再用幂的运算法则把字母的积进行化简.

(2) 两个单项式同号，积取“+”号；两个单项式异号，积取“-”号.

(3) 单项式或多项式乘多项式的积，根据乘法分配律，可用乘式的每一项乘被乘式的每一项，再把所得的积相加.

例3　计算 $(x+1)(x^2-x+1)$.

解　$$\begin{aligned}(x+1)(x^2-x+1)&=x(x^2-x+1)+(x^2-x+1)\\&=x^3-x^2+x+x^2-x+1\\&=x^3+1,\end{aligned}$$

故 $(x+1)(x^2-x+1)=x^3+1$.

当项数较多的多项式相乘时，为了便于整理，多用竖式来计算. 但先要把多项式按某一字母的降幂（或升幂）排列，且以项数较多的一式作被乘式，当被乘式与乘式有缺项时，留出空位或补上零，也可认为缺项的系数为零.

例4　求 x^2+4x^3-5 和 $3x-2$ 的积.

解　按 x 的降幂排列，缺位添0，于是竖式计算如下

$$\begin{array}{rrrrrr}
 & 4x^3 & -x^2 & +0 & -5 & \\
\times) & 3x & -2 & & & \\
\hline
 & 12x^4 & -3x^3 & +0 & -15x & \\
+) & & -8x^3 & +2x^2 & +0 & +10\\
\hline
 & 12x^4 & -11x^3 & +2x^2 & -15x & +10
\end{array}$$

故 $(x^2+4x^3-5)\times(3x-2)=12x^4-11x^3+2x^2-15x+10$.

齐次多项式 各单项式的次数相同的多元多项式叫做齐次多项式.

对于含有 2 个字母的齐次式（多元多项式的各项次数都相同），也可用竖式来计算. 但先要把齐次式按某一字母的降幂（或升幂）排列，由齐次式的定义知齐次式按另一字母的升幂（或降幂）排列，以项数较多的一式作被乘式，当被乘式与乘式有缺项时，留出空位或补上零. 如 $x^2+4xy-y^2$，$a^3-a^2b+b^3$ 等都是齐次式.

例 5 计算 $(a+b)\times(a^2-ab+b^2)$.

解 两个因式都是 a，b 的齐次式，按 a 的降幂、b 的升幂排列，缺位添 0. 于是竖式计算如下

$$
\begin{array}{lcccc}
 & a^2 & -ab & +b^2 & \\
\times) & a & +b & & \\
\hline
 & a^3 & -a^2b & +ab^2 & \\
+) & & a^2b & -ab^2 & +b^3 \\
\hline
 & a^3 & +0 & +0 & +b^3
\end{array}
$$

故 $(a+b)\times(a^2-ab+b^2)=a^3+b^3$.

例 6 计算 $(a^3+ab^2-a^2b+b^3)\times(a^2+b^2)$.

多项式的**分离系数法**(method of detached coefficients of polynomials）是多项式四则运算的一种演算形式.
(1) 运算时要按一定的顺序进行，防止漏项，积的项数在没有合并同类项以前，应是两个多项式的项数的积.
(2) 运算时要注意积的符号.
(3) 运算结果有同类项的要合并同类项，并按某个字母的升幂或降幂排列.

解 两个因式都是 a，b 的齐次式，按 a 的降幂、b 的升幂排列，缺位添 0. 于是竖式计算如下

$$
\begin{array}{lcccccc}
 & a^3 & -a^2b & +ab^2 & +b^3 & & \\
\times) & a^2 & +0 & +b^2 & & & \\
\hline
 & a^5 & -a^4b & +a^3b^2 & +a^2b^3 & & \\
 & & 0 & +0 & +0 & +0 & \\
+) & & & a^3b^2 & -a^2b^3 & +ab^4 & +b^5 \\
\hline
 & a^5 & -a^4b & +2a^3b^2 & +0 & +ab^4 & +b^5
\end{array}
$$

故 $(a^3+ab^2-a^2b+b^3)\times(a^2+b^2)=a^5-a^4b+2a^3b^2+ab^4+b^5$.

2. 分离系数法

上面的整式相乘的竖式计算说明，当按竖式计算两多项式之积时，各项排列的位置完全可以表示它们所含字母的次数，所以我们可以略去字母而只写出系数（当系数为正数时，正号“+”可以省略）以简化计算. 多项式有缺项的就补上零，这个方法称为**分离系数法**.

例 7 求 $-3x^3+2x^4-4x+1$ 和 $-9+x^2-6x$ 的积.

解 两个多项式都按 x 的降幂排列分别为

$$2x^4-3x^3+0\cdot x^2-4x+1,\ x^2-6x-9.$$

于是竖式计算如下

	2	−3	0	−4	1		
×)	1	−6	−9				
	2	−3	0	−4	1		
		−12	18	0	24	−6	
+)			−18	27	0	36	−9
	2	−15	0	23	25	30	−9

故 $(-3x^3+2x^4-4x+1)\times(-9+x^2-6x)=2x^6-15x^5+23x^3+25x^2+30x-9$.

例 8　求 $a^3+3a^2b+2b^3$ 和 $a^2+ab-3b^2$ 的积.

解　两个齐次多项式都按 a 的降幂、b 的升幂排列分别为 $a^3+3a^2b+0+2b^3$，$a^2+ab-3b^2$. 于是竖式计算如下

	1	3	0	2		
×)	1	1	−3			
	1	3	0	2		
		1	3	0	2	
+)			−3	−9	0	−6
	1	4	0	−7	2	−6

故 $(a^3+3a^2b+2b^3)\times(a^2+ab-3b^2)=a^5+4a^4b-7a^2b^3+2ab^4-6b^5$.

对于齐次多项式的乘法，如果齐次式各项的系数有一定的规律或者系数是简单的数 0 或 1，应用分离系数法时具有比较简单、易操作等特点，能够应用分离系数法去证明一些特殊形式的多项式恒等式.

例 9　证明恒等式：$(a+b)(a^4-a^3b+a^2b^2-ab^3+b^4)=a^5+b^5$.

证明　两个齐次多项式都按 a 的降幂、b 的升幂排列分别为 $a^4-a^3b+a^2b^2-ab^3+b^4$，$a+b$. 于是竖式计算如下

	1	−1	1	−1	1	
×)	1	1				
	1	−1	1	−1	1	
+)		1	−1	1	−1	1
	1	0	0	0	0	1

故 $(a+b)(a^4-a^3b+a^2b^2-ab^3+b^4)=a^5+b^5$.

习题 2.1

1. 化简：

(1) $a(a+b)-b(a-b)$；

(2) $-3(a-b)-2(a+b)-(3a-2b)+5(a-2b)$；

（3）$6m^2-5m(2n-m)-4m\left(3m+\frac{5}{2}n\right)$.

2. 计算：

（1）$(24x+6x^2+x^3+60)(12x-6x^2+12+x^3)$；

（2）$(x^3+3x^2y-3xy^2+4y^3)(2x+3y)$；

（3）$(-5x+2x^2+1+2x^4-3x^3)(x^2-1-2x)$；

（4）$(3x^5-2x^4-x^3+7x^2-6x+5)(2x^2-3x+1)$.

§2.2　乘法公式与因式分解

为何要进行因式分解？因式分解的目的是什么？实际上，因式分解最初就是为了快捷求解代数方程．许多数学家做了尝试，最终凝练成为我们今天熟知的一些规律.

韦达首先发现了因式分解的工具性和重要性，在其《论方程的整理和修改》中，首先给出代数方程的多项式因式分解方法，并证得所有三次和三次以上的一元多项式在实数范围内皆可因式分解.

仿照韦达，英国数学家哈利奥特（Harriot，1560—1621）在其《实用分析术》（*Artis Analyticae Praxis*）第二部分讨论了应用因式分解法求解代数方程（该书问世于 1631 年）.

1637 年笛卡儿（Descartes，1596—1650）在其《几何学》中，首次应用待定系数法将 4 次方程分解为两个 2 次方程求解，并最早给出因式分解定理.

现今待定系数法已成为多项式因式分解、分式分项分解的有力工具.

2.2.1　乘法公式

利用多项式乘法法则，我们可以得到一些乘法公式，用它们来求某些特殊形式的多项式的乘法.

完全平方公式	$(a+b)^2=a^2+2ab+b^2$ $(a-b)^2=a^2-2ab+b^2$
完全立方公式	$(a+b)^3=a^3+3a^2b+3ab^2+b^3$ $(a-b)^3=a^3-3a^2b+3ab^2-b^3$
平方差公式	$a^2-b^2=(a+b)(a-b)$
立方和、差公式	$a^3+b^3=(a+b)(a^2-ab+b^2)$ $a^3-b^3=(a-b)(a^2+ab+b^2)$

续表

欧拉公式	$(a+b+c)\cdot(a^2+b^2+c^2-ab-ac-bd)=a^3+b^3+c^3-3abc$

下面举几个利用公式做整式乘法的例题.

例 1　求 (1)$(-2x+5y)^2$；(2)$(-3a-4b)^2$.

解　(1) 应用完全平方公式，得

$$(-2x+5y)^2=(-2x)^2+2(-2x)(5y)+(5y)^2=4x^2-20xy+25y^2.$$

(2) 与 (1) 相类似，

$$(-3a-4b)^2=9a^2+24ab+16b^2.$$

例 2　求 (1)$(2x+3y)(3y-2x)$；(2)$(-3x+4)(-3x-4)$.

解　(1) 应用平方差公式，得

$$(2x+3y)(3y-2x)=(3y)^2-(2x)^2=9y^2-4x^2.$$

(2) 与 (1) 相类似，

$$(-3x+4)(-3x-4)=(-3x)^2-4^2=9x^2-16.$$

例 3　求 (1)$\left(4x+\frac{1}{x}\right)^2$；(2)$(2x-y)^3$.

完全平方、完全立方公式的一般情况就是二项式定理，即 $(a\pm b)^2$，$(a\pm b)^3$ 展开的多项式就是二项式的展开式.

解　(1) 应用完全平方公式，得

$$\left(4x+\frac{1}{x}\right)^2=(4x)^2+2\cdot 4x\cdot\frac{1}{x}+\left(\frac{1}{x}\right)^2=16x^2+8+\frac{1}{x^2}.$$

(2) 应用完全立方公式，得

$$\begin{aligned}&(2x-y)^3\\=&(2x)^3+3\cdot(2x)^2\cdot(-y)+3\cdot(2x)\cdot(-y)^2\\&+(-y)^3\\=&8x^3-12x^2y+6xy^2-y^3.\end{aligned}$$

例 4　求下列多项式的乘积

(1) $(2x+3)(4x^2-6x+9)$；

(2) $(x+1)(x-1)(x^2+x+1)(x^2-x+1)$；

(3) $(x+1)(x-1)(x^4+x^2+1)$.

解　(1) 应用立方和公式，得

$$\begin{aligned}&(2x+3)(4x^2-6x+9)\\=&(2x+3)\left[(2x)^2-2x\cdot 3+3^2\right]\\=&(2x)^3+3^3=8x^3+27.\end{aligned}$$

(2) 先分项组合，应用立方和、差公式和平方差公式，得

$$\begin{aligned}&(x+1)(x-1)(x^2+x+1)(x^2-x+1)\\=&[(x+1)(x^2-x+1)][(x-1)(x^2+x+1)]\\=&(x^3+1)(x^3-1)\\=&x^6-1.\end{aligned}$$

(3) 与 (2) 相类似，得

$$\begin{aligned}&(x+1)(x-1)(x^4+x^2+1)\\=&(x^2-1)[(x^2)^2+x^2+1]\\=&x^6-1.\end{aligned}$$

右边例 5 中两个的等式可以称之为三项和、差的平方公式，可作为乘法公式直接使用.

例 5 求证：(1) $(a+b+c)^2=a^2+b^2+c^2+2ab+2ac+2bc$；

(2) $(a-b-c)^2=a^2+b^2+c^2-2ab-2ac+2bc$.

证 (1) 由加法满足结合律，得

$$\begin{aligned}(a+b+c)^2&=[(a+b)+c]^2\\&=(a+b)^2+2(a+b)c+c^2\\&=(a^2+2ab+b^2)+2ac+2bc+c^2\\&=a^2+b^2+c^2+2ab+2ac+2bc.\end{aligned}$$

(2) 由减法满足结合律得，于是有

$$\begin{aligned}(a-b-c)^2&=[(a-b)-c]^2\\&=(a-b)^2-2(a-b)c+c^2\\&=(a^2-2ab+b^2)-2ac+2bc+c^2\\&=a^2+b^2+c^2-2ab-2ac+2bc.\end{aligned}$$

例 6 已知 $x+\frac{1}{x}=2$，求 $x^2+\frac{1}{x^2}$的值.

解 由完全平方公式可知，$x^2+\frac{1}{x^2}=\left(x+\frac{1}{x}\right)^2-2$，

又因为 $x+\frac{1}{x}=2$，得

$$x^2+\frac{1}{x^2}=2^2-2=2.$$

例 7 已知 $a+b=2$ 和 $ab=1$，求 a^4+b^4 的值.

解 因为$(a+b)^2=a^2+2ab+b^2$，则 $a^2+b^2=(a+b)^2-2ab$，又因为

$$(a^2+b^2)^2=a^4+2a^2b^2+b^4,$$

于是有

$$\begin{aligned}a^4+b^4&=(a^2+b^2)^2-2a^2b^2\\&=[(a+b)^2-2ab]^2-2a^2b^2\\&=(a+b)^4-4ab(a+b)^2+4a^2b^2-2a^2b^2\\&=(a+b)^4-4ab(a+b)^2+2a^2b^2,\end{aligned}$$

由 $a+b=2$ 和 $ab=1$ 得，$a^4+b^4=2^4-4\times1\times2^2+2\times1^2=2$.

除了前面介绍过的几个乘法公式外，有时要用到下面的

公式：

$$a^n - b^n = (a-b)(a^{n-1} + a^{n-2}b + a^{n-3}b^2 + \cdots + ab^{n-2} + b^{n-1})$$

（n 为正整数）；

$$a^n - b^n = (a+b)(a^{n-1} - a^{n-2}b + a^{n-3}b^2 - \cdots + ab^{n-2} - b^{n-1})$$

（n 为正偶数）；

$$a^n + b^n = (a+b)(a^{n-1} - a^{n-2}b + a^{n-3}b^2 - \cdots - ab^{n-2} + b^{n-1})$$

（n 为正奇数）.

例如

$$x^6 - 1 = (x-1)(x^5 + x^4 + x^3 + x^2 + x + 1);$$

$$x^6 - 1 = (x+1)(x^5 - x^4 + x^3 - x^2 + x - 1);$$

$$x^7 + 1 = (x+1)(x^6 - x^5 + x^4 - x^3 + x^2 - x + 1).$$

2.2.2　因式分解

因式分解是中学数学中最重要的恒等变形之一，是乘法公式的逆运算. 因式分解方法较多，技巧性强，要灵活使用这些方法对多项式进行因式分解，才能更好地掌握因式分解若干方法和技巧，提高学习效率.

1. 因式分解

一般地，单项式与各项无公因式（公因数）的多项式的积叫做最简整式. 把一个多项式化为几个最简整式的积的形式，这种变形叫做因式分解.

因式分解在方程求根、恒等式证明等方面有很广泛的应用. 因式分解遵循的原则如下：
（1）分解必须要彻底（即分解之后因式均不能再做分解）；
（2）结果最后只留下小括号；
（3）结果的多项式首项为正，在一个公式内把其公因子提出，即通过公式重组，然后再提出公因子；
（4）括号内的第一个数前面不能为负号.

2. 因式分解的若干方法

通常情况下，因式分解的方法有提取公因式法、十字相乘法、公式法、拆添项法、配方法等.

例 8　分解因式：

（1）$3a^2b + 6a^3b^2 + 9ab^3$；　　（2）$8a^3b + 8a^2b^2 + 2ab^3$；

（3）$3a^2 + 6ab + 3b^2 - a - b - 2$.

解　（1）提取公因式，得 $3a^2b + 6a^3b^2 + 9ab^3 = 3ab(a + 2a^2b + 3b^2)$；

（2）提取公因式，再应用完全平方公式，得

$$8a^3b + 8a^2b^2 + 2ab^3 = 2ab(4a^2 + 4ab + b^2) = 2ab\,(2a+b)^2;$$

（3）应用完全平方公式和二次三项式的十字相乘法，可得

$$\begin{aligned}3a^2 + 6ab + 3b^2 - a - b - 2 &= 3(a^2 + 2ab + b^2) - (a+b) - 2\\ &= 3(a+b)^2 - (a+b) - 2\\ &= (3a+3b+2)(a+b-1).\end{aligned}$$

例 9 分解因式：

(1) $4x^4+3x^2y^2+y^4$； (2) x^3+3x^2-x-3；

(3) $2a^2+3ab+b^2$.

解 (1) 先使用配方法，再应用平方差公式，可得

$$\begin{aligned}4x^4+3x^2y^2+y^4&=(4x^4+4x^2y^2+y^4)-x^2y^2\\&=(2x^2+y^2)^2-(xy)^2\\&=(2x^2+y^2+xy)(2x^2+y^2-xy);\end{aligned}$$

(2) 应用提公因式法，可得

$$\begin{aligned}x^3+3x^2-x-3&=(x^3+3x^2)-(x+3)\\&=x^2(x+3)-(x+3)\\&=(x+3)(x^2-1)\\&=(x+3)(x+1)(x-1);\end{aligned}$$

(3) 应用拆项法和完全平方公式，可得

$$\begin{aligned}2a^2+3ab+b^2&=(a^2+2ab+b^2)+(a^2+ab)\\&=(a+b)^2+a(a+b)\\&=(a+b)(2a+b).\end{aligned}$$

例 10 分解因式：

因式分解可以将多项式变形为两个次数较低的多项式的平方及其和的形式，若该多项式等于零，就出现了平方和等于零的形式，故每个次数较低的多项式均等于零. 这种方法可以应用于**多项式求值**问题中.

(1) $x^2+2x-\dfrac{1}{x^2}-\dfrac{2}{x}$；

(2) $bc(b+c)+ca(c-a)-ab(a+b)$.

解 (1) 应用配方法，可得

$$\begin{aligned}x^2+2x-\frac{1}{x^2}-\frac{2}{x}&=x^2+2x+1-\frac{1}{x^2}-\frac{2}{x}-1\\&=(x^2+2x+1)-\left(\frac{1}{x^2}+\frac{2}{x}+1\right)\\&=(x+1)^2-\left(\frac{1}{x}+1\right)^2\\&=\left(x+\frac{1}{x}+2\right)\left(x-\frac{1}{x}\right);\end{aligned}$$

(2) 由 $b+c=(a+b)+(c-a)$，可得

$$\begin{aligned}&bc(b+c)+ca(c-a)-ab(a+b)\\=&bc(c-a+a+b)+ca(c-a)-ab(a+b)\\=&bc(c-a)+bc(a+b)+ca(c-a)-ab(a+b)\\=&c(a+b)(c-a)+b(c-a)(a+b)\\=&(a+b)(c-a)(c+b).\end{aligned}$$

例 11 已知 $a^2+b^2+\dfrac{1}{4}c^2+\dfrac{2}{3}a-bc+\dfrac{1}{9}=0$，求多项式 $a^2+ab-ac+\dfrac{1}{3}a+\dfrac{1}{3}b-\dfrac{1}{3}c$ 的值.

解 因为

$$a^2+b^2+\frac{1}{4}c^2+\frac{2}{3}a-bc+\frac{1}{9}$$
$$=\left(a^2+\frac{2}{3}a+\frac{1}{9}\right)+\left(b^2-bc+\frac{1}{4}c^2\right)$$
$$=\left(a+\frac{1}{3}\right)^2+\left(b-\frac{1}{2}c\right)^2,$$

由 $a^2+b^2+\frac{1}{4}c^2+\frac{2}{3}a-bc+\frac{1}{9}=0$，得

$$\left(a+\frac{1}{3}\right)^2+\left(b-\frac{1}{2}c\right)^2=0.$$

故有 $a+\frac{1}{3}=0$，$b-\frac{1}{2}c=0$，又因为

$$a^2+ab-ac+\frac{1}{3}a+\frac{1}{3}b-\frac{1}{3}c$$
$$=(a^2+ab-ac)+\left(\frac{1}{3}a+\frac{1}{3}b-\frac{1}{3}c\right)$$
$$=a(a+b-c)+\frac{1}{3}(a+b-c)$$
$$=\left(a+\frac{1}{3}\right)(a+b-c),$$

所以，$a^2+ab-ac+\frac{1}{3}a+\frac{1}{3}b-\frac{1}{3}c=0$.

习题 2.2

1. 利用乘法公式做乘法：

(1) $\left(a^2+\frac{2}{3}\right)^2$；　(2) $(3x^2-x+5)^2$；

(3) $x^4(x^2+1)(1-x^2)$；　(4) $(y+4)(y^2-4y+16)$；

(5) $(2x-3y)^3$；　(6) $(4a-b)(16a^2+4ab+b^2)$；

(7) $(x+1)(x-1)(x-1)(x+1)$；　(8) $(2+x)(2-x)(4+x^2)$.

2. 分解下列因式：

(1) $ab-a+b-1$；　(2) $x^4+x^3+x^2+x$；

(3) $x^4-x^3+x^2-x$；　(4) $4x^2-y^2$；

(5) $a^2-(b-c)^2$；　(6) $6x-x^2-9$；

(7) $a^2+2ab+b^2-ac-bc$；　(8) $16(a-b)^2-9(a+b)^2$；

(9) $2a^2+11ab+12b^2$；　(10) $(a+b)^2+15(a+b)+56$；

(11) $3a^3+6a^2b-3a^2c-6abc$；　(12) $2x^2+4xy-6ax+3a-x-2y$；

(13) $6x^2-11xy+3y^2$；　(14) $(x-y)^2-7(x-y)z+10z^2$.

§2.3 恒等变形与待定系数法

2.3.1 恒等变形

由数和表示数的字母经有限次加、减、乘、除、乘方和开方等代数运算所得的式子，或含有字母的数学表达式称为**代数式**.

代数式 { 有理式；无理式 }

有理式 { 整式 { 多项式；单项式 }；分式 }

代数式的恒等变形是中学代数的重要内容，它涉及的基础知识较多，主要有整式、分式与根式的基本概念及运算法则，因式分解的知识与技能技巧等，因此代数式的恒等变形是学好中学代数必备的基本功之一.

一般地，两个代数式，如果对于字母在允许范围内的一切取值，它们的值都相等，则称这两个代数式为恒等式. 把一个代数式变换成另一个与它恒等的代数式称为代数式的恒等变形. 恒等式的证明，就是通过恒等变形证明等号两边的代数式相等.

前面学习的整式的加、减法，乘法运算，乘法公式和因式分解都是恒等变形. 特别地，对于两个多项式恒等有如下定理：

多项式恒等的判定定理　两个多项式恒等的充要条件是它们的同次项次数相等. 即：

$$f(x)=a_nx^n+a_{n-1}x^{n-1}+a_{n-2}x^{n-2}+\cdots+a_1x+a_0,$$

$$g(x)=b_nx^n+b_{n-1}x^{n-1}+b_{n-2}x^{n-2}+\cdots+b_1x+b_0,$$

则 $f(x)\equiv g(x)$ 的充分必要条件是 $a_i=b_i(i=0, 1, 2, \cdots, n)$.

证明　(1) 先证充分性

由 $a_i=b_i(i=0, 1, 2, 3, \cdots, n)$ 可得

$$\begin{aligned}&f(x)-g(x)\\=&(a_n-b_n)x^n+(a_{n-1}-b_{n-1})x^{n-1}\\&+\cdots+(a_1-b_1)x+(a_0-b_0)\end{aligned}$$

所以 $f(x)-g(x)=0$ 得 $f(x)=g(x)$.

(2) 再证必要性

由 $f(x)\equiv g(x)$ 可得

$$\begin{aligned}&f(x)-g(x)\\=&(a_n-b_n)x^n+(a_{n-1}-b_{n-1})x^{n-1}\\&+\cdots+(a_1-b_1)x+(a_0-b_0)\\\equiv&0\end{aligned}$$

若对任意的 $x\in\mathbf{R}$，等式恒成立，则必有

$$a_n-b_n=0, a_{n-1}-b_{n-1}=0, \cdots, a_1-b_1=0, a_0-b_0=0,$$

所以 $a_i=b_i(i=0, 1, 2, 3, \cdots, n)$.

这个定理可简述为：如果两个多项式恒等，则它们的同次项系数相等；反之，如果两个多项式的同次项系数相等，则这两个多项式恒等.

例 1　证明恒等式：$(a+b)(a^2-ab+b^2)(a^3-b^3)=a^6-b^6$.

证明　因为

$$\begin{aligned}&(a+b)(a^2-ab+b^2)(a^3-b^3)\\=&(a^3+b^3)(a^3-b^3)\\=&a^6-b^6,\end{aligned}$$

所以，

$$(a+b)(a^2-ab+b^2)(a^3-b^3)=a^6-b^6.$$

例 2　证明恒等式：$(a^2+b^2)(c^2+d^2)-(ac-bd)^2-(ac-bd)^2=4abcd$.

证明　因为

$$\begin{aligned}&(a^2+b^2)(c^2+d^2)-(ac-bd)^2-(ad-bc)^2\\=&(a^2c^2+a^2d^2+b^2c^2+b^2d^2)-(a^2c^2-2abcd+b^2d^2)\\&-(a^2d^2-2abcd+b^2c^2)\\=&4abcd,\end{aligned}$$

所以，

$$(a^2+b^2)(c^2+d^2)-(ac-bd)^2-(ac-bd)^2=4abcd.$$

例 3　证明恒等式：$a^2-4b^2-3c^2+2ac-8bc=(a+2b+3c)(a-2b-c)$.

证明　因为

$$\begin{aligned}&a^2-4b^2-3c^2+2ac-8bc\\=&(a^2+2ac+c^2)-(4b^2+8bc+4c^2)\\=&(a+c)^2-4(b^2+2bc+c^2)\\=&(a+c)^2-4(b+c)^2\\=&(a+c)^2-[2(b+c)]^2\\=&[(a+c)+2(b+c)][(a+c)-2(b+c)]\\=&(a+2b+3c)(a-2b-c),\end{aligned}$$

所以，

$$a^2-4b^2-3c^2+2ac-8bc=(a+2b+3c)(a-2b-c).$$

例 4　已知 $x+y+z=xyz$，证明恒等式：$x(1-y^2)(1-z^2)+y(1-x^2)(1-z^2)+z(1-x^2)(1-y^2)=4xyz$.

证明　因为

$$x(1-y^2)(1-z^2)+y(1-x^2)(1-z^2)+z(1-x^2)(1-y^2)$$
$$=x(1-y^2-z^2+y^2z^2)+y(1-x^2-z^2+x^2z^2)+z(1-x^2-y^2+x^2y^2)$$
$$=(x-xy^2-xz^2+xy^2z^2)+(y-yx^2-yz^2+yx^2z^2)+(z-zx^2-zy^2+zx^2y^2)$$
$$=(x+y+z)-xy(x+y)-xz(x+z)-yz(y+z)+(xy^2z^2+x^2yz^2+x^2y^2z),$$

又由 $x+y+z=xyz$ 得，$x+y=xyz-z$，$x+z=xyz-y$，$y+z=xyz-x$，于是

$$x(1-y^2)(1-z^2)+y(1-x^2)(1-z^2)+z(1-x^2)(1-y^2)$$
$$=xyz-xy(xyz-z)-xz(xyz-y)-yz(xyz-x)+(xy^2z^2+x^2yz^2+x^2y^2z)$$
$$=xyz-x^2y^2z+xyz-x^2yz^2+xyz-xy^2z^2+xyz+(xy^2z^2+x^2yz^2+x^2y^2z)$$
$$=xyz+xyz+xyz+xyz$$
$$=4xyz,$$

所以，

$$x(1-y^2)(1-z^2)+y(1-x^2)(1-z^2)+z(1-x^2)(1-y^2)=4xyz.$$

2.3.2 待定系数法

待定系数法：为了使含有未知系数的整式能恒等于某已知整式，根据多项式恒等式的判定定理确定出未知系数的方法，称为待定系数法.

1. 确定待定系数的方法

（1）比较系数法：根据多项式同次项的系数相等的原理，作关于待定系数的方程并联立，从而确定出待定系数的方法.

（2）数值代入法：在多项式的恒等式中，等式两边的字母代以适当的数值，以便确定出待定系数的方法.

2. 待定系数法的基本步骤

（1）确定所求问题含待定系数的一般解析式；

（2）根据恒等条件，列出一组含待定系数的方程；

（3）解方程或消去待定系数，从而使问题得到解决.

例5　已知 $ax^2+(x+b)^2+c=2x^2+4x+7$，求 a，b，c 的值.

解　因为 $ax^2+(x+b)^2+c=ax^2+x^2+2bx+b^2+c=(a+1)x^2+2bx+(b^2+c)$，得

$$(a+1)x^2+2bx+(b^2+c)=2x^2+4x+7,$$

根据两多项式恒等的性质，比较两边 x^2，x 的系数以及常数项，得

$$\begin{cases} a+1=2, \\ 2b=4, \\ b^2+c=7, \end{cases}$$

解得 $a=1$，$b=2$，$c=3$.

例6　将多项式 $2x^2+5x+7$ 化成关于 $x+1$ 的二次多项式.

解　方法一（待定系数法）　$2x^2+5x+7$ 关于 $x+1$ 的二次三项式的一般形式为

$$a(x+1)^2+b(x+1)+c,$$

其中 a，b，c 为待定系数. 因此可设

$$2x^2+5x+7=a(x+1)^2+b(x+1)+c,$$

比较恒等式两端 x 的同次项系数，得

$$2x^2+5x+7=ax^2+(2a+b)x+(a+b+c).$$

$$\begin{cases} a=2, \\ 2a+b=5, \\ a+b+c=7. \end{cases}$$

解得 $a=2$，$b=1$，$c=4$，因此

$$2x^2+5x+7=2(x+1)^2+(x+1)+4.$$

应用特殊值法时，选取的特殊值必须满足三个条件：
(1) 无论这个量的值是多少，对最终结果所要求的量的值没有影响；
(2) 这个量要与最终结果所要求的量有相对紧密的联系；
(3) 这个量在给出的等量关系是一个不可或缺的量.

方法二（特殊值法）　$2x^2+5x+7$ 关于 $x+1$ 的二次三项式的一般形式为

$$2x^2+5x+7=a(x+1)^2+b(x+1)+c,$$

其中 a，b，c 为待定系数.

(1) 设 $x=-1$，则 $x+1=0$，代入恒等式，得

$$2\times(-1)^2+5\times(-1)+7=a\times0^2+b\times0+c,$$

解得，$c=4$.

(2) 设 $x=1$，则 $x+1=2$，代入恒等式，得

$$2\times1^2+5\times1+7=a\times2^2+b\times2+4,$$

即 $4a+2b=10$.

(3) 设 $x=0$，则 $x+1=1$，代入恒等式，得

$$2\times0^2+5\times0+7=a\times1^2+b\times1+4,$$

即 $a+b=3$. 于是得到方程组

$$\begin{cases}4a+2b=10\\a+b=3\end{cases},$$

解得 $a=2$，$b=1$. 因此

$$2x^2+5x+7=2(x+1)^2+(x+1)+4.$$

例 7 分解因式 $x^4-x^3+4x^2+3x+5$.

解 根据多项式的乘法规则，可设

$$x^4-x^3+4x^2+3x+5=(x^2+ax+1)(x^2+bx+5),$$

合并同类型并比较等式两端系数，得

$$\begin{aligned}&x^4-x^3+4x^2+3x+5\\&=x^4+(a+b)x^3+(ab+6)x^2+(5a+b)x+5,\end{aligned}$$

$$\Rightarrow\begin{cases}a+b=-1\\ab+6=4\\5a+b=3\end{cases},$$

解得 $a=1$，$b=-2$. 因此，

$$x^4-x^3+4x^2+3x+5=(x^2+x+1)(x^2-2x+5).$$

习题 2.3

1. 证明下列恒等式：

   (1) $(a^2-b^2)(x^2-y^2)=(ax+by)^2-(bx+ay)^2$；

   (2) $(x+y)^3-(x-y)^2(x+y)=4xy(x+y)$；

   (3) $(x^2+3x+1)^2-1=x(x+1)(x+2)(x+3)$.

2. 证明下列恒等式：

   (1) $x_1^2+2x_1x_2+2x_2^2+4x_2x_3+4x_3^2=(x_1+x_2)^2+(x_2+2x_3)^2$；

   (2) $2y_1^2-2y_2^2-4y_1y_3+8y_2y_3=2(y_1-y_3)^2-2(y_2-2y_3)^2+6y_3^2$.

3. 将 $2x^2+3x-6$ 表示为 $x-1$ 的多项式.

4. 将 $4x^2+8x+7$ 表示为 $2x+3$ 的多项式.

5. 将 x^4-1 表示为 x^2+1 的多项式.

6. 将 $3x^3-10x^2+13$ 表示为 $x-2$ 的多项式.

7. 有一个二次多项式，当 $x=1$ 与 $x=3$ 时它的值为 0，当 $x=4$ 时它的值为 6，求此多项式.

8. 将 $3x+2y-5$ 化为 $a(x+y-1)+b(2x-y+2)+c(x+2y-3)$ 的形式，求 a，b，c 的值.

§2.4　分式

前三节我们研究了多项式的加、减、乘运算，以及恒等变形，而多项式相除也是多项式理论的一个重要问题. 下面来探讨这个问题.

2.4.1　分式的概念与性质

1. 有理分式

一般地，如果 A，B 表示两个整式，并且 B 中含有字母，$B\neq\alpha_1$，β_1，那么式子$\dfrac{A}{B}$就叫做分式，其中 A 称为分式的分子，B 称为分式的分母. 分式是不同于整式的一类代数式. 特别地，两个多项式的比$\dfrac{f(x)}{g(x)}$，其中 $g(x)\neq0$ 叫做有理分式，简称分式.

2. 最简分式

最大公因式有两个含义：
首先是公因式；其次是所有公因式的倍式，即体现“最大性”.
两多项式的最大公因式一定存在且不唯一，但是首项系数为 1 的最大公因式是唯一的. 求最大公因式可以用行之有效的辗转相除法来得到.

在任何情形下，两个多项式 $f(x)$ 与 $g(x)$ 的最大公因式是唯一确定的，用符号

$$(f(x),\ g(x))$$

表示；相类似地，在任何情形下，n 个多项式 $f_1(x)$，$f_2(x)$,…，$f_n(x)$ 的最大公因式也是唯一确定的，用符号

$$(f_1(x),\ f_2(x),\ \cdots,\ f_n(x))$$

表示，其中 $n\geqslant3$ 且 $n\in\mathbf{N}^+$.

若$(f(x),\ g(x))=1$，则称多项式 $f(x)$ 与 $g(x)$ 是互质的. 例如

$$f(x)=x^2+1,\ g(x)=x^3+1,$$

显然，x^2+1 与 x^3+1 除去多项式 1 以外，没有其他公因式，故 x^2+1 与 x^3+1 是互质的，即$(x^2+1,\ x^3+1)=1$.

求多项式 $f(x)=2x^4+x^3$ 和 $g(x)=4x^4+4x^3+x^2$ 的最大公因式，先将它们分别分解成若干个首项系数为 1 的互质因式的幂的乘积，即

$$f(x)=x^3(2x+1)=2x^3\left(x+\frac{1}{2}\right),$$

$$g(x)=x^2(4x^2+4x+1)=4x^2\left(x+\frac{1}{2}\right)^2,$$

由此可以看出，$f(x)$ 与 $g(x)$ 的首项系数为 1 的最大公因式为：

$$(f(x),\ g(x))=x^2\left(x+\frac{1}{2}\right).$$

我们把 $\frac{f(x)}{g(x)}$ 的分子和分母没有公因式的分式，即 $(f(x),\ g(x))=1$，称为**既约分式**或**最简分式**. 将一个含有分式的代数式化为最简分式或最简分式与整式的和，称为分式的化简.

3. 分式的基本性质

分式运算的结果都要化为最简分式. 与分数类似，分式的基本性质是

$$\frac{f(x)}{g(x)}=\frac{f(x)h(x)}{g(x)h(x)},\ h(x)\neq 0;$$

$$\frac{f(x)}{g(x)}=\frac{f(x)\div h(x)}{g(x)\div h(x)},\ h(x)\neq 0.$$

即分子、分母同乘以（或除以）一个非零多项式，分式的值不变. 这两个基本性质是分式进行约分与通分的基础.

2.4.2 分式的运算

分式运算法则：

（1）符号法则：$\frac{f(x)}{g(x)}=\frac{-f(x)}{-g(x)}=-\frac{-f(x)}{g(x)}=-\frac{f(x)}{-g(x)}$.

（2）加、减运算法则：$\frac{f(x)}{h(x)}\pm\frac{g(x)}{h(x)}=\frac{f(x)\pm g(x)}{h(x)}$.

（3）乘、除法运算法则：

①$\frac{f(x)}{g(x)}=\frac{f(x)\times h(x)}{g(x)\times h(x)}=\frac{f(x)\div h(x)}{g(x)\div h(x)}$ $(h(x)\neq 0)$.

②$\frac{f(x)}{g(x)}\times\frac{h(x)}{k(x)}=\frac{f(x)\times h(x)}{g(x)\times k(x)}$.

③$\frac{f(x)}{g(x)}\div\frac{h(x)}{k(x)}=\frac{f(x)}{g(x)}\times\frac{k(x)}{h(x)}=\frac{f(x)\times k(x)}{g(x)\times h(x)}$.

（4）乘方法则：

①$\left[\frac{f(x)}{g(x)}\right]^n=\frac{[f(x)]^n}{[g(x)]^n}$.

②$\left[\frac{f(x)}{g(x)}\cdot\frac{h(x)}{k(x)}\right]^n=\left[\frac{f(x)}{g(x)}\right]^n\cdot\left[\frac{h(x)}{k(x)}\right]^n=\frac{[f(x)]^n\cdot[h(x)]^n}{[g(x)]^n\cdot[k(x)]^n}$.

其中 $n\in\mathbf{N}$，$f(x)$，$g(x)$，$h(x)$，$k(x)$ 都是多项式. 若将运算法则中一元多项式替换为多元多项式 $f(x, y)$，$g(x, y)$，$h(x, y)$，$k(x, y)$ 等，运算法则仍成立.

若一个分式的分子或分母中含有分式，则称这个分式是**繁分式**. 化简繁分式就是要把它的分子和分母都化成整式，且分子和分母互质.

例 1　化简下列代数式：

(1) $\dfrac{2}{x}-\dfrac{x-3}{2x^2+4x+2}+\dfrac{1}{2x+2}-\dfrac{4x+2}{x(x+1)^2}$；

(2) $\dfrac{a+b}{a^2+ab+b^2}\times\dfrac{a^6-b^6}{a^2-b^2}$.

解　(1) 每一个分式的分母的最小公倍式为 $b(x)=2x(x+1)^2$，根据分式加减的运算法则，得

$$\begin{aligned}&\frac{2}{x}-\frac{x-3}{2x^2+4x+2}+\frac{1}{2x+2}-\frac{4x+2}{x(x+1)^2}\\&=\frac{2}{x}-\frac{x-3}{2(x+1)^2}+\frac{1}{2(x+1)}-\frac{4x+2}{x(x+1)^2}\\&=\frac{2\cdot2(x+1)^2-(x-3)\cdot x+1\cdot x(x+1)-(4x+2)\cdot2}{2x(x+1)^2}\\&=\frac{(4x^2+8x+4)-(x^2-3x)+(x^2+x)-(8x+4)}{2x(x+1)^2}\\&=\frac{4x^2+4x}{2x(x+1)^2}=\frac{4x(x+1)}{2x(x+1)^2}=\frac{2}{x+1}.\end{aligned}$$

(2) 根据分式乘除的运算法则，得

$$\begin{aligned}&\frac{a+b}{a^2+ab+b^2}\times\frac{a^6-b^6}{a^2-b^2}=\frac{a+b}{a^2+ab+b^2}\times\frac{a^6-b^6}{(a+b)(a-b)}\\&=\frac{a^6-b^6}{(a^2+ab+b^2)(a-b)}=\frac{a^6-b^6}{a^3-b^3}\\&=\frac{(a^3+b^3)(a^3-b^3)}{a^3-b^3}=a^3+b^3.\end{aligned}$$

例 2　化简繁分式：$x+\cfrac{1}{x+\cfrac{1}{x+\cfrac{1}{x}}}$.

解　由分式的运算法则得 $x+\dfrac{1}{x}=\dfrac{x^2+1}{x}$，于是有

$$\begin{aligned}x+\cfrac{1}{x+\cfrac{1}{x+\cfrac{1}{x}}}&=x+\cfrac{1}{x+\cfrac{1}{\cfrac{x^2+1}{x}}}=x+\cfrac{1}{x+\cfrac{x}{x^2+1}}\\&=x+\cfrac{1}{\cfrac{x^3+2x}{x^2+1}}=x+\frac{x^2+1}{x^3+2x},\end{aligned}$$

再化简为最简分式，得

$$x+\frac{x^2+1}{x^3+2x}=\frac{x(x^3+2x)+(x^2+1)}{x^3+2x}$$

$$=\frac{x(x^3+2x)+(x^2+1)}{x^3+2x}=\frac{x^4+3x^2+1}{x^3+2x},$$

所以，$x+\cfrac{1}{x+\cfrac{1}{x+\cfrac{1}{x}}}=\frac{x^4+3x^2+1}{x^3+2x}$.

例 3 已知 $x^2-5x+1=0$，求 $x^4+\frac{1}{x^4}$的值.

解 由 $x^2-5x+1=0$ 可知 $x\neq 0$ 且 $x+\frac{1}{x}=5$，由完全平方公式可得

$$\left(x+\frac{1}{x}\right)^2=x^2+2+\frac{1}{x^2},$$

所以，$x^4+\frac{1}{x^4}=\left(x^2+\frac{1}{x^2}\right)^2-2=\left[\left(x+\frac{1}{x}\right)^2-2\right]^2-2=527$.

例 4 计算下列各式

（1）已知 $a+\frac{1}{a}=3$，求①$a^2+\frac{1}{a^2}$；②$a-\frac{1}{a}$的值.

（2）已知 $a+\frac{1}{a}=3$，求 $2a^3-5a^2-3+\frac{3}{a^2+1}$的值.

解 （1）① 由 $a+\frac{1}{a}=3\Rightarrow a^2+\frac{1}{a^2}=a^2+2+\frac{1}{a^2}-2=\left(a+\frac{1}{a}\right)^2-2=3^2-2=7$；

②$\left(a-\frac{1}{a}\right)^2=a^2+\frac{1}{a^2}-2=7-2=5\Rightarrow a-\frac{1}{a}=\pm\sqrt{5}$.

（2）分析：本题的关键是把 $a+\frac{1}{a}=3$ 变形为 $a^2=3a-1$，然后整体代入：

由 $a+\frac{1}{a}=3\xrightarrow{\text{去分母}}a^2+1=3a$，$a^2=3a-1$，则

$$2a^3-5a^2-3+\frac{3}{a^2+1}=a^2(2a-5)-3+\frac{3}{3a}$$

$$=(3a-1)(2a-5)-3+\frac{1}{a}=6a^2-17a+2+\frac{1}{a}$$

$$=6(3a-1)-17a+2+\frac{1}{a}=a+\frac{1}{a}-4=3-4=-1.$$

例 5 已知$\frac{x}{x^2-x+1}=7$，求$\frac{x^2}{x^4+x^2+1}$的值.

解　方法一　由$\frac{x}{x^2-x+1}=7\xrightarrow[\text{分子、分母同时除以 }x]{\text{知 }x\neq 0}\frac{1}{x+\frac{1}{x}-1}=7$，则

$$x+\frac{1}{x}-1=\frac{1}{7}\Rightarrow x+\frac{1}{x}=\frac{8}{7},$$

所以$\frac{x^2}{x^4+x^2+1}=\frac{1}{x^2+\frac{1}{x^2}+1}=\frac{1}{\left(x+\frac{1}{x}\right)^2-2+1}=\frac{1}{\left(\frac{8}{7}\right)^2-1}=\frac{1}{\frac{15}{49}}=\frac{49}{15}$.

方法二　本题采用倒数法更加简单：

由$\frac{x}{x^2-x+1}=7\Rightarrow\frac{x^2-x+1}{x}=\frac{1}{7}\Rightarrow x-1+\frac{1}{x}=\frac{1}{7}\Rightarrow x+\frac{1}{x}=\frac{8}{7}$，则有

$$\frac{x^4+x^2+1}{x^2}=x^2+\frac{1}{x^2}+1=\left(x+\frac{1}{x}\right)^2-2+1=\frac{15}{49}$$

所以，$\frac{x^2}{x^4+x^2+1}=\frac{49}{15}$.

例 6　已知$\frac{ab}{a+b}=\frac{1}{3}$，$\frac{bc}{c+b}=\frac{1}{4}$，$\frac{ac}{a+c}=\frac{1}{5}$，求$\frac{abc}{a+b+c}$的值.

解　由题可得，

$$\frac{a+b}{ab}=\frac{1}{a}+\frac{1}{b}=3,\ \frac{c+b}{bc}=\frac{1}{c}+\frac{1}{b}=4,\ \frac{a+c}{ac}=\frac{1}{a}+\frac{1}{c}=5,$$

于是有$\frac{1}{a}+\frac{1}{b}+\frac{1}{c}=6$，进而可得$\frac{1}{a}=2$，$\frac{1}{b}=1$，$\frac{1}{c}=3$，解得

$$a=\frac{1}{2},\ b=1,\ c=\frac{1}{3},$$

所以，

$$\frac{abc}{a+b+c}=\frac{1\times\frac{1}{2}\times\frac{1}{3}}{1+\frac{1}{2}+\frac{1}{3}}=\frac{1}{11}.$$

例 7　化简下列各式：

(1) $\frac{1}{x(x+1)}+\frac{1}{(x+1)(x+2)}+\frac{1}{(x+2)(x+3)}+\cdots+\frac{1}{(x+8)(x+9)}$；

(2) $\frac{2}{(x+1)(x+3)}+\frac{2}{(x+3)(x+5)}+\cdots+\frac{2}{(x+1997)(x+1999)}$；

（3） $|ab-2|+|b-1|=0$，求 $\frac{1}{ab}+\frac{1}{(a+1)(b+1)}+\frac{1}{(a+2)(b+2)}+\cdots+\frac{1}{(a+2011)(b+2011)}$.

解 （1） $\frac{1}{x(x+1)}+\frac{1}{(x+1)(x+2)}+\frac{1}{(x+2)(x+3)}+\cdots+\frac{1}{(x+8)(x+9)}$

$$=\frac{1}{x}-\frac{1}{x+1}+\frac{1}{x+1}-\frac{1}{x+2}+\frac{1}{x+2}+\cdots+\frac{1}{x+7}-\frac{1}{x+8}+\frac{1}{x+8}-\frac{1}{x+9}$$

$$=\frac{1}{x}-\frac{1}{x+9}=\frac{9}{x(x+9)};$$

（2） $\frac{2}{(x+1)(+3)}+\frac{2}{(x+3)(x+5)}+\cdots+\frac{2}{(x+1997)(x+1999)}$

$$=\frac{1}{x+1}-\frac{1}{x+3}+\frac{1}{x+3}-\frac{1}{x+5}+\cdots+\frac{1}{x+1995}-\frac{1}{x+1997}+\frac{1}{x+1997}-\frac{1}{x+1999}$$

$$=\frac{1}{x+1}-\frac{1}{x+1999}=\frac{1998}{(x+1)(x+1999)};$$

（3） $|ab-2|+|b-1|=0\Rightarrow\begin{cases}ab=2\\ b=1\end{cases}\Rightarrow a=2，b=1\Rightarrow a=b+1$，

$$\frac{1}{ab}+\frac{1}{(a+1)(b+1)}+\frac{1}{(a+2)(b+2)}+\cdots+\frac{1}{(a+2011)(b+2011)}$$

$$=\frac{1}{(b+1)b}+\frac{1}{(b+2)(b+1)}+\frac{1}{(b+3)(b+2)}+\cdots+\frac{1}{(b+2012)(b+2011)}$$

$$=\frac{1}{b}-\frac{1}{b+1}+\frac{1}{b+1}-\frac{1}{b+2}+\cdots+\frac{1}{b+2011}-\frac{1}{b+2012}$$

$$=\frac{1}{b}-\frac{1}{b+2012}=\frac{2012}{b(b+2012)},$$

由 $b=1$，可得原式 $=\frac{2012}{2013}$.

习题 2.4

1. 计算：

（1） $\frac{1}{x^2-3x+2}+\frac{1}{x^2-5x+6}+\frac{1}{4x-x^2-3}$；

（2） $\frac{(a+b)^2}{(a-b)(b-c)}+\frac{6ab}{(b-a)(b-c)}-\frac{a^2+b^2}{(a-b)(c-b)}$；

(3) $\frac{a+x}{(m+n)^2}\times\frac{x^2-y^2}{12}\times\frac{m+n}{m-n}\times\frac{6(m^2-n^2)}{x+y}$；

(4) $(x^2-6x+9)\div\frac{x^2-9x+18}{x+3}$.

2. 化简下列各式：

(1) $\dfrac{2+\frac{1}{x-1}-\frac{1}{x+1}}{x+\frac{x}{x^2-1}}$；　　(2) $1+\cfrac{1}{1+\cfrac{1}{1+\cfrac{1}{1+\cfrac{1}{a}}}}$.

3. (1) 已知 $a=-2$，$b=-1$，求$\left(a-\frac{a^2}{a+b}\right)\left(\frac{a}{a-b}-1\right)\div\frac{b^2}{a+b}$的值；

(2) 已知 $x=-2$，$y=\frac{1}{3}$，求$\frac{4x^2+12xy+9y^2-16}{4x^2-9y^2-4(2x-3y)}$的值.

4. (1) 若 $a+\frac{1}{b}=1$，$b+\frac{1}{c}=1$，求证：$abc+1=0$；

(2) 若$\frac{y}{x}+\frac{x}{z}=a$，$\frac{z}{y}+\frac{y}{x}=b$，$\frac{x}{z}+\frac{z}{y}=c$，求证：$(a+b-c)(a-b+c)(-a+b+c)=8$.

5. 若$\frac{a-b}{x}=\frac{b-c}{y}=\frac{c-a}{z}$，且 a，b，c 互不相等，求证：$x+y+z=0$.

6. 求$\frac{a}{x(x+a)}+\frac{a}{(x+a)(x+2a)}+\cdots+\frac{a}{[x+(n-1)a][x+na]}$.

7. (1) 求证$\frac{a}{(a-b)(a-c)}+\frac{b}{(b-c)(b-a)}+\frac{c}{(c-a)(c-b)}=0$；

(2) 已知 $abc=1$，求证$\frac{a}{ab+a+1}+\frac{b}{bc+b+1}+\frac{c}{ca+c+1}=1$.

§2.5 综合除法与部分分式

综合除法是多项式除法运算的一种简便算法，实质上是分离系数法通过变形发展的结果.

综合除法作为一种工具，在解决数学运算问题时使用方便，尤其是可以用来解决多项式除以多项式、部分分式、求函数值、因式分解、高次方程、多项式变形、有理函数的积分等，具有化繁为简、应用方便、易于掌握的优点，是其他运算方法难以取代的，在数学运算有着广泛的应用空间，在数学问题的研究中发挥极为重要的作用.

在解决某些工程技术问题时，高等数学的若干知识将起到很重要的作用. 部分分式分解的主要目的是将有理函数变为数个较简单的有理函数，可以简化有理函数导数、反导数、积分、幂级数展开、傅立叶级数、留数或其他线性函数转换的计算. 这些知识将在后续的学习中有所涉及.

本节重点介绍综合除法解决多项式除法和部分分式分解.

2.5.1 多项式除法

设 $f(x)$ 和 $g(x)$ 为多项式，且 $f(x)$ 的次数不低于 $g(x)$ 的次数，而 $g(x)\neq 0$.

当 $f(x)$ 除以 $g(x)$ 得商 $q(x)$ 和余式 $r(x)$ 时，则 $\dfrac{f(x)}{g(x)}=q(x)+\dfrac{r(x)}{g(x)}$ 或 $f(x)=g(x)q(x)+r(x)$ 成立. 其中 $q(x)$ 的次数是 $f(x)$ 与 $g(x)$ 的次数的差，$r(x)$ 的次数低于 $g(x)$ 的次数.

显然，当 $f(x)$ 能够被 $g(x)$ 整除时，$r(x)=0$.

1. 长除法

例 1 求 $f(x)=6x^5+12+5x^4-9x^2+5x^3$ 除以 $g(x)=2x^2+x-2$ 的商 $q(x)$ 及余式 $r(x)$.

解 $f(x)$ 与 $g(x)$ 分别按降幂排列，缺位添 0

$$f(x)=6x^5+5x^4+5x^3-9x^2+0+12,\ g(x)=2x^2+x-2.$$

则

$$
\begin{array}{c|r}
\dfrac{2x^2+x-2}{3x^3+x^2+5x-6=q(x)} & 6x^5+5x^4+5x^3-9x^2+0+12 \\
 & -)\,6x^5+3x^4-6x^3 \qquad\qquad\qquad \\
\hline
 & 2x^4+11x^3-9x^2 \qquad\qquad \\
 & -)\,2x^4+x^3-2x^2 \qquad\qquad \\
\hline
 & 10x^3-7x^2+0 \qquad \\
 & -)\,10x^3+5x^2-10x \qquad \\
\hline
 & -12x^2+10x+12 \\
 & -)\,-12x^2-6x+12 \\
\hline
 & 16x=r(x)
\end{array}
$$

所以

$$q(x)=3x^3+x^2+5x-6,\ r(x)=16x.$$

例 2 求 $f(x)=15+2x^4-24x^2+5x^3$ 除以 $g(x)=x-2$ 的商式 $q(x)$ 及余式 $r(x)$.

解 $f(x)$ 与 $g(x)$ 分别按降幂排列，缺位添 0 为

$$f(x)=2x^4+5x^3-24x^2+0+15,\ g(x)=x-2.$$

长除法如下：

$$
\begin{array}{c|l}
x-2 & \quad 2x^4+5x^3-24x^2+0+15 \\
\hline
2x^3+9x^2-6x-12=q(x) & -)\,2x^4-4x^3 \\
\cline{2-2}
 & \qquad\quad 9x^3-24x^2 \\
 & \qquad -)\,9x^3-18x^2 \\
\cline{2-2}
 & \qquad\qquad\quad -6x^2+0 \\
 & \qquad\qquad -)\,-6x^2+12x \\
\cline{2-2}
 & \qquad\qquad\qquad\quad -12x+15 \\
 & \qquad\qquad\qquad -)\,-12x+24 \\
\cline{2-2}
 & \qquad\qquad\qquad\qquad\quad -9=r(x)
\end{array}
$$

所以

$$q(x)=2x^3+9x^2-6x-12,\ r(x)=-9.$$

从上式可以看到在对多项式按照同一种方式进行升幂和降幂排列后，多项式除法运算与乘法运算一样，最关键的是各项系数的运算，因而也可以用**分离系数法**，不失一般性．如果系数为正时，可以省略“+”号，用分离系数法将多项式除法写成：

$$
\begin{array}{cccc|cccccc}
1 & -2 & & & & 2 & 5 & -24 & 0 & 15 \\
\hline
2 & 9 & -6 & -12 & -) & 2 & -4 & & & \\
\cline{5-10}
 & & & & & & 9 & -24 & & \\
 & & & & & -) & 9 & -18 & & \\
\cline{5-10}
 & & & & & & & -6 & 0 & \\
 & & & & & & -) & -6 & 12 & \\
\cline{5-10}
 & & & & & & & & -12 & 15 \\
 & & & & & & & -) & -12 & 24 \\
\cline{5-10}
 & & & & & & & & & -9
\end{array}
$$

左边最后一行系数 -9 表示余式的系数，右边最后一行系数 2　9　-6　-12 表示商式按降幂排列的系数．

2．综合除法

显然，分离系数法比长除法简单．在两个多项式的除法中，如果除式是一次多项 $x-a$ 的形式，为了使除法格式书写更简单一些，我们进一步讨论被除式、除式、商式以及余式间的系数关系．

设多项式

$$f(x)=a_nx^n+a_{n-1}x^{n-1}+a_{n-2}x^{n-2}+\cdots+a_1x+a_0(a_n\neq 0),$$

除以 $x-a$ 所得的商是

$$q(x)=b_{n-1}x^{n-1}+b_{n-2}x^{n-2}+\cdots+b_1x+b_0(b_{n-1}\neq 0),$$

余数是 r.

下面用待定系数法来确定商式 $q(x)$ 中的系数与余数 r. 由多项式除法的性质可得

$$f(x)=(x-a)q(x)+r$$

即

$$\begin{aligned}&a_nx^n+a_{n-1}x^{n-1}+a_{n-2}x^{n-2}+\cdots+a_1x+a_0\\&=(x-a)(b_{n-1}x^{n-1}+b_{n-2}x^{n-2}+\cdots+b_1x+b_0)+r\\&=b_{n-1}x^n+(b_{n-2}-ab_{n-1})x^{n-1}+\cdots+(b_0-ab_1)x\\&\quad+(r-ab_0).\end{aligned}$$

通过比较系数，得到了综合除法过程中使用的比较重要的系数递推公式：

$a_{n-1}=b_{n-2}-ab_{n-1}$,

$b_{n-2}=a_{n-1}-ab_{n-1}$.

上式为恒等式，根据两边 x 的同次项系数相等，于是有

$$\begin{array}{ll}a_n=b_{n-1} & b_{n-1}=a_n\\ a_{n-1}=b_{n-2}-ab_{n-1} & b_{n-2}=a_{n-1}+ab_{n-1}\\ \cdots & \rightarrow\ \cdots\\ a_1=b_0-ab_1 & b_0=a_1+ab_1\\ a_0=r-ab_0 & r=a_0+ab_0\end{array}$$

一般地，x 前的符号必须为“+”号，a 前的符号必须是“−”号且 x 前的系数必须为“1”.

把计算过程表示如下

$$\begin{array}{cccccc|c} & a_n & a_{n-1} & \cdots & a_1 & a_0 & a\\ +) & & ab_{n-1} & \cdots & ab_1 & ab_0 & \\ \hline & a_n & a_{n-1}+ab_{n-1} & \cdots & a_1+ab_1 & a_0+ab_0 & \\ & \downarrow & \downarrow & & \downarrow & \downarrow & \\ & b_{n-1} & b_{n-2} & & b_0 & r & \end{array}$$

例 2 中求 $f(x)=2x^4+5x^3-24x^2+15$ 除以 $g(x)=x-2$ 的商及余数. 先把 $f(x)$ 按 x 降幂排列，并用“0”补上缺项，即

$$f(x)=2x^4+5x^3-24x^2+0+15.$$

于是竖式除法的另一种分离系数法表示如下

$$\begin{array}{cccccc|c} & 2 & 5 & -24 & 0 & 15 & 2\\ +) & & 4 & 18 & -12 & -24 & \\ \hline & 2 & 9 & -6 & -12 & \boxed{-9} & \end{array}$$

因此

$$q(x)=2x^3+9x^2-6x-12,\ r(x)=-9.$$

这种针对除式是一次式的多项式除法的特别形式也称为**综合除法**.

例 3　用综合除法计算 $(x^4-3x^2-2x^3-7)\div(x-3)$ 的商式 $q(x)$ 及余式 $r(x)$.

解　多项式 $x^4-3x^2-2x^3-7$ 按降幂排列为 $x^4-2x^3-3x^2+0\cdot x-7$,

综合除法如下

	1	-2	-3	0	-7	3
+)		3	3	0	0	
	1	1	0	0	-7	

于是，所求的商式 $q(x)=x^4+x^3$，余数 $r=-7$.

如果 $g(x)=kx-b(k\neq0)$，可先将除式变形为

$$kx-b=k\left(x-\frac{b}{k}\right),$$

用综合除法求出 $f(x)$ 除以 $x-\frac{b}{k}$ 的商式 $q^*(x)$ 和余数 r^*，它们满足关系式：

$$f(x)=q^*(x)\left(x-\frac{b}{k}\right)+r^*,$$

即 $f(x)=\frac{1}{k}q^*(x)(kx-b)+r^*$. 把这个式子和 $f(x)=q(x)(kx-b)+r^*$ 相比较，得

$$q(x)=\frac{1}{k}q^*(x),\quad r=r^*.$$

以上说明，当除式为 $kx-b$ 时，可先用 $x-\frac{b}{k}$ 除被除式 $f(x)$. 若 $x-\frac{b}{k}$ 除 $f(x)$ 所得的商式与余数依次为 $q^*(x)$ 与 r^*，则 $kx-b$ 除 $f(x)$ 所得的商与余式就分别是 $\frac{1}{k}q^*(x)$. 故在多项式除法中，如果把除式缩小 k 倍，则所得的商就扩大 k 倍，但余式不变.

例 4　用综合除法计算 $(3x^4+14x^3+11x^2-x+5)\div(3x+2)$ 的商式 $q(x)$ 及余式 $r(x)$.

解　除式 $3x+2=3\left[x-\left(-\frac{2}{3}\right)\right]$，综合除法如下

	3	14	11	-1	5	$-\frac{2}{3}$
+)		-2	-8	-2	2	
3	3	12	3	-3	7	
	1	4	1	-1		

于是，所求的商式 $q(x)=x^3+4x^2+x-1$，余数 $r=7$.

例 5　求多项式 $(3x^4+7x^3-11x^2+10x-4)\div(x^2+3x-2)$ 的商式 $q(x)$ 及余式 $r(x)$.

解　被除式和除式降幂排列，缺位添 0，综合除法如下

3	7	−11	10	−4	−3	+2
	−9	6				
		6	−4			
			−3	2		
3	−2	1	3	−2		

于是，所求的商式 $q(x)=3x^2-2x+1$，余数 $r=3x-2$.

例 6　求齐次多项式

$(6a^5+5a^4b-8a^3b^2-6a^2b^3-6ab^4+4b^5)\div(2a^3+3a^2b-b^3)$

的商式 $q(x)$ 及余式 $r(x)$.

解　将除式降幂排列，缺位添 0，除式

$$2a^3+3a^2b-b^3=2\left[a^3-\left(-\frac{2}{3}\right)a^2b+0\cdot ab^2-\frac{1}{2}b^3\right],$$

综合除法如下

	6	5	−8	−6	−6	4	$-\frac{3}{2}$	0	$\frac{1}{2}$
		−9	0	3					
			6	0	−2				
				3	0	−1			
2	6	−4	−2	0	−8	3			
	3	−2	−1						

所以，$q(x)=3a^2-2ab-b^2$，$r(x)=-8ab^4+3b^5$.

2.5.2　部分分式

1.　真分式和假分式

部分分式是分式运算和变形的重要内容，在高等数学中有着重要应用. 如果一个有理分式的分子的次数小于分母的次数，则这个有理式分式叫做**真分式**. 反之，就叫做**假分式**.

利用多项式除法，总可以把一个假分式化成一个整式和一个真分式的和，且这种表示法是唯一的. 因为假分式都可以化为一个整式和一个真分式的和的形式，所以只研究真分式的情况就可以了.

以往都是通过分式的加、减、乘、除等运算，把几个不同的分式转化为一个既约分式. 但在很多应用问题中，却要求我

们把一个真分式分解为几个真分式代数和的形式，例如：

$$\frac{5x-3}{(3x-1)(x-1)}=\frac{2}{3x-1}+\frac{1}{x-1},$$

上式右边两个比较简单的真分式，叫做原分式 $\frac{5x-3}{(3x-1)(x-1)}$ 的部分分式.

2. 部分分式

一般地，由一个真分式分解成几个较简单的真分式代数和，这几个分式中的每一个真分式称为原分式的部分分式或分项分式. 求一个真分式的部分分式的过程，称为分式的**部分分式分解**.

部分分式分解或部分分式展开，分解后的分式需满足以下条件：
(1) 分式的分母需为不可约多项式及其幂的乘积形式.
(2) 分式的分子多项式次数需比其分母多项式次数要低.

3. 部分分式分解的步骤

(1) 将真分式的分母进行因式分解，使每个因式互质.

(2) 将此真分式表示为以分母的因式为分母的分式之和，分子比分母的次数低一次.

(3) 利用待定系数法确定分子各项的系数，通分后比较分子的相应项的系数，并求解各项的系数. 还可使用特殊值法求待定系数.

4. 多项式的标准分解形式

一般地，一元 n 次多项式 $f(x)$ 可以分解成标准形式，即为

$$f(x)=A(x-a_1)r_1(x-a_2)r_2\cdots(x-a_k)r_k\cdots$$
$$(x^2+p_1x+q_1)s_1(x^2+p_2x+q_2)s_2\cdots(x^2+p_tx+q_t)s_t,$$

其中，$p_i^2-4q_i<0$，$i=1$，2，…，t；$\sum_{i=1}^{k}r_i+\sum_{i=1}^{t}s_i=n$.

5. 部分分式分解的一般形式

(1) $\frac{g(x)}{(x-a)(x^2+px+q)}=\frac{A}{x-a}+\frac{Px+Q}{x^2+px+q}$ [分子 $g(x)$ 表示低于 3 次的一元多项式，A，P，Q 是待定系数]；

(2) $\frac{g(x)}{(x-a)^n}=\frac{A_1}{x-a}+\frac{A_2}{(x-a)^2}+\cdots+\frac{A_n}{(x-a)^n}$ [分子 $g(x)$ 表示低于 n 次的一元多项式，A_1，A_2，…，A_n 是待定系数]；

(3) $\frac{g(x)}{(x^2+px+q)^n}=\frac{P_1x+Q_1}{x^2+px+q}+\frac{P_2x+Q_2}{(x^2+px+q)^2}+\cdots+\frac{P_nx+Q_n}{(x^2+px+q)^n}$ [分子 $g(x)$ 表示低于 $2n$ 次的一元多项式.

P_1，P_2，…，P_n；Q_1，Q_2，…，Q_n 是待定系数].

例 7 化分式$\frac{2x^2+3x-1}{x^3-x}$为部分分式.

解 设$\frac{2x^2+3x-1}{x^3-x}=\frac{2x^2+3x-1}{x(x+1)(x-1)}=\frac{A}{x}+\frac{B}{x+1}+\frac{C}{x-1}$，其中 A，B，C 为待定系数.

对上述等式右边通分和合并同类项得

$$\frac{A}{x}+\frac{B}{x+1}+\frac{C}{x-1}$$
$$=\frac{A(x-1)(x+1)+Bx(x-1)+Cx(x+1)}{x(x-1)(x+1)}$$

去分母，得

$$2x^2+3x-1=A(x-1)(x+1)+Bx(x-1)+Cx(x+1),$$

采用特殊值法求解待定系数，

令 $x=1$，得 $2C=4\Rightarrow C=2$，

令 $x=-1$，得 $2B=-2\Rightarrow B=-1$，

令 $x=0$，得 $-A=-1\Rightarrow A=1$.

故$\frac{2x^2+3x-1}{x^3-x}=\frac{2x^2+3x-1}{x(x+1)(x-1)}=\frac{1}{x}-\frac{1}{x+1}+\frac{2}{x-1}$.

例 8 化分式$\frac{2x^2+1}{x^3-1}$为部分分式.

解 因为$\frac{2x^2+1}{(x-1)(x^2+x+1)}=\frac{a}{x-1}+\frac{bx+c}{x^2+x+1}$，

对上述等式右边通分和合并同类项得

$$\frac{a}{x-1}+\frac{bx+c}{x^2+x+1}=\frac{a\cdot(x^2+x+1)+(bx+c)\cdot(x-1)}{(x-1)(x^2+x+1)},$$

去分母，得

$$2x^2+1=(a+b)x^2+(a-b+c)x+(a-c),$$

利用待定系数法，比较两边多项式同次项系数，得下列方程组

$$\begin{cases}a+b=2\\a-b+c=0,\\a-c=1\end{cases}$$

解这个方程组，得 $a=1$，$b=1$，$c=0$. 因此，

$$\frac{2x^2+1}{x^3-1}=\frac{1}{x-1}+\frac{x}{x^2+x+1}.$$

例 9 化分式$\frac{x^4+2x^3+x+1}{x^3+3x^2+2x}$为部分分式.

解 分式为假分式，先使用综合除法转化为真分式，将被除式 x^4+2x^3+x+1 和除式 x^3+3x^2+2x 降幂排列，缺位添 0，由综合除法

$$
\begin{array}{rrrrr|rrr}
1 & 2 & 0 & 1 & 1 & -3 & -2 & 0 \\
 & -3 & -2 & 0 & & & & \\
+) & & 3 & 2 & 0 & & & \\
\hline
1 & -1 & 1 & 3 & 1 & & &
\end{array}
$$

可得，$x^4+2x^3+x+1=(x^3+3x^2+2x)(x-1)+(x^2+3x+1)$，

则 $\dfrac{x^4+2x^3+x+1}{x^3+3x^2+2x}=\dfrac{(x^3+3x^2+2x)(x-1)+(x^2+3x+1)}{x^3+3x^2+2x}$

$$=(x-1)+\frac{x^2+3x+1}{x^3+3x^2+2x}.$$

于是设

$$\frac{x^2+3x+1}{x(x+1)(x+2)}=\frac{a}{x}+\frac{b}{x+1}+\frac{c}{x+2}.$$

对上述等式右边通分和合并同类项得

$$\frac{a}{x}+\frac{b}{x+1}+\frac{c}{x+2}=\frac{a(x+1)(x+2)+bx(x+2)+cx(x+1)}{x(x+1)(x+2)},$$

去分母，得 $x^2+3x+1=(a+b+c)x^2+(3a+2b+c)x+2a$

比较两边多项式同次项系数，用待定系数法求解系数，得下列方程组

$$\begin{cases}a+b+c=1\\3a+2b+c=3,\\2a=1\end{cases}$$

解这个方程组 $a=\dfrac{1}{2}$，$b=1$，$c=-\dfrac{1}{2}$，因此，

$$\frac{x^4+2x^3+x+1}{x^3+3x^2+2x}=(x+1)+\frac{1}{2x}+\frac{1}{x+1}-\frac{1}{2(x+2)}.$$

习题 2.5

1. 综合除法分别求下面各式的商式和余式

(1) $(3x^4-4x^3-5x^2+6x-7)\div(x-2)$；

(2) $(x^5+6x^4+9x^3-14x+8)\div(x+4)$；

(3) $[x^3-(a+b+c)x^2+(ab+bc+ca)x-abc]\div(x-a)$；

(4) $(9x^4+5x^2y^2-8y^4-8xy^3+18x^3y)\div(3x-2y)$；

(5) $(2x^4-7x^3+16x^2-15x+15)\div(x^2-2x+3)$；

(6) $(x^6+x^5-12x^3-7x)\div(x^3+3x^2+5x-2)$.

2. 把下列分式化为部分分式：

(1) $\dfrac{6x-1}{(2x+1)(3x-1)}$；　(2) $\dfrac{8x+2}{x-x^3}$；

(3) $\dfrac{x^2+2x+3}{(x-1)(x-2)(x-3)(x-4)}$；　(4) $\dfrac{2x^3-x^2+1}{(x-2)^4}$；

(5) $\dfrac{6}{2x^4-x^2-1}$;　　(6) $\dfrac{x^2+x+1}{(x^2+1)(x^2+2)}$;

(7) $\dfrac{3x-1}{(x-2)(x^2+1)}$;　　(8) $\dfrac{2x^2-x+1}{(x^2-x)^2}$;

(9) $\dfrac{2x^2}{(x-3)^3}$;　　(10) $\dfrac{2x^5-x+1}{(x^2+x+1)^3}$.

§2.6　根式

2.6.1　根式的定义及其性质

1. 根式的定义

在实数范围内，由乘方的性质得，任何实数的偶次方都大于等于零，故负数的偶次方根不存在，但任意实数的正奇数次方根都存在，即
(1) 对于偶数 n，若 $a\geqslant 0$，$\sqrt[n]{a}$有意义，但 $a<0$，$\sqrt[n]{a}$无意义.
(2) 对于奇数 n，对于任意 a，$\sqrt[n]{a}$都有意义.

若 $x^n=a(n>1，n\in\mathbf{N}^*)$，则称 x 为 a 的 n **次方根**，a 的 n 次方根的符号表示为$\sqrt[n]{a}$．称式子$\sqrt[n]{a}$为**根式**，并将 a 和 n 分别称为**被开方数**和**根指数**．特别地，若 $a\geqslant 0$，则称$\sqrt[n]{a}$为 a 的 n **次算术根**.

根据 n 次方根的定义，我们有

$$(\sqrt[n]{a})^n=a\ (a\geqslant 0，n>1，n\in\mathbf{N}),$$

特别地，对于 $a<0$，且 n 为奇数，也有$(\sqrt[n]{a})^n=a$ 成立．更近一步，若 $a\in\mathbf{R}$，则

$$\sqrt[n]{a^n}=\begin{cases}|a|，& n\text{ 为偶数}\\ a，& n\text{ 为奇数}\end{cases}.$$

若无特别说明，从现在起本节所有的字母都是非负的.

例 1　化简下列根式：

(1) $\sqrt{\dfrac{25m^2}{2}}$;　　(2) $\sqrt{\dfrac{y}{x}}$;　　(3) $\sqrt{x^4+x^2y^2}$.

解　(1) $\sqrt{\dfrac{25m^2}{2}}=\sqrt{\dfrac{(5m)^2\times 2}{2^2}}=\dfrac{|5m|}{2}\sqrt{2}$

$$=\begin{cases}\dfrac{5\sqrt{2}m}{2} & (m>0)\\ 0 & (m=0);\\ -\dfrac{5\sqrt{2}m}{2} & (m<0)\end{cases}$$

(2) $\sqrt{\dfrac{y}{x}}=\sqrt{\dfrac{xy}{x^2}}=\dfrac{1}{|x|}\sqrt{xy}=\begin{cases}\dfrac{\sqrt{xy}}{x} & (x>0,\ y>0)\\ 0 & (x\neq 0,\ y=0);\\ -\dfrac{\sqrt{xy}}{x} & (x<0,\ y<0)\end{cases}$

(3) $\sqrt{x^4+x^2y^2}=\sqrt{x^2(x^2+y^2)}=|x|\sqrt{x^2+y^2}$

$$=\begin{cases}x\sqrt{x^2+y^2} & (x>0)\\ 0 & (x=0).\\ -x\sqrt{x^2+y^2} & (x<0)\end{cases}$$

2. 根式的运算性质

由根式的定义可得，根式有如下的运算性质：

(1) $\sqrt[n]{a^m}=\sqrt[np]{a^{mp}}$；　　(2) $\sqrt[n]{ab}=\sqrt[n]{a}\sqrt[n]{b}$；

(3) $\sqrt[n]{\dfrac{a}{b}}=\dfrac{\sqrt[n]{a}}{\sqrt[n]{b}}$ $(b\neq 0)$；　　(4) $(\sqrt[n]{a})^m=\sqrt[n]{a^m}$；

(5) $\sqrt[m]{\sqrt[n]{a}}=\sqrt[mn]{a}$，其中 m，n，$p\in\mathbf{N}^+$.

称根指数相同的根式为**同次根式**，否则称为**异次根式**. 利用性质（1）可以把异次根式化为同次根式.

例 2　把 $\sqrt{a^2b}$，$\sqrt[3]{xy}$，$\sqrt[6]{x}$ 化为同次根式.

解　取根指数 2，3，5 的最小公倍数 6 作为公共的根指数. 根据性质（1）可得

$$\sqrt{a^2b}=\sqrt[2\times 3]{(a^2b)^{1\times 3}}=\sqrt[6]{(a^2b)^3}=\sqrt[6]{a^6b^3},$$

$$\sqrt[3]{xy}=\sqrt[3\times 2]{x^2y^2}=\sqrt[6]{x^2y^2}.$$

这类似于分数中的通分. 反之，也可约去根指数与被开方数的指数的公约数，例如

$$\sqrt[6]{8}=\sqrt[6]{2^3}=\sqrt{2}.$$

这类似于分数中的约分.

2.6.2　根式的化简

若根式适合条件：①被开方数的指数与根指数互质，②被开方数的每个因子的指数都小于根指数，③被开方数不含分母，则称这个根式为**最简根式**. 例如 $b\sqrt{ab}$，$\dfrac{\sqrt[3]{2c}}{ab}$ 都是最简根式，而 $\sqrt[3]{a^3b}$，$\sqrt[3]{\dfrac{b^3}{a}}$，$ab\sqrt[3]{a^2b}$ 都不是最简根式. 所谓化简根式就是指利用根式的性质把一根式化为最简根式.

例 3 化简下列根式：

(1) $\sqrt{12ab^3}$；(2) $\sqrt[3]{\dfrac{2c}{a^3b^3}}$；(3) $\sqrt[5]{\sqrt{32x^{15}y^5}}$；(4) $(\sqrt[3]{2xy^2})^2$.

解 (1) $\sqrt{12ab^3}=\sqrt{(2b)^2}\sqrt{3ab}=2b\sqrt{3ab}$；

(2) $\sqrt[3]{\dfrac{2c}{a^3b^3}}=\dfrac{\sqrt[3]{2c}}{\sqrt[3]{a^3b^3}}=\dfrac{\sqrt[3]{2c}}{ab}$；

(3) $\sqrt[5]{\sqrt{32x^{15}y^5}}=\sqrt[10]{32x^{15}y^5}=\sqrt[10]{2^5x^{15}y^5}=\sqrt[2\times5]{(2x^3y)^5}=\sqrt{2x^3y}$；

(4) $(\sqrt[3]{2xy^2})^2=\sqrt[3]{(2xy^2)^2}=\sqrt[3]{4x^2y^4}=y\sqrt[3]{4x^2y}$.

几个根式都化成最简根式后，若被开方数相同，根指数也相同，则称这些根式为**同类根式**. 例如$\sqrt[3]{xy^2}$与$3a^3\sqrt{xy^2}$就是同类根式. 同类根式可以合并，例如

$$a\sqrt{x}+b\sqrt{x}-c\sqrt{x}=(a+b-c)\sqrt{x}.$$

2.6.3 根式的运算

根式的运算需要将同类根式进行合并，并对根式进行化简，根式的被开方数一般情况下不含数字或者字母的乘方、分式等形式，其结果应是最简根式.

例 4 计算：

(1) $\dfrac{2}{3}x\sqrt{9x}+6x\sqrt{\dfrac{x}{4}}-x^2\sqrt{\dfrac{1}{x}}$；

(2) $15\sqrt[3]{4}-3\sqrt[3]{32}-16\sqrt[3]{\dfrac{1}{16}}-\sqrt[3]{108}$.

解 (1) $\dfrac{2}{3}x\sqrt{9x}+6x\sqrt{\dfrac{x}{4}}-x^2\sqrt{\dfrac{1}{x}}$

$$=\frac{2}{3}x\sqrt{3^2x}+6x\sqrt{\frac{x}{2^2}}-x^2\sqrt{\frac{1}{x}}$$

$$=\frac{2}{3}x\cdot\sqrt{3^2}\cdot\sqrt{x}+6x\cdot\frac{\sqrt{x}}{\sqrt{2^2}}-x^2\cdot\frac{1}{\sqrt{x}}$$

$$=2x\sqrt{x}+3x\sqrt{x}-x\cdot\frac{x}{\sqrt{x}}$$

$$=4x\sqrt{x}；$$

(2) $15\sqrt[3]{4}-3\sqrt[3]{32}-16\sqrt[3]{\dfrac{1}{16}}-\sqrt[3]{108}$

$$=15\sqrt[3]{4}-3\sqrt[3]{8\cdot4}-4\times\sqrt[3]{4^3}\times\sqrt[3]{\frac{1}{4^2}}-\sqrt[3]{27\cdot4}$$

$$=15\sqrt[3]{4}-6\times\sqrt[3]{4}-4\times\sqrt[3]{4}-3\times\sqrt[3]{4}$$

$=2\sqrt[3]{4}$.

例5 计算 $(2\sqrt[3]{a^2}-3\sqrt[3]{ab}+4\sqrt[3]{b^2})\times\frac{1}{6}\sqrt[3]{a^2b^2}$.

解 $(2\sqrt[3]{a^2}-3\sqrt[3]{ab}+4\sqrt[3]{b^2})\times\frac{1}{6}\sqrt[3]{a^2b^2}$

$=\frac{1}{3}\times\sqrt[3]{a^4b^2}-\frac{1}{2}\times\sqrt[3]{a^3b^3}+\frac{2}{3}\times\sqrt[3]{a^2b^4}$

$=\frac{1}{3}a\sqrt[3]{ab^2}-\frac{1}{2}ab+\frac{2}{3}b\sqrt[3]{a^2b}$.

对于异次根式的乘除运算，可利用性质（1）化成同次根式，再分别用性质（2）与性质（3）进行计算.

例6 计算：

（1）$5\sqrt{xy}\cdot 4\sqrt[3]{x^2y^2}$；（2）$6\sqrt{xy}\div 2\sqrt[4]{xy}$.

解 （1）$5\sqrt{xy}\times 4\sqrt[3]{x^2y^2}$

$=5\times\sqrt[2\times3]{(xy)^3}\times 4\times\sqrt[3\times2]{(x^2y^2)^2}$

$=20\times\sqrt[6]{(xy)^7}$

$=20xy\sqrt[6]{xy}$；

（2）$6\sqrt{xy}\div 2\sqrt[4]{xy}=\dfrac{6\times\sqrt{xy}}{2\times\sqrt[4]{xy}}=\dfrac{6\times\sqrt[2\times2]{(xy)^2}}{2\times\sqrt[4]{xy}}$

$=3\times\dfrac{\sqrt[4]{(xy)^2}}{\sqrt[4]{xy}}=3\sqrt[4]{xy}$.

性质（4）与性质（5）可以分别用来计算根式的乘方与开方.

例7 化简 $a^2-b^2+\sqrt{4a^4+4a^2b^2+b^4}$.

解 由 $4a^4+4a^2b^2+b^4=(2a^2+b^2)^2$，得

$a^2-b^2+\sqrt{4a^4+4a^2b^2+b^4}$

$=a^2-b^2+\sqrt{(2a^2+b^2)^2}$

$=a^2-b^2+|2a^2+b^2|$

$=a^2-b^2+(2a^2+b^2)=3a^2$.

所以，$a^2-b^2+\sqrt{4a^4+4a^2b^2+b^4}=3a^2$.

例8 化简 $(2x-y)(\sqrt{16x^4}+\sqrt[3]{8x^3y^3}+\sqrt{y^4})$（$x\geqslant0$，$y\geqslant0$）.

解 由 $x\geqslant0$，$y\geqslant0$，故 $\sqrt{x^2}=x$，$\sqrt{y^2}=y$. 得

$(2x-y)(\sqrt{16x^4}+\sqrt[3]{8x^3y^3}+\sqrt{y^4})$

$=(2x-y)(\sqrt{(4x^2)^2}+\sqrt[3]{(2xy)^3}+\sqrt{(y^2)^2})$

$=(2x-y)(4x^2+2xy+y^2)$

$=(2x)^3-y^3=8x^3-y^3$，

所以，$(2x-y)(\sqrt{16x^4}+\sqrt[3]{8x^3y^3}+\sqrt{y^4})=8x^3-y^3$.

2.6.4 分母有理化

把一个分式的分母中的根号化去，称为**分母有理化**. 分母有理化一般是用一个适当的代数式同乘以分子与分母，应用平方差公式、立方差公式等公式，尽可能出现根式乘方的形式，利用根式的性质在一定程度上减少或者消除根式，逐步达到分母中不含根式.

例 9 把下列各式的分母有理化：

(1) $\dfrac{2}{2+\sqrt{3}}$；　　(2) $\dfrac{2}{1+\sqrt{3}-\sqrt{5}}$.

解 (1) $\dfrac{2}{2+\sqrt{3}}=\dfrac{2(2-\sqrt{3})}{(2+\sqrt{3})(2-\sqrt{3})}=\dfrac{2(2-\sqrt{3})}{2^2-(\sqrt{3})^2}=\dfrac{2(2-\sqrt{3})}{2^2-(\sqrt{3})^2}=$
$2(2-\sqrt{3})$；

(2) 由 $(1+\sqrt{3}-\sqrt{5})(1+\sqrt{3}+\sqrt{5})=(1+\sqrt{3})^2-(\sqrt{5})^2=2\sqrt{3}-1$，得

$$\begin{aligned}\frac{1}{1+\sqrt{3}-\sqrt{5}}&=\frac{1+\sqrt{3}+\sqrt{5}}{(1+\sqrt{3}-\sqrt{5})(1+\sqrt{3}+\sqrt{5})}\\&=\frac{1+\sqrt{3}+\sqrt{5}}{2\sqrt{3}-1}\\&=\frac{(1+\sqrt{3}+\sqrt{5})(2\sqrt{3}+1)}{(2\sqrt{3}-1)(2\sqrt{3}+1)}\\&=\frac{3\sqrt{3}+\sqrt{5}+2\sqrt{15}+7}{(2\sqrt{3})^2-1^2}\\&=\frac{3\sqrt{3}+\sqrt{5}+2\sqrt{15}+7}{11},\end{aligned}$$

所以，$\dfrac{1}{1+\sqrt{3}-\sqrt{5}}=\dfrac{3\sqrt{3}+\sqrt{5}+2\sqrt{15}+7}{11}$.

形如 $\sqrt{a\pm m\sqrt{b}}$ 形式的复合根式，可化简成二次根式形式.

例 10 化简 $\sqrt{3-\sqrt{5}}+\sqrt{3+\sqrt{5}}$.

解 方法一 $\sqrt{3-\sqrt{5}}+\sqrt{3+\sqrt{5}}$

$$\begin{aligned}&=\sqrt{\frac{6-2\sqrt{5}}{2}}+\sqrt{\frac{6+2\sqrt{5}}{2}}\\&=\sqrt{\frac{(\sqrt{5})^2-2\sqrt{5}+1}{2}}+\sqrt{\frac{(\sqrt{5})^2+2\sqrt{5}+1}{2}}\\&=\sqrt{\frac{(\sqrt{5}-1)^2}{2}}+\sqrt{\frac{(\sqrt{5}+1)^2}{2}}\end{aligned}$$

$$=\frac{\sqrt{5}-1}{\sqrt{2}}+\frac{\sqrt{5}+1}{\sqrt{2}}=\frac{2\sqrt{5}}{\sqrt{2}}=\sqrt{10};$$

方法二 $\sqrt{3-\sqrt{5}}+\sqrt{3+\sqrt{5}}$

$$=\sqrt{\left(\sqrt{3-\sqrt{5}}+\sqrt{3+\sqrt{5}}\right)^2}$$

$$=\sqrt{6+2\sqrt{9-5}}=\sqrt{10}.$$

例 11 设 $x=\frac{2ab}{b^2+1}$ $(a>0,\ b>0)$，证明

$$\frac{\sqrt{a+x}+\sqrt{a-x}}{\sqrt{a+x}-\sqrt{a-x}}=\begin{cases}b, & b\geqslant 1\\ \frac{1}{b}, & 0<b<1\end{cases}.$$

证明 由 $x=\frac{2ab}{b^2+1}$，且 $a>0$，$b>0$，知 $a+x>0$，$a-x>0$. 于是

$$\frac{\sqrt{a+x}+\sqrt{a-x}}{\sqrt{a+x}-\sqrt{a-x}}=\frac{\left(\sqrt{a+x}+\sqrt{a-x}\right)^2}{\left(\sqrt{a+x}-\sqrt{a-x}\right)\left(\sqrt{a+x}+\sqrt{a-x}\right)}$$

$$=\frac{a+\sqrt{a^2-x^2}}{x},$$

又由 $x=\frac{2ab}{b^2+1}$，故

$$\frac{\sqrt{a+x}+\sqrt{a-x}}{\sqrt{a+x}-\sqrt{a-x}}=\frac{a+\sqrt{a^2-\left(\frac{2ab}{b^2+1}\right)^2}}{\frac{2ab}{b^2+1}}$$

$$=\left(a+\sqrt{\frac{a^2(b^2+1)^2-4a^2b^2}{(b^2+1)^2}}\right)\times\frac{b^2+1}{2ab}$$

$$=a\left(1+\sqrt{\frac{b^4-2b^2+1}{(b^2+1)^2}}\right)\times\frac{b^2+1}{2ab}$$

$$=a\left(1+\sqrt{\frac{(b^2-1)^2}{(b^2+1)^2}}\right)\times\frac{b^2+1}{2ab},$$

所以，

$$\frac{\sqrt{a+x}+\sqrt{a-x}}{\sqrt{a+x}-\sqrt{a-x}}=a\left(1+\frac{|b^2-1|}{b^2+1}\right)\times\frac{b^2+1}{2ab}$$

$$=\frac{(b^2+1)+|b^2-1|}{2b}=\begin{cases}\frac{1}{b}, & 0<b<1\\ b, & b\geqslant 1\end{cases}.$$

例 12 若 $0<x<1$，化简

$$\left[\frac{\sqrt{1+x}}{\sqrt{1+x}-\sqrt{1-x}}+\frac{1-x}{\sqrt{1-x^2}+x-1}\right]\left(\sqrt{\frac{1}{x^2}-1}-\frac{1}{x}\right).$$

解 由 $0<x<1$，知 $1-x>0$，故 $1-x=\left(\sqrt{1-x}\right)^2$. 于

是有

$$\left(\frac{\sqrt{1+x}}{\sqrt{1+x}-\sqrt{1-x}}+\frac{1-x}{\sqrt{1-x^2}+x-1}\right)\left(\sqrt{\frac{1}{x^2}-1}-\frac{1}{x}\right)$$

$$=\left(\frac{\sqrt{1+x}}{\sqrt{1+x}-\sqrt{1-x}}+\frac{\sqrt{1-x}}{\sqrt{1+x}-\sqrt{1-x}}\right)\frac{\sqrt{1-x^2}-1}{x}$$

$$=\frac{\sqrt{1+x}+\sqrt{1-x}}{\sqrt{1+x}-\sqrt{1-x}}\cdot\frac{\sqrt{1-x^2}-1}{x}$$

$$=\frac{2x}{(\sqrt{1+x}-\sqrt{1-x})^2}\cdot\frac{\sqrt{1-x^2}-1}{x}$$

$$=\frac{2x}{2-2\sqrt{1-x^2}}\cdot\frac{\sqrt{1-x^2}-1}{x}=-1.$$

习题 2.6

1. 把下列根式化成最简根式：

(1) $\sqrt{2}\cdot\sqrt[3]{2}\cdot\sqrt[4]{2}$；

(2) $2\sqrt{35}\cdot\sqrt{65}\div\sqrt{91}$；

(3) $\sqrt{a^3b^5c^7}\cdot\sqrt[3]{a^2b^4c^8}$；

(4) $\sqrt{a^3b^3}\div\sqrt[6]{a^5b^5}$；

(5) $(\sqrt[3]{a^2})^6$；

(6) $\sqrt[4]{\sqrt[3]{a^2}}$；

(7) $\dfrac{a^2}{b}\sqrt{\dfrac{b^3}{a^4}-\dfrac{b^5}{a^6}}$；

(8) $\dfrac{x-y}{y}\sqrt{\dfrac{x^4y^3+x^3y^4}{x^2-2xy+y^2}}$ $(x>y)$.

2. 计算：

(1) $\sqrt[3]{2-\sqrt{5}}\times\sqrt[6]{9+4\sqrt{5}}$；

(2) $\sqrt{\sqrt[3]{a^2}\sqrt{b}}$；

(3) $\sqrt{ab}\left(\sqrt{ab}+2\sqrt{\dfrac{b}{a}}-\sqrt{\dfrac{a}{b}}+\dfrac{1}{\sqrt{ab}}\right)$；

(4) $\sqrt{\dfrac{a}{bc}}+\sqrt{\dfrac{b}{ca}}+\sqrt{\dfrac{c}{ab}}$；

(5) $\sqrt{(a+b)^2c}-\sqrt{a^2c}-\sqrt{b^2c}$；

(6) $(\sqrt{a}+\sqrt[4]{a}+1)(\sqrt{a}-\sqrt[4]{a}+1)$.

3. 计算：

(1) $\sqrt{ax^3+6ax^2+9ax}-\sqrt{ax^3-4a^2x^2+4a^3x}$；

(2) $\sqrt[3]{1-x^3}+\sqrt[3]{(x-1)(x^2+x+1)}$.

4. 把下列各式的分母有理化：

(1) $\sqrt[3]{\dfrac{3x^4y}{x^2+2xy+y^2}}$；

(2) $\dfrac{18+8\sqrt{3}}{2\sqrt{3}+\sqrt{12}-6\sqrt{3}}$；

(3) $\dfrac{\sqrt{x^2+1}}{\sqrt{x^2+1}-\sqrt{x^2-1}}$ $(x>1)$；

(4) $\dfrac{\sqrt[3]{x^2y}-\sqrt[3]{xy^2}}{\sqrt[3]{ax}-\sqrt[3]{ay}}$.

5. 求证：

(1) $(\sqrt[3]{m^2}+\sqrt[3]{mn}+\sqrt[3]{n^2})(\sqrt[3]{m}-\sqrt[3]{n})=m-n$；

(2) $(\sqrt[3]{a^2}-\sqrt[3]{ab}+\sqrt[3]{b^2})(\sqrt[3]{a}+\sqrt[3]{b})=a+b$.

6. 已知 $ax^3=by^3=cz^3$，$\frac{1}{x}+\frac{1}{y}+\frac{1}{z}=1$，求证 $\sqrt[3]{ax^2+by^2+cz^2}=\sqrt[3]{a}+\sqrt[3]{b}+\sqrt[3]{c}$.

7. 已知 $\sqrt{x}(\sqrt{x}+\sqrt{y})=3\sqrt{y}(\sqrt{x}+5\sqrt{y})$，求 $\frac{2x+\sqrt{xy}+3y}{x+\sqrt{xy}-y}$ 的值.

8. 设 $a\sqrt{1-b^2}+b\sqrt{1-a^2}=1$，求证 $a^2+b^2=1$.

9. 设 $f(x)=\sqrt{x}+\sqrt{x+1}$，求证 $\frac{1}{f(1)}+\frac{1}{f(2)}+\cdots+\frac{1}{f(n)}=\sqrt{n+1}-1(n\in\mathbf{N})$.

10. 设 $\sqrt{x}=\sqrt{a}-\frac{1}{\sqrt{a}}$，求 $\frac{x+2+\sqrt{4x+x^2}}{x+2-\sqrt{4x+x^2}}$ 的值.

11. 已知 $x=\sqrt{6+2\sqrt{5}}$，求 $\left(\frac{\sqrt{x}}{1+\sqrt{x}}+\frac{1-\sqrt{x}}{\sqrt{x}}\right)\div\left(\frac{\sqrt{x}}{1+\sqrt{x}}-\frac{1-\sqrt{x}}{\sqrt{x}}\right)$ 的值.

12. 已知 $x=2\sqrt{2}$，求 $\frac{x}{\sqrt[3]{x}-1}-\frac{\sqrt[3]{x^2}}{\sqrt[3]{x}+1}-\frac{1}{\sqrt[3]{x}-1}+\frac{1}{\sqrt[3]{x}+1}$ 的值.

§2.7　零指数、负指数与分数指数幂

零的零次幂、负整数幂、负分数幂均无意义！规定

$a^{\frac{m}{n}}=\sqrt[n]{a^m}$（$a>0$，$m$，$n\in\mathbf{N}^*$，且 $n>1$），

$a^{-\frac{m}{n}}=\frac{1}{a^{\frac{m}{n}}}=\frac{1}{\sqrt[n]{a^m}}$（$a>0$，$m$，$n\in\mathbf{N}^*$，且 $n>1$）.

在这样的规定下，根式与分数指数幂表示相同意义的量，只是表现形式不同而已.

一般地，在数学上我们 n 个相同的因数 a 相乘的积记做 a^n，即是

$$a^n=\underbrace{a\times a\times\cdots\times a}_{n个}$$

这里，$n\in\mathbf{N}^*$. 这种求几个相同因数的积的运算叫做乘方，乘方的结果叫做幂. 在 a^n 中，a 叫做幂的底数，n 叫做幂的指数. a^n 读作“a 的 n 次方”或“a 的 n 次幂”.

对于零指数、负指数与分数指数幂我们作出以下规定：

（1）$a^0=1(a\neq0)$，0^0 无意义；

（2）$a^{-n}=\frac{1}{a^n}$（$a\neq0$）(指数反号，立时颠倒)；

（3）$a^{\frac{m}{n}}=(\sqrt[n]{a})^m=\sqrt[n]{a^m}$（$a>0$，$m$，$n\in\mathbf{N}^*$，且 $n>1$）；

（4）$a^{-\frac{m}{n}}=\frac{1}{a^{\frac{m}{n}}}=\frac{1}{\sqrt[n]{a^m}}$（$a>0$，$m$，$n\in\mathbf{N}^*$，且 $n>1$）.

由根式的性质来研究底数为负数的分数幂的性质.

规定了分数指数幂的意义后，指数的概念就从整数指数推广到了有理数指数，那么整数指数幂的运算性质也同样可

例 1　计算 $\left(2\frac{7}{9}\right)^{\frac{1}{2}}\times\left(1\frac{61}{64}\right)^{-\frac{2}{3}}-(-1)^{-4}+(2^{-1}+4^{-2})^{\frac{1}{2}}\times(-2)^0$.

解　$\left(2\frac{7}{9}\right)^{\frac{1}{2}}\times\left(1\frac{61}{64}\right)^{-\frac{2}{3}}-(-1)^{-4}+(2^{-1}+4^{-2})^{\frac{1}{2}}\times(-2)^0$

以推广到有理数指数幂.

$$=\left(\frac{25}{9}\right)^{\frac{1}{2}}\times\left(\frac{125}{64}\right)^{-\frac{2}{3}}-\frac{1}{(-1)^4}+\left(\frac{1}{2}+\frac{1}{4^2}\right)^{\frac{1}{2}}\times 1$$

$$=\left[\left(\frac{5}{3}\right)^2\right]^{\frac{1}{2}}\times\left[\left(\frac{5}{4}\right)^3\right]^{-\frac{2}{3}}-\frac{1}{(-1)^4}+\left(\frac{9}{16}\right)^{\frac{1}{2}}\times 1$$

$$=\frac{5}{3}\times\left(\frac{5}{4}\right)^{-2}-1+\left[\left(\frac{3}{4}\right)^2\right]^{\frac{1}{2}}$$

$$=\frac{5}{3}\times\frac{16}{25}-1+\frac{3}{4}=\frac{16}{15}-1+\frac{3}{4}=\frac{49}{60}.$$

例 2 化简：

(1) $32^{-\frac{3}{5}}-\left(2\frac{10}{27}\right)^{-\frac{2}{3}}+(0.5)^{-2}+\left(\pi-\sqrt[3]{2}+\frac{1}{2}\right)^0$；

(2) $\left\{\frac{1}{4}\times\left[(0.027)^{\frac{2}{3}}+15\times(0.0016)^{0.75}+(101-100)^{-1}\right]\right\}^{-\frac{1}{2}}$.

有理数指数幂的运算和化简：第一步是找同底数幂，调换位置时注意做到不重不漏，接着就是合并同类项，同底数幂的相乘，底数不变，指数相加，相除的话就是底数不变，指数相减. 同底数幂相加减，能化简的合并化简，不能的按照降幂或升幂排列.

解 (1) $32^{-\frac{3}{5}}-\left(2\frac{10}{27}\right)^{-\frac{2}{3}}+(0.5)^{-2}+\left(\pi-\sqrt[3]{2}+\frac{1}{2}\right)^0$

$$=(2^5)^{-\frac{3}{5}}-\left[\left(\frac{4}{3}\right)^3\right]^{-\frac{2}{3}}+(2^{-1})^{-2}+1$$

$$=2^{-3}-\left(\frac{4}{3}\right)^{-2}+4+1=\frac{1}{8}-\frac{9}{16}+5=4\frac{9}{16};$$

(2) $\left\{\frac{1}{4}\times\left[(0.027)^{\frac{2}{3}}+15\times(0.0016)^{0.75}+(101-100)^{-1}\right]\right\}^{-\frac{1}{2}}$

$$=\left[\left(\frac{1}{2}\right)^2\right]^{-\frac{1}{2}}\times\left[(0.3^3)^{\frac{2}{3}}+15\times(0.2^4)^{\frac{3}{4}}+1^{-1}\right]^{-\frac{1}{2}}$$

$$=\left(\frac{1}{2}\right)^{-1}\times(0.3^2+15\times 0.2^3+1)^{-\frac{1}{2}}$$

$$=2\times(0.3^2+15\times 0.2^3+1)^{-\frac{1}{2}}$$

$$=2\times(1.21)^{-\frac{1}{2}}=2\times\left[(1.1)^2\right]^{-\frac{1}{2}}$$

$$=2\times 1.1^{-1}=\frac{20}{11}=1\frac{9}{11}.$$

例 3 化简$\dfrac{(2a^{-3}b^{-\frac{3}{2}})(-3a^{-1}b)}{4a^{-4}b^{-\frac{5}{2}}}$.

解 $\dfrac{(2a^{-3}b^{-\frac{3}{2}})(-3a^{-1}b)}{4a^{-4}b^{-\frac{5}{2}}}=\dfrac{-6\times a^{-4}b^{-\frac{1}{2}}}{4\times a^{-4}b^{-\frac{5}{2}}}$

$$=-\frac{3}{2}\times a^0b^2=-\frac{3}{2}b^2,$$

所以，$\dfrac{(2a^{-3}b^{-\frac{3}{2}})(-3a^{-1}b)}{4a^{-4}b^{-\frac{5}{2}}}=-\dfrac{3}{2}b^2$.

例 4 化简$\dfrac{x-x^{-1}}{x^{\frac{2}{3}}-x^{-\frac{2}{3}}}-\dfrac{x+x^{-1}}{x^{\frac{2}{3}}+x^{-\frac{2}{3}}+2}+\dfrac{2x}{x^{\frac{2}{3}}+1}$.

解 方法一 原式$=\dfrac{(x^{\frac{1}{3}}-x^{-\frac{1}{3}})(x^{\frac{2}{3}}+1+x^{-\frac{2}{3}})}{(x^{\frac{1}{3}}-x^{-\frac{1}{3}})(x^{\frac{1}{3}}+x^{-\frac{1}{3}})}$

$$-\frac{(x^{\frac{1}{3}}+x^{-\frac{1}{3}})(x^{\frac{2}{3}}-1+x^{-\frac{2}{3}})}{(x^{\frac{1}{3}}+x^{-\frac{1}{3}})^2}+\frac{2x}{x^{\frac{2}{3}}+1}$$

$$=\frac{x^{\frac{2}{3}}+1+x^{-\frac{2}{3}}-x^{\frac{2}{3}}+1-x^{-\frac{2}{3}}}{x^{\frac{1}{3}}+x^{-\frac{1}{3}}}+\frac{2x}{x^{\frac{2}{3}}+1}$$

$$=\frac{2}{x^{\frac{1}{3}}+x^{-\frac{1}{3}}}+\frac{2x}{x^{\frac{2}{3}}+1}=\frac{2x^{\frac{1}{3}}}{x^{\frac{2}{3}}+1}+\frac{2x}{x^{\frac{2}{3}}+1}$$

$$=\frac{2x^{\frac{1}{3}}(x^{\frac{2}{3}}+1)}{x^{\frac{2}{3}}+1}=2x^{\frac{1}{3}};$$

方法二　设 $x^{\frac{1}{3}}=A$，$x^{-\frac{1}{3}}=B\Rightarrow AB=x^{\frac{1}{3}}\cdot x^{-\frac{1}{3}}=1$

原式 $=\dfrac{A^3-B^3}{A^2-B^2}-\dfrac{A^3+B^3}{A^2+B^2+2AB}+\dfrac{2A^3}{2A^2}$

$$=\frac{A^2+AB+B^2}{A+B}-\frac{A^2-AB+B^2}{A+B}+\frac{2A^3}{2A^2}$$

$$=\frac{2AB+2A^2}{A+B}=2A=2x^{\frac{1}{3}}.$$

从上题中可知，在指数运算中适当地运用换元法往往可使运算化繁为简，分数指数幂的运算性质也可用来简化根式.

例 5　化简 $\sqrt[4]{ab^3}\times\sqrt[6]{a^5b}\div\sqrt[3]{a^2b^2}$.

解　$\sqrt[4]{ab^3}\times\sqrt[6]{a^5b}\div\sqrt[3]{a^2b^2}$

$=[a^{\frac{1}{4}}\times b^{\frac{3}{4}}\times a^{\frac{5}{6}}\times b^{\frac{1}{6}}]\div(a^{\frac{2}{3}}b^{\frac{2}{3}})=(a^{\frac{13}{12}}b^{\frac{11}{12}})\div(a^{\frac{2}{3}}b^{\frac{2}{3}})$

$=a^{\frac{13}{12}-\frac{2}{3}}b^{\frac{11}{12}-\frac{2}{3}}=a^{\frac{5}{12}}b^{\frac{1}{4}}=\sqrt[12]{a^5}\sqrt[4]{b}$,

所以，$\sqrt[4]{ab^3}\times\sqrt[6]{a^5b}\div\sqrt[3]{a^2b^2}=\sqrt[12]{a^5}\sqrt[4]{b}$.

例 6　化简 $\sqrt{x^{-3}y^2\sqrt[3]{xy^2}}$.

解　因为 $\sqrt[3]{xy^2}=(xy^2)^{\frac{1}{3}}=x^{\frac{1}{3}}y^{\frac{2}{3}}$，于是有

$$\sqrt{x^{-3}y^2\sqrt[3]{xy^2}}=\sqrt{x^{-3}y^2\times x^{\frac{1}{3}}y^{\frac{2}{3}}}$$

$$=\sqrt{(x^{-3}\times x^{\frac{1}{3}})\times(y^2\times(y^2)^{\frac{1}{3}})}$$

$$=[(x^{-\frac{8}{3}})\times(y^{\frac{8}{3}})]^{\frac{1}{2}}=x^{-\frac{4}{3}}\times y^{\frac{4}{3}}$$

$$=\left(\frac{y}{x}\right)^{\frac{4}{3}}=\frac{y}{x}\sqrt[3]{\frac{y}{x}},$$

所以，$\sqrt{x^{-3}y^2\sqrt[3]{xy^2}}=\dfrac{y}{x}\sqrt[3]{\dfrac{y}{x}}$.

例 7　化简 $\sqrt{x\sqrt{x\sqrt{x\sqrt{x}}}}$.

解　方法一

$$\sqrt{x\sqrt{x\sqrt{x\sqrt{x}}}}=\sqrt{x\sqrt{x\sqrt{x\cdot x^{\frac{1}{2}}}}}$$

$$=\sqrt{x\sqrt{x\cdot x^{\frac{3}{4}}}}=\sqrt{x\cdot x^{\frac{7}{8}}}=x^{\frac{15}{16}},$$

所以，$\sqrt{x\sqrt{x\sqrt{x\sqrt{x}}}}=x^{\frac{15}{16}}$.

方法二　逐层消除根号$\sqrt{x\sqrt{x\sqrt{x\sqrt{x}}}}=x^{\frac{1}{2}}\cdot x^{\frac{1}{4}}\cdot x^{\frac{1}{8}}\cdot x^{\frac{1}{16}}=x^{\frac{15}{16}}$.

例 8　已知 $x^{\frac{1}{2}}+x^{-\frac{1}{2}}=3$，求$\dfrac{x^{\frac{3}{2}}+x^{-\frac{3}{2}}+2}{x^2+x^{-2}+3}$的值.

解　由 $x^{\frac{1}{2}}+x^{-\frac{1}{2}}=3$ 两边平方得 $x+2+x^{-1}=9$，即得 $x+x^{-1}=7$，

等式两边再平方得 $x^2+x^{-2}+2=49$，则有 $x^2+x^{-2}=47$.

所以，$\dfrac{x^{\frac{3}{2}}+x^{-\frac{3}{2}}+2}{x^2+x^{-2}+3}=\dfrac{(x^{\frac{1}{2}}+x^{-\frac{1}{2}})(x+x^{-1}-1)+2}{x^2+x^{-2}+3}$

$=\dfrac{3\times(7-1)+2}{47+3}=\dfrac{2}{5}$.

习题 2.7

1. 计算：

(1) $\left\{\left[\dfrac{5}{3}-\left(\dfrac{6}{5}\right)^{-1}\right]^{-2}-\left(\dfrac{25}{11}\right)^{-1}\right\}^{-3}$；　(2) $\dfrac{(3x^2y^{-3})^4}{(-2x^{-3}y^2)^{-3}(-27x^{-5}y^2)}$；

(3) $\left(\dfrac{2}{a^n+a^{-n}}\right)^{-2}-\left(\dfrac{2}{a^n-a^{-n}}\right)^{-2}(n\in\mathbf{N})$.

2. 求证：

(1) $(a+a^{-1})^2(a-a^{-1})^2=a^4-2+\dfrac{1}{a^4}$；　(2) $\dfrac{a^{-3}+b^{-3}}{a^{-1}+b^{-1}}+\dfrac{a^{-3}-b^{-3}}{a^{-1}-b^{-1}}=2\left(\dfrac{1}{a^2}+\dfrac{1}{b^2}\right)$.

3. 化简：

(1) $\dfrac{a^2+a^{-2}-2}{a^2-a^{-2}}$；　(2) $\dfrac{m^3+n^{-3}}{m+n^{-1}}+(m-n^{-1})^2$.

4. 分解因式：

(1) $a^{\frac{2}{3}}-b^{-\frac{2}{3}}$；　(2) $x^{\frac{3}{2}}-y^{\frac{3}{2}}$；

(3) $x^{-3}-27y^{-3}$.

5. 化简：

(1) $(a^{\frac{1}{2}}\cdot\sqrt[3]{b^2})^{-3}\div\sqrt{b^{-4}\cdot\sqrt{a^{-2}}}$；　(2) $\dfrac{a^{-\frac{1}{2}}b^{-\frac{3}{4}}}{a^{\frac{1}{3}}b^{\frac{1}{2}}}\div\dfrac{a^{\frac{5}{6}}}{b^{-\frac{1}{6}}}$；

(3) $(x^{\frac{1}{4}}+y^{\frac{1}{4}})(x^{\frac{1}{4}}-y^{\frac{1}{4}})(x^{\frac{1}{2}}+y^{\frac{1}{2}})$；　(4) $(a^{\frac{1}{2}}-b^{\frac{1}{2}})(a+a^{\frac{1}{2}}b^{\frac{1}{2}}+b)$；

(5) $\dfrac{a}{a^{\frac{1}{2}}b^{\frac{1}{2}}+b}+\dfrac{b}{a^{\frac{1}{2}}b^{\frac{1}{2}}-a}-\dfrac{a+b}{a^{\frac{1}{2}}b^{\frac{1}{2}}}$；　(6) $\left(8b^{-\frac{1}{3}}\cdot\sqrt{x^{-\frac{1}{3}}\cdot b\cdot\sqrt[4]{x^{\frac{4}{3}}}}\right)^{\frac{1}{3}}$；

(7) $\dfrac{a^{\frac{5}{3}}-\sqrt[3]{a^2}\cdot b}{a^{\frac{2}{3}}+\sqrt[3]{ab}+b^{\frac{2}{3}}}\div\left(1-\sqrt[3]{\dfrac{b}{a}}\right)$；

(8) $(2^{2n}+2^{-2n}-2)^{\frac{1}{2}}+(2^{2n}+2^{-2n}+2)^{\frac{1}{2}}(n\in\mathbf{N})$.

6. 计算：

(1) $0.25\times(-2)^2-4\div(\sqrt{5}-1)^0-\left(\dfrac{1}{6}\right)^{-\frac{1}{2}}+\dfrac{\sqrt{3}}{\sqrt{3}-\sqrt{2}}$；

（2）$5-3\times\left[\left(-3\frac{3}{8}\right)^{-\frac{1}{3}}+1031\times(0.25-2^{-2})\right]\div9^0$；

（3）$\left(\frac{1}{300}\right)^{-\frac{1}{2}}+10\times\left(\frac{\sqrt{3}}{2}\right)^{\frac{1}{2}}\left(\frac{27}{4}\right)^{\frac{1}{4}}-10(2-\sqrt{3})^{-1}$；

（4）$\dfrac{(-27)^3\times\sqrt{\left(\frac{1}{16}\right)^{-1\frac{1}{2}}}}{(-9)^0\times\left(1\frac{1}{2}\right)^7\left(\frac{1}{2}\right)^{-5}}$；

（5）$\dfrac{a-b}{a^{\frac{1}{3}}-b^{\frac{1}{3}}}-\dfrac{a+b}{a^{\frac{1}{3}}+b^{\frac{1}{3}}}$.

7. 已知 $x=\frac{3}{2}$，求$\sqrt{x+2\sqrt{x-1}}+\sqrt{x-2\sqrt{x-1}}$的值.

§2.8　习题选解

2.8.1　习题2.1选解

1. **解**　（1）原式$=(a^2+ab)-(ab-b^2)=a^2+ab-ab+b^2=a^2+b^2$；

（2）原式$=-3a+3b-2a-2b-3a+2b+5a-10b$

$=(-3a-2a-3a+5a)+(3b-2b+2b-10b)=-3a-7b$；

（3）原式$=6m^2-10mn+5m^2-12m^2-10mn$

$=(6m^2+5m^2-12m^2)-(10mn+10mn)=-m^2-20mn$.

2. **解**　（1）分离系数法

	1	6	24	60			
×)	1	−6	12	12			
	1	6	24	60			
		−6	−36	−144	−360		
			12	72	288	720	
+)				12	72	288	720
	1	0	0	0	0	1008	720
	↓	↓	↓	↓	↓	↓	↓
	x^6	x^5	x^4	x^3	x^2	x^1	x^0

所以，$(24x+6x^2+x^3+60)(12x-6x^2+12+x^3)=x^6+1008x+720$；

(2) 分离系数法

	1	3	-3	4	
×)	2	3			
	2	6	-6	8	
+)		3	9	-9	12
	2	9	3	-1	12
	↓	↓	↓	↓	↓
	x^4	x^3y	x^2y^2	xy^3	y^4

所以，$(x^3+3x^2y-3xy^2+4y^3)(2x+3y)=2x^4+9x^3y+3x^2y^2-xy^3+12y^4$；

(3) 分离系数法

	2	-3	2	-5	1		
×)	1	-2	-1				
	2	-3	2	-5	1		
		-4	6	-4	10	-2	
+)			-2	3	-2	5	-1
	2	-7	6	-6	9	3	-1
	↓	↓	↓	↓	↓	↓	↓
	x^6	x^5	x^4	x^3	x^2	x^1	x^0

所以，$(-5x+2x^2+1+2x^4-3x^3)(x^2-1-2x)=2x^6-7x^5+6x^4-6x^3+9x^2+3x-1$；

(4) 分离系数法

	3	-2	-1	7	-6	5		
×)	2	-3	1					
	6	-4	-2	14	-12	10		
		-9	6	3	-21	18	-15	
+)			3	-2	-1	7	-6	5
	6	-13	7	15	-34	35	-21	5
	↓	↓	↓	↓	↓	↓	↓	↓
	x^7	x^6	x^5	x^4	x^3	x^2	x^1	x^0

所以，$(3x^5-2x^4-x^3+7x^2-6x+5)(2x^2-3x+1)=6x^7-13x^6+7x^5+15x^4-34x^3+35x^2-21x+5$.

2.8.2 习题 2.2 选解

1. (1) $a^4+\frac{4a^2}{3}+\frac{4}{9}$；　(2) $9x^4-6x^3+31x^2-10x+25$；

(3) x^4-x^8；　(4) y^3+64；

(5) $8x^3-36x^2y+54xy^2-27y^3$; (6) $64a^3-b^3$;
(7) x^4-2x^2+1; (8) $16-x^4$.

2. (1) $(b-1)(a+1)$; (2) $x(x+1)(x^2+1)$;
(3) $x(x-1)(x^2+1)$; (4) $(2x+y)(2x-y)$;
(5) $(a+b-c)(a-b+c)$; (6) $-(x-3)^2$;
(7) $(a+b)(a+b-c)$; (8) $(7a+b)(a+7b)$;
(9) $(a+4b)(2a+3b)$; (10) $(a+b+7)(a+b+8)$;
(11) 原式$=3a(a^2+2ab-ac-2bc)=3a[a(a+2b)-c(a+2b)]$
$=3a(a+2b)(a-c)$;
(12) 原式$=(2x^2+4xy)-(x+2y)-(6ax-3a)$
$=2x(x+2y)-(x+2y)-3a(2x-1)$
$=(2x-1)(x+2y-3a)$;
(13) $(2x-3y)(3x-y)$; (14) $(x-y-2z)(x-y-5z)$.

2.8.3 习题 2.3 解答

1. **证明** (1) 右边$=(a^2x^2+2abxy+b^2y^2)-(b^2x^2+2abxy+a^2y^2)$
$=(a^2x^2-b^2x^2)+(b^2y^2-a^2y^2)$
$=x^2(a^2-b^2)-y^2(a^2-b^2)=(a^2-b^2)(x^2-y^2)$
所以，$(a^2-b^2)(x^2-y^2)=(ax+by)^2-(bx+ay)^2$.
(2) 左边$=(x+y)\,[(x+y)^2-(x-y)^2]$
$=(x+y)\,[(x+y+x-y)(x+y-x+y)]=4xy(x+y)$
所以，$(x+y)^3-(x-y)^2(x+y)=4xy(x+y)$.
(3) 左边$=[(x^2+3x+1)+1][(x^2+3x+1)-1]$
$=(x^2+3x)(x^2+3x+2)=x(x+3)(x+1)(x+2)$,
所以，$(x^2+3x+1)^2-1=x(x+1)(x+2)(x+3)$.

2. **证明** (1) 左边$=(x_1^2+2x_1x_2+x_2^2)+(x_2^2+4x_2x_3+4x_3^2)$
$=(x_1+x_2)^2+(x_2+2x_3)^2$
所以，$x_1^2+2x_1x_2+2x_2^2+4x_2x_3+4x_3^2=(x_1+x_2)^2+(x_2+2x_3)^2$.
(2) 左边$=(2y_1^2-4y_1y_3)-(2y_2^2-8y_2y_3)$
$=2(y_1^2-2y_1y_3+y_3^2)-2(y_2^2-4y_2y_3+4y_3^2)+6y_3^2=2\,(y_1-y_3)^2$
$-2\,(y_2-y_3)^2+6y_3^2$,
所以，$2y_1^2-2y_2^2-4y_1y_2+8y_2y_3=2(y_1-y_3)^2-2(y_2-2y_3)^2+6y_3^2$.

3. $2x^2+3x-6=2\,(x-1)^2+7(x-1)-1$.
4. $4x^2+8x+7=(2x+3)^2-2(2x+3)+4$.
5. $x^4-1=(x^2+1)^2-2(x^2+1)$.
6. $3x^3-10x^2+13=3\,(x-2)^3+8\,(x-2)^2-4(x-2)+3$.
7. $f(x)=a(x-1)(x-3)$，则有 $f(4)=6\Rightarrow a(4-1)(4-3)=6\Rightarrow a=2$. 所以，$f(x)=2(x-1)(x-3)=2x^2-8x+6$.

8. $a=-6$，$b=2$，$c=5$.

2.8.4 习题 2.4 选解

1. **解** （1）原式$=\frac{1}{(x-1)(x-2)}+\frac{1}{(x-2)(x-3)}-\frac{1}{(x-1)(x-3)}$

$$=\left(\frac{1}{x-2}-\frac{1}{x-1}\right)+\left(\frac{1}{x-3}-\frac{1}{x-2}\right)-\frac{1}{2}\left(\frac{1}{x-3}-\frac{1}{x-1}\right)$$

$$=\frac{1}{2}\left(\frac{1}{x-3}-\frac{1}{x-1}\right)=\frac{1}{(x-3)(x-1)}=\frac{1}{x^2-4x+3};$$

（2）原式$=\frac{(a+b)^2}{(a-b)(b-c)}-\frac{6ab}{(a-b)(b-c)}+\frac{a^2+b^2}{(a-b)(b-c)}$

$$=\frac{(a+b)^2-6ab+(a^2+b^2)}{(a-b)(b-c)}$$

$$=\frac{2a^2+2b^2-4ab}{(a-b)(b-c)}=\frac{2(a-b)^2}{(a-b)(b-c)}=\frac{2(a-b)}{b-c};$$

（3）原式$=\frac{a+x}{(m+n)^2}\times\frac{(x+y)(x-y)}{12}\times\frac{m+n}{m-n}\times\frac{6(m+n)(m-n)}{x+y}$

$$=\frac{(a+x)(x-y)}{2};$$

（4）原式$=\frac{(x^2-6x+9)(x+3)}{x^2-9x+18}=\frac{(x-3)^2(x+3)}{(x-3)(x-6)}=\frac{(x-3)(x+3)}{x-6}=\frac{x^2-9}{x-6}$.

2. （1）原式$=\frac{2}{x}$.　　（2）原式$=\frac{5a+3}{3a+2}$.

3. **解** （1）$\left(a-\frac{a^2}{a+b}\right)\left(\frac{a}{a-b}-1\right)\div\frac{b^2}{a+b}=2$；

（2）$\frac{4x^2+12xy+9y^2-16}{4x^2-9y^2-4(2x-3y)}=\frac{(4x^2+12xy+9y^2)-16}{(4x^2-9y^2)-4(2x-3y)}$

$$=\frac{(2x+3y)^2-4^2}{(2x+3y)(2x-3y)-4(2x-3y)}$$

$$=\frac{(2x+3y+4)(2x+3y-4)}{(2x-3y)(2x+3y-4)}=\frac{2x+3y+4}{2x-3y},$$

代入 $x=-2$，$y=\frac{1}{3}$，可得

$$\frac{4x^2+12xy+9y^2-16}{4x^2-9y^2-4(2x-3y)}=\frac{2\cdot(-2)+3\cdot\frac{1}{3}+4}{2\cdot(-2)-3\cdot\frac{1}{3}}=-\frac{1}{5}.$$

4. 证明从略.　　5. 证明从略.

6. 原式$=\frac{1}{x}-\frac{1}{x+na}=\frac{na}{x(x+na)}$.

7. **证明** （1）左边$=\frac{a(b-c)-b(a-c)+c(a-b)}{(a-b)(a-c)(b-c)}=\frac{ab-ac-ba+bc+ac-cb}{(a-b)(a-c)(b-c)}=0$；

（2）方法一　由 $abc=1\Rightarrow c=\frac{1}{ab}\Rightarrow\frac{a}{ab+a+1}+\frac{b}{bc+b+1}+\frac{c}{ac+c+1}$

$$=\frac{a}{ab+a+1}+\frac{b}{b\frac{1}{ab}+b+1}+\frac{\frac{1}{ab}}{a\frac{1}{ab}+\frac{1}{ab}+1}$$

$$=\frac{a}{ab+a+1}+\frac{b}{\frac{1}{a}+b+1}+\frac{1}{ab+a+1}$$

$$=\frac{a}{ab+a+1}+\frac{ab}{ab+a+1}+\frac{1}{ab+a+1}=\frac{ab+a+1}{ab+a+1}=1;$$

方法二　更加灵活地应用 $abc=1\Rightarrow ab=\frac{1}{c}\Rightarrow\frac{a}{ab+a+1}+\frac{b}{bc+b+1}+\frac{c}{ac+c+1}=$

$$\frac{a}{ab+a+1}+\frac{ab}{abc+ab+a}+\frac{1}{a+1+\frac{1}{c}}$$

$$=\frac{a}{ab+a+1}+\frac{ab}{ab+b+1}+\frac{1}{ab+a+1}=\frac{ab+a+1}{ab+a+1}=1;$$

方法三　由 $abc=1\Rightarrow\frac{a}{ab+a+1}+\frac{b}{bc+b+1}+\frac{c}{ac+c+1}$

$$=\frac{a}{ab+a+1}+\frac{a}{a}\frac{b}{bc+b+1}+\frac{ab}{ab}\frac{c}{ac+c+1}$$

$$=\frac{a}{ab+a+1}+\frac{ab}{abc+ab+a}+\frac{abc}{a\cdot abc+abc+ab}$$

$$=\frac{a}{ab+a+1}+\frac{ab}{ab+b+1}+\frac{1}{ab+a+1}=\frac{ab+a+1}{ab+a+1}=1.$$

2.8.5 习题 2.5 解答

1. (1) 商式 $q(x)=3x^3+2x^2-x+4$，余式 $r(x)=-1$.

   (2) 商式 $q(x)=x^4+2x^3+x^2-4x+2$.

   (3) 商式 $q(x)=x^2-(b+c)x+bc$.

   (4) 商式 $=3x^3+8x^2y+7xy^2+2y^3$，余式 $=-4y^4$.

   (5) 商式 $=2x^2-3x+4$，余式 $=2x+3$.

   (6) 商式 $=x^3-2x^2+x-3$，余式 $=10x-6$.

2. **解**　(1) $\frac{6x-1}{(2x+1)(3x-1)}=\frac{1}{5}\left(\frac{8}{2x+1}+\frac{3}{3x-1}\right)$.

   (2) $\frac{8x+2}{x-x^3}=\frac{2}{x}+\frac{3}{1+x}+\frac{5}{1-x}$.

   (3) $\frac{x^2+2x+3}{(x-1)(x-2)(x-3)(x-4)}=-\frac{1}{x-1}+\frac{11}{2(x-2)}-\frac{9}{x-3}+\frac{9}{2(x-4)}$.

   (4) 设 $\frac{2x^3-x^2+1}{(x-2)^4}=\frac{a}{x-2}+\frac{b}{(x-2)^2}+\frac{c}{(x-2)^3}+\frac{d}{(x-2)^4}$，又由

$$\frac{2x^3-x^2+1}{(x-2)^4}=\frac{a}{x-2}+\frac{b}{(x-2)^2}+\frac{c}{(x-2)^3}+\frac{d}{(x-2)^4}$$

$$=\frac{a(x-2)^3+b(x-2)^2+c(x-2)+d}{(x-2)^4}$$

$$=\frac{ax^3+(6a+b)x^2+(12a-4b+c)x-8a+4b-2c+d}{(x-2)^4},$$

比较系数可得$\begin{cases}a=2\\6a+b=-1\\12a-4b+c=0\\-8a+4b-2c+d=1\end{cases}$，解得$\begin{cases}a=2\\b=-13\\c=-76\\d=-73\end{cases}$. 因此，$\frac{2x^3-x^2+1}{(x-2)^4}=\frac{2}{x-2}-\frac{13}{(x-2)^2}-\frac{76}{(x-2)^3}-\frac{73}{(x-2)^4}$.

(5) 因为 $2x^4-x^2-1=(x^2-1)(2x^2+1)=(x+1)(x-1)(2x^2+1)$，设$\frac{6}{2x^4-x^2-1}=\frac{a}{x+1}+\frac{b}{x-1}+\frac{cx+d}{2x^2+1}$，

又由

$$\frac{6}{2x^4-x^2-1}=\frac{a}{x+1}+\frac{b}{x-1}+\frac{cx+d}{2x^2+1}$$
$$=\frac{a(x-1)(2x^2+1)+b(x+1)(2x^2+1)+(cx+d(x+1)(x-1))}{(x+1)(x-1)(2x^2+1)}$$
$$=\frac{(2a+2b+c)x^3-(2a-2b-d)x^2+(a+b-c)x-(a-b+d)}{(x+1)(x-1)(2x^2+1)},$$

比较系数可得$\begin{cases}2a+2b+c=0\\2a-2b-d=0\\a+b-c=0\\a-b+d=-6\end{cases}$，解得$\begin{cases}a=-1\\b=1\\c=0\\d=-4\end{cases}$，因此，$\frac{6}{2x^4-x^2-1}=-\frac{1}{x+1}+\frac{1}{x-1}-\frac{4}{2x^2+1}$.

(6) $\frac{x^2+x+1}{(x^2+1)(x^2+2)}=\frac{x}{x^2+1}-\frac{x-1}{x^2+2}$.

(7) $\frac{3x-1}{(x-2)(x^2+1)}=\frac{1}{x-2}-\frac{x-1}{x^2+1}$.

(8) 因为$(x^2-x)^2=x^2(x-1)^2$，设$\frac{2x^2-x+1}{(x^2-x)^2}=\frac{a}{x}+\frac{b}{x^2}+\frac{c}{x-1}+\frac{d}{(x-1)^2}$，又由

$$\frac{2x^2-x+1}{(x^2-x)^2}=\frac{a}{x}+\frac{b}{x^2}+\frac{c}{x-1}+\frac{d}{(x-1)^2}$$
$$=\frac{ax(x-1)^2+b(x-1)^2+cx^2(x-1)+dx^2}{x^2(x-1)^2}$$
$$=\frac{(a+c)x^3-(2a-b+c-d)x^2+(a-2b)x+b}{x^2(x-1)^2},$$

比较系数可得$\begin{cases}a+c=0\\2a-b+c-d=-2\\a-2b=-1\\b=1\end{cases}$，解得$\begin{cases}a=1\\b=1\\c=-1\\d=4\end{cases}$，因此，$\frac{2x^2-x+1}{(x^2-x)^2}=\frac{1}{x}+\frac{1}{x^2}-$

$\frac{1}{x-1}+\frac{4}{(x-1)^2}$.

(9) $\frac{2x^2}{(x-3)^3}=\frac{2}{x-3}+\frac{12}{(x-3)^2}+\frac{18}{(x-3)^3}$.

(10) $\frac{2x^5-x+1}{(x^2+x+1)^3}=\frac{2x+12}{x^2+x+1}-\frac{30x+10}{(x^2+x+1)^2}+\frac{13x-1}{(x^2+x+1)^3}$.

2.8.6　习题 2.6 解答

1. **解**　(1) $2\cdot\sqrt[12]{2}$；　(2) 10；　(3) $a^2b^3c^6\cdot\sqrt[6]{ab^5c}$；　(4) $\sqrt[3]{a^2b^2}$；

(5) a^4；　(6) $\sqrt[6]{a}$；

(7) $\frac{a^2}{b}\sqrt{\frac{b^3}{a^4}-\frac{b^5}{a^6}}=\frac{a^2}{b}\sqrt{\frac{b^3a^2-b^5}{a^6}}=\frac{a^2}{b}\cdot\frac{\sqrt{b^2(a^2b-b^3)}}{\sqrt{a^6}}=\frac{a^2}{b}\cdot\frac{|b|\sqrt{a^2b-b^3}}{|a|^3}$；

(8) 因为 $x>y$，则 $x-y>0$，故

$\frac{x-y}{y}\sqrt{\frac{x^4y^3+x^3y^4}{x^2-2xy+y^2}}=\frac{x-y}{y}\sqrt{\frac{x^3y^3(x+y)}{(x-y)^2}}=\frac{x-y}{y}\frac{xy}{x-y}\sqrt{xy(x+y)}=x\sqrt{x^2y+xy^2}$.

2. **解**　(1) 原式 $=\sqrt[6]{(2-\sqrt{5})^2}\times\sqrt[6]{9+4\sqrt{5}}=\sqrt[6]{(9-4\sqrt{5})(9+4\sqrt{5})}$

$=\sqrt[6]{9^2-(4\sqrt{5})^2}=\sqrt[6]{81-80}=1$.

(2) $\sqrt[12]{a^4b^3}$；　(3) $ab+2|b|-|a|+1$；　(4) $\frac{\sqrt{abc}(|a|+|b|+|c|)}{abc}$；

(5) $\sqrt{c}(|a+b|-|a|-|b|)$；

(6) 原式 $=(\sqrt{a}+1)^2-(\sqrt[4]{a})^2=a+2\sqrt{a}+1-\sqrt{a}=a+\sqrt{a}+1$.

3. (1) $\sqrt{ax}(|x+3|-|x-2a|)$；(2)0.

4. (1) $\frac{x\sqrt[3]{3xy(x+y)}}{x+y}$；　(2) $-(3\sqrt{3}+4)$；(3) $\frac{x^2+1+\sqrt{x^4-1}}{2}$；　(4) $\frac{\sqrt[3]{a^2xy}}{a}$.

5. 证明从略.

6. **证明**　设 $ax^3=by^3=cz^3=t\Rightarrow a=\frac{t}{x^3}$，$b=\frac{t}{y^3}$，$c=\frac{t}{z^3}$，则 $\sqrt[3]{a}=\sqrt[3]{\frac{t}{x^3}}=\frac{\sqrt[3]{t}}{x}$，$\sqrt[3]{b}=\sqrt[3]{\frac{t}{y^3}}=\frac{\sqrt[3]{t}}{y}$，$\sqrt[3]{c}=\sqrt[3]{\frac{t}{z^3}}=\frac{\sqrt[3]{t}}{z}$，

由 $\frac{1}{x}+\frac{1}{y}+\frac{1}{z}=1$，得 $\sqrt[3]{a}+\sqrt[3]{b}+\sqrt[3]{c}=\frac{\sqrt[3]{t}}{x}+\frac{\sqrt[3]{t}}{y}+\frac{\sqrt[3]{t}}{z}=\left(\frac{1}{x}+\frac{1}{y}+\frac{1}{z}\right)\sqrt[3]{t}=\sqrt[3]{t}$，

又由 $ax^2=\frac{t}{x}$，$by^2=\frac{t}{y}$，$cz^2=\frac{t}{z}$，则 $ax^2+by^2+cz^2=\frac{t}{x}+\frac{t}{y}+\frac{t}{z}=\left(\frac{1}{x}+\frac{1}{y}+\frac{1}{z}\right)=t$，

故，$\sqrt[3]{ax^2+by^2+cz^2}=\sqrt[3]{a}+\sqrt[3]{b}+\sqrt[3]{c}$.

7. **解**　$\sqrt{x}(\sqrt{x}+\sqrt{y})=3\sqrt{y}(\sqrt{x}+5\sqrt{y})\Rightarrow(\sqrt{x})^2-2\sqrt{x}\sqrt{y}-15(\sqrt{y})^2=0$，

故 $(\sqrt{x}-5\sqrt{y})(\sqrt{x}+3\sqrt{y})=0$，解得 $\sqrt{x}=5\sqrt{y}$，$\sqrt{x}=-3\sqrt{y}$.

$x>0$，$y>0$，故 $\sqrt{x}>0$，$\sqrt{y}>0$，因此 $\sqrt{x}=-3\sqrt{y}$（舍去），取 $\sqrt{x}=5\sqrt{y}$.

所以$\dfrac{2x+\sqrt{xy}+3y}{x+\sqrt{xy}-y}=\dfrac{2(5\sqrt{y})^2+5\sqrt{y}\cdot\sqrt{y}+3y}{(5\sqrt{y})^2+5\sqrt{y}\cdot\sqrt{y}-y}=\dfrac{2\cdot 25y+5y+3y}{25y+5y-y}=\dfrac{58y}{29y}=2.$

8. **证明** 因为 $a\sqrt{1-b^2}+b\sqrt{1-a^2}=1\Rightarrow a\sqrt{1-b^2}=1-b\sqrt{1-a^2}$，故$(a\sqrt{1-b^2})^2=(1-b\sqrt{1-a^2})^2$，

即 $a^2(1-b^2)=1-2b\sqrt{1-a^2}+b^2(1-a^2)$，所以 $2b\sqrt{1-a^2}=b^2+1-a^2$. 又由

$(2b\sqrt{1-a^2})^2=(b^2+1-a^2)^2\Rightarrow 4b^2(1-a^2)=b^4+1+a^4+2b^2-2a^2b^2-2a^2$

$\Rightarrow(a^4+2a^2b^2+b^4)-2(a^2+b^2)+1=0\Rightarrow(a^2+b^2)^2-2(a^2+b^2)+1=0\Rightarrow(a^2+b^2-1)^2=0$,

故，$a^2+b^2-1=0$，即 $a^2+b^2=1$.

9. **证明** 因为 $f(x)=\sqrt{x}+\sqrt{x+1}$，则

$\dfrac{1}{f(n)}=\dfrac{1}{\sqrt{n}+\sqrt{n+1}}=\dfrac{\sqrt{n}-\sqrt{n+1}}{(\sqrt{n}+\sqrt{n+1})(\sqrt{n}-\sqrt{n+1})}=\sqrt{n+1}-\sqrt{n}$，$(n\in\mathbf{N}^+)$

所以，$\dfrac{1}{f(1)}+\dfrac{1}{f(2)}+\cdots+\dfrac{1}{f(n)}=(\sqrt{2}-1)+(\sqrt{3}-\sqrt{2})+\cdots+(\sqrt{n+1}-\sqrt{n})=\sqrt{n+1}-1.$

10. **解** 由$\sqrt{x}=\sqrt{a}-\dfrac{1}{\sqrt{a}}>0$，得 $a\geqslant 0$，$a-\dfrac{1}{a}>0$，且 $x=\left(\sqrt{a}-\dfrac{1}{\sqrt{a}}\right)^2=a+\dfrac{1}{a}-2$，

$\sqrt{4x+x^2}=\sqrt{(x+2)^2-4}=\sqrt{\left(a+\dfrac{1}{a}\right)^2-4}=\sqrt{\left(a-\dfrac{1}{a}\right)^2}=a-\dfrac{1}{a}$，

$\dfrac{x+2+\sqrt{4x+x^2}}{x+2-\sqrt{4x+x^2}}=\dfrac{a+\dfrac{1}{a}+a-\dfrac{1}{a}}{a+\dfrac{1}{a}-\left(a-\dfrac{1}{a}\right)}=\dfrac{2a}{2\cdot\dfrac{1}{a}}=a^2.$

11. **解** 因为 $x=\sqrt{6+2\sqrt{5}}=\sqrt{5+2\sqrt{5}+1}=\sqrt{(\sqrt{5}+1)^2}=\sqrt{5}+1$，又由

原式$=\dfrac{x+(1+\sqrt{x})(1-\sqrt{x})}{\sqrt{x}(1+\sqrt{x})}\times\dfrac{\sqrt{x}(1+\sqrt{x})}{x-(1+\sqrt{x})(1-\sqrt{x})}=\dfrac{x+(1-x)}{x-(1-x)}=\dfrac{1}{2x-1}$

$=\dfrac{2\sqrt{5}-1}{19}.$

12. 4.

2.8.7 习题 2.7 解答

1. (1)1； (2) $24x^4y^{-8}$； (3) 1.

2. 证明从略.

3. **解** (1) $\dfrac{a^2+a^{-2}-2}{a^2-a^{-2}}=\dfrac{(a-a^{-1})^2}{(a+a^{-1})(a-a^{-1})}=\dfrac{a-a^{-1}}{a+a^{-1}}=\dfrac{a-\dfrac{1}{a}}{a+\dfrac{1}{a}}=\dfrac{a^2-1}{a^2+1}$；

(2) $\dfrac{m^3+n^{-3}}{m+n^{-1}}+(m-n^{-1})^2=\dfrac{(m+n^{-1})(m^2-mn^{-1}+n^{-2})}{m+n^{-1}}+(m^2-2mn^{-1}+n^{-2})=$

$2m^2-3mn^{-1}+2n^{-2}$.

4. **解** (1) $a^{\frac{2}{3}}-b^{-\frac{2}{3}}=(a^{\frac{1}{3}})^2-(b^{-\frac{1}{3}})^2=(a^{\frac{1}{3}}+b^{-\frac{1}{3}})(a^{\frac{1}{3}}-b^{-\frac{1}{3}})$;

(2) $x^{\frac{3}{2}}-y^{\frac{3}{2}}=(x^{\frac{1}{2}})^3-(y^{\frac{1}{2}})^3=(x^{\frac{1}{2}}+y^{\frac{1}{2}})(x-x^{\frac{1}{2}}y^{\frac{1}{2}}+y)$;

(3) $x^{-3}-27y^{-3}=(x^{-1})^3-(3y^{-1})^3=(x^{-1}-3y^{-1})(x^{-2}+3x^{-1}y^{-1}+9y^{-2})$.

5. **解** (1) a^{-1}; (2) $a^{-\frac{5}{3}}b^{-\frac{17}{12}}$; (3) $x-y$; (4) $a^{\frac{3}{2}}-b^{\frac{3}{2}}$;

(5) $\dfrac{a}{a^{\frac{1}{2}}b^{\frac{1}{2}}+b}+\dfrac{b}{a^{\frac{1}{2}}b^{\frac{1}{2}}-a}-\dfrac{a+b}{a^{\frac{1}{2}}b^{\frac{1}{2}}}$

$$=\frac{a}{b^{\frac{1}{2}}(a^{\frac{1}{2}}+b^{\frac{1}{2}})}+\frac{b}{a^{\frac{1}{2}}(b^{\frac{1}{2}}-a^{\frac{1}{2}})}-\frac{a+b}{a^{\frac{1}{2}}b^{\frac{1}{2}}}$$

$$=\frac{a\cdot a^{\frac{1}{2}}(b^{\frac{1}{2}}-a^{\frac{1}{2}})+b\cdot b^{\frac{1}{2}}(a^{\frac{1}{2}}+b^{\frac{1}{2}})-(a+b)(b^{\frac{1}{2}}-a^{\frac{1}{2}})(a^{\frac{1}{2}}+b^{\frac{1}{2}})}{a^{\frac{1}{2}}b^{\frac{1}{2}}(b^{\frac{1}{2}}-a^{\frac{1}{2}})(a^{\frac{1}{2}}+b^{\frac{1}{2}})}$$

$$=\frac{a^{\frac{3}{2}}(b^{\frac{1}{2}}-a^{\frac{1}{2}})+b^{\frac{3}{2}}(a^{\frac{1}{2}}+b^{\frac{1}{2}})-(a+b)(b-a)}{a^{\frac{1}{2}}b^{\frac{1}{2}}(b-a)}$$

$$=\frac{a^{\frac{3}{2}}b^{\frac{1}{2}}-a^2+b^{\frac{3}{2}}a^{\frac{1}{2}}+b^2-(b^2-a^2)}{a^{\frac{1}{2}}b^{\frac{1}{2}}(b-a)}=\frac{a^{\frac{1}{2}}b^{\frac{1}{2}}(a+b)}{a^{\frac{1}{2}}b^{\frac{1}{2}}(b-a)}=\frac{a+b}{b-a};$$

(6) $\left(8b^{-\frac{1}{3}}\sqrt{x^{-\frac{1}{3}}\cdot b\cdot\sqrt[4]{x^{\frac{4}{3}}}}\right)^{\frac{1}{3}}=8^{\frac{1}{3}}\cdot(b^{-\frac{1}{3}})^{\frac{1}{3}}\cdot\left(\sqrt{x^{-\frac{1}{3}}b\cdot x^{\frac{1}{3}}}\right)^{\frac{1}{3}}$

$$=2\cdot b^{-\frac{1}{9}}(b^{\frac{1}{2}})^{\frac{1}{3}}=2\cdot b^{-\frac{1}{9}}\cdot b^{\frac{1}{6}}=2b^{-\frac{1}{9}+\frac{1}{6}}=2b^{\frac{1}{18}};$$

(7) $\dfrac{a^{\frac{5}{3}}-\sqrt[3]{a^2}\cdot b}{a^{\frac{2}{3}}+\sqrt[3]{ab}+b^{\frac{2}{3}}}\div\left(1-\sqrt[3]{\dfrac{b}{a}}\right)=\dfrac{\sqrt[3]{a^2}\ (a-b)}{\sqrt[3]{a^2}+\sqrt[3]{ab}+\sqrt[3]{b^2}}\div\left(1-\dfrac{\sqrt[3]{b}}{\sqrt[3]{a}}\right)$

$$=\frac{\sqrt[3]{a^2}\ (a-b)}{\sqrt[3]{a^2}+\sqrt[3]{ab}+\sqrt[3]{b^2}}\times\frac{\sqrt[3]{a}}{\sqrt[3]{a}-\sqrt[3]{b}}=\frac{a(a-b)}{a-b}=a;$$

(8) $(2^{2n}+2^{-2n}-2)^{\frac{1}{2}}+(2^{2n}+2^{-2n}+2)^{\frac{1}{2}}=[(2^n-2^{-n})^2]^{\frac{1}{2}}+[(2^n+2^{-n})^2]^{\frac{1}{2}}$

$$=(2^n-2^{-n})+(2^n+2^{-n})$$

$$=2\cdot2^n=2^{n+1}.$$

6. **解** (1) 0; (2)7;

(3) $\left(\dfrac{1}{300}\right)^{-\frac{1}{2}}+10\times\left(\dfrac{\sqrt{3}}{2}\right)^{\frac{1}{2}}\left(\dfrac{27}{4}\right)^{\frac{1}{4}}-10\times(2-\sqrt{3})^{-1}$

$$=300^{\frac{1}{2}}+10\cdot\left(\frac{3}{4}\right)^{\frac{1}{4}}\left(\frac{27}{4}\right)^{\frac{1}{4}}-\frac{10}{2-\sqrt{3}}=10\sqrt{3}+10\cdot\left(\frac{3}{4}\times\frac{27}{4}\right)^{\frac{1}{4}}-\frac{10}{2-\sqrt{3}}$$

$$=10\sqrt{3}+10\times\left[\left(\frac{3}{2}\right)^4\right]^{\frac{1}{4}}-\frac{10(2+\sqrt{3})}{(2-\sqrt{3})(2+\sqrt{3})}$$

$$=10\sqrt{3}+10\times\frac{3}{2}-10\times(2+\sqrt{3})\ =10\sqrt{3}+15-10(2+\sqrt{3})=-5;$$

(4) $\dfrac{(-27)^3\times\sqrt{\left(\dfrac{1}{16}\right)^{-1\frac{1}{2}}}}{(-9)^0\times\left(1\dfrac{1}{2}\right)^7\left(\dfrac{1}{2}\right)^{-5}}=\dfrac{(-27)^3\times[(2^{-4})^{-\frac{3}{2}}]^{\frac{1}{2}}}{1\times\left(\dfrac{3}{2}\right)^7\times\left(\dfrac{1}{2}\right)^{-5}}=\dfrac{(-27)^3\times2^{-4\times(-\frac{3}{2})\times\frac{1}{2}}}{\left(\dfrac{3}{2}\right)^7\times(2)^5}$

$$=\frac{-3^9\times2^3\times2^7}{3^7\times2^5}=-288;$$

(5) $\dfrac{a-b}{a^{\frac{1}{3}}-b^{\frac{1}{3}}}-\dfrac{a+b}{a^{\frac{1}{3}}+b^{\frac{1}{3}}}=\dfrac{(a^{\frac{1}{3}}-b^{\frac{1}{3}})(a^{\frac{2}{3}}+a^{\frac{1}{3}}b^{\frac{1}{3}}+b^{\frac{1}{3}})}{a^{\frac{1}{3}}-b^{\frac{1}{3}}}-\dfrac{(a^{\frac{1}{3}}+b^{\frac{1}{3}})(a^{\frac{2}{3}}-a^{\frac{1}{3}}b^{\frac{1}{3}}+b^{\frac{1}{3}})}{a^{\frac{1}{3}}+b^{\frac{1}{3}}}$

$=(a^{\frac{2}{3}}+a^{\frac{1}{3}}b^{\frac{1}{3}}+b^{\frac{1}{3}})-(a^{\frac{2}{3}}-a^{\frac{1}{3}}b^{\frac{1}{3}}+b^{\frac{1}{3}})=2a^{\frac{1}{3}}b^{\frac{1}{3}}.$

7. **解** 原式 $=\sqrt{x-1+2\sqrt{x-1}+1}-\sqrt{x-1-2\sqrt{x-1}+1}$

$=\sqrt{(\sqrt{x-1}+1)^2}-\sqrt{(\sqrt{x-1}-1)^2}=|\sqrt{x-1}+1|+|\sqrt{x-1}-1|$

$=\begin{cases}2\sqrt{x-1}(x\geqslant 2),\\ 2(1<x<2).\end{cases}$

又由 $x=\dfrac{3}{2}$，$\sqrt{x+2\sqrt{x-1}}+\sqrt{x-2\sqrt{x-1}}=2.$

CHAPTER 3

第3章
方程与不等式

方程这个名词，最早出现在我国古代算书——东汉初年编定的一部现有传本的、最古老的中国数学经典著作《九章算术》. 书中收集了246个应用问题和其他问题的解法，分为九章，“方程”是其中的一章. 在这一章里的所谓“方程”，是指一次方程组. 例如其中的第一个问题实际上就是求解三元一次方程组. 题目中以“禾”为例，禾也就是稻谷，题目是计算三种规格的稻谷各有多少的问题. 人们对方程的研究可以追溯到远古时期，大约3600多年前，古埃及人写在纸草书上的数学问题中就涉及了含有未知数的等式.

《九章算术》原本封面

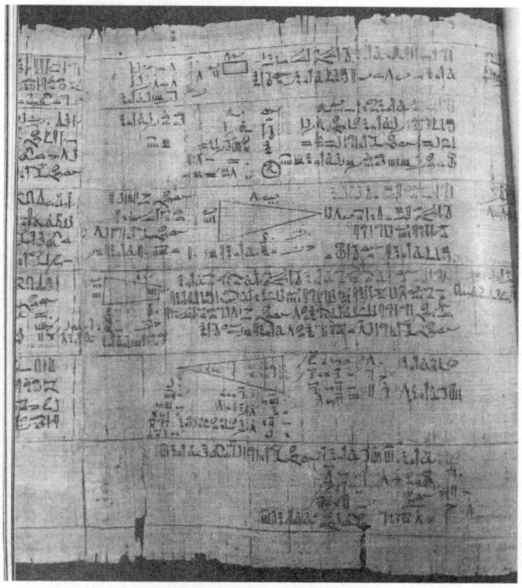
古埃及纸草书残卷

在世界上，《九章算术》最早提出了方程的概念，其中解方程组的方法，不但是我国古代数学中的伟大成就，而且是世界数学史上一份非常宝贵的遗产. 这一成就进一步证明：中华民族是一个充满智慧和才干的伟大民族.

众所周知，不等式理论在数学理论中占有重要地位，它渗透到数学的各个领域. 1629年，在法国数学家日纳尔的代数教程里，用“$AffB$”代表A大于B，以及用“$B\xi A$”代表B小于A. 1631年，英国著名的代数学家哈里奥特（1560—1621）在其出版的数学著作中，首先创用了“$>$”（大于号）及“$<$”（小于号），但未被即时采用.

同时期的英国数学家奥特雷德（1570—1660）亦发明了以“＞”表示大于、以“＜”表示小于的符号.

随着数学研究范围的不断扩充，方程和不等式被普遍使用，它们的作用越来越大，类型也由简单到复杂不断地发展.在第二章我们讨论了整式、分式和根式，它们与零比较就有了方程和不等式.本章梳理出一元二次方程、二元二次方程组、分式方程、无理方程以及不等式的相关知识，并通过大量的例题揭示其基本性质和解法.

§3.1　一元二次方程

在很长时间内，方程没有专门的表达形式，而是使用一般的语言文字来叙述. 17世纪，法国数学家笛卡尔最早提出了用x，y，z这样的字母来表示未知数，把这些字母和普通数字同样看待，用运算符号和等号把字母与数字连接起来，就形成含有未知数的等式. 后来经过不断地简化和改进，方程逐渐演变成现在的表达形式，例如$6x+8=20$，$4x-2y=9$等.

大约公元前480年，中国人已经使用配方法求得了二次方程的正根，但是并没有提出通用的求解方法.《九章算术》勾股章中的第二十题，是通过求相当于$x^2+34x-71000=0$的正根而解决的. 中国数学家还在方程的研究中应用了内插法.

公元825年左右，中亚细亚的数学家阿尔-花拉子米曾写过一本《对消与还原》的书，重点讨论方程的解法，这本书对后来数学的发展产生了很大的影响.

法国数学家弗朗索瓦·韦达于1615年在《论方程的识别与订正》一书中建立了方程根与系数的关系，由于韦达最早发现代数方程的根与系数之间有这种关系，人们把这个关系称为韦达定理. 韦达定理为数学中的一元方程的研究奠定了基础，对一元方程的应用创造开拓了广泛的发展空间. 无论方程有无实数根，实系数一元二次方程的根与系数之间都适合韦达定理. 因韦达定理可快速求出两方程根的关系的特性，所以它在数学及实际生活中运用十分广泛，在初等数学、解析几何、平面几何、方程论中均有体现.

一元二次方程内容体系中蕴含着多种数学核心素养，是渗透方程思想的重要途径. 本节将重点学习一元二次方程的解法，并讨论根与系数的关系.

3.1.1　方程的变换

在解方程时，往往将原方程变换为一个新的方程. 为判断新方程的根是否为原方程的根，我们考察原方程的根与新方程的根的关系. 设原方程

$$f(x)=g(x) \tag{1}$$

在某变换下成为新方程

$$F(x)=G(x) \tag{2}$$

其中 $f(x)$，$g(x)$，$F(x)$，$G(x)$ 都是关于 x 的代数式.

若方程（1）的每一个根（k 个相等的根算作 k 个根）都是方程（2）的根，则称方程（2）是方程（1）的**结果**.

定理 1 设 φx 是关于 x 的整式，则方程

$$f(x)\varphi(x)=g(x)\varphi(x) \tag{3}$$

$$[f(x)]^2=[g(x)]^2 \tag{4}$$

都是方程（1）的结果.

应当注意，原方程的结果的根很可能不完全是原方程的根，因此要把从结果中求得的根代入原方程检验，如果适合，则是原方程的根；否则，它就不是原方程的根，应该舍去. 对原方程来说，这些不适合的根称为**增根**.

例如方程 $x=\sqrt{x+2}$，两边平方后的结果是 $x^2=x+2$，它的根是 $x_1=2$，$x_2=-1$，将它们代入原方程，$x_1=2$ 适合原方程，而 $x_2=-1$ 是增根应舍去，即原方程的根是 $x_1=2$.

以上定义和结论对于方程组也是适用的.

若方程（2）是方程（1）的结果，且方程（1）是方程（2）的结果，则称方程（1）与（2）是**同解方程**或称方程（1）与（2）是同解的.

定理 2 设 $h(x)$，$k(x)$ 是关于 x 的整式且 $k(x)\neq 0(x\notin\mathbf{R})$，则方程

$$f(x)+h(x)=g(x)+h(x) \tag{5}$$

$$f(x)k(x)=g(x)k(x) \tag{6}$$

都与方程（1）同解.

定理 3 设 $A(x)$，$B(x)$，$C(x)$ 都是关于 x 的整式，则方程 $A(x)C(x)=B(x)C(x)$ 与 $A(x)=B(x)$ 和 $C(x)=0$ 是同解的.

特别地，$A(x)B(x)=0$ 与 $A(x)=0$ 和 $B(x)=0$ 同解.

例如，方程 $ac=bc$ 与 $a=b$ 和 $c=0$ 同解.

定理 4 设 a_1，a_2，b_1，b_2 为常数，且 $a_1b_2-a_2b_1\neq 0$，则方程组

$$\begin{cases}F(x,\ y)=0\\G(x,\ y)=0\end{cases}\text{与方程组}\begin{cases}a_1F(x,\ y)+b_1G(x,\ y)=0\\a_2F(x,\ y)+b_2G(x,\ y)=0\end{cases}$$

是同解的.

综合上述，要使新方程（方程组）与原方程（方程组）同解，只要所作的变换是同解变换就行.

3.1.2　一元二次方程的解法

1. 一元二次方程的一般形式

一元二次方程必须同时满足三个条件：
(1) 是整式方程；
(2) 只含有一个未知数；
(3) 未知数项的最高次数是2.

形如

$$ax^2+bx+c=0(a\neq0，a，b，c\text{ 为常数})\qquad(7)$$

的方程称为**一元二次方程**.

2. 一元二次方程的求根公式

使方程左右两边相等的未知数的值就是这个一元二次方程的解，一元二次方程的解也叫做一元二次方程的**根**.

方程（7）变形为 $x^2+\frac{b}{a}x+\frac{c}{a}=0$，即 $\left(x+\frac{b}{2a}\right)^2-\frac{b^2-4ac}{4a^2}=0$，

若 $b^2-4ac\geqslant0$，则可分解因式

$$\left(x+\frac{b}{2a}-\frac{\sqrt{b^2-4ac}}{2a}\right)\left(x+\frac{b}{2a}+\frac{\sqrt{b^2-4ac}}{2a}\right)=0,$$

而方程 $x+\frac{b}{2a}-\frac{\sqrt{b^2-4ac}}{2a}=0$ 和 $x+\frac{b}{2a}+\frac{\sqrt{b^2-4ac}}{2a}=0$ 与原方程同解，

从而得到一元二次方程的求根公式：$x=\frac{-b\pm\sqrt{b^2-4ac}}{2a}$.

例1　解方程 $2x^2+3x-1=0$.

解　因为 $a=2$，$b=3$，$c=-1$，

则　$x=\frac{-3\pm\sqrt{3^2-4\times2\times(-1)}}{2\times2}=\frac{-3\pm\sqrt{17}}{4}$，

所以原方程的解为 $x_1=\frac{-3-\sqrt{17}}{4}$，$x_2=\frac{-3+\sqrt{17}}{4}$.

例2　解方程 $x^2+2=2\sqrt{2}x$.

解　将 $a=1$，$b=-2\sqrt{2}$，$c=2$ 带入求根公式，得

$$x=\frac{2\sqrt{2}\pm\sqrt{(-2\sqrt{2})^2-4\times1\times2}}{2\times1}=\sqrt{2},$$

所以 $x_1=x_2=\sqrt{2}$.

这个方程的两个根相同，此时我们称方程有**二重根**.

当然，我们还可以这样来解，把原方程移项得 $x^2-2\sqrt{2}x+2=0$，方程左边恰好是一个完全平方，即 $(x-\sqrt{2})^2=0$，这样很容易看出 $x_1=x_2=\sqrt{2}$.

3. 一元二次方程的解法

除了使用求根公式，解一元二次方程还可以使用直接开平方法、配方法、因式分解法、换元法等.

知识要点	总结	注意问题
直接开平方法	形如 $(ax+b)^2=c(c\geqslant 0)$ 的形式都可用直接开平方法求解.	直接开平方法中，等式右边的值小于 0 时，方程无解.
配方法	配方成 $(x+m)^2=n(n\geqslant 0)$ 的形式，然后用直接开平方法求解.	配方时二次项系数不为 1 的必须先化为 1.
因式分解法	将方程化成 $(ax+b)(cx+d)=0$ 的形式，然后求解.	将方程变为因式的积的形式.

配方法的理论依据是完全平方公式：
$a^2+b^2\pm 2ab=(a\pm b)^2$.
配方法的关键是：先将一元二次方程的二次项系数化为 1，然后在方程两边同时加上一次项系数一半的平方.

例 3 解方程 $2x^2+5x-1=0$.

解 原方程变形为 $2\left(x^2+\frac{5}{2}x-\frac{1}{2}\right)=0$,

通过配方得 $x^2+\frac{5}{2}x+\left(\frac{5}{4}\right)^2=\frac{1}{2}+\left(\frac{5}{4}\right)^2 \Rightarrow \left(x+\frac{5}{4}\right)^2=\frac{33}{16}$,

解得 $x_1=\frac{-5+\sqrt{33}}{4}$，$x_2=-\frac{5+\sqrt{33}}{4}$.

例 4 解方程 $x^2+5x-24=0$.

解 将原方程左边分解因式：$(x+8)(x-3)=0$,
解得 $x_1=-8$，$x_2=3$.

因式分解法解一元二次方程的一般步骤：
(1) 移项，使方程的右边化为零；
(2) 将方程的左边转化为两个一元一次方程的乘积；
(3) 令每个因式分别为零；
(4) 解出的 x 的值就都是原方程的解.

4. 可化为一元二次方程的高次方程解法

有些方程虽然不是一元二次方程，但可通过未知量的代换，转换为一元二次方程求解，这种方法叫做**换元法**.

例 5 解方程 $(x^2+3x+4)(x^2+3x-1)=-6$.

解 设 $x^2+3x=y$，则原方程可变为 $(y+4)(y-1)+6=0$,
整理得 $y^2+3y+2=0$，解得 $y_1=-1$，$y_2=-2$,
因为 $x^2+3x=-1$ 和 $x^2+3x=-2$,

所以原方程的解为 $x_1=\frac{-3+\sqrt{5}}{2}$，$x_2=-\frac{-3-\sqrt{5}}{2}$，$x_3=-1$，$x_4=-2$.

例 6 求方程 $(x+1)(x+2)(x+3)(x+4)=120$ 的实根.

解 将原方程化为 $[(x+1)(x+4)][(x+2)(x+3)]=120$,
即 $(x^2+5x+4)(x^2+5x+6)=120$,

令 $x^2+5x+5=y$，则有 $(y-1)(y+1)=120$，即 $y^2=121$，解得 $y_1=11$，$y_2=-11$,

由 $y_1=11\Rightarrow x^2+5x-6=0$，解得 $x_1=-6$，$x_2=1$，

由 $y_2=-11\Rightarrow x^2+5x+16=0$，方程无实根，

所以原方程的实根是 $x_1=-6$，$x_2=1$.

3.1.3　判别式

判别式即判定方程实根个数及分布情况的公式.
根的判别式，用“Δ”表示（读做“delta”）

$\Delta=b^2-4ac$ 叫做一元二次方程 $ax^2+bx+c=0(a\neq 0)$ 的**判别式.**

（1）当 $b^2-4ac\geqslant 0$ 时，方程有两个不相等的实根：$x=\dfrac{-b\pm\sqrt{b^2-4ac}}{2a}$.

（2）当 $b^2-4ac=0$ 时，方程有两个相等的实根：$x_1=x_2=-\dfrac{b}{2a}$.

（3）当 $b^2-4ac<0$ 时，方程没有实根.

例7　已知 p，q，m 为有理数，且 $p=m+\dfrac{q}{m}$，求证方程 $x^2+px+q=0$ 的根为有理数.

证明　方程的判别式为$\Delta=p^2-4q$，把 $p=m+\dfrac{q}{m}$代入判别式，得

$$\Delta=\left(m+\frac{q}{m}\right)^2-4q=m^2+2q+\frac{q^2}{m^2}-4q=\left(m-\frac{q}{m}\right)^2\geqslant 0.$$

所以，方程有有理根.

3.1.4　根与系数的关系

判别式与韦达定理的结合，能更有效地说明与判定一元二次方程根的状况和特征. 根的判别式是判定方程是否有实根的充要条件，韦达定理说明了根与系数的关系.

设方程 $ax^2+bx+c=0(a\neq 0)$ 的两根为 x_1，x_2，那么

$$x_1+x_2=-\frac{b}{a}，x_1x_2=\frac{c}{a}$$

即一元二次方程两根之和等于它的一次项系数除以二次项系数商的相反数，两根之积等于它的常数项除以二次项系数的商.

例8　若 x_1，x_2 是方程 $x^2+2x-2007=0$ 的两个根，试求下列各式的值：

（1）${x_1}^2+{x_2}^2$；　　（2）$\dfrac{1}{x_1}+\dfrac{1}{x_2}$；

（3）$(x_1-5)(x_2-5)$；　（4）$|x_1-x_2|$.

解　由题意，根据根与系数的关系得：$x_1+x_2=-2$，$x_1x_2=-2007$，

（1）${x_1}^2+{x_2}^2=(x_1+x_2)^2-2x_1x_2=(-2)^2-2\times(-2007)=4018$；

(2) $\frac{1}{x_1}+\frac{1}{x_2}=\frac{x_1+x_2}{x_1x_2}=\frac{-2}{-2007}=\frac{2}{2007}$；

(3) $(x_1-5)(x_2-5)=x_1x_2-5(x_1+x_2)+25=-2007-5\times(-2)+25=-1972$；

(4) $|x_1-x_2|=\sqrt{(x_1-x_2)^2}=\sqrt{(x_1+x_2)^2-4x_1x_2}=\sqrt{(-2)^2-4(-2007)}=2\sqrt{2008}$.

在使用韦达定理时，通常会使用到以下恒等变形：

(1) $x_1{}^2+x_2{}^2=(x_1+x_2)^2-2x_1x_2$；

(2) $\frac{1}{x_1}+\frac{1}{x_2}=\frac{x_1+x_2}{x_1x_2}$；

(3) $(x_1-x_2)^2=(x_1+x_2)^2-4x_1x_2$；

(4) $|x_1-x_2|=\sqrt{(x_1+x_2)^2-4x_1x_2}$；

(5) $x_1x_2{}^2+x_1{}^2x_2=x_1x_2(x_1+x_2)$；

(6) $x_1{}^3+x_2{}^3=(x_1+x_2)^3-3x_1x_2(x_1+x_2)$.

(1) 中方程“有两个实数根”，意味着方程一定是一元二次方程，并且有两个实数根，此时判别式必大于等于零.
(2) 只是说“有实数根”，没有说几个实数根，蕴含的意思是“可能有两个实数根”，“也有可能只有一个实数根”. 前者意味着方程是二次方程；后者意味着方程可以是二次方程，也可以是一次方程，因为二次项系数含字母，所以都是可能的，因此必须分类讨论.

例 9 已知关于 x 的方程 $(k+1)x^2-2x+3=0$，k 取何值时，此方程：(1) 有两个实数根；(2) 有实数根.

解 (1) 因为方程有两个实数根，所以 $\Delta\geqslant 0$ 且 $k+1\neq 0$，

又因为 $\begin{cases}(-2)^2-4(k+1)\times 3\geqslant 0,\\ k+1\neq 0.\end{cases}$

解得 $k\leqslant -\frac{2}{3}$ 且 $k\neq -1$. 当 $k\leqslant -\frac{2}{3}$ 且 $k\neq -1$ 时，方程有两个实数根.

(2) ①当方程是关于 x 的一元一次方程时，即当 $k+1=0$，$k=-1$ 时，方程为 $-2x+3=0$，$x=\frac{3}{2}$，有一个实根.

②当方程是关于 x 的一元二次方程时，k 应当满足 $\begin{cases}(-2)^2-4(k+1)\times 3\geqslant 0\\ k+1\neq 0\end{cases}$，解得 $k\leqslant -\frac{2}{3}$ 且 $k\neq -1$.

综合①②所述，当 $k\leqslant -\frac{2}{3}$ 时，关于 x 的方程 $(k+1)x^2-2x+3=0$ 有实根.

习题 3.1

1. 下列各对方程是否同解？为什么？

(1) $x=\sqrt{2x+3}$ 与 $x^2-2x-3=0$；　(2) $|x|=\sqrt{2x+3}$ 与 $x^2-2x-3=0$.

2. 解下列方程：

(1) $x^2-6x=-2$；　(2) $x^2-8x-13=0$；

(3) $x^2-(2+\sqrt{3})x+2\sqrt{3}=0$；

3. 求下列方程的实根：

(1) $3x^4-29x^2+18=0$；　　(2) $(3x^2-2x+1)(3x^2-2x-7)+12=0$；

(3) $(x^2+2x)^2-14(x^2+2x)-15=0$；

(4) $(x^2-x)^2-2(7x^2-7x-12)=0$；

(5) $x(x+1)(x+2)(x+3)=120$.

4. 当 m 为什么值时，关于 x 的方程 $(m^2-4)x^2+2(m+1)x+1=0$ 有实根.

5. 已知关于 x 的方程 $2x^2-(m+1)x+1-m=0$ 的一个根为 4，求另一个根.

6. 已知 x_1，x_2 是关于 x 的一元二次方程 $x^2-6x+k=0$ 的两个实数根，且 $x_1^2x_2^2-x_1-x_2=115$.

(1) 求 k 的值；(2) 求 $x_1^2+x_2^2+8$ 的值.

7. 已知实数 x 满足 $x^2+\frac{1}{x^2}+x-\frac{1}{x}=4$，求 $x-\frac{1}{x}$的值.

8. 设 a，b 是整数，方程 $x^2+ax+b=0$ 的一根是$\sqrt{4-2\sqrt{3}}$，求$\frac{a^2+b^2}{ab}$.

9. 实数 k 取何值时，一元二次方程 $x^2-(2k-3)x+2k-4=0$：

(1) 有两个正根；

(2) 有两个异号根，并且正根的绝对值较大；

(3) 一根大于 3，一根小于 3.

10. 已知方程 $x^2+px+q=0$ 的两根均为正整数，且 $p+q=28$，求方程的两根.

§3.2 分式方程与无理方程

分式方程是方程的一种，是指分母里含有未知数或含有未知数整式的有理方程. 该部分知识属于初等数学知识. 被开方式中含有未知数的方程是无理方程，无理方程的一般解法是把方程有理化，转化为有理方程求解.

3.2.1 分式方程

理解分式方程的定义，并不是看方程是否有分母，而是看分母中是否含有未知数.

最简公分母：

(1) 系数取最小公倍数；

(2) 未知数取最高次幂；

(3) 出现的因式取最高次幂.

分母含有未知数的方程叫做**分式方程**，例如$\frac{x}{a}+\frac{a}{x}=b$，$\frac{1}{x-2}+3=\frac{x-1}{x-2}$就是关于 x 的分式方程.

解分式方程一般可归纳为以下步骤：

(1) 方程的两边同时乘以各分式的最简公分母 $D(x)$，使原方程变换为一个整式方程；

(2) 解整式方程；

(3) 检验，如果这个整式方程的某个根不是 $D(x)=0$ 的根，则由上节定理 2 可知整式方程的这个根就是原方程的根；否则，这个根是原方程的增根，应舍去.

求出未知数的值后必须验根，因为在把分式方程化为整式方程的过程中，方程不一定是同解变形，可能扩大了未知数的取值范围，从而产生增根.

例 1 解分式方程 $\dfrac{3}{x}+\dfrac{6}{x-1}-\dfrac{x+13}{x(x-1)}=0$.

解 在原方程的两边同时乘以 $D(x)=x(x-1)$ 得

$$3(x-1)+6x-(x+13)=0,$$

解得
$$x=2.$$

经检验 $D(2)\neq 0$，所以原方程的根是 $x=2$.

例 2 解 $\dfrac{1}{x+2}+\dfrac{1}{x+7}=\dfrac{1}{x+3}+\dfrac{1}{x+6}$.

解 把原方程可化为 $\dfrac{1}{x+2}-\dfrac{1}{x+3}=\dfrac{1}{x+6}-\dfrac{1}{x+7}$，

再以 $D(x)=(x+2)(x+3)(x+6)(x+7)$ 乘两边得

$$x^2+13x+42=x^2+5x+6,$$

即 $x=-\dfrac{9}{2}$.

经检验 $D\left(-\dfrac{9}{2}\right)\neq 0$，所以原方程的根是 $x=-\dfrac{9}{2}$.

例 3 求方程 $\dfrac{2(x^2+1)}{x+1}+\dfrac{6(x+1)}{x^2+1}=7$ 的实根.

这个方程如果开始就去分母，就会得到一个四次方程，解起来比较困难，但 $\dfrac{x^2+1}{x+1}$ 和 $\dfrac{x+1}{x^2+1}$ 互为倒数，显然用换元法求解比较简便.

解 设 $\dfrac{x^2+1}{x+1}=y$，则有 $2y+\dfrac{6}{y}=7$，

即 $2y^2-7y+6=0$，

解得 $y_1=\dfrac{3}{2}$，$y_2=2$.

由 $\dfrac{x^2+1}{x+1}=\dfrac{3}{2}$ 得 $x=\dfrac{3\pm\sqrt{17}}{4}$，由 $\dfrac{x^2+1}{x+1}=2$ 得 $x=1\pm\sqrt{2}$.

经检验，以上四个根都是原方程的根.

例 4 解方程 $x^2+\dfrac{1}{x^2}-2\left(x+\dfrac{1}{x}\right)+2=0$.

解 方法一(换元法) 设 $x+\dfrac{1}{x}=y$，则 $x^2+\dfrac{1}{x^2}=\left(x+\dfrac{1}{x}\right)^2-2=y^2-2$，

那么原方程变形为 $y^2-2-2y+2=0$，整理得 $y^2-2y=0$，解得 $y=0$，$y=2$，

由 $y=0$ 有 $x+\dfrac{1}{x}=0$ 得 $x^2+1=0$，则方程无实根；

由 $y=2$ 有 $x+\dfrac{1}{x}=2$ 得 $x^2-2x+1=0$，则 $x_1=x_2=1$.

经检验知原方程的根为 $x_1=x_2=1$.

方法二 由 $x^2+\dfrac{1}{x^2}-2\left(x+\dfrac{1}{x}\right)+2=0$ 配方得 $\left(x+\dfrac{1}{x}\right)^2-$

$2\left(x+\frac{1}{x}\right)=0$，分解因式得$\left(x+\frac{1}{x}\right)\left(x+\frac{1}{x}-2\right)=0$，解得$x+\frac{1}{x}=0$或$x+\frac{1}{x}=2$；

由$x+\frac{1}{x}=0$得$x^2+1=0$，则方程无实根；

由$x+\frac{1}{x}=2$得$x^2-2x+1=0$，则$x_1=x_2=1$.

经检验知原方程的根为$x_1=x_2=1$.

3.2.2　无理方程

判断一个方程是否是无理方程，只看形式上是否同时符合无理方程定义中的两个条件：①含根式；②被开方数中含有未知.

被开方式中含有未知数的方程叫做**无理方程**. 无理方程的一般解法是把方程有理化，转化为有理方程求解.

解无理方程一般可归纳为以下步骤：

(1) 移项平方：将根号移向一边，其余均在另一边，平方即去掉根号，转成整式方程；

(2) 解整式方程；

(3) 代回原方程验证，满足原方程即可，反之舍掉.

例5　解方程$9+x+\sqrt{81+x^2}=36$.

解　移项得$\sqrt{81+x^2}=27-x$，
两边平方得$81+x^2=27^2-54x+x^2$，
即$2x=24$得$x=12$.

把$x=12$代入原方程，左边=右边=36.

所以原方程得解为$x=12$.

例6　解方程$\sqrt{x+2}+\sqrt{x-1}-\sqrt{x+7}=0$.

解　将原方程可化为　$\sqrt{x+2}+\sqrt{x-1}=\sqrt{x+7}$，
两边平方得$x+2+x-1+2\sqrt{(x+2)(x-1)}=x+7$，
即$2\sqrt{(x+2)(x-1)}=6-x$，
再两边平方得$4(x+2)(x-1)=36-12x+x^2$，
即$3x^2+16x-44=0$.
解得$x_1=2$，$x_2=-\frac{22}{3}$.

容易验证$x_1=2$满足原方程，而$x_2=-\frac{22}{3}$则是原方程的增根，应舍去.

所以原方程的根是$x=2$.

例7　解方程$x^2-2x-4+\sqrt{x^2-2x-2}=0$.

解　原方程改写为$(x^2-2x-2)+\sqrt{x^2-2x-2}-2=0$，分

解因式得

$$\left[\sqrt{x^2-2x-2}+2\right]\cdot\left[\sqrt{x^2-2x-2}-1\right]=0,$$

有 $\sqrt{x^2-2x-2}+2=0$（无解），$\sqrt{x^2-2x-2}-1=0$，

即 $\sqrt{x^2-2x-2}=1$，两边平方得 $x^2-2x-3=0$，解得 $x_1=-1$，$x_2=3$.

经检验知 $x_1=-1$，$x_2=3$ 均为原方程的根.

无理方程的解法，主要是运用“化归的数学思想”将其化为有理方程，基本方法是“两边平方”，这一步不是同解变换，所以必须验根. 解无理方程有时还用换元法、观察法等，实际上最后都离不开“两边平方”.

例 8 解方程 $\sqrt{1+\dfrac{9}{x}}+4\sqrt{\dfrac{x}{x+9}}-4=0$.

解 原方程变为 $\sqrt{\dfrac{x+9}{x}}+4\sqrt{\dfrac{x}{x+9}}-4=0$，设 $t=\sqrt{\dfrac{x+9}{x}}$，则 $\sqrt{\dfrac{x}{x+9}}=\dfrac{1}{t}$，

原方程变为 $t+\dfrac{4}{t}-4=0$，整理 $t^2-4t+4=0\Rightarrow t_1=t_2=2$，

当 $t=2$ 时，$\sqrt{\dfrac{x+9}{x}}=2$，解得，$x=3$.

经检验 $x=3$ 是原方程的根，所以原方程的根为 $x=3$.

习题 3.2

1. 解下列方程：

（1）$\dfrac{x^2-3x}{x^2-1}+2=\dfrac{1}{1-x}$；（2）$\dfrac{1}{x-2}+\dfrac{1}{x^3-3x^2+2x}=\dfrac{3}{x^2-2x}$；

（3）$\dfrac{3x+3}{(x+1)^2}+\dfrac{1}{x-3}=0$；（4）$\dfrac{x^3+1}{x+1}-\dfrac{x^3-1}{x-1}=0$.

2. 解下列方程：

（1）$\sqrt{2x-3}-\sqrt{5x-6}+\sqrt{3x-5}=0$；

（2）$\sqrt{2x+3}+\sqrt{3x-5}-\sqrt{x+1}-\sqrt{4x-3}=0$.

3. 用换元法求下列方程的实根：

（1）$2x^2-6x-5\sqrt{x^2-3x-1}-5=0$；（2）$\sqrt{\dfrac{2x-5}{x-2}}-3\sqrt{\dfrac{x-2}{2x-5}}+2=0$；

（3）$4x^2+x+2x\sqrt{3x^2+x}=9$；（4）$\sqrt[4]{x^3}-5\sqrt{x}+6\sqrt[4]{x}=0$.

§3.3 二元二次方程组

方程组，又称**联立方程**（simultaneous equations），是两个或两个以上含有多个未知数的方程联立得到的组合. 未知数的

值称为方程组的“**根**”（solutions），求方程组根的过程称为“**解方程组**”.

方程中的未知数称为方程的元. 一般说来，方程中未知数的个数是几，我们就称该方程为几元方程. 对于多个未知数的方程，每项中各未知数的指数之和称为这一项的次数，方程各项次数中最大者称为方程的次数. 仅含有两个未知数，各方程是整式方程，并且含有未知数的项的最高次数为 2 的方程组叫做**二元二次方程组**.

根据定义，二元二次方程组可以分成两种类型：第一种类型是由一个二元一次方程和一个二元二次方程所组成的方程组，第二种类型是由两个二元二次方程所组成的方程组. 这一节只讨论几种特殊类型的二元二次方程组的解法.

3.3.1　第一型

$$\begin{cases} ax^2+bxy+cy^2+dx+ey+f=0 & (1)\\ mx+ny+e=0 & (2)\end{cases}$$

这是二元二次方程组的基本类型，这种形式的方程组可以用代入消元法求解，就是把（2）表示成 $y=-\frac{mx+e}{n}$ 或 $x=-\frac{ny+e}{m}$，然后代入方程（1），这样，原来的二元二次方程（1）就变为一元方程，并且它的次数不大于 2，解这个方程就可得未知数的值，然后代入方程（2）就可求得另一个未知数的值.

对于第一种类型，一般用代入法求解，即将方程组中的二元一次方程用含有一个未知数的代数式表示另一个未知数，然后代入二元二次方程中，从而化“二元”为“一元”，如此便得到一个一元二次方程. 此时，方程组解的情况由此一元二次方程根的情况确定.

采用代入消元法解题的一般步骤为：

把一个未知数用含另一个未知数的代数式表示

↓

代入消元

↓

解一元方程

↓

回代

↓

写出原方程组的解

例 1　解方程组 $\begin{cases} 3x+y=2 & (1)\\ x^2+2xy+3y^2-3x+1=0 & (2)\end{cases}$.

解　由（1）得 $y=2-3x(3)$，代入（2）得

$$x^2+2x(2-3x)+3(2-3x)^2-3x+1=0,$$

即 $22x^2-35x+13=0$,

则有 $(22x-13)(x-1)=0$ 得 $x_1=1$，$x_2=\frac{13}{22}$并依次代入（3）得

$$y_1=-1,\ y_2=\frac{5}{22},$$

所以原方程组的解为 $\begin{cases} x_1=1\\ y_1=-1\end{cases}$，$\begin{cases} x_2=\frac{13}{22}\\ y_2=\frac{5}{22}\end{cases}$.

例 2　解方程组 $\begin{cases} x^2-4xy+4y^2+x-2y-2=0 & (1)\\ 3x+2y-11=0 & (2)\end{cases}$.

二元二次方程组求解的基本思想是“转化”，即通过“降次”“消元”，将方程组转化为一元二次方程或二元一次方程组.

解 方法一（代入法） 由（2）得 $y=\dfrac{11-3x}{2}$（3），把（3）代入（1）得

$$x^2-\frac{4x(11-3x)}{2}+4\left(\frac{11-3x}{2}\right)^2+x-\frac{2(11-3x)}{2}-2=0,$$

$$4x^2-21x+27=0\Rightarrow(x-3)(4x-9)=0\Rightarrow x_1=3,\ x_2=\frac{9}{4},$$

把 $x_1=3$，$x_2=\dfrac{9}{4}$代入（3）中得 $y_1=1$，$y_2=\dfrac{17}{8}$.

所以原方程组的解为$\begin{cases}x_1=3\\y_1=1\end{cases}$，$\begin{cases}x_2=\dfrac{9}{4}\\y_2=\dfrac{7}{8}\end{cases}$.

方法二（因式分解法） 方程（1）可化为$(x-2y)^2+(x-2y)-2=0$，

即 $(x-2y+2)(x-2y-1)=0\Rightarrow x-2y+2=0$ 或 $x-2y-1=0$，

原方程组可化为$\begin{cases}x-2y+2=0\\3x+2y-11=0\end{cases}$和$\begin{cases}x-2y-1=0\\3x+2y-11=0\end{cases}$，

分别解得$\begin{cases}x_1=3\\y_1=1\end{cases}$，$\begin{cases}x_2=\dfrac{9}{4}\\y_2=\dfrac{7}{8}\end{cases}$即为原方程组的解.

3.3.2 第二型

由于这类方程组形式庞杂，解题方法灵活多样，具有较强的技巧性，因而在解这类方程组时，要认真分析题中各个方程的结构特征，选择较恰当的方法.

$$\begin{cases}a_1x^2+b_1xy+c_1y^2+d_1x+e_1y+f_1=0 & (1)\\a_2x^2+b_2xy+c_2y^2+d_2x+e_2y+f_2=0 & (2)\end{cases}$$

对于这种形式的方程组经过一定的恒等变形后，一般都可以化为第一型来解，下面介绍几种常见的类型.

1. *可以消去二次项*

由两个二元二次方程（其中有一个或两个方程能因式分解）组成的二元二次方程组适合用因式分解法求解，注意组成新的方程组时要全面，不能遗漏.

例 3 解方程组$\begin{cases}2y^2+x-y=3 & (1)\\3y^2-2x+y=0 & (2)\end{cases}$.

解 由（1）×3－（2）×2 得 $7x-5y=9$，则原方程组与下列方程组同解

$$\begin{cases}2y^2+x-y=3\\7x-5y=9\end{cases}.$$

用代入法可得这个方程组的解为

采用因式分解法解题的

一般步骤为：

将二元二次方程组中的一个或两个方程因式分解得若干个二元一次方程

↓

化为两个一次方程和二元二次方程组成的方程组或四个二元一次方程组

↓

解新方程组

↓

写出原方程组的解

$$\begin{cases}x_1=2\\y_1=1\end{cases},\ \begin{cases}x_2=\dfrac{33}{49}\\y_2=-\dfrac{6}{7}\end{cases}.$$

2. 可以消去一个未知数

例4　解方程组$\begin{cases}x^2-15xy-3y^2+2x+9y-98=0 & (1)\\5xy+y^2-3y+21=0 & (2)\end{cases}.$

分析　经观察发现方程组有以下特点：两个方程均含有 xy，y^2，y. 而这三项的系数成比例，故可把这三项消去得到关于 x 的一元二次方程.

解　由（1）+（2）×3 得 $x^2+2x-35=0$，即 $(x+7)\cdot(x-5)=0$，解得 $x_1=-7$，$x_2=5$，分别代入（2）得

$y_1=19-2\sqrt{85}$，$y_2=19+2\sqrt{85}$，$y_3=-1$，$y_4=-21$，

所以原方程组的解为$\begin{cases}x_1=-7\\y_1=19-2\sqrt{85}\end{cases}$，$\begin{cases}x_2=-7\\y_2=19+2\sqrt{85}\end{cases}$，$\begin{cases}x_3=5\\y_3=-1\end{cases}$，$\begin{cases}x_4=5\\y_4=-21\end{cases}.$

3. 有一个或两个方程可以分解因式

例5　解方程组$\begin{cases}x^2-5xy+6y^2=0 & (1)\\x^2+y^2+x-11y-2=0 & (2)\end{cases}.$

解　由（1）分解因式得 $(x-2y)(x-3y)=0$，则原方程组与下面两个方程组①②同解.

此时方程组①和②都是第一型的，用代入法可以分别求出它们的解.

①由$\begin{cases}x-2y=0\\x^2+y^2+x-11y-2=0\end{cases}$可解得$\begin{cases}x_1=4\\y_1=2\end{cases}$，$\begin{cases}x_2=-\dfrac{2}{5}\\y_2=-\dfrac{1}{5}\end{cases}$；

②由$\begin{cases}x-3y=0\\x^2+y^2+x-11y-2=0\end{cases}$可解得$\begin{cases}x_3=3\\y_3=1\end{cases}$，$\begin{cases}x_4=-\dfrac{3}{5}\\y_4=-\dfrac{1}{5}\end{cases}.$

所以原方程组的解为

$$\begin{cases}x_1=4\\y_1=2\end{cases},\ \begin{cases}x_2=-\dfrac{2}{5}\\y_2=-\dfrac{1}{5}\end{cases},\ \begin{cases}x_3=3\\y_3=1\end{cases},\ \begin{cases}x_4=-\dfrac{3}{5}\\y_4=-\dfrac{1}{5}\end{cases}.$$

4. 两个方程都没有一次项

消常数项法：当方程组的两个方程都缺一次项时，通常解法为：尝试将常数项通过加减消元法消去.

例 6 解方程组$\begin{cases}3x^2-y^2=8 & (1)\\ x^2+xy+y^2=4 & (2)\end{cases}$.

解 经观察发现两个方程都没有一次项，则可消去常数项，并因式分解.

由 (1) − (2) × 2 得 $x^2-2xy-3y=0$，即 $(x+y)\cdot(x-3y)=0$. 则原方程与下列方程组同解.

①由$\begin{cases}3x^2-y^2=8\\ x+y=0\end{cases}$解得$\begin{cases}x_1=2\\ y_1=-2\end{cases}$，$\begin{cases}x_2=-2\\ y_2=2\end{cases}$；

②由$\begin{cases}3x^2-y^2=8\\ x-3y=0\end{cases}$解得$\begin{cases}x_3=\dfrac{6\sqrt{13}}{13}\\ y_3=\dfrac{2\sqrt{13}}{13}\end{cases}$，$\begin{cases}x_4=-\dfrac{6\sqrt{13}}{13}\\ y_4=-\dfrac{2\sqrt{13}}{13}\end{cases}$.

所以原方程组的解为

$$\begin{cases}x_1=2\\ y_1=-2\end{cases},\quad\begin{cases}x_2=-2\\ y_2=2\end{cases},\quad\begin{cases}x_3=\dfrac{6\sqrt{13}}{13}\\ y_3=\dfrac{2\sqrt{13}}{13}\end{cases},\quad\begin{cases}x_4=-\dfrac{6\sqrt{13}}{13}\\ y_4=-\dfrac{2\sqrt{13}}{13}\end{cases}.$$

韦达定理法：通过韦达定理的逆定理，如果知道和与乘积，就可以构造出对应的一元二次方程并求解.

对称方程组：将方程组中各方程的未知数互换后与原方程一样，则此方程组为对称方程组.

轮换方程组：将方程组中各方程的未知数互换后，各方程变化，但是整个方程组不变.

解的特性：两个未知数可以互换.

5. 两个方程中含有未知数和与积的形式

例 7 解方程组$\begin{cases}x+y+xy=5 & (1)\\ xy(x+y)=6 & (2)\end{cases}$.

解 令 $x+y=u$，$xy=v$，则由 (1) 得 $u+v=5$，由 (2) 得 $uv=6$，

故 u，v 是方程 $t^2-5t+6=0$ 的两个根，

因此得$\begin{cases}u=3\\ v=2\end{cases}$或$\begin{cases}u=2\\ v=3\end{cases}$.

当 $u=3$，$v=2$ 时，x，y 是 $m^2-3m+2=0$ 的两个根，即$\begin{cases}x_1=1\\ y_1=2\end{cases}$，$\begin{cases}x_2=2\\ y_2=1\end{cases}$，

当 $u=2$，$v=3$ 时，方程 $n^2-2n+3=0$ 无实根，

所以原方程组的解是$\begin{cases}x_1=1\\ y_1=2\end{cases}$，$\begin{cases}x_2=2\\ y_2=1\end{cases}$.

习题 3.3

1. 解方程组$\begin{cases}x+y=20\\ x^2+y^2=200\end{cases}$.

2. 解方程组$\begin{cases}x^2+2xy+y^2=9\\(x-y)^2-3(x-y)+2=0\end{cases}$.

3. 解方程组$\begin{cases}x^2+3xy=28\\xy+4y^2=8\end{cases}$.

4. 解方程组$\begin{cases}x+y=\dfrac{1}{2}\\56\left(\dfrac{x}{y}+\dfrac{y}{x}\right)+113=0\end{cases}$.

5. m 为何值时，方程组$\begin{cases}x^2+2y^2-6=0\\y=mx+3\end{cases}$有相同的两组解.

6. c 为何值时，方程组$\begin{cases}y=x+c\\y^2+9x^2=9\end{cases}$的两组实解 (x_1, y_1)，(x_2, y_2) 满足$(x_2-x_1)^2+(y_2-y_1)^2=\dfrac{162}{25}$.

7. c 为何值时，方程组$\begin{cases}x^2+y^2+x-6y+c=0\\x+2y=3\end{cases}$的实解 (x_1, y_1)，(x_2, y_2) 满足 $x_1x_2+y_1y_2=0$.

§3.4　不等式的性质与不等式的证明

由于早期的数学并没有函数的概念，也没有形成“>”或“<”等符号，因此当时的不等式都是以文字来表述，使用“不足”“超过”等词语来体现，也有部分不等式是后人根据早期数学家发现的等量关系去掉某些部分得到的.

现实生活中的量与量（包括常量和变量），要么相等，要么不等. 相等只是相对的，不等才是绝对的. 17 世纪，伽利略引入函数的概念以后，数学家们使用函数来描述两个变量间的关系 $y=f(x)$，函数所体现的是“等量关系”. 另外，为了处理函数值域的上下界等问题，也有数学家开始使用表达式来描述常量、变量内部及变量间的一类“不等关系”，这样的表达式通常用符号“>”或“<”连接（如$|x|>0$），现在我们称之为不等式.

公元 3 世纪，中国数学家赵爽在给《周髀算经》“勾股圆方图”作注时，给出了“大方图”. 写道：“以图考之，倍弦实，满外大方，而多黄实，黄实之多，即勾股差实，以差实减之，开其余，得外大方，大方之面，即勾股并也.”用数学符号语言表达，即：若直角三角形两直角边为 a，b，$a\geqslant 0$，$b\geqslant 0$，则

$$(a+b)^2=4ab+(b-a)^2,$$
$$(a+b)^2=2c^2-(b-a)^2=2(a+b)^2-(b-a)^2$$

因此可得不等式 $4ab\leqslant(a+b)^2\leqslant 2(a+b)^2$，两边开方得

$$\sqrt{ab}\leqslant\frac{a+b}{2}，当且仅当 a=b 时取等号.$$

可见我国古代就有了均值不等式的相关结论.

本节将介绍不等式的性质及不等式的证明.

3.4.1 不等式的性质

1. 不等式的定义

不等式的性质中，条件与结论的逻辑关系有两种：推出关系和等价关系. 一般地，证明不等式就是从条件出发实施一系列的推出变换，解不等式就是实施一系列的等价变换. 因此要正确理解和应用不等式的性质.

用不等号（$<$，$\leqslant$，$\neq$，$>$，$\geqslant$）把两个解析式连接起来所形成的式子，叫**不等式**. 用"$<$"或者"$>$"连接的不等式叫**严格不等式**，用"$\leqslant$"或"$\geqslant$"连接的不等式叫**非严格不等式**.

对于两个不等式，如果每一个的左边都大于右边，或每一个的左边都小于右边，这样的两个不等式叫**同向不等式**. 如 $f(x)>g(x)$ 与 $s(x)>T(x)$ 是同向不等式，$f(x)\leqslant g(x)$ 与 $s(x)\leqslant T(x)$ 也是同向不等式.

对于两个不等式，如果一个不等式的左边大于右边，而另一个不等式的左边小于右边，那么这两个不等式叫异向不等式. 如，$f(x)>g(x)$ 与 $s(x)<T(x)$ 是**异向不等式**，$f(x)\leqslant g(x)$ 与 $s(x)\geqslant T(x)$ 也是异向不等式.

2. 不等式的基本性质

注意：
(1) 同向不等式不能相减；
(2) 异向不等式不能相加；
(3) 两边同乘以或除以一个负数，不等式要变号.

(1) $a>b\Leftrightarrow b<a$ （对称性）

(2) $a>b，b>c\Rightarrow a>c$ （传递性）

(3) $a>b\Leftrightarrow a+c>b+c$ （加法保序性）

(4) $a>b，c>0\Rightarrow ac>bc$ （乘正保序性）

(5) $a>b，c<0\Rightarrow ac<bc$ （乘负反序性）

3. 不等式的运算性质

(1) $a>b，c>d\Rightarrow a+c>b+d$

(2) $a>b，c<d\Rightarrow a-c>b-d$

(3) $a>b>0，c>d>0\Rightarrow ac>bd$

(4) $a>b>0，0<c<d\Rightarrow \dfrac{a}{c}>\dfrac{b}{d}$

(5) $a>b>0\Rightarrow a^n>b^n(n\in\mathbf{N}，n\geqslant 2)$

(6) $a>b>0\Rightarrow\sqrt[n]{a}>\sqrt[n]{b}$ $(n\in\mathbf{N}，n\geqslant 2)$

3.4.2　算术－几何平均值不等式

算术－几何平均值不等式简称算几不等式，是一个常见而基本的不等式，表现了算术平均数和几何平均数之间恒定的不等关系.

算术－几何平均值不等式有时被称为平均值不等式（或均值不等式）.

算术－几何平均值不等式仅适用于正实数，是对数函数之凹性的体现，在数学、自然科学、工程科学以及经济学等学科都有应用.

定理 1　若 a，b 是实数，则

$$a^2+b^2\geqslant 2ab \tag{1}$$

当且仅当 $a=b$ 时等号成立.

证明　由 a，b 是实数，知 $(a-b)^2\geqslant 0$，当且仅当 $a=b$ 时等号成立，所以

$$a^2+b^2\geqslant 2ab,$$

当且仅当 $a=b$ 时等号成立，即定理 1 得证.

这个不等式又常表现为

$$\frac{b}{a}+\frac{a}{b}\geqslant 2, \tag{2}$$

其中 a，b 同号. 当且仅当 $a=b$ 时取等号；或

$$\frac{a+b}{2}\geqslant\sqrt{ab} \tag{3}$$

其中 a，b 为正数，当且仅当 $a=b$ 时取等号，即两正数的算术平均值不小于这两个正数的几何平均值.

一般地，n 个正数 a_1，a_2，…，a_n 的算术平均值不小于这 n 个正数的几何平均值，即

$$\frac{a_1+a_2+\cdots+a_n}{n}\geqslant\sqrt[n]{a_1a_2\cdots a_n}, \tag{4}$$

当且仅当 $a_1=a_2=\cdots=a_n$ 时取等号.

特别地，若 a，b，c 为正数，则

$$\frac{a+b+c}{3}\geqslant\sqrt[3]{abc}, \tag{5}$$

当且仅当 $a=b=c$ 时取等号.

统称（3）（4）（5）为**算术－几何平均值不等式**.

例 1　求证 $\dfrac{x^2+2}{\sqrt{x^2+1}}\geqslant 2$.

证　因为 $\dfrac{x^2+2}{\sqrt{x^2+1}}=\sqrt{x^2+1}+\dfrac{1}{\sqrt{x^2+1}}$，

由公式（2）得 $\sqrt{x^2+1}+\dfrac{1}{\sqrt{x^2+1}}\geqslant 2$.

柯西（Cauchy，1789—1857），法国数学家. 他的纯数学和应用数学功底相当深厚，很多数学的定理、公式都以他的名字来称呼，如柯西不等式、柯西积分公式. 在数学写作上，他被认为在数量上仅次于欧拉的人，他一生一共写了 789 篇论文和几本书，以《分析教程》（1821

3.4.3　柯西不等式

$$(a_1b_1+a_2b_2+\cdots+a_nb_n)^2\leqslant(a_1^2+a_2^2+\cdots+a_n^2)(b_1^2+b_2^2+\cdots+b_n^2)$$

其中 a_i，$b_i\in\mathbf{R}$，$i=1$，2，…，n. 等号当且仅当 $a_1=a_2=\cdots=a_n=0$ 或 $b_i=ka_i$ 时成立.

年）和《关于定积分理论的报告》（1827年）最为著名.

柯西不等式的向量形式：设 $\boldsymbol{\alpha}$，$\boldsymbol{\beta}$ 是两个向量，则 $|\boldsymbol{\alpha}||\boldsymbol{\beta}| \geqslant |\boldsymbol{\alpha}\boldsymbol{\beta}|$，当且仅当 $\boldsymbol{\beta}$ 是零向量，或存在实数 k，使 $\boldsymbol{\alpha}=k\boldsymbol{\beta}$ 时，等号成立.

柯西不等式是一个非常重要的不等式. 灵活巧妙地运用它，如常通过适当配凑再直接套用，可以使一些较为困难的问题迎刃而解.

例 2 已知 a，b，$c\in\mathbf{R}^+$，且 $\frac{1}{a}+\frac{1}{2b}+\frac{1}{3c}=1$，求证 $a+2b+3c\geqslant 9$.

证明 因为 a，b，$c\in\mathbf{R}^+$，由柯西不等式得

$$\begin{aligned}a+2b+3c&=(a+2b+3c)\left(\frac{1}{a}+\frac{1}{2b}+\frac{1}{3c}\right)\\&=[(\sqrt{a})^2+(\sqrt{2b})^2+(\sqrt{3c})^2]\\&\quad\left[\left(\frac{1}{\sqrt{a}}\right)^2+\left(\frac{1}{\sqrt{2b}}\right)^2+\left(\frac{1}{\sqrt{3c}}\right)^2\right]\\&\geqslant\left(\sqrt{a}\frac{1}{\sqrt{a}}+\sqrt{2b}\frac{1}{\sqrt{2b}}+\sqrt{3c}\frac{1}{\sqrt{3c}}\right)^2=9.\end{aligned}$$

故原不等式成立.

3.4.4 不等式的证明方法

由于不等式类型繁多、覆盖面广、技巧性极强，这就需要掌握不同的证明方法和常用的不等式，以及扎实的数学功底和创新的思维.

数学证明对于发展逻辑思维能力有着极其重要的作用，通过对证明方法的学习，养成言之有理、论证有据的习惯. 数学证明的基本方法包括分析法、综合法、数学归纳法、反证法等. 证明不等式的基本方法有比较法、综合法、分析法等.

1. 比较法

比较法是最基本、最重要的方法之一，主要通过判断两个量的差值的正负，或者通过确定两个量的比值与1的大小来确定两个量的大小. 比较法理论上便于理解，实用时便于操作，故应用比较广泛.

（1）作差比较法。

已知 $a>b\Leftrightarrow a-b>0$，$a<b\Leftrightarrow a-b<0$，因此要证 $a>b$，只要证明 $a-b>0$ 即可，这种方法称为**作差比较法**.

（2）作商比较法。

由 $a>b>0\Leftrightarrow\frac{b}{a}>1$ 且 $a>0$，$b>0$，因此当 $a>0$，$b>0$ 时，要证明 $a>b$，只要证明 $\frac{b}{a}>1$ 即可，这种方法称为**作商比较法**.

作差比较法的关键是作差后的变形，一般通过分解因式或将差式转化为积商式，以便与0比较大小.

例 3 已知 $a\geqslant 1$，求证 $\sqrt{a+1}-\sqrt{a}<\sqrt{a}-\sqrt{a-1}$.

证明 因为 $(\sqrt{a+1}-\sqrt{a})-(\sqrt{a}-\sqrt{a-1})$

$$\begin{aligned}&=\frac{1}{\sqrt{a+1}+\sqrt{a}}-\frac{1}{\sqrt{a}+\sqrt{a-1}}\\&=\frac{\sqrt{a-1}-\sqrt{a+1}}{(\sqrt{a+1}+\sqrt{a})(\sqrt{a}+\sqrt{a-1})}<0,\end{aligned}$$

所以 $\sqrt{a+1}-\sqrt{a}<\sqrt{a}-\sqrt{a-1}$.

例 4　若 $a>0$，$b>0$，求证 $\frac{a}{\sqrt{b}}+\frac{b}{\sqrt{a}}\geqslant\sqrt{a}+\sqrt{b}$.

作商比较法解题的一般步骤：
(1) 判定 a，b 符号；
(2) 作商；
(3) 变形整理；
(4) 判定与 1 的大小关系；
(5) 得出结论.

证明　因为 $\frac{\frac{a}{\sqrt{b}}+\frac{b}{\sqrt{a}}}{\sqrt{a}+\sqrt{b}}=\frac{\frac{a}{\sqrt{b}}}{\sqrt{a}+\sqrt{b}}+\frac{\frac{b}{\sqrt{a}}}{\sqrt{a}+\sqrt{b}}=\frac{a}{\sqrt{ab}+b}+\frac{b}{\sqrt{ab}+a}$

$$=\frac{a\sqrt{ab}+a^2+b\sqrt{ab}+b^2}{2ab+(a+b)\sqrt{ab}}$$

$$=\frac{a^2+b^2+(a+b)\sqrt{ab}}{2ab+(a+b)\sqrt{ab}},$$

又因为 $a^2+b^2\geqslant 2ab$，

所以 $\frac{a^2+b^2+(a+b)\sqrt{ab}}{2ab+(a+b)\sqrt{ab}}\geqslant\frac{2ab+(a+b)\sqrt{ab}}{2ab+(a+b)\sqrt{ab}}=1$，

当且仅当 $a=b>0$ 时取等号，所以 $\frac{a}{\sqrt{b}}+\frac{b}{\sqrt{a}}\geqslant\sqrt{a}+\sqrt{b}$.

2. 综合法

综合法的特点是正向思维，用“由因导果”的方法证明不等式，要求能综合运用有关的知识、能选择合理的方法，还要掌握“相等”与“不等”的对立转化，这需要从事物的联系、转化和矛盾发展中整体把握研究对象.

从已知条件出发，利用定义、公理、定理、性质等，经过一系列的推理、论证而得出命题成立，这种证明方法叫做**综合法**，即“由因导果”的方法.

例 5　若 $a>b>0$，$c<d<0$，$e<0$，求证 $\frac{e}{(a-c)^2}>\frac{e}{(b-d)^2}$.

证明　由 $c<d<0\Rightarrow -c>-d>0$. 又由 $a>b>0\Rightarrow a-c>b-d>0$，

所以 $(a-c)^2>(b-d)^2>0\Rightarrow 0<\frac{1}{(a-c)^2}<\frac{1}{(b-d)^2}$.

又因为 $e<0\Rightarrow\frac{e}{(a-c)^2}<\frac{e}{(b-d)^2}$.

3. 分析法

分析法的特点是逆向思维.
用“执果索因”的方法证明不等式，与综合法相比，是两种思路截然相反的证明方法. 在实际应用时，往往用分析法找思路，用综合法写步骤. 由此可见，分析法与综合法相互转化，互相渗透，互为前提，充分利用这一辩

从要证的结论出发，逐步寻求使它成立的充分条件，直至所需条件为已知条件或一个明显成立的事实（定义、公理或已证明的定理、性质等），从而得出要证的命题成立，这种证明方法叫做**分析法**，即“执果索因”的方法.

例 6　若 $a>0$，$b>0$，$a^3+b^3=2$，求证 $(a+b)(a^5+b^5)\geqslant 4$.

证明　要证 $(a+b)(a^5+b^5)\geqslant 4$，只需证 $(a+b)(a^5+b^5)\geqslant(a^3+b^3)^2$，

即证 $a^6+ab^5+a^5b+b^6\geqslant a^6+2a^3b^3+b^6$，

即 $a^4+b^4\geqslant 2a^2b^2$.

因为$(a^2-b^2)^2\geqslant 0$，所以 $a^4+b^4\geqslant 2a^2b^2$ 成立，故原不等式成立.

证关系，可以增加解题思路，开阔视野.

4. 反证法

反证法是"间接证明法"一类，是从反方向证明的证明方法. 法国数学家阿达玛（Hadamard）对反证法的实质作过概括："若肯定定理的假设而否定其结论，就会导致矛盾."具体地讲，反证法就是从反论题入手，把命题结论的否定当作条件，使之得到的与条件相矛盾，肯定命题的结论，从而使命题获得证明.

先假设要证的命题不成立，以此为出发点，结合已知条件，应用公理、定义、定理、性质等，进行正确的推理，得到和命题的条件（或已证明的定理、性质、明显成立的事实等）矛盾的结论，以说明假设不正确，从而证明原命题成立.

例 7 已知 $a+b+c>0$，$ab+bc+ac>0$，$abc>0$，求证 a，b，$c>0$.

证明 假设 $a<0$，因为 $abc>0$，所以 $bc<0$，

又由 $a+b+c>0$，则 $b+c=-a>0$，所 $ab+bc+ac=a(b+c)+bc<0$，与题设矛盾，

又若 $a=0$，则与 $abc>0$ 矛盾，所以必有 $a>0$，同理可证 $b>0$，$c>0$，证毕.

5. 放缩法

在直接证明不等式有难度时，经常借助一个或多个中间变量，达到放缩的效果，降低不等式的证明难度.

证明不等式时，通过把不等式中的某些部分的值放大或缩小，简化不等式，从而达到证明的目的.

放缩的策略：
(1) 利用均值不等式；
(2) 利用不等式的传递性；
(3) 利用函数的有界性、单调性；
(4) 加上或者舍弃一些项；
(5) 在和式、积式、分式等式子中替换一些更大（或更小）的项或因子.

例 8 求证$\frac{1}{2^2}+\frac{1}{3^2}+\cdots+\frac{1}{n^2}<1(n\in\mathbf{N}^+)$.

证 因为$\frac{1}{k^2}<\frac{1}{k(k-1)}=\frac{1}{k-1}-\frac{1}{k}$，

所以$$\begin{aligned}\frac{1}{2^2}+\frac{1}{3^2}+\cdots+\frac{1}{n^2}&<\frac{1}{1\times 2}+\frac{1}{2\times 3}+\cdots+\frac{1}{(n-1)\times n}\\&=1-\frac{1}{2}+\frac{1}{2}-\frac{1}{3}+\cdots+\frac{1}{n-1}-\frac{1}{n}\\&=1-\frac{1}{n}<1,\end{aligned}$$

故原不等式成立.

习题 3.4

1. 回答下列问题：

(1) 由$\frac{a}{b}>\frac{d}{c}$得 $ac>bd$，对吗？

(2) 由 $a>b$ 得 $a^2>b^2$，对吗？

(3) 由 $a>b$ 得$\frac{1}{b}>\frac{1}{a}$，对吗？

2. 证明下列不等式：

(1) $\sqrt{3+\sqrt{2}}<\sqrt{2}+1$；　　(2) $\dfrac{1}{\sqrt{3}+\sqrt{2}}>\sqrt{5}-2$.

3. 若 $a>0$，$b>0$ 且 $\dfrac{1}{a}+\dfrac{1}{b}=\sqrt{ab}$.

(1) 求 a^3+b^3 的最小值；(2) 是否存在 a，b 使得 $2a+3b=6$？并说明理由.

4. 已知 x，y，$z\in\mathbf{R}$，$x+y+z=1$，求证 $x^2+y^2+z^2\geqslant\dfrac{1}{3}$.

5. 若实数 x，y，z 满足 $x+2y+3z=a$（a 为常数），则 $x^2+y^2+z^2\geqslant\dfrac{a^2}{14}$.

§3.5　解不等式

解集是一个数学用语，指以一个方程（组）或不等式（组）的所有解为元素的集合叫做该方程（组）或不等式（组）的解集.

不等式的解是不等式的基本概念之一，是指在含有未知数的不等式中，能够使不等式成立的未知数的值. 不等式的解的全体称为不等式的**解集**，有时也简称解. 求不等式解集的过程叫做**解不等式**. 本节介绍一元一次不等式、一元二次不等式、一元高次不等式、分式不等式、无理不等式、含绝对值的不等式的解法.

3.5.1　不等式的同解定理

不等式的解题思路，从本质上来看，体现的是等价转化的思路，类似于解方程式. 将同解不等式逐渐转换成为简化的不等式，因而保持同解变形就成为解不等式应遵循的主要原则.

如果两个不等式（组）的解集相等，则称这两个不等式（组）是同解的. 根据不等式的基本性质，可得下列定理.

定理 1　若 $h(x)$ 是整式，则不等式 $f(x)>g(x)$ 与不等 $f(x)+h(x)>g(x)+h(x)$ 是同解的.

定理 2　设 m 为一实数，当 $m>0$ 时，不等式 $f(x)>g(x)$与不等 $mf(x)>mg(x)$ 是同解的. 当 $m<0$ 时，不等式 $f(x)>g(x)$ 与不等式 $mf(x)<mg(x)$ 是同解的.

定理 3　不等式 $f(x)g(x)>0$ 与不等式组 $\begin{cases}f(x)>0\\g(x)>0\end{cases}$ 和 $\begin{cases}f(x)<0\\g(x)<0\end{cases}$ 是同解的.

定理 4　若 $f(x)>0$，$g(x)>0$，则不等式 $f(x)>g(x)$ 与不等式 $[f(x)]^2>[g(x)]^2$ 是同解的.

3.5.2　一元一次不等式

一元一次不等式的一般形式是 $ax>b$ 或 $ax<b$，其中 a，b

是实数.

以 $ax>b$ 为例求解：

（1）若 $a>0$ 时，得 $x>\frac{b}{a}$；

（2）若 $a<0$ 时，得 $x<\frac{b}{a}$；

（3）若 $a=0$ 时，当 $b<0$ 时，$x\in\mathbf{R}$；当 $b\geqslant 0$ 时，不等式无解.

例 1 解关于 x 的不等式：$1-\frac{2x}{a^2}>\frac{x}{a}+\frac{4}{a^2}$.

在具体的解题过程中，除了要掌握基本步骤外，还要注意解不等式中的细节问题：去分母时，注意各项都要乘以分母的最小公倍数；移项时，注意改变被移项的符号等；解含参数的不等式注意对参数的讨论.

解 原不等式可变作 $\frac{a^2-2x}{a^2}>\frac{ax+4}{a^2}$，这里 $a^2>0$，则有

$$a^2-2x>ax+4\Rightarrow(a+2)x<(a+2)(a-2),$$

所以，（1）当 $a>-2$，$a\neq 0$ 时，解集为 $\{x\mid x<a-2\}$；

（2）当 $a<-2$ 时，解集为 $\{x\mid x>a-2\}$；

（3）当 $a=-2$ 时，解集为 $\varnothing$.

3.5.3 一元二次不等式

一元二次不等式的一般形式为

$$ax^2+bx+c>0(a\neq 0)\text{ 或 }ax^2+bx+c<0(a\neq 0).$$

在解一元二次不等式时，要注意一元二次不等式与一元二次方程、二次函数的关系，利用“数形结合”的思想解决问题.

现将 $ax^2+bx+c>0(a\neq 0)$ 与 $ax^2+bx+c<0(a\neq 0)$ 的解集列表如下：

判别式Δ	a 值	$ax^2+bx+c>0$	$ax^2+bx+c<0$
$b^2-4ac<0$	$a>0$	解集为实数集 $\mathbf{R}$	解集为空集
	$a<0$	解集为空集	解集为实数集 $\mathbf{R}$
$b^2-4ac=0$	$a>0$	$\left\{x\mid x<\frac{-b}{2a}\text{或}x>\frac{-b}{2a}\right\}$	解集为空集
	$a<0$	解集为空集	$\left\{x\mid x<\frac{-b}{2a}\text{或}x>\frac{-b}{2a}\right\}$
$b^2-4ac>0$	$a>0$	$\{x\mid x<x_1\text{ 或 }x>x_2\}$	$\{x\mid x_1<x<x_2\}$
	$a<0$	$\{x\mid x_1<x<x_2\}$	$\{x\mid x<x_1\text{ 或 }x>x_2\}$

其中 x_1，x_2 分别是 $ax^2+bx+c=0$ 的两实根，且 $x_1<x_2$.

例 2 关于 x 的不等式 $(1+m)x^2+mx+m<x^2+1$ 对 $x\in\mathbf{R}$ 恒成立，求 m 的取值范围.

解 原不等式等价于 $mx^2+mx+m-1<0$，对 $x\in\mathbf{R}$ 恒成立

（1）当 $m=0$ 时，$0\cdot x^2+0\cdot x+0-1<0$ 恒成立；

（2）当 $m\neq 0$ 时，由题意得

$$\begin{cases}m<0\\ \Delta=m^2-4m(m-1)<0\end{cases}\Leftrightarrow\begin{cases}m<0\\ 3m^2-4m>0\end{cases}\Leftrightarrow\begin{cases}m<0\\ m<0,\ m>\dfrac{4}{3}\end{cases}\Leftrightarrow$$

$m<0$.

综合（1），（2）可知，m 的取值范围为 $m\leqslant 0$.

例 3　已知不等式 $ax^2+5x+b>0$ 的解集为 $\left\{x\mid \dfrac{1}{3}<x<\dfrac{1}{2}\right\}$，求 a，b 的值.

解　由已知可以断定 $a<0$，且方程 $ax^2+5x+b>0$ 的两根为 $x_1=\dfrac{1}{3}$，$x_2=\dfrac{1}{2}$，

根据韦达定理，则

$$\begin{cases}\dfrac{1}{3}+\dfrac{1}{2}=-\dfrac{5}{a}\\ \dfrac{1}{3}\times\dfrac{1}{2}=\dfrac{b}{a}\end{cases}，解得\begin{cases}a=-6\\ b=-1\end{cases}，$$

故 $a=-6$，$b=-1$.

一元二次方程的根对应于二次函数图象与 x 轴的交点，一元二次不等式的解对应于二次函数图象在 x 轴上方、下方或 x 轴上的点，由此得出二次函数图象的开口方向及与 x 轴的交点情况确定的一元二次不等式的图象解法，这样就形成了二次函数与一元二次方程相结合的解一元二次不等式的方法.

3.5.4　一元高次不等式

一元高次不等式指含有一个未知数，并且未知数的最高次幂高于二次的不等式. 其一般形如

$$a_nx^n+a_{n-1}x^{n-1}+\cdots+a_1x+a_0>0;$$

$$a_nx^n+a_{n-1}x^{n-1}+\cdots+a_1x+a_0<0$$

其中 $a_n\neq 0$，$n\in\mathbf{N}$，$n>2$.

一元高次不等式常用的解法为"根轴法"，具体步骤如下：

（1）移项，把不等式右边变为 0 且最高次项的系数化为正；

（2）把不等式左边分解因式，分解到实数范围内不能分解为止；

（3）把对应的方程的根在数轴上按从小到大的顺序标出；

（4）从右上方开始，遇到奇数次的根穿根而过，遇到偶数次的根即回头；

（5）位于数轴上方对应的 x 的范围为不等式大于 0 的解，位于数轴下方对应的 x 的范围是不等式小于 0 的解.

关于"奇穿偶不穿"的解释：

对于高次不等式，当因式分解后因式的幂为奇数，则要穿过数轴；而当因式的幂为偶数时，则不穿过数轴.

例如 $(x+1)^2(x-1)^3\leqslant 0$，求得根为 $x=-1$，$x=1$，对应根轴法：

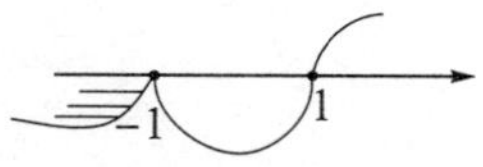

根轴法要注意所有的因

例 4　解不等式 $(x-1)(x+2)(3-x)(x^2-4x+5)>0$.

解　因为 $x^2-4x+5=(x-2)^2+1>0$，所以原不等式等价于

$(x-1)(x+2)(3-x)>0\Leftrightarrow(x-1)(x+2)(x-3)<0$，

方程 $(x-1)(x+2)(x-3)=0$ 的根为 -2，1，3.

式前的系数要为正数. 为保证穿根法的方向不发生错误，往往需要保证的最高次项系数为正数.

如$(-x-1)(x+2)<0$，则需由$-(x+1)\cdot(x+2)<0\Rightarrow(x+1)\cdot(x+2)>0$再来穿根.

在数轴上相应位置标出这三个根，按照“从右向左”“从上到下”“奇穿偶不穿”的规律画出以下图形：

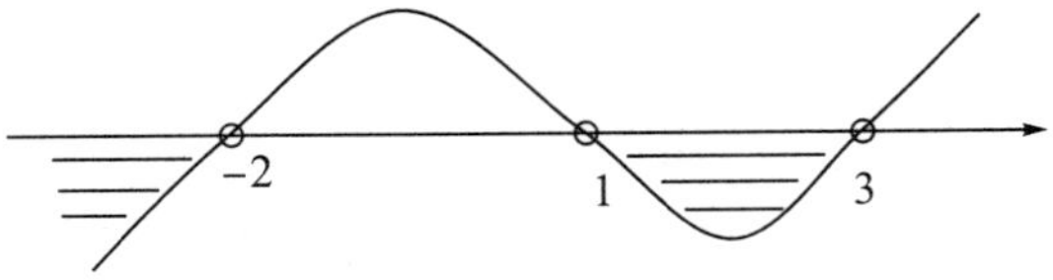

由图可知原不等式的解集为$\{x\mid x<-2,\ 1<x<3\}$.

例 5 解不等式$x(x-1)^2(x-2)(x+1)\geqslant 0$.

解 方程$x(x-1)^2(x-2)(x+1)=0$的根为-1，0，1，2.

在数轴上相应位置标出这四个根，按照“从右到左”“从上到下”“奇穿偶不穿”的规律画出以下图形：

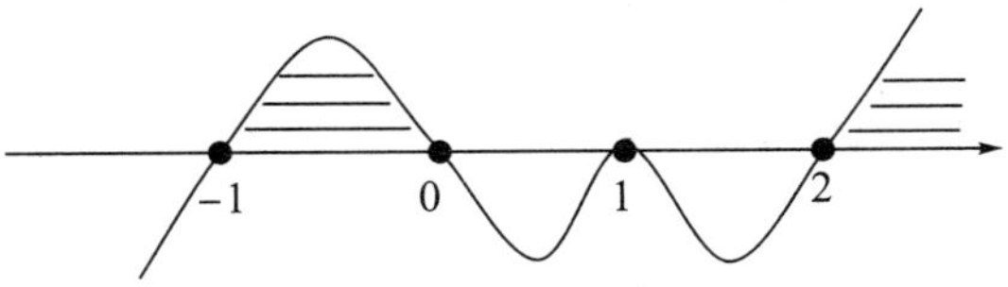

由图可知原不等式的解集为$\{x\mid -1\leqslant x\leqslant 0,\ x=1,\ x\geqslant 2\}$.

3.5.5 分式不等式

一般地，分母中含有未知数的不等式称为**分式不等式**. 分式不等式一般通过恒等变形转化为$\dfrac{f(x)}{g(x)}>0\left(\text{或}\dfrac{f(x)}{g(x)}<0\right)$；$\dfrac{f(x)}{g(x)}\geqslant 0\left(\text{或}\dfrac{f(x)}{g(x)}\leqslant 0\right)$的标准形式，其中$f(x)$、$g(x)$为整式且$g(x)\neq 0$，再根据“同号得正，异号得负”转化为等价的不等式组求解，也可转化为整式不等式用数轴穿根法求解.

化成标准形式后，一般情况下，转化为高次不等式，用“根轴法”求解相对简单，但在转换的过程中要注意同解变换，在某些情况下不能忽视分母不能为0的情况.

例 6 解不等式$1+\dfrac{x-4}{x-3}>\dfrac{x-2}{x-1}$.

解 化简，得$(x-1)(x-3)(x-2+\sqrt{3})(x-2-\sqrt{3})>0$

由“根轴法”画图

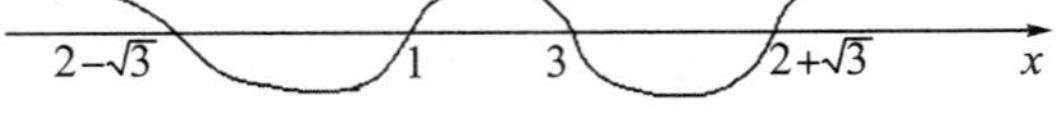

原不等式的解集为$\{x\mid x<2-\sqrt{3},\ 1<x<3,\ x>2+\sqrt{3}\}$.

分式不等式转化为整式不等式：

$\dfrac{f(x)}{g(x)}>0\left(\text{或}\dfrac{f(x)}{g(x)}<0\right)\Leftrightarrow f(x)g(x)>0$（或$f(x)g(x)<0$）；

$\dfrac{f(x)}{g(x)}\geqslant 0\left(\text{或}\dfrac{f(x)}{g(x)}\leqslant 0\right)\Leftrightarrow\begin{cases}f(x)g(x)\geqslant 0\\ g(x)\neq 0\end{cases}$

例 7 解下列不等式：

(1) $\dfrac{1-x}{x^2+1}>1$；　　(2) $\dfrac{x+1}{5-x}\geqslant 1$.

解 (1)（去分母）　因为$x^2+1\geqslant 1$，故去分母，整理得

$\left(\text{或}\begin{cases}f(x)g(x)\leqslant 0\\ g(x)\neq 0\end{cases}\right)$.

$x^2+x<0\Rightarrow x(x+1)<0\Rightarrow$解集为$\{x\mid -1<x<0\}$.

（2）方法一　用讨论的方法去分母来解，原不等式$\dfrac{x+1}{5-x}\geqslant 1$等价于下列不等式组，

①$\begin{cases}5-x>0\\ x+1\geqslant 5-x\end{cases}$，解得$\{x\mid 2\leqslant x<5\}$，

②$\begin{cases}5-x<0\\ x+1\leqslant 5-x\end{cases}$，解集为$\varnothing$.

所以原不等式的解集为$\{x\mid 2\leqslant x<5\}$.

方法二（转化为乘式）　移项通分，得

由$\dfrac{x+1}{5-x}\geqslant 1$，可得$\begin{cases}(x-2)(5-x)\geqslant 0\\ 5-x\neq 0\end{cases}$，即$\begin{cases}2\leqslant x\leqslant 5\\ x\neq 5\end{cases}$，

所以原不等式的解集为$\{x\mid 2\leqslant x<5\}$.

例 8　解不等式$\dfrac{4x^2-20x+18}{x^2-5x+4}\geqslant 3$.

解　原不等式变形为$\dfrac{4x^2-20x+18}{x^2-5x+4}-3\geqslant 0$，

化简得$\dfrac{(x-2)(x-3)}{(x-1)(x-4)}\geqslant 0$，

原不等式在$x\neq 1$，$x\neq 4$时与高次不等式$(x-2)(x-3)(x-1)(x-4)\geqslant 0$同解，用数轴求根法表示为下图.

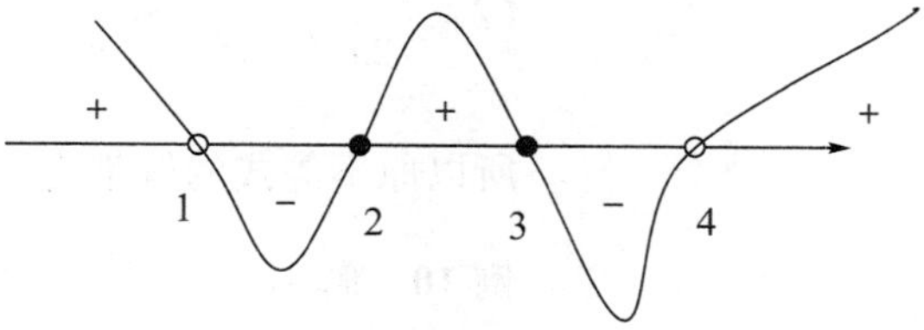

所以原不等式的解为$\{x\mid x<-1，2\leqslant x\leqslant 3，x>4\}$.

3.5.6　无理不等式

一般地，根号中含有未知数的不等式称为**无理不等式**. 无理不等式的基本解题思路是通过乘方将其转化为等价的有理不等式组来解，对特别的无理不等式还可以用特殊方法，例如图象法、换元法等.

二次根号下含有未知数的简单的无理不等式常见的类型及解法有：

在解无理不等式的时候，关键是要找出与其同解的有理不等式组，

（1）$\sqrt{f(x)}>g(x)$可转化为$\begin{cases}g(x)<0\\ f(x)\geqslant 0\end{cases}$与$\begin{cases}g(x)\geqslant 0\\ f(x)>0\\ f(x)>g^2(x)\end{cases}$

即通常所说的无理不等式的有理化解法，注意解不等式所进行的变换一定要保证是等价变换，右边所提到的三种等价变形一定要清楚掌握.

求解；

(2) $\sqrt{f(x)}<g(x)$ 可转化为 $\begin{cases}f(x)\geqslant 0\\ g(x)>0\\ [g(x)]^2>f(x)\end{cases}$ 求解；

(3) $\sqrt{f(x)}<\sqrt{g(x)}$ 可转化为 $\begin{cases}f(x)\geqslant 0\\ g(x)>0\\ f(x)<g(x)\end{cases}$ 求解.

解无理不等式的一般方法：

(1) 确定未知数的允许值范围；

(2) 通过变形化去不等式中的根号，把它转化为不含根式的不等式或不等式组；

(3) 求解不等式（组）；

(4) 取不等式（组）的解集与未知数允许值范围的公共部分.

例 9 解不等式 $\sqrt{2x+5}>x+1$.

解 原不等式与下列不等式组同解：

(1) $\begin{cases}x+1\geqslant 0\\ 2x+5\geqslant 0\\ 2x+5>(x+1)^2\end{cases}\Rightarrow\begin{cases}x\geqslant -1\\ x\geqslant -\dfrac{5}{2}\\ -2<x<2\end{cases}\Rightarrow -1\leqslant x<2$；

(2) $\begin{cases}x+1<0\\ 2x+5\geqslant 0\end{cases}\Rightarrow\begin{cases}x<-1\\ x\geqslant -\dfrac{5}{2}\end{cases}\Rightarrow -\dfrac{5}{2}\leqslant x<-1$.

所以原不等式的解集为 $\left\{x\mid -\dfrac{5}{2}\leqslant x<2\right\}$.

例 10 解不等式 $\sqrt{x^2-2x-15}<2x-10$.

解 原不等式等价于下列不等式组：

$$\begin{cases}x^2-2x-15\geqslant 0\\ 2x-10>0\\ x^2-2x-15<(2x-10)^2\end{cases}\Rightarrow\begin{cases}(x+3)(x-5)\geqslant 0\\ x>5\\ 3x^2-38x+115>0\end{cases}$$

$\Rightarrow\begin{cases}x<-3,\ x>5\\ x>5\\ (3x-23)(x-5)>0\end{cases}\Rightarrow\begin{cases}x>5\\ x<5,\ x>\dfrac{23}{3}\end{cases}\Rightarrow x>\dfrac{23}{3}\Rightarrow$ 原不等式的解集为 $\left\{x\mid x>\dfrac{23}{3}\right\}$.

例 11 解不等式 $\sqrt{25-x^2}>|x+1|$.

解 原不等式等价于不等式组：

$\begin{cases}25-x^2>0\\ 25-x^2>x^2+2x+1\end{cases}\Rightarrow\begin{cases}-5<x<5\\ -4<x<3\end{cases}$,

所以，原不等式的解集为$\{x \mid -4<x<3\}$.

3.5.7　含绝对值的不等式

对于含有绝对值的不等式，我们可以根据绝对值的意义或通过平方设法去掉绝对值符号，化为不含绝对值符号的不等式或不等式组，然后求解.

求含绝对值的不等式解法的基本思路，去掉绝对值符号，把它转化为一般的不等式求解，转化的方法一般有绝对值定义法、平方法、不等式的同解变形原理、零点区间法等. 零点区间法适用于含有多个绝对值的不等式.

常见的绝对值不等式类型及其同解原理解法为：

(1) $|f(x)|<g(x) \Leftrightarrow -g(x)<f(x)<g(x)$

(2) $|f(x)|>g(x) \Leftrightarrow f(x)<-g(x)$ 或 $f(x)>g(x)$；

(3) $|f(x)|>|g(x)| \Leftrightarrow f^2(x)>g^2(x) \Leftrightarrow [f(x)-g(x)][f(x)+g(x)]>0$；

(4) 对于含有多个绝对值的不等式，可采用“零点分区间”的方法求解.

“零点分区间”法：
例如，$|f(x)|+|g(x)|<h(x)$，
可找出，$f(a)=0$，$g(b)=0$ 且 $a<b$，则把实数集 **R** 分成$(-\infty, a]$，$(a, b]$，$(b, +\infty)$三个区间，然后在这三个区间上分别对原不等式去绝对值后再求解，同理可得含有两个以上绝对值符号的不等式的解法.

例 12　解下列不等式：

(1) $|x^2-3x-4|<x+1$；

(2) $|x^2-3x-4|>x+2$；

(3) $|x^2-2x+3|<|3x-1|$；

(4) $|x+2|-|x-3|<4$.

解　(1) 由$|x^2-3x-4|<x+1$

$$\Leftrightarrow -(x+1)<x^2-3x-4<x+1$$

$$\Leftrightarrow \begin{cases} x^2-2x-3>0 \\ x^2-4x-5<0 \end{cases}$$

$$\Rightarrow \begin{cases} x<-1 \text{ 或 } x>3 \\ -1<x<5 \end{cases} \Rightarrow 3<x<5,$$

所以原不等式的解集为$\{x \mid 3<x<5\}$.

(2) 由$|x^2-3x-4|>x+2$

$$\Leftrightarrow x^2-3x-4<-(x+2) \text{ 或 } x^2-3x-4>x+2$$

$$\Leftrightarrow x^2-2x-2<0 \text{ 或 } x^2-4x-6>0$$

$$\Rightarrow 1-\sqrt{3}<x<1+\sqrt{3} \text{ 或 } x<2-\sqrt{10} \text{ 或 } x>2+\sqrt{10}$$

所以原不等式的解集为$\{x \mid x<2-\sqrt{10}, 1-\sqrt{3}<x<1+\sqrt{3}, x>2+\sqrt{10}\}$.

(3) 由$|x^2-2x+3|<|3x-1|$

$$\Leftrightarrow (x^2-2x+3)^2<(3x-1)^2$$

$\Leftrightarrow (x^2-2x+3)^2-(3x-1)^2<0$

$\Leftrightarrow [(x^2-2x+3)+(3x-1)][(x^2-2x+3)-(3x-1)]<0$

$\Leftrightarrow (x^2-5x+4)(x^2+x+2)<0$

$\Rightarrow x^2-5x+4<0 \Rightarrow 1<x<4$，

所以原不等式的解集为$\{x \mid 1<x<4\}$.

(4) 用零点分区间法. 原不等式与下列不等式组同解：

① $\begin{cases} x<-2 \\ -(x+2)+(x-3)<4 \end{cases} \Rightarrow x<-2$；

② $\begin{cases} -2\leqslant x<3 \\ x+2+x-3<4 \end{cases} \Rightarrow -2\leqslant x<\dfrac{5}{2}$；

③ $\begin{cases} x>3 \\ x+2-(x-3)<4 \end{cases} \Rightarrow$ 无解.

所以综合①②③知原不等式的解集为$\left\{x \mid x<\dfrac{5}{2}\right\}$.

习题 3.5

1. 解下列不等式：

(1) $x^2-5x+6>0$；　(2) $x^2-4x-5<0$；

(3) $k(x-1)<x+2$（k 为常数）；　(4) $\sqrt{3x-5}-\sqrt{x-4}>0$.

2. 解下列不等式：

(1) $|3-2x|\leqslant 1$；　(2) $|-x+2|\geqslant 5$；

(3) $|x^2-2x-2|>1$；　(4) $|x^2-3x+2|<6$.

3. 解分式不等式：

(1) $\dfrac{x^2+2x-3}{x^2-2x+8}>0$；　(2) $2-\dfrac{x-3}{x-2}>\dfrac{x-2}{x-1}$.

4. 解下列不等式：

(1) $7\sqrt{6x+15}>6x+27$；　(2) $\sqrt{3x^2+4}>x^2$；

(3) $\sqrt{2x^2+1}>|x+1|$；　(4) $\sqrt{8-x^2}>x^2-2$.

5. k 为何值时，方程组$\begin{cases} y=kx+3 \\ x^2+y^2+2x-4=0 \end{cases}$有两组相异的实数解？

6. 解下列不等式：

(1) $x^2-11x+30<0$；　(2) $2x^2-3x-2>0$；

(3) $|x^2-2|\leqslant 1$；　(4) $x<x^2-12<4x$.

7. 解下列不等式：

(1) $\dfrac{x^2+5x+4}{x^2-5x-6}<0$；　(2) $\dfrac{x}{x^2-7x+12}>1$

§3.6　习题选解

3.6.1　习题3.1选解

1. 略.

2. (1) $x_{1,2}=\dfrac{6\pm\sqrt{(-6)^2-4\times1\times2}}{2\times1}=3\pm\sqrt{7}$；

(2) $x_{1,2}=\dfrac{8\pm\sqrt{8^2-4\times1\times(-13)}}{2\times1}=4\pm\sqrt{29}$；

(3) $x_1=2$，$x_2=\sqrt{3}$.

3. (1) $x_1=-\dfrac{\sqrt{6}}{3}$，$x_2=\dfrac{\sqrt{6}}{3}$，$x_3=-3$，$x_4=3$；

(2) $x_1=-\dfrac{1}{3}$，$x_2=1$，$x_3=\dfrac{5}{3}$，$x_4=-1$；

(3) $x_1=-5$，$x_2=3$；

(4) $x_1=-1$，$x_2=2$，$x_3=-3$，$x_4=4$；

(5) $x_1=-5$，$x_2=2$.

4. **解**　当 $m^2-4=0$ 即 $m=\pm2$ 时，$2(m+1)\neq0$，方程为一元一次方程，总有实根；当 $m^2-4\neq0$ 即 $m\neq\pm2$ 时，方程有根的条件是：$\Delta=[2(m+1)]^2-4(m^2-4)=8m+20\geqslant0$，解得 $m\geqslant-\dfrac{5}{2}$，

所以当 $m\geqslant-\dfrac{5}{2}$ 且 $m\neq\pm2$ 时，方程有实根，综上所述，当 $m\geqslant-\dfrac{5}{2}$ 时，方程有实根.

5. **解**　设另一个根为 x_1，则 $\begin{cases}4+x_1=\dfrac{m+1}{2} & (1)\\ 4x_1=\dfrac{1-m}{2} & (2)\end{cases}$，(1)+(2)，得 $x_1=-\dfrac{3}{5}$.

6. **解**　(1) 由题有 $\begin{cases}x_1+x_2=6\\ x_1x_2=k\end{cases}$ 与 $x_1^2x_2^2-x_1-x_2=115$，即得 $k^2-6=115$，解得 $k=\pm11$，

又由 $\Delta=b^2-4ac=(-6)^2-4k\geqslant0$ 得 $4k-36\leqslant0$ 即 $k\leqslant9$，所以，$k=-11$.

(2) $x_1^2+x_2^2+8=(x_1+x_2)^2-2x_1x_2+8=6^2-2\times(-11)+8=66$.

7. **解**　方程 $x^2+\dfrac{1}{x^2}+x-\dfrac{1}{x}=4$ 可化作 $\left(x-\dfrac{1}{x}\right)^2+\left(x-\dfrac{1}{x}\right)-2=0$，则有 $\left(x-\dfrac{1}{x}+2\right)\left(x-\dfrac{1}{x}-1\right)=0$，

即得 $x-\frac{1}{x}=-2$ 或 $x-\frac{1}{x}=1$.

8. $\frac{a^2+b^2}{ab}=\frac{8}{-4}=-2$.

9. **解** （1）由题知 $\begin{cases}\Delta=[-(2k-3)]^2-4(2k-4)=(2k-5)^2\geqslant 0\\ x_1+x_2=2k-3>0\\ x_1x_2=2k-4>0\end{cases}$，化简得 $\begin{cases}k\in\mathbf{R}\\ k>\frac{3}{2}\\ k>2\end{cases}$，所以，当 $k>2$ 时，方程式有两根.

（2）由题知 $\begin{cases}\Delta=[-(2k-3)]^2-4(2k-4)=(2k-5)^2\geqslant 0\\ x_1+x_2=2k-3>0\\ x_1x_2=2k-4<0\end{cases}$，解得 $\frac{3}{2}<k<2$.

（3）方法一　由题知要使 $x_1>3$，$x_2<3$，则 k 应满足条件：$(x_1-3)(x_2-3)<0$，

则应有 $\begin{cases}\Delta=[-(2k-3)]^2-4(2k-4)=(2k-5)^2\geqslant 0\\ (x_1-3)(x_2-3)<0\end{cases}$，化简得 $\begin{cases}k\in\mathbf{R}\\ x_1x_2-3(x_1+x_2)+9<0\end{cases}$，

即有 $\begin{cases}k\in\mathbf{R}\\ 2k-4-3(2k-3)+9<0\end{cases}$，解得 $\begin{cases}k\in\mathbf{R}\\ k>\frac{7}{2}\end{cases}$. 所以，当 $k>\frac{7}{2}$ 时，结论成立.

方法二　设 $f(x)=x^2-(2k-3)x+2k-4$，

$f(x)$ 与 x 轴的交点一个大于 3，一个小于 3 等价于 $f(3)<0$，即 $f(3)=9-3\times(2k-3)+2k-4<0$ 解得 $k>\frac{7}{2}$.

10. **解**　设 x_1，x_2 为方程的两根，且 $x_1<x_2$，由根与系数的关系有：

$$\begin{cases}x_1+x_2=-p\\ x_1\cdot x_2=q\end{cases}\Rightarrow p+q=x_1\cdot x_2-(x_1+x_2)=28\Rightarrow x_1\cdot x_2-x_1-x_2+1=28+1$$

$$\Rightarrow(x_1-1)(x_2-1)=29=1\times 29\Rightarrow\begin{cases}x_1-1=1\\ x_2-1=29\end{cases}\Rightarrow\begin{cases}x_1=2\\ x_2=30\end{cases}.$$

3.6.2　习题 3.2 选解

1. (1) $x=-\frac{1}{3}$；　(2) 方程无解；　(3) $x=2$；　(4) $x=0$.

2. (1) $x=2$；　(2) $x=3$.

3. **解**　（1）原方程改写为 $2(x^2-3x-1)-5\sqrt{x^2-3x-1}-3=0$，设 $\sqrt{x^2-3x-1}=y$，则有原方程可化为

$2y^2-5y-3=0\Rightarrow(y-3)(2y+1)=0\Rightarrow y_1=3$，$y_2=-\frac{1}{2}$，

①由 $y_1=3\Rightarrow\sqrt{x^2-3x-1}=3\Rightarrow x^2-3x-10=0\Rightarrow x_1=5$，$x_2=-2$，

②由 $y_2=-\frac{1}{2}\Rightarrow\sqrt{x^2-3x-1}=-\frac{1}{2}$（舍去），经检验知 $x_1=5$，$x_2=-2$ 均是原方程的根.

(2) 设 $y=\frac{2x-5}{x-2}\Rightarrow\frac{x-2}{2x-5}=\frac{1}{y}$，则原方程变形为：$\sqrt{y}-3\sqrt{\frac{1}{y}}+2=0\Rightarrow\sqrt{y}-3\cdot\frac{1}{\sqrt{y}}+2=0\Rightarrow y+2\sqrt{y}-3=0\Rightarrow(\sqrt{y}+3)(\sqrt{y}-1)=0\Rightarrow\sqrt{y}-1=0\Rightarrow\sqrt{y}=1\Rightarrow y=1\Rightarrow\frac{2x-5}{x-2}=1\Rightarrow 2x-5=x-2\Rightarrow x=3$，经检验知 $x=3$ 是原方程的根.

(3) 由 $4x^2+x+2x\sqrt{3x^2+x}=9\Rightarrow(3x^2+x)+2x\sqrt{3x^2+x}+x^2=9\Rightarrow(\sqrt{3x^2+x}+x)^2=9\Rightarrow\sqrt{3x^2+x}+x=\pm 3\Rightarrow\sqrt{3x^2+x}+x=-3$ 或 $\sqrt{3x^2+x}+x=3$，

由 $\sqrt{3x^2+x}=-3-x\Rightarrow 3x^2+x=(3+x)^2\Rightarrow 2x^2-5x-9=0\Rightarrow x_{1,2}=\frac{5\pm\sqrt{97}}{4}-3-\frac{5-\sqrt{97}}{4}=-\frac{17}{4}+\frac{\sqrt{97}}{4}<0$ 不合题意，舍去.

由 $\sqrt{3x^2+x}=3-x\Rightarrow 3x^2+x=(3-x)^2\Rightarrow 2x^2+7x-9=0\Rightarrow(2x+9)(x-1)=0\Rightarrow x=-\frac{9}{2}$，$x=1$. 经检验知 $x=-\frac{9}{2}$，$x=1$ 是原方程的根.

(4) 设 $\sqrt[4]{x}=t$，则原方程变作：$t^3-5t^2+6t=0\Rightarrow t(t^2-5t+6)=0\Rightarrow t(t-2)(t-3)=0\Rightarrow t_1=0$，$t_2=2$，$t_3=3\Rightarrow x_1=0$，$x_2=16$，$x_3=81$.

经检验知 $x_1=0$，$x_2=16$，$x_3=81$ 是原方程的根.

3.6.3 习题3.3选解

1. **解** 由①得 $y=20-x$③，把③代入②得 $x^2+(20-x)^2=200\Rightarrow x^2-20x+100=0\Rightarrow x=10$，

把 $x=10$ 代入③中得 $y=10$，所以原方程组的解为 $\begin{cases}x=10\\y=10\end{cases}$.

2. **解** 由①得 $(x+y)^2=9\Rightarrow x+y+3=0$ 或 $x+y-3=0$，由②得 $(x-y-1)(x-y-2)=0\Rightarrow x-y-1=0$ 或 $x-y-2=0$，则原方程组与下列方程组同解：

$\begin{cases}x+y+3=0\\x-y-1=0\end{cases}$；$\begin{cases}x+y+3=0\\x-y-2=0\end{cases}$；$\begin{cases}x+y-3=0\\x-y-1=0\end{cases}$；$\begin{cases}x+y-3=0\\x-y-2=0\end{cases}$.

解之得原方程组的解为 $\begin{cases}x_1=-1\\y_1=-2\end{cases}$；$\begin{cases}x_2=-\frac{1}{2}\\y_2=-\frac{5}{2}\end{cases}$；$\begin{cases}x_3=2\\y_3=1\end{cases}$；$\begin{cases}x_4=\frac{5}{2}\\y_4=\frac{1}{2}\end{cases}$.

3. **解** 由①×2－②×7 得 $2x^2-xy-28y^2=0\Rightarrow(x-4y)(2x+7y)=0$，则原方程组与下面两个方程组同解：

$\begin{cases}x-4y=0\\xy+4y^2=8\end{cases}$ 和 $\begin{cases}2x+7y=0\\xy+4y^2=8\end{cases}$，解之得原方程组的解为 $\begin{cases}x_1=4\\y_1=1\end{cases}$，$\begin{cases}x_2=-4\\y_2=-1\end{cases}$，$\begin{cases}x_3=14\\y_3=-4\end{cases}$，$\begin{cases}x_4=-14\\y_4=4\end{cases}$.

4. 方法一　由 $56\left(\frac{x}{y}+\frac{y}{x}\right)+113=0\Rightarrow 56\frac{x^2+y^2}{xy}+113=0\Rightarrow 56(x^2+y^2)+113xy=0$

$\Rightarrow 56(x^2+2xy+y^2)+xy=0\Rightarrow 56(x+y)^2+xy=0\Rightarrow 56\times\left(\frac{1}{2}\right)^2=-xy\Rightarrow xy=-14$，

原方程组与 $\begin{cases}x+y=\frac{1}{2}\\xy=-14\end{cases}$ 同解，解之得原方程组的解：$\begin{cases}x=4\\y=-\frac{7}{2}\end{cases}$ 或 $\begin{cases}x=-\frac{7}{2}\\y=4\end{cases}$.

方法二　由 $\begin{cases}x+y=\frac{1}{2}\\56\left(\frac{x}{y}+\frac{y}{x}\right)+113=0\end{cases}\Rightarrow\begin{cases}x^2+2xy+y^2=\frac{1}{4}\\56x^2+113xy+56y^2=0\end{cases}\Rightarrow\begin{cases}56x^2+112xy+56y^2=14 & ①\\56x^2+113xy+56y^2=0 & ②\end{cases}$，

由② − ①得 $xy=-14$，则原方程组与 $\begin{cases}x+y=\frac{1}{2}\\xy=-14\end{cases}$ 同解，解之得原方程组的解：

$\begin{cases}x=4\\y=-\frac{7}{2}\end{cases}$ 或 $\begin{cases}x=-\frac{7}{2}\\y=4\end{cases}$.

方法三　由 $56\left(\frac{x}{y}+\frac{y}{x}\right)+113=0\Rightarrow 56\frac{x^2+y^2}{xy}+113=0\Rightarrow 56x^2+113xy+56y^2=0\Rightarrow$

$(7x+8y)(8x+7y)=0$，

则原方程组与下面两个方程组同解：$\begin{cases}x+y=\frac{1}{2}\\7x+8y=0\end{cases}$ 和 $\begin{cases}x+y=\frac{1}{2}\\8x+7y=0\end{cases}$，

分别解之得 $\begin{cases}x=4\\y=-\frac{7}{2}\end{cases}$ 或 $\begin{cases}x=-\frac{7}{2}\\y=4\end{cases}$. 此即为原方程组的解.

5. **解**　将 $y=mx+3$ 带入①，并化简整理得 $(2m^2+1)x^2+12mx+12=0$，由题意得 $\Delta=(12m)^2-4\times 12(2m^2+1)=0$，则可得 $m=\pm 1$，所以，当 $m=\pm 1$ 时，原方程组有相同的两组解.

6. **解**　把 $y=x+c$ 代入 $y^2+9x^2=9\Rightarrow(x+c)^2+9x^2=9\Rightarrow x^2+2xc+c^2+9x^2=9\Rightarrow$ $10x^2+2xc+c^2-9=0$

$$\Rightarrow\begin{cases}x_1+x_2=-\frac{c}{5}\\x_1\cdot x_2=\frac{c^2}{10}-\frac{9}{10}\end{cases}\Rightarrow\begin{cases}y_1+y_2=(x_1+x_2)+2c=-\frac{c}{5}+2c=\frac{9c}{5}\\y_1\cdot y_2=(x_1+c)(x_2+c)=x_1\cdot x_2+c(x_1+x_2)+c^2\\\qquad=\frac{c^2}{10}-\frac{9}{10}-\frac{c^2}{5}+c^2=\frac{9c^2}{10}-\frac{9}{10}\end{cases}$$

所以 $(x_2-x_1)^2+(y_2-y_1)^2=(x_1+x_2)^2-4x_1\cdot x_2+(y_2-y_1)^2-4y_1\cdot y_2$

$=\frac{c^2}{25}-\frac{2c^2}{5}+\frac{18}{5}+\frac{81c^2}{25}-\frac{18c^2}{5}+\frac{36}{5}=-\frac{18c^2}{25}+\frac{36}{5}\Rightarrow-\frac{18c^2}{25}+\frac{36}{5}=\frac{162}{25}\Rightarrow 18c^2=18\Rightarrow c^2$ $=1\Rightarrow c=\pm 1$.

7. **解**　由②得 $x=3-2y$，代入①并化简整理得 $5y^2-20y+12+c=0$ 所以 $y_1+y_2=4$，

$y_1y_2=\dfrac{12+c}{5}$，

则 $x_1x_2=(3-2y_1)(3-2y_2)=9-6(y_1+y_2)+4y_1y_2=\dfrac{4c-27}{5}$. 由题意，有 $x_1x_2+y_1y_2=\dfrac{4c-27}{5}+\dfrac{12+c}{5}=0\Rightarrow c=3$.

3.6.4 习题 3.4 选解

1. **解** 对于（1），若 $a=1$，$b=1$，$c=-1$，$d=1$，满足 $\dfrac{a}{b}>\dfrac{d}{c}$，但 $ac=-1<bd=1$，所以错误；对于（2），若 $a=1$，$b=-1$，则 $a^2=b^2$，所以错误；对于（3）若 $a=1$，$b=-1$ 则 $\dfrac{1}{a}=1>\dfrac{1}{b}=-1$，所以错误.

2. **证明** （1）因为 $\left(\sqrt{3+\sqrt{2}}\right)^2=3+\sqrt{2}$，而 $(\sqrt{2}+1)^2=3+2\sqrt{2}$，所以 $\sqrt{3+\sqrt{2}}<\sqrt{2}+1$；

（2）因为 $\sqrt{5}-2=\dfrac{1}{\sqrt{5}+2}$，而 $\sqrt{5}+2>\sqrt{3}+\sqrt{2}$，所以 $\dfrac{1}{\sqrt{3}+\sqrt{2}}>\dfrac{1}{\sqrt{5}+2}=\sqrt{5}-2$.

3. **解** （1）由 $\sqrt{ab}=\dfrac{1}{a}+\dfrac{1}{b}\geqslant\dfrac{2}{\sqrt{ab}}$，$ab\geqslant 2$，且当 $a=b=\sqrt{2}$ 时等号成立，故 $a^3+b^3\geqslant 2\sqrt{a^3b^3}\geqslant 4\sqrt{2}$，

所以 a^3+b^3 的最小值是 $4\sqrt{2}$.

（2）由（1）知 $2a+3b\geqslant 2\sqrt{6}\sqrt{ab}\geqslant 4\sqrt{3}$（当且仅当 $2a=3b$ 时取等号），由于 $4\sqrt{3}>6$，所以不存在 $2a+3b=6$.

4. **证明** 由已知得 $(x+y+z)^2=x^2+y^2+z^2+2xy+2yz+2xz=1$，即 $2xy+2yz+2xz=1-(x^2+y^2+z^2)$，

又 $2x^2+2y^2+2z^2\geqslant 2xy+2yz+2xz=1-(x^2+y^2+z^2)$，得 $3x^2+3y^2+3z^2\geqslant 1$，

即 $x^2+y^2+z^2\geqslant\dfrac{1}{3}$.

5. **解** 由柯西不等式得 $(1^2+2^2+3^2)(x^2+y^2+z^2)\geqslant(x+2y+3z)2=a^2$，

当且仅当 $\dfrac{1}{x}=\dfrac{2}{y}=\dfrac{3}{z}$ 时取等号，即 $14(x^2+y^2+z^2)\geqslant a^2$，所以 $x^2+y^2+z^2\geqslant\dfrac{a^2}{14}$.

3.6.5 习题 3.5 选解

1. （1）$\{x\mid x>3,\ x<2\}$；　　（2）$\{x\mid -1<x<5\}$；

（3）由 $k(x-1)<x+2\Leftrightarrow(k-1)x<k+2$，

当 $k>1$ 时，得 $x<\dfrac{k+2}{k-1}$，原不等式的解集为 $\left\{x\mid x<\dfrac{k+2}{k-1}\right\}$；

当 $k=1$ 时，得 $x\in\mathbf{R}$，原不等式的解集为 $\mathbf{R}$；

当 $k<1$ 时，得 $x>\dfrac{k+2}{k-1}$，原不等式的解集为 $\left\{x\mid x>\dfrac{k+2}{k-1}\right\}$.

（4）原不等式与下列不等式组同解

$$\begin{cases}3x-5\geqslant 0\\ x-4\geqslant 0\\ \sqrt{3x-5}>\sqrt{x-4}\end{cases}\Rightarrow\begin{cases}x\geqslant \dfrac{5}{3}\\ x\geqslant 4\\ 3x-5>x-4\end{cases}\Rightarrow\begin{cases}x\geqslant \dfrac{5}{3}\\ x\geqslant 4\\ x>\dfrac{1}{2}\end{cases}\Rightarrow x\geqslant 4\Rightarrow \text{解集为}\left\{x\,|\,x>\dfrac{1}{2}\right\}.$$

2. (1) $\{x\,|\,1\leqslant x\leqslant 2\}$；(2) $\{x\,|\,x\leqslant -3,\ x\geqslant 7\}$；(3) $\{x\,|\,x<-1,\ 1-\sqrt{2}<x<1+\sqrt{2},\ x>3\}$；(4) $\{x\,|\,-1<x<4\}$

3. **解** (1) 由 $\dfrac{x^2+2x-3}{x^2-2x+8}>0\Leftrightarrow(x^2+2x-3)(x^2-2x+8)>0\Rightarrow(x^2+2x-3)\cdot[(x-1)^2+7]>0$

$\Leftrightarrow x^2+2x-3>0\Rightarrow x<-3,\ x>1\Rightarrow$解集为$\{x\,|\,x<-3,\ x>1\}$；

(2) 由 $2-\dfrac{x-3}{x-2}>\dfrac{x-2}{x-1}\Leftrightarrow\dfrac{x-1}{x-2}>\dfrac{x-2}{x-1}\Leftrightarrow\dfrac{x-1}{x-2}-\dfrac{x-2}{x-1}>0\Leftrightarrow\dfrac{2x-3}{(x-2)(x-1)}>0\Leftrightarrow(2x-3)(x-2)(x-1)>0$，

用“穿根法”得原不等式的解集为$\left\{x\,|\,1<x<\dfrac{3}{2},\ x>2\right\}$.

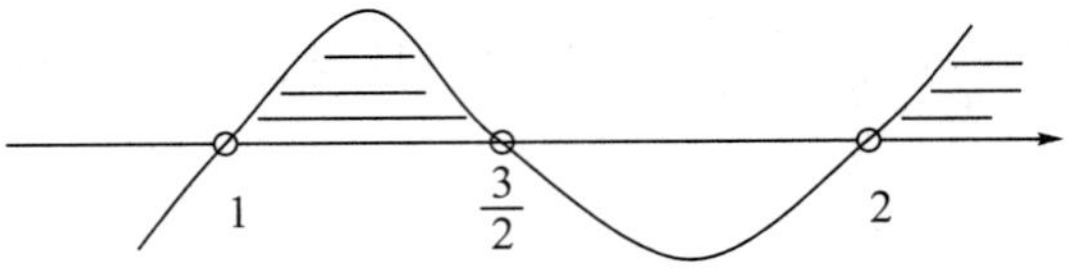

4. **解** (1) 原不等式等价于下列不等式组：$\begin{cases}6x+15>0\\ \dfrac{6x+27}{7}\geqslant 0\\ (7\sqrt{6x+15})^2>(6x+27)^2\end{cases}\Rightarrow$

$$\begin{cases}x>-\dfrac{15}{6}\\ x\geqslant -\dfrac{9}{2}\\ -1<x<\dfrac{1}{6}\end{cases}\Rightarrow -1<x<\dfrac{1}{6},\quad ②\begin{cases}6x+15\geqslant 0\\ \dfrac{6x+27}{7}<0\end{cases}\Rightarrow\begin{cases}x>-\dfrac{15}{6}\\ x<-\dfrac{9}{2}\end{cases}\Rightarrow \text{解集为}\varnothing,$$

综上，原不等式的解集为$\left\{x\,|\,-1<x<\dfrac{1}{6}\right\}$.

(2) 由于 $3x^2+4>0$，$x^2\geqslant 0$，则 $\sqrt{3x^2+4}>x^2\Leftrightarrow 3x^2+4>x^4\Leftrightarrow x^4-3x^2-4<0$
$\Leftrightarrow(x^2-4)(x^2+1)<0\Leftrightarrow x^2-4<0\Rightarrow -2<x<2\Rightarrow$解集为$\{x\,|\,-2<x<2\}$.

(3) $\sqrt{2x^2+1}>|x+1|\Leftrightarrow(\sqrt{2x^2+1})^2>(x+1)^2\Leftrightarrow 2x^2+1>x^2+2x+1\Leftrightarrow x^2-2x>0\Leftrightarrow x(x-2)>0\Rightarrow x<0,\ x>2\Rightarrow$解集为$\{x\,|\,x<0,\ x>2\}$.

(4) 原不等式等价于下列不等式组：

$$①\begin{cases}8-x^2>0\\ x^2-2\geqslant 0\\ (\sqrt{8-x^2})^2>(x^2-2)^2\end{cases}\Rightarrow\begin{cases}-2\sqrt{2}<x<2\sqrt{2}\\ x\leqslant -\sqrt{2},\ x\geqslant\sqrt{2}\\ -2<x<2\end{cases}\Rightarrow -2<x\leqslant -\sqrt{2},\ \sqrt{2}<x<2$$

②$\begin{cases}8-x^2\geqslant 0\\x^2-2<0\end{cases}\Rightarrow\begin{cases}-2\sqrt{2}\leqslant x\leqslant 2\sqrt{2}\\-\sqrt{2}<x<\sqrt{2}\end{cases}\Rightarrow -\sqrt{2}<x<\sqrt{2}$，

综上，原不等式的解集为$\{x\mid -2<x<2\}$.

5. $\left\{k\mid k<-2,\ k>\dfrac{1}{2}\right\}$.

6. (1) $\{x\mid 5<x<6\}$；　(2) $\left\{x\mid x<-\dfrac{1}{2},\ x>2\right\}$；　(3) $\{x\mid -\sqrt{3}\leqslant x\leqslant -1,\ 1\leqslant x\leqslant\sqrt{3}\}$；

(4) $\{x\mid 4<x<6\}$.

7. **解**　(1) 由$\dfrac{x^2+5x+4}{x^2-5x-6}<0\Leftrightarrow\dfrac{(x+1)(x+4)}{(x+1)(x-6)}<0\Rightarrow(x+1)^2(x+4)(x-6)<0$，

由“穿根法”得原不等式的解集为$\{x\mid -4<x<-1,\ -1<x<6\}$.

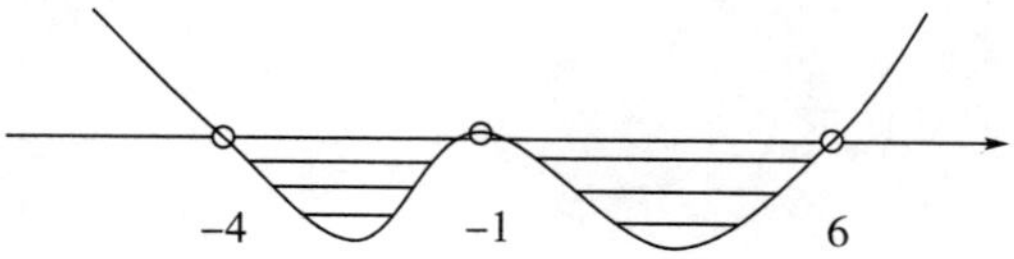

(2) 由$\dfrac{x}{x^2-7x+12}>1\Leftrightarrow\dfrac{x^2-8x+12}{x^2-7x+12}<0\Leftrightarrow\dfrac{(x-2)(x-6)}{(x-3)(x-4)}<0\Leftrightarrow(x-2)(x-6)(x-3)(x-4)<0$，

由“穿根法”得原不等式的解集为$\{x\mid 2<x<3,\ 4<x<6\}$.

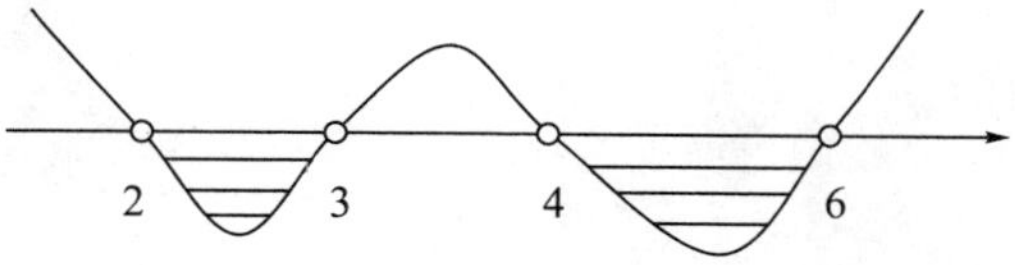

CHAPTER 4

第4章 函数

在笛卡尔引入变量以后，变量和函数等概念日益渗透到科学技术的各个领域，纵览宇宙、运算天体、探索热的传导、揭示电磁秘密，这些都和函数概念息息相关．正是在这些实践过程中，人们对函数的概念不断深化．

“函数”一词是转译词，是我国清代数学家李善兰在翻译《代数学》(1895) 一书时，把“function”译为“函数”．中国古代“函”字与“含”字通用，都有着“包含”的意思．李善兰给出的定义是：“凡式中含天，为天之函数．”中国古代用天、地、人、物4个字来表示4个不同的未知数或变量．这个定义的含义是：“凡是公式中含有变量x，则该式子叫做x的函数．”所以“函数”是指公式里含有变量的意思．

现代函数概念产生于19世纪．1914年德国数学家费利克斯·豪斯多夫（Felix Hausdorff）在《集合论纲要》中用不明确的概念“序偶”来定义函数，避开了意义不明确的“变量”“对应”概念．波兰数学家库拉托夫斯基（Kuratowski）于1921年用集合概念来定义“序偶”，使豪斯多夫的定义很严谨了．1930年新的现代函数定义为：“若对集合M的任意元素x，总有集合N确定的元素y与之对应，则称在集合M上定义一个函数，记为$y=f(x)$．元素x称为自变元，元素y称为因变元．”

在自然现象、经济活动和工程技术中，往往同时遇到几个变量，这些变量通常不是孤立的，而是遵循一定规律相互依赖的，这个规律反映在数学上就是自变量与因变量之间的函数关系．例如，国庆大阅兵时我国展示了强大的军事力量，其中炮弹发射高度与发射时间之间的关系也可以用函数来表示．

关于函数的有关知识，已在中学数学中作了详细介绍．本章将对此作简要的叙述，并进行必要的补充．通过本章的学习，掌握幂函数、指数函数、对数函数、三角函数、反三角函数的概念和性质，三角函数的相关公式与解题应用，反三角函数与三角方程的相关知识．

学习函数的方法：

1．掌握函数的分类，掌握基本初等函数的运算法则；

2．掌握原函数与反函数的关系，包括相关性质的联系；

3．掌握通过几何图形刻画函数的基本性质．

§ 4.1 函数的概念和性质

自从人们运用函数以来，经过长期的研究和探索，众多数学家发现了一种思维策略去解决实际问题，这就是函数思想，也就是自量与因变量之间的联系.

具体来说，函数描述了自然界中数量之间的关系，函数思想通过提出问题的数学特征，建立函数关系的数学模型，从而进行研究. 它体现了“联系和变化”的辩证唯物主义观点. 一般地，函数思想是构造函数并利用函数的性质解题. 经常利用的性质是函数的单调性、奇偶性、周期性、最大值和最小值、图象变换等，要求我们应用图形熟练掌握幂函数、指数函数、对数函数、三角函数和反三角函数的具体特性，进而应用在具体工作中.

函数 f 是从集合 D 到集合 M 的一种映射（对应），它要求对 D 中每一个 x，在 M 中都有唯一的 y 与之对应. 这种对应可以是如图（1）所示的“一一对应”，也可以是如图（2）那样的“多对一”.

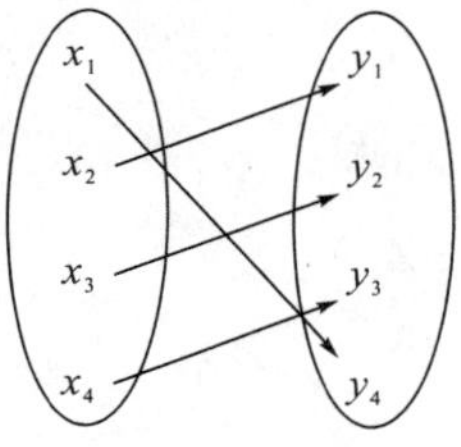

图（1）

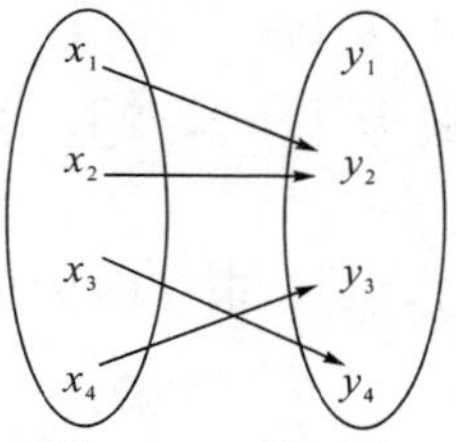

图（2）

判断两个函数为相同函数的方法：

（1）对应法则相同；

（2）定义域相同；

（3）与表示符号无关.

4.1.1 函数的概念

1. 函数的定义

设 D 为一个非空实数集合，若存在确定的对应法则 f，使得对于集合 D 中的任意一个数 x，按照 f 都有唯一确定的实数 y 与之对应，则称 f 是定义在集合 D 上的**函数**.

D 称为函数 f 的定义域，x 称为自变量，y 称为因变量. 如果对于自变量 x 的某个确定的值 x_0，因变量 y 能得到一个确定的值 y_0，函数从实数集到实数集的映射，其值总在 $\mathbf{R}$ 内，因此构成函数的两个要素：**对应法则和定义域**.

所以，我们常用

$$y=f(x),\ x\in D$$

表示一个函数. 这里的 $f(x)$ 是函数 f 在 x 处的函数值，函数值的集合 $\{y\mid y=f(x),\ x\in D\}$ 称为函数 f 的**值域**. $f(x)$ 与 f 二者并不相同. 但是，人们往往是通过研究函数值来研究函数的，因此通常也称 $f(x)$ 是 x 的函数，或者说 y 是 x 的函数，在本书中我们也将采用这种习惯的叙述方式.

我们说两个函数相同，是指它们有相同的对应法则和定义域，而与自变量及因变量用什么字母表示无关，例如函数 $y=f(x)$ 也可以用 $y=f(t)$ 或 $y=f(\theta)$ 来表示.

正因为如此，我们在给出一个函数时，一般都应标明其定义域，也就是自变量取值的允许范围. 这可由所讨论问题的实际意义来确定；凡未标明实际意义的函数，其定义域是使该式有意义的自变量的取值范围. 例如函数 $y=x^2$ 的定义域为 $(-\infty, +\infty)$. 我们通常用不等式、区间或者集合形式表示定义域.

按照下列条件列出不等式组，其解就是函数的定义域：
(1) 分母不为零；
(2) 偶次根式的被开方数非负；
(3) 对数中的真数部分大于0；
(4) 指数、对数的底数大于0，且不等于1；
(5) $y=\tan x$ 中的 $x\neq k\pi+\frac{\pi}{2}$；
(6) $y=\cot x$ 中的 $x\neq k\pi$.

例 1 求函数 $f(x)=\dfrac{1}{\sqrt{3+2x-x^2}}+\sqrt{x-2}$ 的定义域.

解 显然，其定义域为满足不等式组

$$\begin{cases}3+2x-x^2>0\\x-2\geqslant 0\end{cases}$$

的 x 值的集合，解此不等式组

$$\begin{cases}3+2x-x^2>0\\x-2\geqslant 0\end{cases}\Rightarrow\begin{cases}-1<x<3\\x\geqslant 2\end{cases}\Rightarrow 2\leqslant x<3.$$

得其定义域为 $2\leqslant x<3$，即 $[2, 3)$，也可用集合形式表示为 $\{x\mid 2\leqslant x<3\}$.

例 2 求 $f(x)=\sqrt{4-x^2}+\dfrac{1}{\lg\cos x}$ 的定义域.

解 由题可知

$$\begin{cases}4-x^2\geqslant 0\\\cos x>0\\\cos x\neq 1\end{cases}\Rightarrow\begin{cases}-2\leqslant x\leqslant 2\\2n\pi-\dfrac{\pi}{2}<x<2n\pi+\dfrac{\pi}{2}\quad(n\in\mathbf{Z}^+)\\x\neq 2n\pi\end{cases}$$

$$\Rightarrow\left(-\frac{\pi}{2}, 0\right)\cup\left(0, \frac{\pi}{2}\right).$$

所以 $f(x)$ 的定义域为 $\left(-\frac{\pi}{2}, 0\right)\cup\left(0, \frac{\pi}{2}\right)$.

抽象函数求定义域，所求的自变量是 x 的取值范围.

例 3 (1) 已知函数 $f(x)$ 的定义域为 $[-2, 2]$，求 $f(2x)$ 的定义域；

(2) 已知函数 $f(x+2)$ 的定义域为 $[1, 4]$，求 $f(x)$ 的定义域.

解 (1) 由 $f(x)$ 的定义域为 $[-2, 2]$ 可知，$f(2x)$ 要有意义，必须

$$-2\leqslant 2x\leqslant 2 \text{ 即 } -1\leqslant x\leqslant 1,$$

故 $f(2x)$ 的定义域为 $[-1, 1]$；

(2) 由 $f(x+2)$ 的定义域为 $[1, 4]$，即 $1\leqslant x\leqslant 4$，可推知

$$3\leqslant x+2\leqslant 6,$$

设 $t=x+2$，则 $3\leqslant t\leqslant 6$，即 $f(t)$ 的定义域为 $[3, 6]$. 因此 $[3, 6]$ 就是 $f(x)$ 的定义域.

求函数值就是把自变量的值带入函数表达式.

例 4　设函数 $f(x)=\frac{1-x}{1+x}$，求 $f(1)$，$f\left(\frac{1}{a}\right)$，$\frac{1}{f(b)}$，$f(c^2)$，$[f(d)]^2$.

解　$f(1)=\frac{1-1}{1+1}=0$；$f\left(\frac{1}{a}\right)=\frac{1-\frac{1}{a}}{1+\frac{1}{a}}=\frac{a-1}{a+1}$；$\frac{1}{f(b)}=\frac{1}{\frac{1-b}{1+b}}=\frac{1+b}{1-b}$；$f(c^2)=\frac{1-c^2}{1+c^2}$；$[f(d)]^2=\left(\frac{1-d}{1+d}\right)^2$.

科学家们指出，气候变化是造成极端天气频发的主要原因. 自前工业化时代以来，人类活动排放的温室气体使地球温度上升了约 1.2℃. 要想缓解极端天气的出现，最根本的还是减少温室气体排放. 中国已经承诺到 2060 年实现净零排放，同时在 2030 年达到碳排放峰值. 在实现方面，中国也做出了实实在在的努力：从碳排放的源头——工业开始整治. 出台规章制度严格限制工业排放，叫停不合规的企业，同时调整产业结构. 其次加大清洁能源的投资，大力发展光伏和风电. 有数据显示，在 2013 年至 2020 年这短短 7 年时间里，中国的空气污染程度下降了 40%，而这一努力几乎花了美国 30 年的时间.

例 5　判断下列各组函数是否表示同一个函数.

(1) $f(x)=x$，$g(x)=\sqrt[3]{x^3}$；

(2) $f(x)=x^2+x$，$g(y)=y^2+y$；

(3) $f(x)=3x+2$，$g(x)=3x-1$；

(4) $f(x)=x^2+x$，$g(x)=\frac{x^3+x^2}{x}$.

解　(1) 虽然两个函数的对应法则表面上看起来不同，但后者的表达式经化简后与前者完全一样，即

$$g(x)=\sqrt[3]{x^3}=x\Rightarrow f(x)=g(x),$$

可见对应法则其实是一样的，并且二者的定义域也相同（均为 **R**），所以这两个函数是同一个函数；

(2) 虽然表示自变量的符号不同，但这两个函数的定义域与对应法则都相同，因此，这两个函数是同一个函数；

(3) 虽然定义域相同（均为 **R**），但显然这两个函数的对应法则不同，所以它们不是相同的函数；

(4) 显然 $f(x)$ 在 $x=0$ 处有定义，而 $g(x)$ 在 $x=0$ 没有定义，可见这两个函数的定义域不同，因此，这是两个不同的函数.

4.1.2　函数的表示方法

函数的表示方法通常有三种：解析法、表格法和图形法.

1. 解析法

解析法就是把两个变量的函数关系，用一个等式来表示，这个等式叫做函数的解析表达式，简称解析式.

例如 $h=60t^2$，$S=\pi r^2$，$y=ax^2+bx+c\ (a\neq0)$，$y=\sqrt{x-2}\ (x\geqslant2)$ 等都是用公式法表示的函数. 公式法的优点是便于理论推导和计算.

2. 表格法

表格法就是用表格形式来表示函数的方法，它是将自变量的值与对应的函数值列成表格，如数学中的平方根表、对数表、三角函数表等，都是用表格法表示的函数．表格法的优点是所求的函数值容易查到．例如本章前言中提到的一门迫击炮飞行的高度 h 与飞行时间的关系可以用表格表示．

高度 h	0	9.8	19.2	28.2	36.8
飞行时间 t	0	1	2	3	4

3. 图形法

图形法就是用图形来表示函数的方法，即坐标平面上的点集．图形法的优点是直观形象，而且可以看到函数的变化趋势．例如图 4－1 是用自动温度记录仪描下的某一天气温随时间变化情况的曲线，它表示气温随时间变化的函数关系．

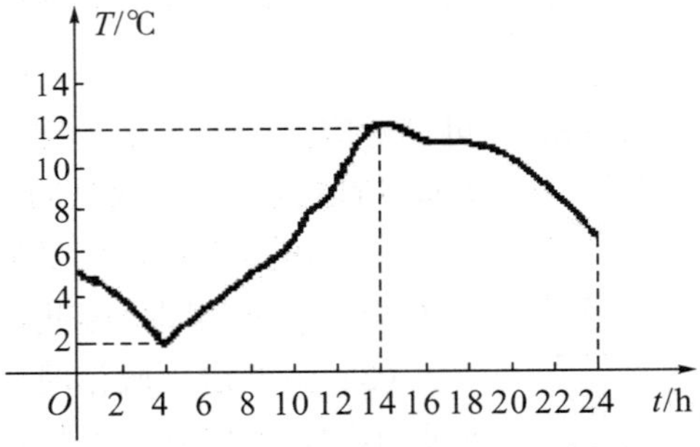

图 4－1

在实际应用中，用公式法表示函数时，有时由于变量之间的函数关系较为复杂，需用几个式子表示，此时不能把它理解为是几个函数，而应理解为由几个式子表示的一个函数．这样的函数称为**分段函数**．

例如函数

$$f(x)=\begin{cases}1, & x>0\\ 0, & x=0\\ -1, & x<0\end{cases}$$

就是一个分段函数．这个函数称为**符号函数**，记为 $\operatorname{sgn}x$，其图形如图 4－2 所示．

1．一般地，分段函数就是在函数定义域内，对于自变量 x 的不同取值范围，有着不同的对应关系的函数．

2．分段函数是一个函数，其定义域、值域分别是各段函数的定义域、值域的并集，各段函数的定义域的交集是空集．

3．作分段函数图象时，应分别作出每一段的图象．

4．当出现 $f(f(x))$ 的形式时，应从内到外依次求值．

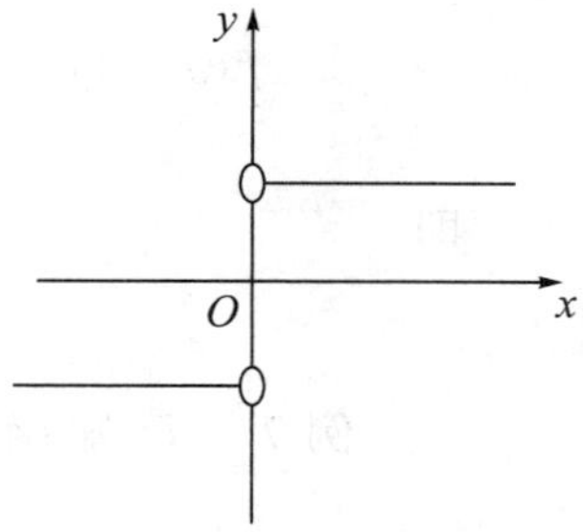

图 4-2

函数

$$f(x)=|x|=\begin{cases}-x, & x<0\\ x, & x\geqslant 0\end{cases}$$

被称为**绝对值函数**，也是一个分段函数. 其图形如图 4-3 所示.

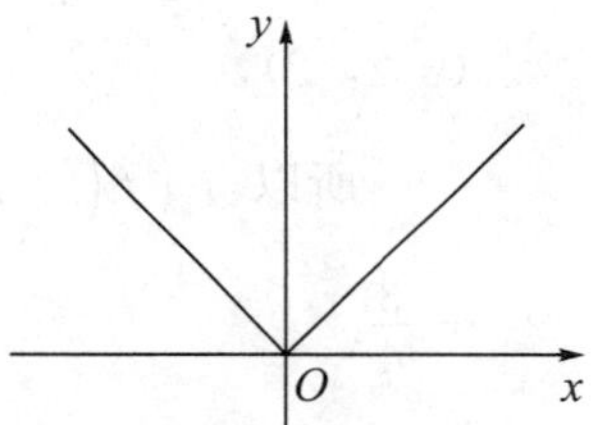

图 4-3

又如函数

$$f(x)=\begin{cases}x+2, & -2\leqslant x<0\\ -x^2, & 0\leqslant x\leqslant 1\end{cases}$$

也是一个分段函数，图形如图 4-4 所示.

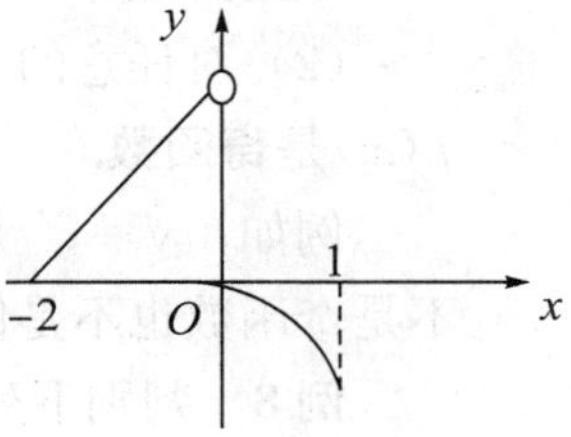

图 4-4

例 6 设 $f(x)=\begin{cases}x^2+4x+1, & x\geqslant 1\\ x+2, & x<1\end{cases}$，求 $f(x+4)$.

解 为求 $f(x+4)$，把 $x+4$ 作为自变量，代入 $f(x)$ 中替代原自变量 x，同时考查各分段定义域上新的 x 应满足的条件. 当 $x+4\geqslant 1$ 时，也即 $x\geqslant -3$；而当 $x+4<1$ 时，也即 $x<-3$. 因此，我们有

$$f(x+4)=\begin{cases}(x+4)^2+4(x+4)+1, & x+4\geqslant 1\\(x+4)+2, & x+4<1\end{cases},$$

即
$$f(x+4)=\begin{cases}x^2+12x+33, & x\geqslant -3\\x+6, & x<-3\end{cases}.$$

例 7 已知函数 $f(x)=\begin{cases}x+1, & x\leqslant 2\\x^2+2x, & -2<x<2\\2x-1, & x\geqslant 2\end{cases}$，试求 $f(-5)$，$f(-\sqrt{3})$，$f\left(f\left(-\frac{5}{2}\right)\right)$的值.

解 因为$-5\in(-\infty, -2]$，所以 $f(-5)=-5+1=-4$.

因为$-\sqrt{3}\in(-2, 2)$，所以 $f(-\sqrt{3})=(-\sqrt{3})^2+2\times(-\sqrt{3})=3-2\sqrt{3}$.

因为$-\frac{5}{2}\in(-\infty, -2]$，所以 $f\left(-\frac{5}{2}\right)=-\frac{5}{2}+1=-\frac{3}{2}\in(-2, 2)$，

所以 $f\left(f\left(-\frac{5}{2}\right)\right)=f\left(-\frac{3}{2}\right)=\left(-\frac{3}{2}\right)^2+2\times\left(-\frac{3}{2}\right)=-\frac{3}{4}$.

4.1.3 函数的基本性质

1. 奇偶性

设函数 $y=f(x)$ 的定义域 D 关于原点对称，如果

(1) 对任意的 $x\in D$，都有 $f(-x)=f(x)$，则称函数 $f(x)$是**偶函数**；

(2) 对任意的 $x\in D$，都有 $f(-x)=-f(x)$，则称函数 $f(x)$是**奇函数**.

$y=f(x)$ 是奇函数，若 $y=f(0)$ 存在，则 $y=0$.

例如，$y=x^3$ 是奇函数，$y=x^2$ 是偶函数，而 $y=x+1$ 既不是奇函数也不是偶函数.

例 8 判别下列函数的奇偶性.

(1) $f(x)=\frac{1}{1+x^2}$； (2) $f(x)=x^2-x+1$；

(3) $f(x)=\ln(\sqrt{x^2+1}+x)$.

反双曲正弦函数：

$f(x)=\ln(x+\sqrt{x^2+1})$.

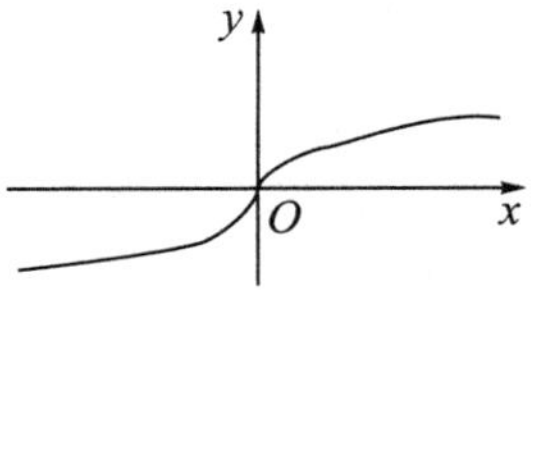

解 (1) 函数的定义域为$(-\infty, +\infty)$，因为

$$f(-x)=\frac{1}{1+(-x)^2}=\frac{1}{1+x^2}=f(x),$$

所以 $f(x)=\frac{1}{1+x^2}$是偶函数；

反双曲余弦函数：

$f(x)=\ln(x+\sqrt{x^2-1})$.

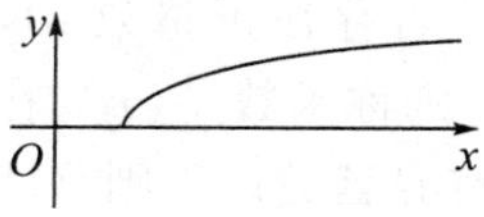

(2) 函数的定义域为$(-\infty, +\infty)$，因为$f(-x)=(-x)^2-(-x)+1=x^2+x+1$，所以$f(x)=x^2-x+1$既不是奇函数也不是偶函数；

(3) 函数的定义域为$(-\infty, +\infty)$，因为

$$\begin{aligned}f(-x)&=\ln[\sqrt{(-x)^2+1}+(-x)]=\ln(\sqrt{x^2+1}-x)\\&=\ln\frac{(\sqrt{x^2+1}-x)(\sqrt{x^2+1}+x)}{\sqrt{x^2+1}+x}\\&=\ln\frac{1}{\sqrt{x^2+1}+x}=\ln(\sqrt{x^2+1}+x)^{-1}\\&=-\ln(\sqrt{x^2+1}+x)=-f(x),\end{aligned}$$

所以$f(x)=\ln(\sqrt{x^2+1}+x)$是奇函数.

2. 单调性

设函数$y=f(x)$在区间I中有定义，对于I中任意两点x_1和x_2，如果

$(x_1-x_2)[f(x_1)-f(x_2)]>0$或$\frac{f(x_1)-f(x_2)}{x_1-x_2}>0$，则函数单调递增；$(x_1-x_2)[f(x_1)-f(x_2)]<0$或$\frac{[f(x_1)-f(x_2)]}{x_1-x_2}<0$，则函数单调递减.

(1) 当$x_1<x_2$时，总有$f(x_1)<f(x_2)$，则称函数$f(x)$在区间I中是**单调递增**的；

(2) 当$x_1<x_2$时，总有$f(x_1)>f(x_2)$，则称函数$f(x)$在区间I中是**单调递减**的.

例如，$y=x^2$在区间$[0, +\infty)$上单调递增，在区间$(-\infty, 0]$上单调递减.

单调递增的函数和单调递减的函数统称为单调函数. 从几何直观来看，单调递增的函数$f(x)$的图象沿x轴正向上升；单调递减的函数$f(x)$的图象沿x轴正向下降.

例 9 判断函数$f(x)=\frac{ax}{x^2-1}$ $(a\neq0)$在区间$(-1, 1)$上的单调性.

解 设$-1<x_1<x_2<1$，由单调性定义

$$f(x_2)-f(x_1)=\frac{ax_2}{x_2^2-1}-\frac{ax_1}{x_1^2-1}=\frac{a(x_1x_2+1)(x_1-x_2)}{(x_2^2-1)(x_1^2-1)}.$$

由于$x_1^2-1<0$，$x_2^2-1<0$，$x_1x_2+1>0$，$x_1-x_2<0$，可知$\frac{(x_1x_2+1)(x_1-x_2)}{(x_2^2-1)(x_1^2-1)}<0$，所以

(1) 当$a>0$时，$f(x_2)-f(x_1)<0$，$f(x)$在区间$(-1, 1)$上是单调递减的；

(2) 当$a<0$时，$f(x_2)-f(x_1)>0$，$f(x)$在区间$(-1, 1)$上是单调递增的.

3. 有界性

证明函数 $f(x)$ 是有界的，关键就是能找到确定的 M，使得 $|f(x)| \leqslant M$.

设函数 $y=f(x)$ 在区间 I 中有定义，若存在正整数 M，使得对任意数 $x \in I$，都满足 $|f(x)| \leqslant M$，则称函数 $f(x)$ 在区间 I 中**有界**，或称 $f(x)$ 是区间 I 中的**有界函数**；否则，就称 $f(x)$ 在区间 I 中**无界**.

有界函数的图形介于直线 $y=-M$ 与 $y=M$ 之间.

例 10 证明函数 $y=\frac{x}{x^2+1}$ 在它的整个定义域里是有界的.

证明 显然 $\left|\frac{x}{x^2+1}\right|=\frac{|x|}{|x^2+1|}$，由于 $x^2+1>0$，可得

$$\frac{|x|}{|x^2+1|}=\frac{|x|}{x^2+1}=\frac{|x|}{|x|^2+1}\leqslant\frac{|x|}{2|x|}=\frac{1}{2},$$

这就是说，函数 $y=\frac{x}{x^2+1}$ 在它的整个定义域里是有界的.

4. 周期性

设函数 $f(x)$ 的定义域为 D，如果存在非零常数 T，使得对任意 $x \in D$，都有 $x+T \in D$，且 $f(x+T)=f(x)$，则称 $f(x)$ 是**周期函数**，T 称为**周期**.

不加证明的给出一些结论：
$f(x+a)=-f(x)$，$T=2a$；
$f(x+a)=f(x+b)$，$T=|a-b|$.

如果所有的周期中存在一个最小的正数，就把这个最小的正数称为**最小正周期**. 通常我们说的周期指的就是最小正周期.

例如 $y=\sin x$，$y=\cos x$ 都是周期为 2π 的周期函数，$y=\tan x$ 是周期为 π 的周期函数.

4.1.4 反函数

函数 $y=f(x)$ 的自变量 x 与因变量 y 的关系往往是相对的. 有时我们不仅要研究 y 随 x 的变化而变化的状况，也要研究 x 随 y 的变化而变化的状况. 为此我们引入反函数的概念.

设函数

$$y=f(x),\ x \in D \tag{1}$$

满足对于值域 $f(D)$ 中的每一个 y 值，在 D 中有且仅有一个值 x 使得 $f(x)=y$，则按此对应法则得到一个定义在 $f(D)$ 上的函数，称为函数 f 的**反函数**，记作 f^{-1}，即

$$x=f^{-1}(y),\ y \in f(D). \tag{2}$$

函数 $y=f(x)$ 的定义域和值域分别是函数 $x=f^{-1}(y)$ 的值域和定义域. 函数 f 也是函数 f^{-1} 的反函数，或者说，f 与 f^{-1} 互为反函数.

反函数 f^{-1} 的表示式（2）以 y 为自变量，x 为因变量. 若

互为反函数的几组函数：
1. $y=a^x$ 与 $y=\log_a x$；
2. $y=e^x$ 与 $y=\ln x$；
3. $y=\sin x$ 与 $y=\arcsin x$；
4. $y=\cos x$ 与 $y=\arccos x$；
5. $y=\tan x$ 与 $y=\arctan x$；
6. $y=\cot x$ 与 $y=\operatorname{arccot} x$；
7. 双曲正弦函数 $\sinh x=\frac{e^x-e^{-x}}{2}$ 与反双曲正弦函数 $f(x)=\ln(\sqrt{x^2+1}+x)$；
8. 双曲余弦函数 $\cosh x=\frac{e^x+e^{-x}}{2}$ 与反双曲余弦函数 $f(x)=\ln(x+\sqrt{x^2-1})$.

按习惯用 x 作为自变量的记号，y 作为因变量的记号，则 $y=f(x)$ 的反函数可改写为

$$y=f^{-1}(x),\ x\in f(D).$$

可见由函数 $y=f(x)$ 求它的反函数的步骤是：

(1) 先由方程 $y=f(x)$ 解出 x，得到 $x=f^{-1}(y)$；

(2) 再将函数 $x=f^{-1}(y)$ 中的 x 和 y 分别换成 y 和 x，这样就得到反函数 $y=f^{-1}(x)$.

例如，函数 $y=x^3$ 的反函数是 $x=\sqrt[3]{y}$，如果仍旧用 x 表示自变量，y 表示因变量，那么函数 $y=x^3$ 的反函数就可以写为 $y=\sqrt[3]{x}$.

函数 $y=f(x)$ 与它的反函数 $y=f^{-1}(x)$ 的图形是关于直线 $y=x$ 对称的（图 4－5）.

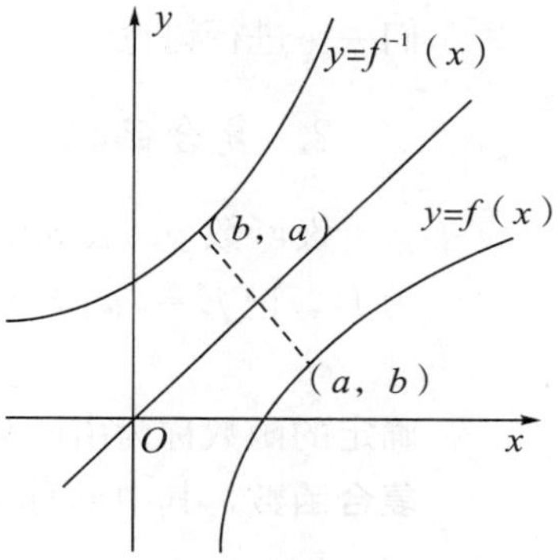

图 4－5

例 11 求函数 $y=\frac{10^x+10^{-x}}{10^x-10^{-x}}+1\ (x\neq 0)$ 的反函数.

解 由 $y=\frac{10^x+10^{-x}}{10^x-10^{-x}}+1 \Rightarrow y=\frac{2\cdot 10^x}{10^x-10^{-x}}$

$$\Rightarrow y=\frac{2\cdot 10^{2x}}{10^{2x}-1}$$

$$\Rightarrow y(10^{2x}-1)=2\cdot 10^{2x}$$

$$\Rightarrow (y-2)\cdot 10^{2x}=y$$

$$\Rightarrow 10^{2x}=\frac{y}{y-2}$$

$$\Rightarrow 2x=\lg\frac{y}{y-2}$$

$$\Rightarrow x=\frac{1}{2}\lg\frac{y}{y-2}$$

因此所求的反函数为 $y=\frac{1}{2}\lg\frac{x}{x-2}$.

4.1.5 初等函数

1. 基本初等函数

在中学数学中，我们已经了解了以下的五类函数：

幂函数 $y=x^{\alpha}$(α 为实数)

指数函数 $y=a^{x}(a>0, a\neq 1)$

对数函数 $y=\log_a x(a>0, a\neq 1)$

三角函数 $y=\sin x$，$y=\cos x$，$y=\tan x$，

$y=\cot x$，$y=\sec x$，$y=\csc x$

反三角函数 $y=\arcsin x$，$y=\arccos x$，

$y=\arctan x$，$y=\operatorname{arccot} x$

这五类函数统称为**基本初等函数**. 本章将在随后几节对它们一一进行讨论.

2. 复合函数

设函数 $y=f(u)$的定义域为 D_1，函数 $u=g(x)$的定义域为 D，记 $E=\{u|u=g(x), x\in D\}$，且 $E\in D_1$，则由

$$y=f[g(x)],\ x\in D$$

确定的函数称为由函数 $y=f(u)$ 与函数 $u=g(x)$ 复合而成的**复合函数**，其中 u 称为**中间变量**.

例如，函数 $y=f(u)=\sqrt{u}$，$u\in[0, +\infty)$与函数 $u=g(x)=1-x^2$，$x\in\mathbf{R}$ 复合而成的复合函数为 $y=f[g(x)]=\sqrt{1-x^2}$，其定义域为 $[-1, 1]$.

3. 初等函数

由基本初等函数与常数经过有限次四则运算和限次复合运算所得到的函数，称为**初等函数**.

例如，$y=x+\sin^2 x$，$y=\dfrac{x}{\sqrt{1+x^2}}$等，都是初等函数. 不是初等函数的函数，称为**非初等函数**，前面给出的符号函数就是一种非初等函数.

例 12 (1) 若 $f(x)=2x+1$，求 $f(3x+2)$；

(2) 若 $f(\sqrt{x}+1)=x+2\sqrt{x}$，求 $f(x)$.

解 (1) 根据对应法则 $f(x)=2x+1$，可得

$$f(3x+2)=2(3x+2)+1=6x+5;$$

(2) 方法一 由于 $f(\sqrt{x}+1)=x+2\sqrt{x}=(\sqrt{x})^2+2\sqrt{x}+$

$1-1=(\sqrt{x}+1)^2-1$,

用 x 来代替上式中的 $\sqrt{x}+1$，可得 $f(x)=x^2-1$.

方法二　令 $\sqrt{x}+1=t$，则 $x=(t-1)^2$，代入可得

$f(t)=(t-1)^2+2(t-1)=t^2-2t+1+2t-2=t^2-1$,

用 x 来代替 t，可得 $f(x)=x^2-1$.

习题 4.1

1. 求下列函数的定义域，并用区间表示出来：

(1) $f(x)=\sqrt[3]{x}$;　　(2) $f(x)=\sqrt{3x^2+6x+7}$;

(3) $f(x)=\sqrt{-x^2+3x-2}+\dfrac{1}{2x-3}$;　　(4) $f(x)=\dfrac{\sqrt{-x}}{2x^2-3x-2}$.

2. 若函数 $f(x)$ 的定义域为 $[1, 4]$，求函数 $f(x+2)$ 的定义域.

3. 已知函数 $f(x)$ 的定义域为 $(-3, 2)$，设函数 $F(x)=f(x)-f(-x)$，求 $F(x)$ 的定义域.

4. 设 $f(x)=|x-3|+|x-1|$，求 $f(0)$，$f(1)$，$f(-1)$.

5. 设 $f(x)=\begin{cases} x-1 & x<0 \\ 0 & x=0 \\ x+1 & x>0 \end{cases}$，求 $f(-1)$，$f(0)$，$f(2)$.

6. (1) 设 $f(x)=\dfrac{x-1}{x+1}$，求 $f[f(x)]$;　(2) 设 $f(x+1)=x^2-3x+2$，求 $f(x)$.

7. (1) 设 $f\left(\dfrac{1}{x}-1\right)=\dfrac{x}{2x-1}$，求 $f(x)$;　(2) 设 $f\left(x+\dfrac{1}{x}\right)=x^2+\dfrac{1}{x^2}+3$，求 $f(x)$.

8. 判断下列函数的奇偶性：

(1) $f(x)=x^4-2x^2$;　　(2) $f(x)=x-x^2$;

(3) $f(x)=\dfrac{e^x-e^{-x}}{2}$;　　(4) $f(x)=x\cdot\dfrac{3^x-1}{3^x+1}$.

9. 求函数 $f(x)=\dfrac{2x+1}{3x-2}$ 的单调区间和反函数.

10. 讨论函数 $y=x+\dfrac{1}{x}$ 在区间 $(0, 1)$ 和 $(1, +\infty)$ 上的单调性.

11. 求下列函数的反函数：

(1) $y=\dfrac{2x+3}{4x-2}$;　　(2) $y=\sqrt[3]{x+1}$;

(3) $y=2^x+1$;　　(4) $y=1+\lg(x+2)$.

12. 已知二次函数 $y=x^2+ax+a-2$ 的图形与 x 轴有两个交点，且这两个点之间的距离为 $2\sqrt{5}$，求 a 的值.

13. 求函数 $f(x)=|x^2-4|$ 的单调区间.

14. 设函数 $f(x)=\sqrt{x+2\sqrt{x-1}}+\sqrt{x-2\sqrt{x-1}}$

(1) 求定义域；

(2) 求单调区间以及相应的反函数；

(3) 求值域.

§4.2 幂函数、指数函数和对数函数

约翰·纳皮尔(John Napier，1550—1617)，苏格兰数学家. 在纳皮尔所处的年代，哥白尼的“太阳中心说”刚刚开始流行，导致天文学成为当时的热门学科. 由于当时常量数学的局限性，天文学家们不得不花费很大的精力去计算那些繁杂的“天文数学”，因此浪费了若干年甚至毕生的宝贵时间. 纳皮尔也是当时的一位天文爱好者，为了简化计算，他多年潜心研究大数字的计算技术，终于独立发明了对数. 然而，纳皮尔所发明的对数，在形式上与现代数学中的对数理论并不完全一样，在纳皮尔那个时代，“指数”这个概念还尚未形成，因此纳皮尔并不是像现行代数课本中那样，通过指数来引出对数，而

幂，本义为方布. 三国时的刘徽为《九章算术·方田》作注：“田幂，凡广（即长）从（即宽）相乘谓之乘.”幂字之义由长方形的布引申成长方形的面积. 明代徐光启翻译《几何原本》时，自注曰：“自乘之数曰幂.”幂字之义由长方形的面积再引申成相同的数相乘，可算是幂函数思想产生的起源.

16 世纪末至 17 世纪初的时候，在自然科学领域（特别是天文学）的发展上经常遇到大量精密而又庞大的数值计算，于是数学家们为了寻求化简的计算方法而发明了对数. 数学家纳皮尔用毕生精力创造了“纳皮尔计算尺”和“对数表”. 伟大的恩格斯曾将笛卡尔的坐标、纳皮尔的对数、牛顿和莱布尼茨的微积分并称为 17 世纪的三大数学发明.

1637 年，法国数学家笛卡儿(Descartes，1596—1650)开始用符号 a^n 表示正整数幂. 他在的《几何学》一书中，用 a^3 代表 aaa，用 a^4 代表 $aaaa$. 分数指数幂在 17 世纪初也开始出现，最早使用分数指数记号的是荷兰工程师司蒂文(Stevin). 17 世纪末，华里斯开始使用 a^n 表示分数指数及负数指数幂. 18 世纪初，英国数学家牛顿（Newton，1642—1727）开始使用 a^n 表示任意实数指数幂. 这样，指数概念就由正整数指数逐步推广到实数指数.

本节的学习需掌握幂函数、指数函数和对数函数的概念、性质和计算规则，进而应用函数解决实际问题.

4.2.1 幂函数

1. 幂函数的概念

一般地，形如 $y=x^\alpha$ 的函数叫做**幂函数**，其中 x 是自变量，α 为常数.

在幂函数 $y=x^\alpha$ 中，如果 α 是有理数，就称为有理数指数的幂函数，它是一种初等函数；如果 α 是无理数，就称为无理数指数的幂函数，它是一种非初等函数. 本书只讨论有理数指

是通过研究直线运动得出对数概念的.

数的幂函数.

2. 幂函数的图象与性质

几种常见的幂函数的图象和性质如下表所示：

	$y=x^{-2}$	$y=x^{-\frac{1}{2}}$	$y=x^{\frac{1}{3}}$	$y=x^{\frac{1}{2}}$	$y=x^{2}$	$y=x^{3}$
定义域	$(-\infty, 0)\cup(0, +\infty)$	$(0, +\infty)$	$(-\infty, +\infty)$	$[0, +\infty)$	$(-\infty, +\infty)$	$(-\infty, +\infty)$
奇偶性	偶函数	非奇非偶	奇函数	非奇非偶	偶函数	奇函数
单调性	$x<0$ 时单调递增；$x>0$ 时单调递减	单调递减	单调递增	单调递增	$x>0$ 时单调递增；$x<0$ 时单调递减	单调递增
图象	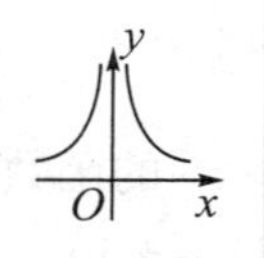	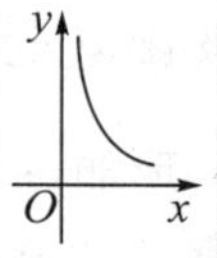	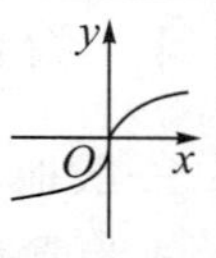	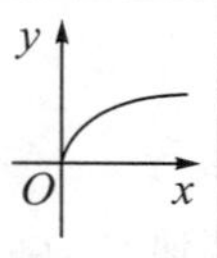	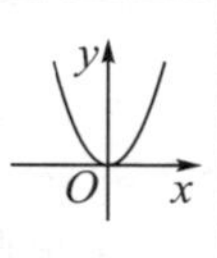	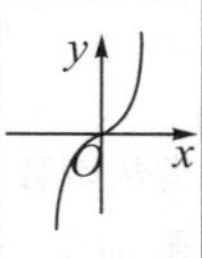

综合以上特征可以看出，一般来说，幂函数具有以下性质：

(1) 幂函数的图象分布：图象必然要经过第一象限，而一定不会经过第四象限.

(2) 所有幂函数在 $(0, +\infty)$ 均有定义，都过点 $(1, 1)$.

(3) 当 $a>0$ 时，在 $(0, +\infty)$ 上单调递增，在 $(1, +\infty)$ 上的函数有：

当 $\alpha>1$ 时，图象在 $y=x$ 上方；

当 $0<\alpha<1$ 时，图象在 $y=x$ 下方.

(4) 当 $\alpha<0$ 时，幂函数在 $(0, +\infty)$ 上单调递减.

(5) 当 $\alpha=\dfrac{q}{p}>0(p, q\in\mathbf{Z})$：

若 p 是奇数，则定义域为 $(-\infty, +\infty)$；若 p 是偶数，则定义域为 $[0, +\infty)$. q 为奇数，函数为奇函数；q 为偶数，函数为偶函数.

(6) 当 $\alpha=\dfrac{q}{p}<0(p, q\in\mathbf{Z})$：

若 p 为奇数，则函数的定义域为 $(-\infty, 0)\cup(0, +\infty)$；若 p 为偶数，则函数的定义域为 $(0, +\infty)$. q 为奇数，函数为奇函数；q 为偶数，函数为偶函数.

3. 幂的运算法则

(1) $x^{n}\cdot x^{m}=x^{n+m}$；　　(2) $(x^{n})^{m}=x^{n\cdot m}$；

(3) $(x\cdot y)^{n}=x^{n}\cdot y^{n}$.

例 1 求下列函数的定义域，并判断函数的奇偶性.

(1) $f(x)=2x^{-1}+x^{\frac{1}{2}}$； (2) $f(x)=2x^3+x$.

解 (1) 函数可表示为 $f(x)=\dfrac{2}{x}+\sqrt{x}$，

可知 $f(x)$ 的定义域为 $(0,\ +\infty)$，由于定义域不关于原点对称，所以 $f(x)$ 既不是奇函数也不是偶函数；

(2) $f(x)$ 的定义域是 $(-\infty,\ +\infty)$，由于

$$f(-x)=2(-x)^3+(-x)=-(2x^3+x)=-f(x),$$

所以 $f(x)$ 是奇函数.

4.2.2 指数函数

1. 指数函数的概念

一般地，形如 $y=a^x$ 的函数叫做**指数函数**，其中 x 是自变量，a 为常数（$a>0$ 且 $a\neq1$).

指数函数 $y=a^x\ (a>1)$ 在 $(0,\ +\infty)$ 上单调递增，增长速度越来越快.

相传在古印度，国王要奖赏国际象棋的发明者. 该发明者说国王只要在国际棋盘上第一个格子里放 1 粒米，第二个格子放 2 粒米，第三个格子放 4 粒米，第四个格子放 8 粒米……每一格都是前一格的两倍，直到把棋盘的 64 个格子放满. 按照年轻人的要求，国王能够兑现他的奖励吗?

以上问题只需借助指数函数就可算出每个棋格的麦子数量. 第 64 格的米数是一个天文数字. 这就是复利的威力.

2. 指数函数的图形与性质

<table>
<tr><td></td><td>$a>1$</td><td>$0<a<1$</td></tr>
<tr><td>图形</td><td>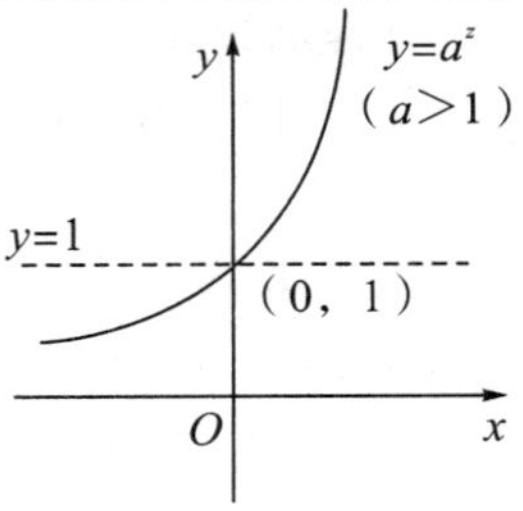</td><td>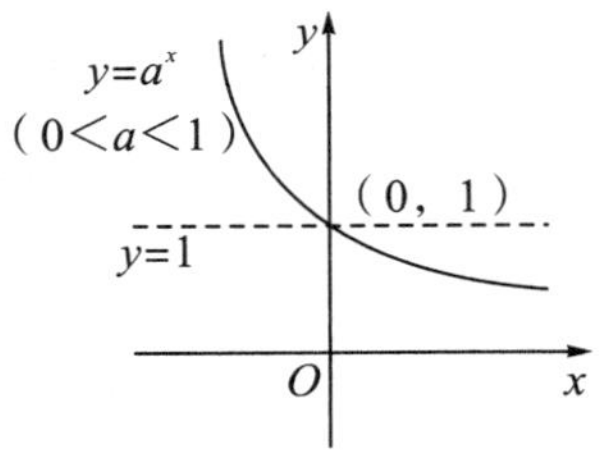</td></tr>
<tr><td rowspan="3">性质</td><td colspan="2">(1) 定义域为 $(-\infty,\ +\infty)$，值域为 $(0,\ +\infty)$；</td></tr>
<tr><td colspan="2">(2) 图形过点 $(0,\ 1)$，即当 $x=0$ 时 $y=1$；</td></tr>
<tr><td>(3) 在 $(-\infty,\ +\infty)$ 上是增函数；</td><td>(4) 在 $(-\infty,\ +\infty)$ 上是减函数.</td></tr>
</table>

3. 指数的运算法则

常见的指数运算法则有：

(1) $a^x\cdot a^y=a^{x+y}$； (2) $\dfrac{a^x}{a^y}=a^{x-y}$；

(3) $(a\cdot b)^x=a^x\cdot b^x$； (4) $\left(\dfrac{b}{a}\right)^x=\dfrac{b^x}{a^x}$；

(5) $(a^x)^y=a^{x\cdot y}$. (6) $a^{\log_a x}=x$.

例 2 解指数方程 $6^{2x+4}=3^{3x}\cdot 2^{x+8}$.

将这种复利的思想引入每个人的学习和生活，只要尽量做到每天努力一点点，进步一点点，一天更比一天好. 用投资大师芒格的话来说："确保你每天睡觉之前，都比你醒来时聪明一点点." 剩下的，交给时间，你的人生自然会进入正循环轨道.

解 方法一 方程可化为$36^x \cdot 36^2=27^x \cdot 2^x \cdot 16^2$，则

$$\left(\frac{36}{54}\right)^x=\left(\frac{16}{36}\right)^2，即\left(\frac{2}{3}\right)^x=\left(\frac{2}{3}\right)^4，$$

所以方程的解为 $x=4$.

方法二 方程可化为 $3^{2x+4} \cdot 2^{2x+4}=3^{3x} \cdot 2^{x+8}$，化简得

$$3^{x-4}=2^{x-4}，$$

当且仅当 $x-4=0$ 时上式才成立，所以方程的解为 $x=4$.

例3 设 a 是实数，$f(x)=a-\dfrac{2}{2^x+1}$ $(x \in \mathbf{R})$.

(1) 证明：对于任意 a，$f(x)$ 在 $\mathbf{R}$ 上均为增函数；

(2) 确定 a 的值，使 $f(x)$ 为奇函数.

解 (1) **证明** $\forall x_1, x_2 \in \mathbf{R}$，且 $x_1<x_2$，则

$$f(x_2)-f(x_1)=\left(a-\frac{2}{2^{x_2}+1}\right)-\left(a-\frac{2}{2^{x_1}+1}\right)$$

$$=\frac{2}{2^{x_1}+1}-\frac{2}{2^{x_2}+1}=\frac{2(2^{x_2}-2^{x_1})}{(2^{x_1}+1)(2^{x_2}+1)}$$

因为 $y=2^x$ 在 $\mathbf{R}$ 上单调递增，且 $x_1<x_2$，则 $2^{x_1}+1>1$，$2^{x_2}+1>1$，$2^{x_2}-2^{x_1}>0$. 所以 $f(x_2)-f(x_1)>0$，因此无论 a 为何值，$f(x)$ 在 $\mathbf{R}$ 上均为增函数；

(2) 若 $f(x)$ 为奇函数，则有 $f(-x)=-f(x)$，即

$$a-\frac{2}{2^{-x}+1}=-\left(a-\frac{2}{2^x+1}\right)$$

可得

$$2a=\frac{2 \cdot 2^x}{(2^{-x}+1) \cdot 2^x}+\frac{2}{2^x+1}=\frac{2(2^x+1)}{2^x+1}=2$$

解得 $a=1$，即当 $a=1$ 时，$f(x)$ 为奇函数.

例4 讨论双曲正弦函数 $f(x)=\dfrac{e^x-e^{-x}}{2}$ 的单调性.

解 方法一 $\forall x_1, x_2 \in (-\infty, +\infty)$，设 $x_1<x_2$，则有

$$f(x_2)-f(x_1)=\frac{e^{x_2}-e^{-x_2}}{2}-\frac{e^{x_1}-e^{-x_1}}{2}$$

$$=\frac{1}{2}\left[(e^{x_2}-e^{x_1})+(e^{-x_1}-e^{-x_2})\right]$$

由于在$(-\infty, +\infty)$内 e^x 单调递增，而 e^{-x} 单调递减，可知 $e^{x_2}>e^{x_1}$，$e^{-x_1}>e^{-x_2}$，则 $f(x_2)-f(x_1)>0$，故 $f(x)$ 在$(-\infty, +\infty)$内单调增加.

方法二 因为 $f(x)=\dfrac{e^x-e^{-x}}{2}=\dfrac{1}{2}\left[e^x+(-e^{-x})\right]$.

由于在$(-\infty, +\infty)$内 e^x 单调递增，e^{-x} 单调递减，则 $-e^{-x}$ 单调递增. 增函数与增函数之和仍为增函数，因此 $f(x)$

在$(-\infty, +\infty)$内单调增加.

例 5 求下列函数的单调区间：

(1) $y=0.2^{x^2-6x+9}$； (2) $y=2^{|x-1|}$.

解 (1) 令 $y=0.2^u$，$u=x^2-6x+9=(x-3)^2$，$y=0.2^u$ 为减函数，$u=(x-3)^2$ 在$(-\infty, 3)$上单调递减，在$[3, +\infty)$上单调递增.

故原函数 $y=0.2^{x^2-6x+9}$在$(-\infty, 3)$上单调递增，在$[3, +\infty)$上单调递减.

(2) 令 $y=2^u$，$u=|x-1|$. $y=2^u$ 为增函数，$u=|x-1|$在$(-\infty, 1)$上单调递减，在$[1, +\infty)$上单调递增.

故原函数 $y=2^{|x-1|}$在$(-\infty, 1)$上单调递减，在$[1, +\infty)$上单调递增.

同增异减原则：一个复合函数的内函数与外函数单调性相同时，这个复合函数单调递增. 反之，当一个复合函数的内函数与外函数单调性相反时，这个复合函数单调递减.

4.2.3 对数函数

1. 对数函数的概念

一般地，形如 $y=\log_a x$ 的函数叫**对数函数**，其中 x 是自变量，a 为常数（$a>0$ 且 $a\neq 1$).

特别地，对数函数 $y=\log_a x$ 当 $a=10$ 时称为**常用对数**，记作 $y=\lg x$；当 $a=e$($e\approx 2.71828$) 时称为**自然对数**，记作 $y=\ln x$.

对数函数 $y=\log_a x$ 与指数函数 $y=a^x$ 互为反函数. 它们的图形关于直线 $y=x$ 对称，并存在指数恒等式

$$a^{\log_a x}=x \text{（当 } a=e \text{ 时，} e^{\ln x}=x\text{）；}$$

和对数恒等式

$$\log_a a^x=x \text{（当 } a=e \text{ 时，} \ln e^x=x\text{）.}$$

指数函数和对数函数互为反函数，它们的定义域、值域互换，图象关于直线 $y=x$ 对称. 它们都不具有奇偶性，但都是单调函数. 当 $a>1$ 时，它们是增函数；当 $0<a<1$ 时，它们是减函数.

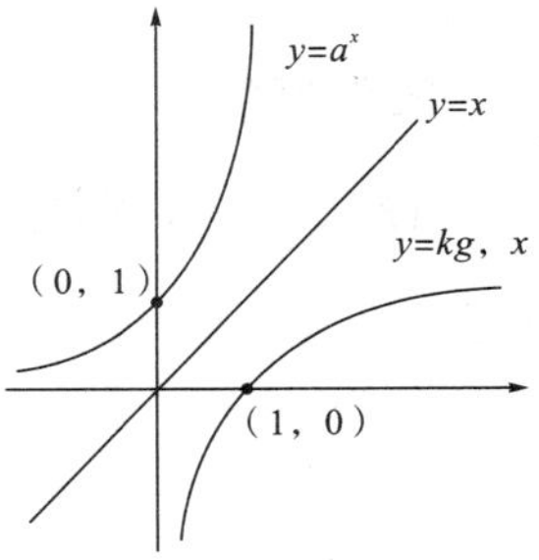

$y=a^x$ 与 $x=\log_a y$ 互为反函数，即

$y=a^x \Leftrightarrow x=\log_a y$

$(x\in\mathbf{R}, y>0)$.

2. 对数函数的图形与性质

	$a>1$	$0<a<1$
图象	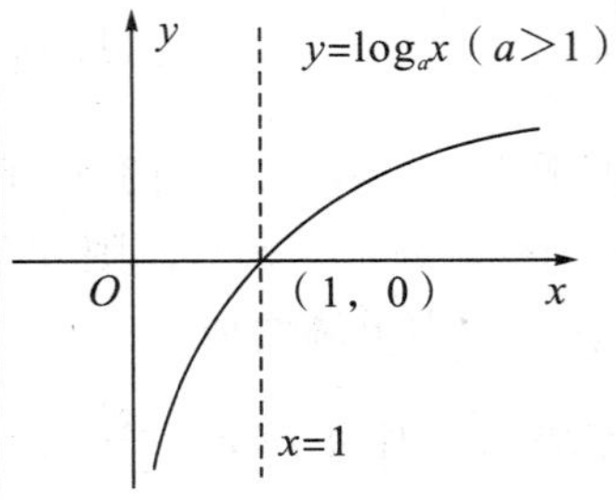	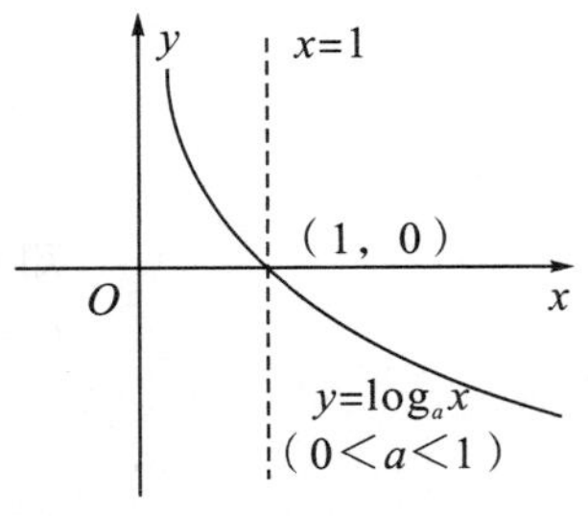

续表

	$a>1$	$0<a<1$
性质	(1) 定义域为 $(0, +\infty)$；	
	(2) 值域为 $(-\infty, +\infty)$；	
	(3) 过定点 $(1, 0)$，即当 $x=1$ 时，$y=0$；	
	(4) 在 $(0, +\infty)$ 上是增函数；	(5) 在 $(0, +\infty)$ 上是减函数.

3. 对数的运算法则

对数不等式的三种考查类型及解法：
(1) 形如 $\log_a x>\log_a b$ 的不等式，借助 $y=\log_a x$ 的单调性求解，如果 a 的取值不确定，需分 $a>1$ 与 $0<a<1$ 两种情况进行讨论.
(2) 形如 $\log_a x>b$ 的不等式，应将 b 化为以 a 为底数的对数式的形式 $(b=\log_a a^b)$，再借助 $y=\log_a x$ 的单调性求解.
(3) 形如 $\log_{f(x)} a>\log_{g(x)} a$，($f(x)$ 和 $g(x)$ 大于 0 且不等于 1，$a>0$) 的不等式，可利用换底公式化为同底的对数进行求解，或利用函数图象求解.

常见的对数运算法则有

(1) $\log_a(MN)=\log_a M+\log_a N$；

(2) $\log_a \dfrac{M}{N}=\log_a M-\log_a N$；

(3) $\log_a M^n=n\log_a M$；

(4) $\log_a \sqrt[n]{M}=\dfrac{1}{n}\log_a M$；

(5) $\log_a M=\dfrac{\log_b M}{\log_b a}$.

例 6　解方程 $x^{\lg x+2}=1000$.

解　方程两边取对数，得

$$\begin{aligned}(\lg x+2)\lg x=3 &\Rightarrow \lg^2 x+2\lg x-3=0\\ &\Rightarrow(\lg x+3)(\lg x-1)=0\\ &\Rightarrow \lg x=-3 \text{ 或 } \lg x=1,\end{aligned}$$

解得 $x=10^{-3}$ 或 $x=10$.

例 7　解不等式 $\log_x(5x^2-8x+3)>2$.

解　设 $0<x<1$，此时以 x 为底的对数越大，真数就越小，即有不等式组

$$\begin{cases}0<x<1\\5x^2-8x+3>0\\5x^2-8x+3<x^2\end{cases}\Rightarrow\begin{cases}0<x<1\\x<\dfrac{3}{5}\text{ 或 }x>1\\\dfrac{1}{2}<x<\dfrac{3}{2}\end{cases}\Rightarrow\dfrac{1}{2}<x<\dfrac{3}{5};$$

设 $x>1$，此时以 x 为底的对数越大，真数就越大，由此得不等式组

$$\begin{cases}x>1\\5x^2-8x+3>0\\5x^2-8x+3>x^2\end{cases}\Rightarrow\begin{cases}x>1\\x<\dfrac{3}{5}\text{ 或 }x>1\\x<\dfrac{1}{2}\text{ 或 }x>\dfrac{3}{2}\end{cases}\Rightarrow x>\dfrac{3}{2}.$$

于是原不等式的解集为$\left\{x \mid \frac{1}{2}<x<\frac{3}{5},\ x>\frac{3}{2}\right\}$.

例 8 求下列函数的定义域：

(1) $y=\frac{\sqrt{x^2-4}}{\lg(x+3)}$； (2) $y=\frac{1}{\sqrt{2-x}}+\ln(x+1)$；

(3) $y=\lg\left[1-\lg(x^2-5x+16)\right]$.

解 (1) 要使函数有意义，需

$$\begin{cases}x^2-4\geqslant 0\\ x+3>0\\ x+3\neq 1\end{cases} \text{即} \begin{cases}x\geqslant 2 \text{ 或 } x\leqslant -2\\ x>-3\\ x\neq -2\end{cases}.$$

可解得

$$-3<x<-2 \text{ 或 } x\geqslant 2,$$

故所求函数的定义域为$(-3,\ -2)\cup[2,\ +\infty)$.

(2) 要使函数有意义，需$\begin{cases}2-x>0\\ x+1>0\end{cases}$即$\begin{cases}x<2\\ x>-1\end{cases}$，所以

$$-1<x<2.$$

故所求函数的定义域为$(-1,\ 2)$.

(3) 由题可知，$1-\lg(x^2-5x+16)>0\Rightarrow\lg(x^2-5x+16)<1$，所以

$$\begin{cases}x^2-5x+16>0\\ x^2-5x+16<10\end{cases}\Rightarrow\begin{cases}\left(x-\frac{5}{2}\right)^2+\frac{39}{4}>0\\ (x-2)(x-3)<0\end{cases}$$

$$\Rightarrow\begin{cases}-\infty<x<+\infty\\ 2<x<3\end{cases}\Rightarrow 2<x<3$$

所求定义域为$\{x \mid 2<x<3\}$.

例 9 设 $\lg(x^2+1)+\lg(y^2+4)=\lg 8+\lg x+\lg y$，求 x，y 的值.

解 根据对数的运算法则，得

$$\lg(x^2+1)(y^2+4)=\lg 8xy$$
$$\Rightarrow(x^2+1)(y^2+4)=8xy$$
$$\Rightarrow x^2y^2+4x^2+y^2+4=8xy$$
$$\Rightarrow(x^2y^2-4xy+4)+(4x^2-4xy+y^2)=0$$
$$\Rightarrow(xy-2)^2+(2x-y)^2=0,$$

可得方程组$\begin{cases}xy-2=0\\ 2x-y=0\end{cases}$，解得$\begin{cases}x=1\\ y=2\end{cases}$，$\begin{cases}x=-1\\ y=-2\end{cases}$（舍去）.

因此可知符合题目要求的 x，y 的值为 $x=1$，$y=2$.

例 10 讨论函数 $y=\log_{\frac{5}{7}}(x^2-4x+3)$ 的单调区间.

解 由 $x^2-4x+3>0$ 可解得函数的定义域为$(-\infty,\ 1)\cup$

$(3,\ +\infty)$.

令 $u=x^2-4x+3=(x-2)^2-1$，这是一个二次函数，当 $x<2$ 时单调递减，当 $x>2$ 时单调递增. 由此可知：

当 $x\in(-\infty,\ 1)$ 时，u 单调递减，则 $\log_{\frac{5}{7}}u$ 单调递增；当 $x\in(3,\ +\infty)$时，u 单调递增，则 $\log_{\frac{5}{7}}u$ 单调递减.

因此函数 $y=\log_{\frac{5}{7}}(x^2-4x+3)$ 在$(-\infty,\ 1)$ 上单调递增，在 $(3,\ +\infty)$上单调递减.

习题 4.2

1. 比较下列各组数中两个值的大小：

(1) $3^{0.8}$，$3^{0.7}$；　(2) $0.75^{-0.1}$，$0.75^{0.1}$；　(3) $1.01^{2.7}$，$1.01^{3.5}$；

(4) $0.99^{3.3}$，$0.99^{4.5}$；　(5) $\lg6$，$\lg8$；　(6) $\log_{0.5}6$，$\log_{0.5}4$；

(7) $\log_{\frac{2}{3}}0.5$，$\log_{\frac{2}{3}}0.6$；　(8) $\log_{1.5}1.6$，$\log_{1.5}1.4$.

2. 求下列函数的定义域.

(1) $y=\sqrt{4x+3}$；　(2) $y=\dfrac{\sqrt{x+1}}{x+2}$；

(3) $y=\dfrac{1}{x+3}+\sqrt{-x}+\sqrt{x+4}$；　(4) $y=\dfrac{1}{\sqrt{6-5x-x^2}}$.

3. 解下列方程.

(1) $3^{x+1}+9^x-18=0$；　(2) $7^{2x-1}-3^{3x-2}=7^{2x+1}-3^{3x+2}$；

(3) $\log_7[\log_3(\log_2x)]=0$；　(4) $(\log_x\sqrt{5})^2+3\log_x\sqrt{5}+\dfrac{5}{4}=0$.

4. 计算下列各式的值.

(1) $55^{\lg1}-(-1)^2+|1-\log_{12}16|+\log_{12}9$；

(2) $\dfrac{1}{2}\lg25+\lg2-\lg\sqrt{0.1}-\log_29\ \log_32$；

(3) $\log_34\cdot\log_45\cdot\log_56\cdot\log_67\cdot\log_78\cdot\log_89$.

5. 解不等式 $\lg(x+1)-\lg(x-1)>1$.

6. 已知 $\lg2=0.3010$，$\log_4\log_3\log_2x=1$，求 x 的值，并确定 x 是多少位数.

7. 研究下列函数的单调性，并指出函数在哪一个区间上单调增加，在哪一个区间上单调减少.

(1) $y=3^{\sqrt{-x^2+2x+3}}$；　(2) $y=\lg(2x^2-5x-3)$.

8. 设 $a>0$ 且 $a\neq1$，若 $\log_a(x^2+1)-\log_ax-\log_a4=1-\log_a(y^2+a^2)+\log_ay$，求 x，y 的值.

9. 设关于 x 的方程 $\lg(ax)\lg(ax^2)=4$ 的所有解 x 都大于 1，求 a 的取值范围.

10. 求函数 $y=\log_{\frac{1}{2}}(-x^2+2x+2)$ 的定义域、单调区间与最小值.

11. 解不等式 $|\log_2x|+|\log_2(2-x)|\geqslant1$.

12. 设函数 $f(x)=\log_a(2-ax)$ 在 $[0,\ 1]$ 上单调减少，求 a 的取值范围.

§4.3 三角函数

据我国《史记·夏本纪》记载，早在公元前两千年，大禹就利用过直角三角形的关系对山川地势进行测量.《周髀算经》已认识到直角三角形各边比的关系. 3 世纪刘徽的《海岛算经》全部内容都是高度和距离的各种测量法——“重差术”理论，书中题目解决的过程稿经常应用三角形长度和角度正切值的乘积.

《莱因德纸草书》(*Rhind Papyrus*) 是公元前 1650 年左右的埃及数学著作，属于世界上最古老的数学著作之一. 作者是书记官阿默斯. 内容似乎是依据了更早年代（公元前 1849—前 1801）的教科书，是为当时的包括贵族、祭司等知识阶层所作，最早发现于埃及底比斯（今卢克索附近）的废墟中. 公元 1858 年由英国的埃及学者莱因德（Rhind）购得，故名. 现藏于伦敦大英博物馆. 该纸草书

三角学（Trigonometry）是以研究平面三角形和球面三角形的边和角的关系为基础，达到测量上的应用为目的的一门学科. 早期的三角学是天文学的一部分，后来研究范围逐渐扩大，变成以三角函数为主要对象的学科. 现在，三角学的研究范围已不仅限于三角形，且为数理分析之基础，研究实用科学所必需之工具. 很多问题都可以转化为三角函数来解决. 如天气预报、建筑设计、航海、测量、国防中都能找到三角函数的影子.

公元前 600 年左右古希腊学者泰勒斯利用相似三角形的原理测出金字塔的高，成为西方三角测量的肇始. 公元前 2 世纪后希腊天文学家希帕霍斯为了天文观测的需要，作了一个和现在三角函数表相仿的“弦表”，即在固定的圆内，不同圆心角所对弦长的表. 他成为西方三角学的最早奠基者，这个成就使他赢得了“三角学之父”的称谓.

三角学创始于公元前约 150 年. 早在公元前 300 年，古代埃及人已有了一定的三角学知识，主要用于测量，例如建筑金字塔、整理尼罗河泛滥后的耕地、通商航海和观测天象等.《莱茵德草纸书》中第 56～60 页题的内容涉及三角学知识，题目就围绕金字塔展开. 希腊数学家泰勒斯通过比较金字塔和日晷仪指针的投影来计算金字塔的高度.

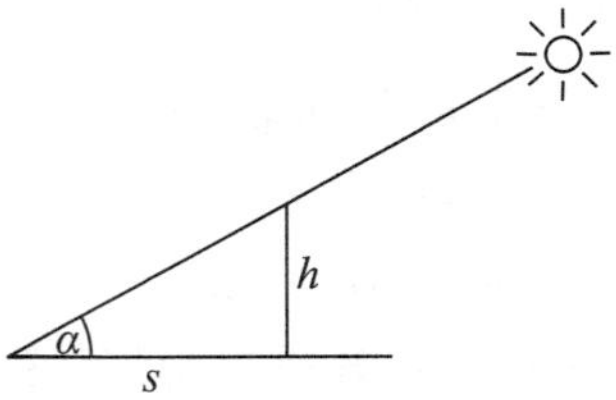

古希腊日晷仪指针

三角函数的本质是任意角的集合与一个比值的集合的变量之间的映射，也称为圆函数，由正弦、余弦、正切、余切、正割、余割组成. 傅里叶发现三角级数，使得三角函数成为表示函数的基础.

三角函数相关知识包括图象和性质、三角函数式的恒等变换和解三角形等，本章将一一介绍.

全长 544 厘米，宽 33 厘米.

4.3.1 角的概念

在平面直角坐标系中，设射线 OA 的原始位置与 x 轴正向重合. 以 O 为轴心按照逆时针（或顺时针方向）旋转，最后到达 OB 的位置，这样就形成了一个角 α，OA 称为角的始边，OB 叫做终边（图 4－6）. 角的终边在第几象限，我们就说这个角是第几象限的角. 如果角的终边在坐标轴上，就认为这个角不属于任何一个象限.

18 世纪以前，人们一直是用线段的长来定义三角函数的. 弧度定义的提出，是数学家 Roger Cotes 在 1714 年提出的，作为一种对角度的描述，使得对三角函数的研究大为简化.

通常我们把按逆时针方向旋转形成的角叫**正角**，按顺时针方向旋转形成的角叫**负角**. 不做任何旋转形成的角叫**零角**. 显然，所有与 α 有相同终边的角 θ 与 α 相差圆周角的整数倍（图 4－6)，它们可用 $\alpha+2k\pi(k\in\mathbf{Z})$ 来表示.

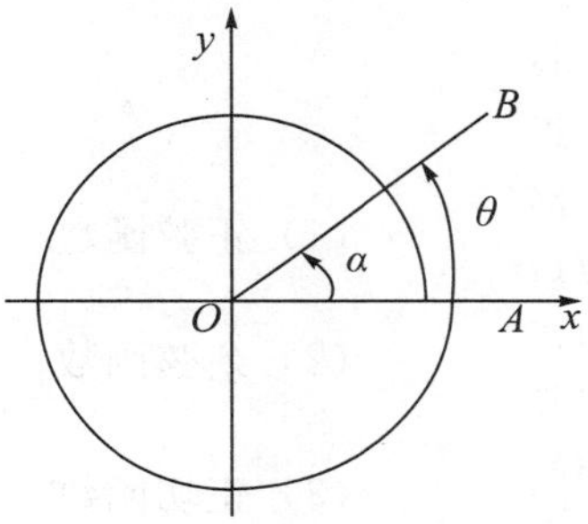

图 4－6

角的大小通常用两种方式来度量.

1. 角度制

我们把圆周角的 $\frac{1}{360}$ 称为 1 度，记作 1°，这样圆周角就是 365°.

2. 弧度制

我们把等于半径长的圆弧所对圆心角称为 1 弧度，记作 1rad. 若圆半径为 r，由弧长公式 $l=|\alpha|r$ 可知 $\alpha=\frac{l}{r}$（rad).

角度与弧度的换算公式是：

$$1^\circ=\frac{\pi}{180}\text{rad}，1\text{rad}=\left(\frac{180}{\pi}\right)^\circ\approx57^\circ17'.$$

4.3.2　三角函数

1. 三角函数的定义

在平面直角坐标系内，设 α 是顶点在原点，始边在 x 轴正半轴上的角，$P(x, y)$ 为角 α 终边上任一点（图 4－7），它到原点的距离 $r=\sqrt{x^2+y^2}$，我们由此定义了下列函数：

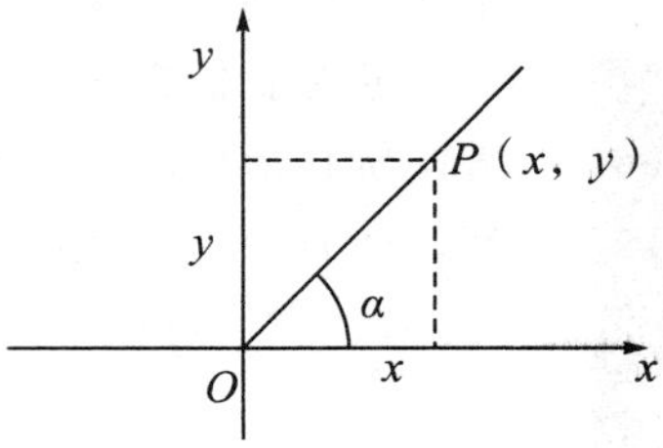

图 4－7

（1）正弦函数　　$\sin\alpha=\dfrac{y}{r}$；

（2）余弦函数　　$\cos\alpha=\dfrac{x}{r}$；

（3）正切函数　　$\tan\alpha=\dfrac{y}{x}$；

（4）余切函数　　$\cot\alpha=\dfrac{x}{y}$；

（5）正割函数　　$\sec\alpha=\dfrac{r}{x}$；

（6）余割函数　　$\csc\alpha=\dfrac{r}{y}$.

以上几种函数统称为**角 α 的三角函数.**

根据三角函数的定义，容易知道三角函数值在各个象限中的符号，可用图 4－8 来表示：

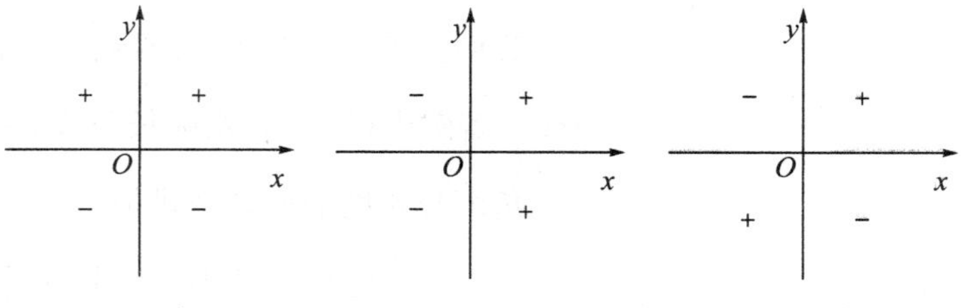

正弦、余割　　正割、余弦　　正切、余切

图 4－8

根据三角函数的定义还可直接求出一些特殊角的三角函数值，如下表所示：

比鲁尼（Biruni，973—1048），中亚著名科学家、史学家、哲学家. 他在《侧影通论》（*Exhaustive Treatise on Shadows*）中证明了正切、余切和正割、余割函数之间的关系. 他指出，“如果我们已知在某时刻的影子，而想要求在那个时刻的太阳的高度，我们将影子长度的平方与指针长度的平方求和，再开方，就是余割”，然后以它去除指针长和总弦的乘积，便得到高度的正弦. 再由正弦表查出它对应的弧，就得到影子时刻的太阳高度.

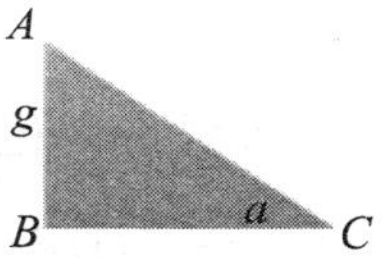

AB 为指针长度 g，BC 为影子，那么 $BC=g\cot\alpha$，$AC=\sqrt{g^2+g^2\cot^2\alpha}=g\csc\alpha$，反查正弦表就可以得到 α 的值，也就是太阳的高度.

α 的角度	0°	30°	45°	60°	90°	120°	135°	150°	180°	270°
α 的弧度	0	$\frac{\pi}{6}$	$\frac{\pi}{4}$	$\frac{\pi}{3}$	$\frac{\pi}{2}$	$\frac{2\pi}{3}$	$\frac{3\pi}{4}$	$\frac{5\pi}{6}$	π	$\frac{3\pi}{2}$
$\sin\alpha$	0	$\frac{1}{2}$	$\frac{\sqrt{2}}{2}$	$\frac{\sqrt{3}}{2}$	1	$\frac{\sqrt{3}}{2}$	$\frac{\sqrt{2}}{2}$	$\frac{1}{2}$	0	-1
$\cos\alpha$	1	$\frac{\sqrt{3}}{2}$	$\frac{\sqrt{2}}{2}$	$\frac{1}{2}$	0	$-\frac{1}{2}$	$-\frac{\sqrt{2}}{2}$	$-\frac{\sqrt{3}}{2}$	-1	0
$\tan\alpha$	0	$\frac{\sqrt{3}}{3}$	1	$\sqrt{3}$	不存在	$-\sqrt{3}$	-1	$-\frac{\sqrt{3}}{3}$	0	不存在
$\cot\alpha$	不存在	$\sqrt{3}$	1	$\frac{\sqrt{3}}{2}$	0	$-\frac{\sqrt{3}}{2}$	-1	$-\sqrt{3}$	不存在	0

由三角函数的定义可知，凡是终边相同的角，它们同一三角函数的值相等. 因此求任意角的三角函数值，均可转化为求一个0°到360°之间角的三角函数值.

例1 确定下列三角函数值的符号：

(1) $\cos250°$； (2) $\sin\left(-\frac{\pi}{4}\right)$；

(3) $\tan(-672°)$； (4) $\tan3\pi$.

解 (1) 因为250°的角在第三象限，所以 $\cos250°<0$；

(2) 因为 $-\frac{\pi}{4}$ 的角在第四象限，所以 $\sin\left(-\frac{\pi}{4}\right)<0$；

(3) 因为 $-672°=-2\times360°+48°$，而48°的角在第一象限，所以 $\tan(-672°)>0$；

(4) 因为 $3\pi=2\pi+\pi$，而 π 为特殊角，$\tan\pi=0$，所以 $\tan3\pi=0$.

解答此类题目应先在0°～360°上写出角的集合，再利用终边相同的角写出符合条件的所有角的集合，如果集合能化简的还要化成最简. 本题还要注意实线边界与虚线边界的差异.

一般地，所有与角 α 终边相同的角，连同角 α 在内，可构成一个集合 $S=\{\beta|\beta=\alpha+k\cdot360°, k\in\mathbf{Z}\}$，即任一与角 α 终边相同的角，都可以表示成角 α 与整数个周角的和.

例2 求下列三角函数值：

(1) $\sin(-1740°)$； (2) $\tan\frac{9\pi}{4}$.

解 (1) $\sin(-1740°)=\sin(-5\times360°+60°)=\sin60°=\frac{\sqrt{3}}{2}$；

(2) $\tan\frac{9\pi}{4}=\tan(2\pi+\frac{\pi}{4})=\tan\frac{\pi}{4}=\frac{\sqrt{2}}{2}$.

例3 已知 $\cos\alpha=\frac{b}{a}$ ($a>0$，$b<0$，$|a|>|b|$)，求角 α 的其他三角函数值.

解 由题意知，$\cos\alpha<0$，则 α 在第二或第三象限.

(1) 若 α 在第二象限，$\sin\alpha=\frac{\sqrt{a^2-b^2}}{a}$. 则有

$\tan\alpha=\frac{\sqrt{a^2-b^2}}{b}$，$\cot\alpha=\frac{b}{\sqrt{a^2-b^2}}$，$\sec\alpha=\frac{a}{b}$，$\csc\alpha=$

$\dfrac{a}{\sqrt{a^2-b^2}}$；

（2）若 α 在第三象限，$\sin\alpha=\dfrac{\sqrt{a^2-b^2}}{a}$. 则有

$\tan\alpha=\dfrac{\sqrt{a^2-b^2}}{b}$，$\cot\alpha=-\dfrac{b}{\sqrt{a^2-b^2}}$，$\sec\alpha=\dfrac{a}{b}$，$\csc\alpha=-\dfrac{a}{\sqrt{a^2-b^2}}$.

2. 同角三角函数间的关系

根据三角函数的定义，可以推出同一个角 α 的三角函数之间有下列关系：

（1）平方关系：

$\sin^2\alpha+\cos^2\alpha=1$，$1+\tan^2\alpha=\sec^2\alpha$，$1+\cot^2\alpha=\csc^2\alpha$；

（2）倒数关系：

$\sin\alpha\cdot\csc\alpha=1$，$\cos\alpha\cdot\sec\alpha=1$，$\tan\alpha\cdot\cot\alpha=1$；

（3）商的关系：

$$\tan\alpha=\frac{\sin\alpha}{\cos\alpha},\quad \cot\alpha=\frac{\cos\alpha}{\sin\alpha}.$$

同角三角函数间的关系常常用下面的六边形来辅助记忆.

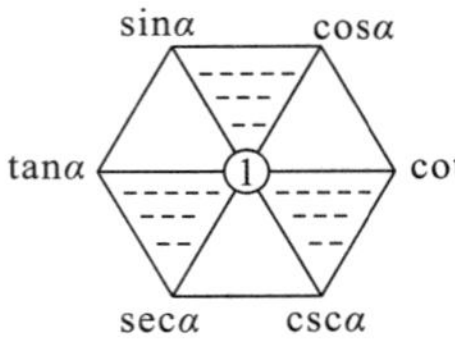

图形结构“上弦中切下割，左正右余 1 中间”.

记忆方法：

(1) 对角线上两个函数的积为 1；

(2) 阴影三角形上两顶点的三角函数值的平方和等于下顶点的三角函数值的平方；

(3) 任意一顶点的三角函数值等于相邻两个顶点的三角函数值的乘积.

规律 1：六边形对角线互为倒数.

规律 2：三角形最高两端的平方之和等于底端平方.

规律 3：任意一点的值等于这一点顺时针的第一个值与第二个值的比值.

例 4 化简：

（1）$(a\sin\alpha+b\cos\alpha)^2+(a\cos\alpha-b\sin\alpha)^2$；

（2）$\sqrt{\dfrac{1+\sin\theta}{1-\sin\theta}}-\sqrt{\dfrac{1-\sin\theta}{1+\sin\theta}}\left(\dfrac{\pi}{2}<\theta<\pi\right)$；

（3）$\dfrac{1-\sin^6x-\cos^6x}{1-\sin^4x-\cos^4x}$；

（4）$(\tan x+\sec x-1)(\cot x+\csc x-1)$.

解 （1）$(a\sin\alpha+b\cos\alpha)^2+(a\cos\alpha-b\sin\alpha)^2$

$$\begin{aligned}&=a^2\sin^2\alpha+2ab\sin\alpha\cos\alpha+b^2\cos^2\alpha+a^2\cos^2\alpha\\&\quad-2ab\sin\alpha\cos\alpha+b^2\sin^2\alpha\\&=a^2(\sin^2\alpha+\cos^2\alpha)+b^2(\sin^2\alpha+\cos^2\alpha)\\&=a^2+b^2;\end{aligned}$$

（2）
$$\begin{aligned}\sqrt{\frac{1+\sin\theta}{1-\sin\theta}}-\sqrt{\frac{1-\sin\theta}{1+\sin\theta}}&=\sqrt{\frac{(1+\sin\theta)^2}{1-\sin^2\theta}}-\sqrt{\frac{(1-\sin\theta)^2}{1-\sin^2\theta}}\\&=\sqrt{\frac{(1+\sin\theta)^2}{\cos^2\theta}}-\sqrt{\frac{(1-\sin\theta)^2}{\cos^2\theta}}\\&=\frac{1+\sin\theta}{-\cos\theta}-\frac{1-\sin\theta}{-\cos\theta}\left(\frac{\pi}{2}<\theta<\pi\right)\\&=-\frac{2\sin\theta}{\cos\theta}=-2\tan\theta;\end{aligned}$$

规律 4：任意一点的值等于紧挨着这一点的两个端点的值的积.

函数的种类较多，我们往往“化切为弦”“化割为弦”，把它们都化成我们熟悉的正弦、余弦函数.

(3) $\dfrac{1-\sin^6 x-\cos^6 x}{1-\sin^4 x-\cos^4 x}$

$=\dfrac{\sin^2 x+\cos^2 x-\sin^6 x-\cos^6 x}{\sin^2 x+\cos^2 x-\sin^4 x-\cos^4 x}$

$=\dfrac{\sin^2 x(1-\sin^4 x)+\cos^2 x(1-\cos^4 x)}{\sin^2 x(1-\sin^2 x)+\cos^2 x(1-\cos^2 x)}$

$=\dfrac{\sin^2 x(1-\sin^2 x)(1+\sin^2 x)+\cos^2 x(1-\cos^2 x)(1+\cos^2 x)}{2\sin^2 x\cos^2 x}$

$=\dfrac{\sin^2 x\cos^2 x[(1+\sin^2 x)+(1+\cos^2 x)]}{2\sin^2 x\cos^2 x}=\dfrac{3}{2}$;

(4) $(\tan x+\sec x-1)(\cot x+\csc x-1)$

$=\left(\dfrac{\sin x}{\cos x}+\dfrac{1}{\cos x}-1\right)\left(\dfrac{\cos x}{\sin x}+\dfrac{1}{\sin x}-1\right)$

$=\dfrac{\sin x-\cos x+1}{\cos x}\cdot\dfrac{\cos x-\sin x+1}{\sin x}$

$=\dfrac{1+(\sin x-\cos x)}{\cos x}\cdot\dfrac{1-(\sin x-\cos x)}{\sin x}$

$=\dfrac{1-(\sin x-\cos x)^2}{\sin x\cos x}=\dfrac{2\sin x\cos x}{\sin x\cos x}=2.$

例 5 求证：

(1) $\dfrac{1+\sin x}{1+\cos x}\cdot\dfrac{1+\sec x}{1+\csc x}=\tan x$;

(2) $1+3\sin^2 A\sec^4 A+\tan^6 A=\sec^6 A$;

(3) $\dfrac{1+\tan x+\cot x}{1+\tan^2 x+\tan x}-\dfrac{\cot x}{1+\tan^2 x}=\sin x\cos x$.

证 (1) $\dfrac{1+\sin x}{1+\cos x}\cdot\dfrac{1+\sec x}{1+\csc x}$

$=\dfrac{1+\sin x}{1+\cos x}\cdot\dfrac{1+\dfrac{1}{\cos x}}{1+\dfrac{1}{\sin x}}=\dfrac{1+\sin x}{1+\cos x}\cdot\dfrac{\dfrac{\cos x+1}{\cos x}}{\dfrac{\sin x+1}{\sin x}}$

$=\dfrac{\sin x}{\cos x}=\tan x$;

(2) $1+3\sin^2 A\sec^4 A+\tan^6 A$

$=1+3\tan^2 A\sec^2 A+\tan^6 A$

$=1+3(\sec^2 A-1)\sec^2 A+(\sec^2 A-1)^3$

$=1+3\sec^4 A-3\sec^2 A+\sec^6 A-3\sec^4 A+3\sec^2 A-1$

$=\sec^6 A$;

(3) $\dfrac{1+\tan x+\cot x}{1+\tan^2 x+\tan x}-\dfrac{\cot x}{1+\tan^2 x}$

$=\dfrac{1+\tan x+\dfrac{1}{\tan x}}{1+\tan^2 x+\tan x}-\dfrac{\cot x}{1+\tan^2 x}$

$$=\frac{\frac{1+\tan x+\tan^2 x}{\tan x}}{1+\tan^2 x+\tan x}-\frac{\cot x}{1+\tan^2 x}$$

$$=\frac{1}{\tan x}-\frac{\cot x}{1+\tan^2 x}=\frac{1+\tan^2 x-1}{\tan x(1+\tan^2 x)}$$

$$=\frac{\tan x}{\sec^2 x}=\sin x\cos x.$$

例 6 已知 $0<\alpha<\pi$，$\sin\alpha+\cos\alpha=\frac{1}{5}$，求 $\sin\alpha-\cos\alpha$ 的值.

解 把等式 $\sin\alpha+\cos\alpha=\frac{1}{5}$ 的两边同时平方，得

$$\sin^2\alpha+2\sin\alpha\cos\alpha+\cos^2\alpha=\frac{1}{25},$$

可得 $$2\sin\alpha\cos\alpha=-\frac{24}{25},$$

则有 $$\sin^2\alpha+\cos^2\alpha-2\sin\alpha\cos\alpha=\frac{49}{25},$$

即 $$(\sin\alpha-\cos\alpha)^2=\frac{49}{25}.$$

已知 $0<\alpha<\pi$，因此 $\sin\alpha>0$，$\cos\alpha<0$，则 $\sin\alpha-\cos\alpha>0$，所以

$$\sin\alpha-\cos\alpha=\frac{7}{5}.$$

3. 诱导公式

设 $k\in\mathbf{Z}$，对任意角 α，有下表所列的公式：

解 \ 函数	正弦	余弦	正切	余切
$-\alpha$	$-\sin\alpha$	$\cos\alpha$	$-\tan\alpha$	$-\cot\alpha$
$\frac{\pi}{2}-\alpha$	$\cos\alpha$	$\sin\alpha$	$\cot\alpha$	$\tan\alpha$
$\frac{\pi}{2}+\alpha$	$\cos\alpha$	$-\sin\alpha$	$-\cot\alpha$	$-\tan\alpha$
$\pi-\alpha$	$\sin\alpha$	$-\cos\alpha$	$-\tan\alpha$	$-\cot\alpha$
$\pi+\alpha$	$-\sin\alpha$	$-\cos\alpha$	$\tan\alpha$	$\cot\alpha$
$\frac{3\pi}{2}-\alpha$	$-\cos\alpha$	$-\sin\alpha$	$\cot\alpha$	$\tan\alpha$
$\frac{3\pi}{2}+\alpha$	$-\cos\alpha$	$\sin\alpha$	$-\cot\alpha$	$-\tan\alpha$
$2\pi-\alpha$	$-\sin\alpha$	$\cos\alpha$	$-\tan\alpha$	$-\cot\alpha$

诱导公式用口诀“奇变偶不变，符号看象限”记忆.

$$\sin\left(k\cdot\frac{\pi}{2}+x\right)=\begin{cases}\pm\sin x, & k\text{ 为偶数}\\ \pm\cos x, & k\text{ 为奇数}\end{cases}$$

右边的符号如何判断？假设 x 为第一象限的角，则 $\sin x$，$\cos x$ 都是正的. 右边的符号要根据左边 $k\cdot\frac{\pi}{2}+x$ 的象限，判断 $\sin\left(k\cdot\frac{\pi}{2}+x\right)$ 的正负. 若为正，则右边为正；若为负，则右边为负.

续表

函数 解	正弦	余弦	正切	余切
$2k\pi+\alpha$	$\sin\alpha$	$\cos\alpha$	$\tan\alpha$	$\cot\alpha$

上表中所列出的公式统称为**诱导公式**.

例7 化简:

(1) $\tan^2\left(\frac{5\pi}{2}-x\right)+\sin\left(\frac{\pi}{2}+x\right)\csc\left(\frac{9\pi}{2}+x\right)$;

(2) $\cos\left(\frac{4n+1}{4}\pi+\alpha\right)+\cos\left(\frac{4n-1}{4}\pi-\alpha\right)(n\in\mathbf{Z})$.

解 (1) $\tan^2\left(\frac{5\pi}{2}-x\right)+\sin\left(\frac{\pi}{2}+x\right)\csc\left(\frac{9\pi}{2}+x\right)$

$=\cot^2x+\cos x\sec x=\cot^2x+1=\csc^2x$;

(2) $\cos\left(\frac{4n+1}{4}\pi+\alpha\right)+\cos\left(\frac{4n-1}{4}\pi-\alpha\right)(n\in\mathbf{Z})$

$$=\cos\left(n\pi+\frac{\pi}{4}+\alpha\right)+\cos\left(n\pi-\frac{\pi}{4}-\alpha\right)$$

$$=\cos\left(n\pi+\frac{\pi}{4}+\alpha\right)+\cos\left[2n\pi-\left(n\pi+\frac{\pi}{4}+\alpha\right)\right]$$

$$=2\cos\left(n\pi+\frac{\pi}{4}+\alpha\right)=\begin{cases}2\cos\left(\frac{\pi}{4}+\alpha\right), & n\text{ 为偶数}\\ -2\cos\left(\frac{\pi}{4}+\alpha\right), & n\text{ 为奇数}\end{cases}.$$

例8 已知 $\sin(540^\circ+\alpha)=-\frac{4}{5}$,求 $\sin\alpha$ 和 $\cos(\alpha-270^\circ)$ 的值.

解 由于 $\sin(540^\circ+\alpha)=\sin(180^\circ+\alpha)=-\sin\alpha=-\frac{4}{5}$,可得 $\sin\alpha=\frac{4}{5}$,

故 $\cos(\alpha-270^\circ)=\cos(90^\circ+\alpha)=\sin\alpha=-\frac{4}{5}$.

4. 三角函数线

在平面直角坐标系中,任意角 α 的终边与单位圆交于点 P,过点 P 作 $PM\perp x$ 轴交 α 的终边或其反向延长线于点 T,如图 4-9所示,结合三角函数的定义,你能得到 $\sin\alpha$,$\cos\alpha$,$\tan\alpha$ 与 MP,OM,AT 的关系吗?

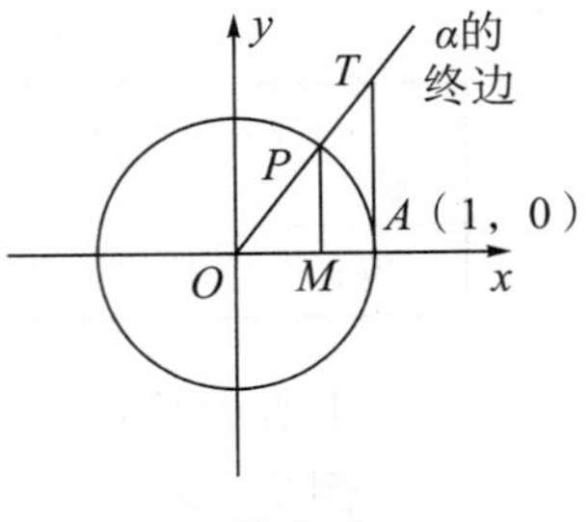

图 4－9

正弦线 角 α 的终边与单位圆交于点 P，过点 P 作 PM 垂直于 x 轴，有向线段 MP 即为正弦线.

余弦线 有向线段 OM 即为余弦线.

正切线 过点 $A(1, 0)$ 作单位圆的切线，交 α 的终边或 α 的终边的反向延长线于点 T，有向线段 AT 即为正切线.

则 $\sin\alpha = MP$，$\cos\alpha = OM$，$\tan\alpha = AT$.

用单位圆中的三角函数线求解简单的三角不等式，应注意以下三点：
(1) 先找到“正值”区间，即 $0 \sim 2\pi$ 之间满足条件的角 θ 的范围，然后再加上周期；
(2) 注意区间是开区间还是闭区间；
(3) 解多个三角不等式时，先在单位圆中作出使每个不等式成立的角的范围，取其公共部分.

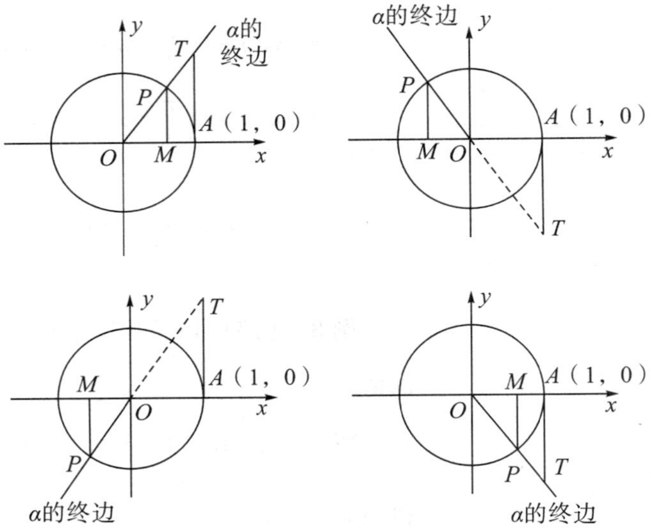

三角函数线的长度等于三角函数值的绝对值，方向表示三角函数值的正负. 三角函数线方向与 x 轴或 y 轴的正方向一致的为正值，反之，为负值.

例 9 求下列函数的定义域.

(1) $y=\sqrt{2\sin x-\sqrt{3}}$；

(2) $y=\lg\left(\sin x-\dfrac{\sqrt{2}}{2}\right)+\sqrt{1-2\cos x}$.

解 (1) 自变量 x 应满足 $2\sin x-\sqrt{3}\geqslant 0$，即 $\sin x\geqslant\dfrac{\sqrt{3}}{2}$.

图 4－10 中阴影部分就是满足条件的角 x 的范围，所以

$$\left\{x \mid 2k\pi+\frac{\pi}{3}\leqslant x\leqslant 2k\pi+\frac{2\pi}{3},\ k\in\mathbf{Z}\right\}.$$

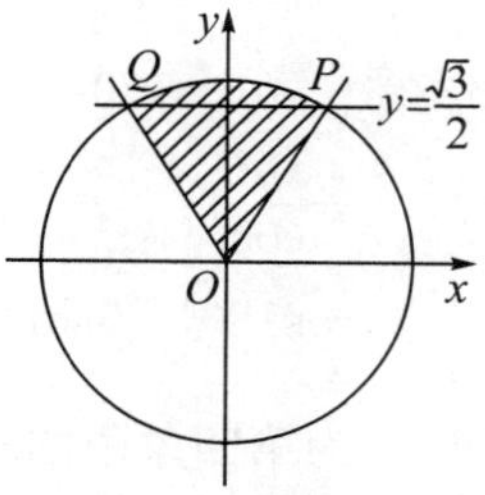

图 4-10

（2）由题意，自变量 x 应满足不等式组 $\begin{cases}1-2\cos x\geqslant 0,\\ \sin x-\frac{\sqrt{2}}{2}>0,\end{cases}$

即

$$\begin{cases}\cos x\leqslant\frac{1}{2}\\ \sin x>\frac{\sqrt{2}}{2}\end{cases}.$$

则不等式组的解的集合如图 4-11（阴影部分）所示，

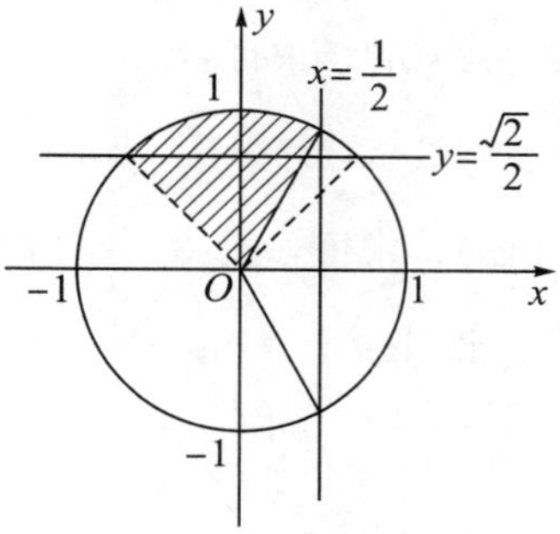

图 4-11

所以，$\left\{x \mid 2k\pi+\frac{\pi}{3}\leqslant x<2k\pi+\frac{3\pi}{4},\ k\in\mathbf{Z}\right\}$.

习题 4.3

1. 已知角 α 的终边分别通过下列各点，求 α 的六个三角函数值：

（1）$(-8,\ -6)$；　　（2）$(\sqrt{3},\ -1)$.

2. 根据下列条件，确定 θ 是第几象限的角.

（1）$\sin\theta>0$ 且 $\cos\theta<0$；　　（2）$\sec\theta<0$ 且 $\tan\theta>0$；

（3）$\frac{\sin\theta}{\cot\theta}>0$；　　（4）$\sin\theta\cos\theta>0$.

3. 求下列各式的值.

(1) $a^2\cos\dfrac{3\pi}{2}+b^2\sin 0+2ab\cot\dfrac{3\pi}{2}$;

(2) $a^2\cos 0^\circ-b^2\sin 270^\circ+ab\cos 180^\circ-ab\sin 90^\circ$;

(3) $a^2\sin\dfrac{\pi}{2}+2ab\cos\pi+\dfrac{b^2}{\cos 0}$;

(4) $2\cos 0^\circ+3\sin 90^\circ-4\cos 180^\circ+5\sin 270^\circ-6\cos 360^\circ$.

4. 已知 $\sin\alpha=-\dfrac{\sqrt{3}}{2}$，且 α 为第四象限的角，求角 α 的其他各三角函数的值.

5. 化简下列各式.

(1) $(1+\tan^2\alpha)\cos^2\alpha$;　　(2) $\sec^2 A-\tan^2 A-\sin^2 A$;

(3) $\dfrac{1-\cos^2\alpha}{1-\sin^2\alpha}+\cos\alpha\sec\alpha$;　　(4) $\cos^2\dfrac{\alpha}{2}\cdot\csc^2\dfrac{\alpha}{2}+\sin^2\dfrac{\alpha}{2}+\cos^2\dfrac{\alpha}{2}$.

6. 证明下列恒等式.

(1) $\sin^4 x+\cos^4 x=1-2\sin^2 x\cos^2 x$;

(2) $\sin^3\theta(1+\cot\theta)+\cos^3\theta(1+\tan\theta)=\sin\theta+\cos\theta$.

7. 已知 $4x^2-2(\sqrt{3}+1)x+\sqrt{3}=0$ 的两根为 $\sin\theta$ 和 $\cos\theta$，求$\dfrac{\sin\theta}{1-\cot\theta}+\dfrac{\cos\theta}{1-\tan\theta}$的值.

8. 求证：

(1) $1+\sec^4 x-\tan^4 x=2\sec^2 x$;　　(2) $\csc^4 x+\cot^4 x=1+2\csc^2 x\cot^2 x$;

9. 已知 $\cos\theta-\sin\theta=\sqrt{2}\sin\theta$，求证：

(1) $\cos\theta+\sin\theta=\pm\sqrt{2}\cos\theta$;　　(2) $\tan\theta=\dfrac{\cos\theta-\sin\theta}{\cos\theta+\sin\theta}$.

10. 若 $\sin 3x=f(\sin x)$，求证：$\cos 3x=-f(\cos x)$.

11. 已知 $0<x<\dfrac{\pi}{4}$，设 $\lg\cot x-\lg\cos x=\lg\sin x-\lg\tan x+2\lg 3-\dfrac{3}{2}\lg 2$，求 $\cos x-\sin x$ 的值.

§4.4　三角函数公式（一）

弗朗索瓦·韦达(François Viète，1540—1603)，法

17 世纪对数发明后，大大简化了三角函数的计算，人们的注意力从简单的计算转向了三角学的理论研究. 三角学广泛应用于航行、推算日历、实地测量等领域. 德国数学家雷格蒙塔努斯阅读托勒密的成果后，意识到需要简洁的论述平面和球面三角形边角关系的法则. 他完成了《论各种三角形》，其中就隐含着许多三角公式. 文艺复兴后期，法国数学家韦达成为三角公式的集大成者. 《应用于三角形的数学定律》是韦达最早的数

国杰出数学家. 年轻时当过律师，后来致力于数学研究，第一个有意识地和系统地使用字母来表示已知数、未知数及其乘幂，带来了代数理论研究的重大进步. 他讨论了方程根的多种有理变换，发现了方程根与系数的关系（所以人们把叙述一元二次方程根与系数关系的结论称为“韦达定理”），在欧洲被尊称为“代数学之父”. 在法国和西班牙的战争中，韦达利用精湛的数学方法，成功破译了西班牙的军事密码，为他的祖国赢得战争主动权.

学专著之一，也是早期系统论述平面和球面三角学的著作之一. 韦达还专门写了一篇论文《截角术》，初步讨论了正弦、余弦、正切弦的一般公式，首次把代数变换应用到三角学中. 他考虑含有倍角的方程，具体给出了将 $\cos nx$ 表示成 $\cos x$ 的函数，并给出当 $n\leqslant 11$ 时任意正整数的倍角表达式.

本节将介绍三角函数的和角公式与差角公式、万能公式、半角公式与倍角公式等，用于解决化简、证明、计算等诸多问题.

4.4.1　和角公式与差角公式

在中学数学中我们已经知道，两个角 α，β 的和或差的三角函数可以用 α，β 的三角函数的代数式来表示：

$$\sin(\alpha\pm\beta)=\sin\alpha\cos\beta\pm\cos\alpha\sin\beta;$$

$$\cos(\alpha\pm\beta)=\cos\alpha\cos\beta\mp\sin\alpha\sin\beta;$$

$$\tan(\alpha\pm\beta)=\frac{\tan\alpha\pm\tan\beta}{1\mp\tan\alpha\tan\beta}.$$

这一组公式称为三角函数的**和角公式与差角公式**.

例 1　不查表求 $\sin75°$ 的值.

解　$\sin75°=\sin(45°+30°)=\sin45°\cos30°+\cos45°\sin30°$

$$=\frac{\sqrt{2}}{2}\times\frac{\sqrt{3}}{2}+\frac{\sqrt{2}}{2}\times\frac{1}{2}=\frac{\sqrt{6}+\sqrt{2}}{4}.$$

例 2　已知 $\alpha\in\left(\frac{\pi}{2},\ \pi\right)$，$\sin\alpha=\frac{3}{5}$，求 $\tan\left(\alpha+\frac{\pi}{4}\right)$.

解　已知 $\frac{\pi}{2}<\alpha<\pi$，可得 $\cos\alpha=-\sqrt{1-\sin^2\alpha}=-\frac{4}{5}$，因此

$$\tan\alpha=\frac{\sin\alpha}{\cos\alpha}=-\frac{3}{4},$$

于是　$$\tan\left(\alpha+\frac{\pi}{4}\right)=\frac{\tan\alpha+\tan\frac{\pi}{4}}{1-\tan\alpha\tan\frac{\pi}{4}}=\frac{1+\tan\alpha}{1-\tan\alpha}=\frac{1-\frac{3}{4}}{1+\frac{3}{4}}=\frac{1}{7}.$$

例 3　若 α，β 为锐角，且 $\cos\alpha=\frac{1}{7}$，$\cos(\alpha+\beta)=-\frac{11}{14}$，求 $\cos\beta$ 的值.

解　$\cos\beta=\cos[(\alpha+\beta)-\alpha]=\cos(\alpha+\beta)\cos\alpha+\sin(\alpha+\beta)\sin\alpha$.

因为 $0<\alpha$，$\beta<\frac{\pi}{2}$，$0<\alpha+\beta<\pi$，可得

$$\sin\alpha=\sqrt{1-\cos^2\alpha}=\frac{4\sqrt{3}}{7},$$

$$\sin(\alpha+\beta)=\sqrt{1-\cos^2(\alpha+\beta)}=\frac{5\sqrt{3}}{14},$$

代入上式，则有 $\cos\beta=-\frac{11}{14}\times\frac{1}{7}+\frac{5\sqrt{3}}{14}\times\frac{4\sqrt{3}}{7}=\frac{1}{2}$.

例 4 设 A，B，C 是$\triangle ABC$ 的三个内角，求证

$$\tan A+\tan B+\tan C=\tan A\tan B\tan C.$$

证明 因为 $A+B+C=\pi$，所以

$$\tan C=\tan\left[\pi-(A+B)\right]=-\tan(A+B),$$

于是 $\tan A+\tan B+\tan C$

$$\begin{aligned}&=\tan A+\tan B-\tan(A+B)\\&=\tan(A+B)(1-\tan A\tan B)-\tan(A+B)\\&=\tan(A+B)-\tan(A+B)\tan A\tan B-\tan(A+B)\\&=\tan C\tan A\tan B.\end{aligned}$$

要证明这类三角恒等式，也是三角函数中常见的问题. 它的特点是角 A，B，C 都不是任意角，而是三角形的三个内角. 由此可得，$A+B+C=\pi$，证明时要注意合理地运用这个条件. 另外还要注意，正切的和角公式

$$\tan(A+B)=\frac{\tan A+\tan B}{1-\tan A\tan B}$$

常常被化为 $\tan A+\tan B=\tan(A+B)(1-\tan A\tan B)$.

例 5 设 $x^2+y^2=1$，求证 $|x\cos\alpha+y\sin\alpha|\leqslant 1$.

证明 由辅助角公式，有

$$x\cos\alpha+y\sin\alpha=\sqrt{x^2+y^2}\sin(\alpha+\varphi),$$

其中，$\sin\varphi=\frac{x}{\sqrt{x^2+y^2}}$，$\cos\varphi=\frac{y}{\sqrt{x^2+y^2}}$，又已知 $x^2+y^2=1$，则有

$$|x\cos\alpha+y\sin\alpha|=\left|\sqrt{x^2+y^2}\sin(\alpha+\varphi)\right|\leqslant 1.$$

一般来说，对于 $\sin\alpha$ 和 $\cos\alpha$ 的一次式 $a\sin\alpha+b\cos\alpha$，都可以简化为积的形式. 就得到

辅助角公式常应用于求三角函数的最值和最小正周期.

$$\begin{aligned}a\sin\alpha+b\cos\alpha&=\sqrt{a^2+b^2}\left(\frac{a}{\sqrt{a^2+b^2}}\sin\alpha+\frac{b}{\sqrt{a^2+b^2}}\cos\alpha\right)\\&=\sqrt{a^2+b^2}(\sin\alpha\cos\varphi+\cos\alpha\sin\varphi)\\&=\sqrt{a^2+b^2}\sin(\alpha+\varphi).\end{aligned}$$

这里，角 φ 可以由 $\tan\varphi=\frac{b}{a}$ 来确定. 类似地，也可以把 $a\sin\alpha+b\cos\alpha$ 化为余弦函数.

例如

$$\begin{aligned}\sin\alpha+\sqrt{3}\cos\alpha&=2\left(\frac{1}{2}\sin\alpha+\frac{\sqrt{3}}{2}\cos\alpha\right)\\&=2(\sin30^\circ\sin\alpha+\cos30^\circ\cos\alpha)\\&=2\cos(\alpha-30^\circ).\end{aligned}$$

4.4.2　倍角公式与半角公式

1. 倍角公式

应用和角公式，可以把 2α 的三角函数，用 α 的三角函数的代数式来表示：

$$\sin 2\alpha = 2\sin\alpha\cos\alpha;$$
$$\cos 2\alpha = \cos^2\alpha - \sin^2\alpha = 2\cos^2\alpha - 1 = 1 - 2\sin^2\alpha;$$
$$\tan 2\alpha = \frac{2\tan\alpha}{1-\tan^2\alpha}.$$

这一组公式称为三角函数的**倍角公式**.

2. 半角公式

利用倍角的余弦公式，可以把角 α 的半角 $\frac{\alpha}{2}$ 的三角函数，用 α 的三角函数的代数式来表示.

$$\sin\frac{\alpha}{2} = \pm\sqrt{\frac{1-\cos\alpha}{2}};\quad \cos\frac{\alpha}{2} = \pm\sqrt{\frac{1+\cos\alpha}{2}};$$
$$\tan\frac{\alpha}{2} = \pm\sqrt{\frac{1-\cos\alpha}{1+\cos\alpha}} = \frac{1-\cos\alpha}{\sin\alpha} = \frac{\sin\alpha}{1+\cos\alpha}.$$

这一组公式称为三角函数的**半角公式**. 式中的“±”号，应当根据角 $\frac{\alpha}{2}$ 所在的象限来确定.

例 6　已知 $\sin\alpha = -\frac{12}{13}$，并且 $\pi < \alpha < \frac{3\pi}{2}$，求 $\cos\frac{\alpha}{2}$ 的值.

解　由于 α 是第三象限的角，所以

$$\cos\alpha = -\sqrt{1-\sin^2\alpha} = -\frac{5}{13}.$$

又因为 $\frac{\pi}{2} < \frac{\alpha}{2} < \frac{3\pi}{4}$，于是可得

$$\cos\frac{\alpha}{2} = -\sqrt{\frac{1+\cos\alpha}{2}} = -\frac{2\sqrt{13}}{13}.$$

例 7　化简下列各式：

(1) $\dfrac{\cos\alpha+1+\sin\alpha}{\cos\alpha+1-\sin\alpha}$；　　(2) $2\sqrt{1+\sin 8}+\sqrt{2+2\cos 8}$；

(3) $\dfrac{1+\sin 2\theta}{\cos^2\theta-\sin^2\theta}$.

解　(1) $\dfrac{\cos\alpha+1+\sin\alpha}{\cos\alpha+1-\sin\alpha}$

$$=\frac{\left(2\cos^2\frac{\alpha}{2}-1\right)+1+2\sin\frac{\alpha}{2}\cos\frac{\alpha}{2}}{\left(2\cos^2\frac{\alpha}{2}-1\right)+1-2\sin\frac{\alpha}{2}\cos\frac{\alpha}{2}}$$

$$=\frac{2\cos\frac{\alpha}{2}\left(\cos\frac{\alpha}{2}+\sin\frac{\alpha}{2}\right)}{2\cos\frac{\alpha}{2}\left(\cos\frac{\alpha}{2}-\sin\frac{\alpha}{2}\right)}=\frac{\cos\frac{\alpha}{2}+\sin\frac{\alpha}{2}}{\cos\frac{\alpha}{2}-\sin\frac{\alpha}{2}}$$

$\tan\frac{\pi}{4}=1$ 的巧妙变换.

$$=\frac{1+\tan\frac{\alpha}{2}}{1-\tan\frac{\alpha}{2}}=\frac{\tan\frac{\pi}{4}+\tan\frac{\alpha}{2}}{1-\tan\frac{\pi}{4}\tan\frac{\alpha}{2}}$$

$$=\tan\left(\frac{\pi}{4}+\frac{\alpha}{2}\right);$$

(2) $2\sqrt{1+\sin8}+\sqrt{2+2\cos8}$

$$=2\sqrt{\cos^2 4+2\sin4\cos4+\sin^2 4}+\sqrt{2(1+\cos8)}$$
$$=2\sqrt{(\cos4+\sin4)^2}+\sqrt{2(1+2\cos^2 4-1)}$$
$$=2|\cos4+\sin4|+2|\cos4|$$
$$=-2(\cos4+\sin4)-2\cos4\left(\pi<4<\frac{3\pi}{2},\ \sin4<0,\ \cos4<0\right)$$
$$=-2\sin4-4\cos4;$$

(3) 方法一 $\dfrac{1+\sin2\theta}{\cos^2\theta-\sin^2\theta}=\dfrac{1+\sin2\theta}{\cos2\theta}=\dfrac{1+\cos\left(\frac{\pi}{2}-2\theta\right)}{\sin\left(\frac{\pi}{2}-2\theta\right)}$

$$=\cot\left(\frac{\pi}{4}-\theta\right);$$

方法二 $\dfrac{1+\sin2\theta}{\cos^2\theta-\sin^2\theta}=\dfrac{\sin^2\theta+2\sin\theta\cos\theta+\cos^2\theta}{(\cos\theta+\sin\theta)(\cos\theta-\sin\theta)}$

$$=\frac{(\sin\theta+\cos\theta)^2}{(\cos\theta+\sin\theta)(\cos\theta-\sin\theta)}$$
$$=\frac{\sin\theta+\cos\theta}{\cos\theta-\sin\theta}=\frac{1+\tan\theta}{1-\tan\theta}$$
$$=\frac{\tan\frac{\pi}{4}+\tan\theta}{1-\tan\frac{\pi}{4}\tan\theta}=\tan\left(\frac{\pi}{4}+\theta\right).$$

例 8 设 $\tan\frac{\alpha}{2}=t$，求 $\sin\alpha$，$\cos\alpha$，$\tan\alpha$ 的值.

解 $\sin\alpha=2\sin\frac{\alpha}{2}\cos\frac{\alpha}{2}=\dfrac{2\sin\frac{\alpha}{2}\cos\frac{\alpha}{2}}{\sin^2\frac{\alpha}{2}+\cos^2\frac{\alpha}{2}}$

一般地，令 $\tan\frac{\alpha}{2}=t$，就可以把角 α 的三角函数都用关于的式子来表示，称为万能公式，即

$$\sin\alpha=\frac{2t}{1+t^2},$$

$$\cos\alpha=\frac{1-t^2}{1+t^2},$$

$$\tan\alpha=\frac{2t}{1-t^2}.$$

万能公式常在微积分的积分变换中使用

$$=\frac{2\tan\frac{\alpha}{2}}{\tan^2\frac{\alpha}{2}+1}=\frac{2t}{1+t^2};$$

$$\cos\alpha=\cos^2\frac{\alpha}{2}-\sin^2\frac{\alpha}{2}=\frac{\cos^2\frac{\alpha}{2}-\sin^2\frac{\alpha}{2}}{\sin^2\frac{\alpha}{2}+\cos^2\frac{\alpha}{2}}$$

$$=\frac{1-\tan^2\frac{\alpha}{2}}{\tan^2\frac{\alpha}{2}+1}=\frac{1-t^2}{1+t^2};$$

$$\tan\alpha=\frac{\sin\alpha}{\cos\alpha}=\frac{2\tan\frac{\alpha}{2}}{1-\tan^2\frac{\alpha}{2}}=\frac{2t}{1-t^2}.$$

例 9 设 $\sin\frac{\theta}{2}-\cos\frac{\theta}{2}=-\frac{1}{\sqrt{5}}$，$450°<\theta<540°$，求 $\tan\frac{\theta}{4}$ 的值.

解 方法一 由已知条件，有 $\left(\sin\frac{\theta}{2}-\cos\frac{\theta}{2}^2\right)=\left(-\frac{1}{\sqrt{5}}\right)^2$，化简得

$$1-\sin\theta=\frac{1}{5}，即 \sin\theta=\frac{4}{5}.$$

因为 θ 是第二象限的角，则 $\cos\theta<0$，所以

$$\cos\theta=\sqrt{1-\sin^2\theta}=-\frac{3}{5}.$$

又因为 $225°<\frac{\theta}{2}<270°$，则 $\frac{\theta}{2}$ 在第三象限，可得

$$\sin\frac{\theta}{2}=-\sqrt{\frac{1-\cos\theta}{2}}=-\frac{2}{\sqrt{5}}，\cos\frac{\theta}{2}=-\sqrt{\frac{1+\cos\theta}{2}}=-\frac{1}{\sqrt{5}}.$$

于是求得 $\tan\frac{\theta}{4}=\dfrac{1-\cos\frac{\theta}{2}}{\sin\frac{\theta}{2}}=\dfrac{1+\frac{1}{\sqrt{5}}}{-\frac{2}{\sqrt{5}}}=-\dfrac{\sqrt{5}+1}{2}.$

方法二 用万能公式. 令 $\tan\frac{\theta}{4}=t$，则 $\sin\frac{\theta}{2}=\frac{2t}{1+t^2}$，$\cos\frac{\theta}{2}=\frac{1-t^2}{1+t^2}$，代入得

$$\frac{2t}{1+t^2}-\frac{1-t^2}{1+t^2}=-\frac{1}{\sqrt{5}},$$

化简得 $(1+\sqrt{5})t^2+2\sqrt{5}t+(1-\sqrt{5})=0$，解得 $t=\frac{-\sqrt{5}\pm3}{1+\sqrt{5}}$.

由已知条件 $450°<\theta<540°$，可知 $112.5°<\frac{\theta}{4}<135°$，则 $\tan\frac{\theta}{4}<0$. 于是

$$\tan\frac{\theta}{4}=\frac{-\sqrt{5}-3}{1+\sqrt{5}}=-\frac{1+\sqrt{5}}{2}.$$

例 10 已知 $0<x<\pi$，求证 $\cot\frac{x}{8}-\cot x>3$.

证明

$$\begin{aligned}\cot\frac{x}{8}-\cot x&=\frac{1+\cos\frac{x}{4}}{\sin\frac{x}{4}}-\cot x\\&=\csc\frac{x}{4}+\cot\frac{x}{4}-\cot x\\&=\csc\frac{x}{4}+\frac{1+\cos\frac{x}{2}}{\sin\frac{x}{2}}-\cot x\\&=\csc\frac{x}{4}+\left(\csc\frac{x}{2}+\cot\frac{x}{2}\right)-\cot x\\&=\csc\frac{x}{4}+\csc\frac{x}{2}+\frac{1+\cos x}{\sin x}-\cot x\\&=\csc\frac{x}{4}+\csc\frac{x}{2}+(\csc x+\cot x)-\cot x\\&=\csc\frac{x}{4}+\csc\frac{x}{2}+\csc x.\end{aligned}$$

由于 $0<x<\pi$，可知 $0<\sin x<1$，则 $\csc x=\frac{1}{\sin x}>1$，显然也有 $\csc\frac{x}{2}>1$，$\csc\frac{x}{4}>1$，所以 $\csc\frac{x}{4}+\csc\frac{x}{2}+\csc x>3$，故 $\cot\frac{x}{8}-\cot x>3$ 得证.

习题 4.4

1. 已知 $\sin\alpha=\frac{2}{3}$，$\cos\beta=-\frac{3}{4}$，$0°<\alpha<180°$，$180°<\beta<270°$，求 $\sin(\alpha+\beta)$.

2. 已知 $\cos\alpha=\frac{3}{5}$，在第Ⅳ象限，求 $\sin\frac{\alpha}{2}$，$\cos\frac{\alpha}{2}$，$\tan\frac{\alpha}{2}$.

3. 化简下列各式.

(1) $\frac{\sin 2\theta}{1+\cos 2\theta}\cdot\frac{\cos\theta}{1+\cos\theta}$；　　(2) $\sqrt{1-\sin x}+\sqrt{1+\sin x}\left(0<x<\frac{\pi}{2}\right)$；

(3) $\frac{(1+\sin\theta+\cos\theta)\left(\sin\frac{\theta}{2}-\cos\frac{\theta}{2}\right)}{\sqrt{2+2\cos\theta}}$ $(270°<\theta<360°)$.

4. 已知 $\tan(\alpha+\beta)=4$，$\tan(\alpha-\beta)=2$，求 $\tan2\alpha$ 的值.

5. 已知 $\tan\frac{\theta}{2}=m$，求$\frac{\cos(90^\circ-\theta)+\sin2\theta}{2\cos^2\frac{\theta}{2}+\cos2\theta}$的值.

6. 已知锐角 α，β 满足 $\cos\alpha=\frac{4}{5}$，$\cos(\alpha+\beta)=\frac{3}{5}$，求 $\sin\beta$.

7. 求证：

(1) $\frac{\sqrt{3}}{2}\sin a-\frac{1}{2}\cos a=\sin\left(a-\frac{\pi}{6}\right)$；　　(2) $\sin(\alpha+\beta)\sin(\alpha-\beta)=\sin^2 a-\sin^2\beta$；

(3) $\frac{\cos^2\alpha}{\frac{1}{\tan\frac{\alpha}{2}}-\tan\frac{\alpha}{2}}=\frac{1}{4}\sin2\alpha$；　　(4) $\cos^8 2\alpha-\sin^8 2\alpha=\cos4\alpha\left(1-\frac{1}{2}\sin^2 4\alpha\right)$.

8. 设 $\sin A+\cos A=2\sin\theta$，求证 $\cos2\theta=\cos^2(A+45^\circ)$.

9. 已知锐角三角形 ABC 中，$\sin(A+B)=\frac{3}{5}$，$\sin(A-B)=\frac{1}{5}$，求证：$\tan A=2\tan B$.

§4.5　三角函数公式（二）

法国数学家傅里叶发现，任何周期函数都可以用正弦函数和余弦函数构成的无穷级数来表示，后世称为傅里叶级数. 傅里叶级数是一种特殊的三角级数.

积化和差公式可以将两个三角函数值的积化为另两个三角函数值的和乘以常数的形式，所以使用积化和差公式可以达到降次的效果.

在历史上，对数出现之前，积化和差公式被用来将乘除运算化为加减运算，运算需要利用三角函数表.

在现代工程中，积化和差的重要应用在于求解傅里叶级数和一个在 2π 周期内的积分，这在后续的学习中都会学到. 运用积化和差将乘积的积分化为加减运算的积分，将使问题变得容易解决，使用计算机处理时效率也会更高.

和差化积公式在解三角形、三角形求值、积分中都有广泛应用.

本节将重点介绍积化和差和和差化积公式在解题中的应用.

学习这八个公式，要掌握其基本形式，了解推导过程，便于记忆和灵活运用公式进行解题.

4.5.1　积化和差公式

利用三角函数的和角公式与差角公式，可以导出下列公式：

$$\sin\alpha\cos\beta=\frac{1}{2}[\sin(\alpha+\beta)+\sin(\alpha-\beta)]；$$

$$\cos\alpha\sin\beta=\frac{1}{2}[\sin(\alpha+\beta)-\sin(\alpha-\beta)];$$

$$\cos\alpha\cos\beta=\frac{1}{2}[\cos(\alpha+\beta)+\cos(\alpha-\beta)];$$

$$\sin\alpha\sin\beta=-\frac{1}{2}[\cos(\alpha+\beta)-\cos(\alpha-\beta)].$$

这一组公式称为三角函数的**积化和差公式**.

4.5.2 和差化积公式

和差化积公式记忆口诀：
正加正，正在前；
正减正，余在前；
余加余，余相伴；
余减余，负正弦.

利用三角函数的积化和差公式，可以导出下列公式：

$$\sin\alpha+\sin\beta=2\sin\frac{\alpha+\beta}{2}\cos\frac{\alpha-\beta}{2};$$

$$\sin\alpha-\sin\beta=2\cos\frac{\alpha+\beta}{2}\sin\frac{\alpha-\beta}{2}$$

$$\cos\alpha+\cos\beta=2\cos\frac{\alpha+\beta}{2}\cos\frac{\alpha-\beta}{2};$$

$$\cos\alpha-\cos\beta=-2\sin\frac{\alpha+\beta}{2}\sin\frac{\alpha-\beta}{2}.$$

这组公式称为**和差化积公式**.

例 1 化简下列各式：

（1）$\cos55^\circ\cos65^\circ\cos175^\circ$；

（2）$\sin^2 10^\circ+\cos^2 40^\circ+\sin10^\circ\cos40^\circ$；

（3）$\cos47^\circ-\cos61^\circ-\cos11^\circ+\cos25^\circ$；

（4）$\sin50^\circ(1+\sqrt{3}\tan10^\circ)$.

计算中，常通过诱导公式，将角归入同一个象限，加快计算速度.

解 （1）$\cos55^\circ\cos65^\circ\cos175^\circ$

$$=\frac{1}{2}(\cos120^\circ+\cos10^\circ)(-\cos5^\circ)$$

$$=-\frac{1}{2}\cdot\left(\frac{1}{2}\right)\cos5^\circ-\frac{1}{2}\cos10^\circ\cos5^\circ$$

$$=\frac{1}{4}\cos5^\circ-\frac{1}{4}(\cos15^\circ+\cos5^\circ)$$

$$=-\frac{1}{4}\cos15^\circ=-\frac{1}{4}\cos(45^\circ-30^\circ)$$

$$=-\frac{1}{4}(\cos45^\circ\cos30^\circ+\sin45^\circ\sin30^\circ)$$

$$=-\frac{\sqrt{6}+\sqrt{2}}{16};$$

计算中，当出现特殊角，需要先算出值，再继续计算.

（2）$\sin^2 10^\circ+\cos^2 40^\circ+\sin10^\circ\cos40^\circ$

$$=\frac{1-\cos20^\circ}{2}+\frac{1+\cos80^\circ}{2}+\frac{1}{2}(\sin50^\circ-\sin30^\circ)$$

$$=1+\frac{1}{2}(\cos80^\circ-\cos20^\circ)+\frac{1}{2}\sin50^\circ-\frac{1}{4}$$

$$=\frac{3}{4}-\sin50°\sin30°+\frac{1}{2}\sin50°$$

$$=\frac{3}{4}-\frac{1}{2}\sin50°+\frac{1}{2}\sin50°=\frac{3}{4};$$

(3) $\cos47°-\cos61°-\cos11°+\cos25°$

$$=(\cos47°-\cos61°)+(\cos25°-\cos11°)$$

$$=-2\sin\frac{47°+61°}{2}\sin\frac{47°-61°}{2}$$

$$-2\sin\frac{25°+11°}{2}\sin\frac{25°-11°}{2}$$

$$=2\sin54°\sin7°-2\sin18°\sin7°=2\sin7°(\sin54°-\sin18°)$$

$$=4\sin7°\cos36°\sin18°=\sin7°\frac{4\sin36°\cos36°\cos72°}{\sin36°}$$

$$=\sin7°\frac{2\sin72°\cos72°}{\sin36°}=\sin7°\frac{\sin144°}{\sin36°}$$

$$=\sin7°\frac{\sin36°}{\sin36°}=\sin7°;$$

“给角求值”观察非特殊角的特点，找出和特殊角之间的关系.

注意特殊值（像1，$\sqrt{3}$等），有时需将其转化成某个角的三角函数，这种技巧在化简求值中经常用到.

(4) $\sin50°(1+\sqrt{3}\tan10°)$

$$=\sin50°\left(1+\sqrt{3}\frac{\sin10°}{\cos10°}\right)=\sin50°\cdot\frac{\cos10°+\sqrt{3}\sin10°}{\cos10°}$$

$$=\sin50°\cdot\frac{2\left(\frac{1}{2}\cos10°+\frac{\sqrt{3}}{2}\sin10°\right)}{\cos10°}=\sin50°\cdot\frac{2\sin40°}{\cos10°}$$

$$=\cos40°\cdot\frac{2\sin40°}{\cos10°}=\frac{\sin80°}{\cos10°}=1.$$

例2 已知 $\sin\alpha+\sin\beta=a$，$\cos\alpha+\cos\beta=b\ (b\neq0)$，求 $\sin(\alpha+\beta)$ 与 $\cos(\alpha+\beta)$ 的值.

解 $\sin\alpha+\sin\beta=2\sin\frac{\alpha+\beta}{2}\cos\frac{\alpha-\beta}{2}=a$ ①

$\cos\alpha+\cos\beta=2\cos\frac{\alpha+\beta}{2}\cos\frac{\alpha-\beta}{2}=b$ ②

①②两式相除，得 $\tan\frac{\alpha+\beta}{2}=\frac{a}{b}$. 运用万能公式，令 $\tan\frac{\alpha+\beta}{2}=t$，则有

$$\sin(\alpha+\beta)=\frac{2t}{1+t^2}=\frac{2\tan\frac{\alpha+\beta}{2}}{1+\tan^2\frac{\alpha+\beta}{2}}=\frac{2\cdot\frac{a}{b}}{1+\left(\frac{a}{b}\right)^2}=\frac{2ab}{a^2+b^2},$$

$$\cos(\alpha+\beta)=\frac{1-t^2}{1+t^2}=\frac{1-\tan^2\frac{\alpha+\beta}{2}}{1+\tan^2\frac{\alpha+\beta}{2}}=\frac{1-\left(\frac{a}{b}\right)^2}{1+\left(\frac{a}{b}\right)^2}=\frac{b^2-a^2}{a^2+b^2}.$$

本例如果直接使用和差化积公式，很难得到特殊角或能相互抵消的项，由于例中的角度成等差数列，可以考虑使用辅助元素法，用积化和差公式出现能相互抵消的项. 在这里，由于求值式是角度成等差数列的余弦和的形式，辅助元是角度为其公差的一半的正弦的2倍.

例 3 求 $\cos\frac{2\pi}{7}+\cos\frac{4\pi}{7}+\cos\frac{6\pi}{7}$的值.

解 原式 $=\frac{1}{2\sin\frac{\pi}{7}}\left(2\sin\frac{\pi}{7}\cos\frac{2\pi}{7}+2\sin\frac{\pi}{7}\cos\frac{4\pi}{7}\right.$

$\left.+2\sin\frac{\pi}{7}\cos\frac{6\pi}{7}\right)$

$=\frac{1}{2\sin\frac{\pi}{7}}\left[\left(\sin\frac{3\pi}{7}-\sin\frac{\pi}{7}\right)+\left(\sin\frac{5\pi}{7}-\sin\frac{3\pi}{7}\right)\right.$

$\left.+\left(\sin\pi-\sin\frac{5\pi}{7}\right)\right]$

$=\frac{-\sin\frac{\pi}{7}}{2\sin\frac{\pi}{7}}=-\frac{1}{2}.$

例 4 求证：$\sin x+\sin 3x+\sin 5x=\frac{\sin^2 3x}{\sin x}$.

证明 $\sin x+\sin 3x+\sin 5x=\sin 3x+2\sin 3x\cos 2x$

$=\sin 3x(2\cos 2x+1)$

$=\sin 3x\cdot\frac{2\cos 2x\sin x+\sin x}{\sin x}$

$=\sin 3x\cdot\frac{\sin 3x-\sin x+\sin x}{\sin x}$

$=\frac{\sin^2 3x}{\sin x}.$

例 5 如果 A，B 在，C 是△ABC 的三个内角，求证：

$\sin^2 A+\sin^2 B+\cos^2 C+2\sin A\sin B\cos(A+B)=1.$

证明 $\sin^2 A+\sin^2 B+\cos^2 C+2\sin A\sin B\cos(A+B)$

$=\frac{1-\cos 2A}{2}+\frac{1-\cos 2B}{2}+\cos^2 C-[\cos(A+B)$

$-\cos(A-B)]\cos(A+B)$

$=1-\frac{1}{2}(\cos 2A+\cos 2B)+\cos^2 C-\cos^2 C$

$+\cos(A-B)\cos(A+B)$

$=1-\frac{1}{2}\cdot 2\cos(A+B)\cos(A-B)$

$+\cos(A-B)\cos(A+B)$

$=1.$

例 6 已知 $\sin A+\sin B+\sin C=0$，$\cos A+\cos B+\cos C=0$，求 $\cos^2 A+\cos^2 B+\cos^2 C$ 的值.

解 $\cos^2 A+\cos^2 B+\cos^2 C$

$$=\frac{1+\cos 2A}{2}+\frac{1+\cos 2B}{2}+\frac{1+\cos 2C}{2}$$

$$=\frac{3}{2}+\frac{1}{2}(\cos 2A+\cos 2B+\cos 2C)$$

由已知条件，有$\begin{cases}\sin C=-(\sin A+\sin B) & ①\\ \cos C=-(\cos A+\cos B) & ②\end{cases}$

把①②两边平方后相加，得 $1=2+2\cos(A-B)$，可得

$$\cos(A-B)=-\frac{1}{2}.$$

再把②①两边平方后相减，得

$$\cos 2C=\cos 2A+\cos 2B+2\cos(A+B).$$

于是有 $\cos^2 A+\cos^2 B+\cos^2 C$

$$=\frac{3}{2}+\frac{1}{2}[\cos 2A+\cos 2B+\cos 2A+\cos 2B+2\cos(A+B)]$$

$$=\frac{3}{2}+\cos 2A+\cos 2B+\cos(A+B)$$

$$=\frac{3}{2}+2\cos(A+B)\cos(A-B)+\cos(A+B)$$

$$=\frac{3}{2}+2\cos(A+B)\times\left(-\frac{1}{2}\right)+\cos(A+B)$$

$$=\frac{3}{2}.$$

例7 设 $\sin\alpha\neq 0$，且 $n\in\mathbf{N}^*$，求证

$$\cos\alpha+\cos 3\alpha+\cos 5\alpha+\cdots+\cos(2n-1)\alpha=\frac{\sin 2n\alpha}{2\sin\alpha}.$$

证明 方法一 这是与自然数 n 有关的命题，可以用数学归纳法来证明.

(1) 当 $n=1$ 时，左边 $=\cos\alpha$，右边 $=\frac{\sin 2\alpha}{2\sin\alpha}=\cos\alpha$，命题成立.

(2) 假设 $n=k$ 时命题成立，即

$$\cos\alpha+\cos 3\alpha+\cos 5\alpha+\cdots+\cos(2k-1)\alpha=\frac{\sin 2k\alpha}{2\sin\alpha}.$$

当 $n=k+1$ 时，

$$\cos\alpha+\cos 3\alpha+\cos 5\alpha+\cdots+\cos(2k-1)\alpha+\cos[2(k+1)-1]\alpha$$

$$=\frac{\sin 2k\alpha}{2\sin\alpha}+\cos(2k+1)\alpha=\frac{\sin 2k\alpha+2\cos(2k+1)\alpha\sin\alpha}{2\sin\alpha}$$

$$=\frac{\sin 2k\alpha+\sin(2k+2)\alpha-\sin 2k\alpha}{2\sin\alpha}=\frac{\sin 2(k+1)\alpha}{2\sin\alpha}$$

所以当 $n=k+1$ 命题也成立.

综合(1)(2)可知，对任意自然数 n，命题都成立.

方法二　这类问题也可以用积化和差公式来证明.

$$2\cos\alpha\sin\alpha=\sin2\alpha$$

$$2\cos3\alpha\sin\alpha=\sin4\alpha-\sin2\alpha$$

$$2\cos5\alpha\sin\alpha=\sin6\alpha-\sin4\alpha$$

$$\cdots$$

$$2\cos(2n-1)\alpha\sin\alpha=\sin2n\alpha-\sin2(n-1)\alpha$$

把以上各式相加，可得

$$2\sin\alpha\ [\cos\alpha+\cos3\alpha+\cos5\alpha+\cdots+\cos(2n-1)\alpha]\ =\sin2n\alpha.$$

因此

$$\cos\alpha+\cos3\alpha+\cos5\alpha+\cdots+\cos(2n-1)\alpha=\frac{\sin2n\alpha}{2\sin\alpha}.$$

习题 4.5

1. 化简下列各式.

(1) $\cos20°+\cos100°+\cos140°$；　(2) $\cos10°\cos30°\cos50°\cos70°$；

(3) $\tan17°+\tan28°+\tan17°\tan28°$；　(4) $\tan9°-\tan27°-\tan63°+\tan81°$.

2. 已知 $\sin\left(x-\frac{3\pi}{4}\right)\cdot\cos\left(x-\frac{\pi}{4}\right)=-\frac{1}{4}$，求 $\cos4x$ 的值.

3. 证明：

(1) $\sin^2(A+B)+\sin^2(A-B)+\cos2A\cos2B$；

(2) $\dfrac{2\sin2A+2\cos2A}{\cos A-\sin A-\cos3A+\sin3A}$.

4. 已知 $\sin\alpha-\sin\beta=-\frac{1}{2}$，$\cos\alpha-\cos\beta=\frac{1}{2}$，且 α，β 为锐角，求 $\cos(\alpha-\beta)$ 及 $\tan(\alpha-\beta)$ 的值.

5. 在△ABC 中，若 $\log_2\sin A-\log_2\cos B+\log_2\sin C=1$，试判定此三角形为何种三角形.

6. 在△ABC 中，若 $\sin A\sin B<\cos A\cos B$，试判定△$ABC$ 的形状.

7. 已知 A，B 是直角三角形的两个锐角，而 $\sin A$ 和 $\sin B$ 是方程 $4x^2-2(\sqrt{3}+1)x+k=0$ 的两个根，求 A，B 和 k.

8. 设关于 x 的方程 $a\cos x+b\sin x+c=0$ 在 $[0,\ \pi]$ 上有相异二实根 α 和 β，求 $\sin(\alpha+\beta)$.

9. 设 A，B，C 是三角形的三个内角，求证：

(1) $2(1+\cos A\cos B\cos C)=\sin^2A+\sin^2B+\sin^2C$；

(2) $\sin2A+\sin2B+\sin2C=4\sin A\sin B\sin C$；

(3) $\cos A+\cos B+\cos C=1+4\sin\frac{A}{2}\sin\frac{B}{2}\sin\frac{C}{2}$；

（4）$\cot\frac{A}{2}+\cot\frac{B}{2}+\cot\frac{C}{2}=\cot\frac{A}{2}\cot\frac{B}{2}\cot\frac{C}{2}$.

10. 在$\triangle ABC$中，已知$2\cos B\sin C=\sin A$，求证$\triangle ABC$为等腰三角形.

§4.6 三角函数的图象和性质

欧拉出生于瑞士，31岁丧失了右眼的视力，59岁双眼失明，但他性格乐观，有惊人的记忆力及集中力. 他一生谦逊，很少用自己的名字给他发现的东西命名，不过还是命名了一个最重要的一个常数——e. 欧拉在《无穷小分析引论》中把三角学作为一门关于三角函数的科学进行研究，并从不多的几个基本公式推导出全部三角公式. 欧拉提出三角函数是对应的函数线与圆半径的比值，令圆的半径为1，并引入弧度制，从而简化了三角公式的计算.

从历史发展的角度来看，三角学正式诞生于古希腊时期，此后广泛用于天文学的计算. 但是那时的三角学只限于处理360°以内的角度. 直到18世纪的欧拉时代才开始处理任意角而产生三角函数，在坐标系上画出图象，并用微积分方法进行研究.

三角函数的重要性在于它的周期性. 自然现象中的单摆、潮汐、音叉震动、三相交流电等，都是周期运动. 将三角函数放到周期的背景下学习才能更明确三角函数的真谛. 通过观察图象，掌握三角函数的单调性、奇偶性、周期性，才能更准确地研究三角函数.

本节将学习如何灵活运用三角函数的图象和性质，掌握两种作图方法："五点法"和变换法（平移、对称、伸缩）. 深刻理解三角函数的性态对于后续微积分的学习具有非常重要的意义.

4.6.1 常见三角函数的图象和性质

在中学数学中我们已经知道，三角函数$y=\sin x$，$y=\cos x$，$y=\tan x$，$y=\cot x$的图象如图4－12、图4－13所示。

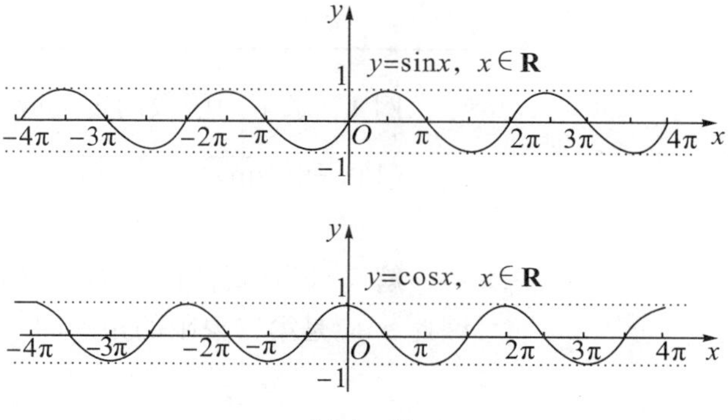

图4－12

由于正割函数、余割函数的应用较少，而它们的性质又分别可以从余弦函数、正弦函数推得，所以通常对它们不作专门研究.

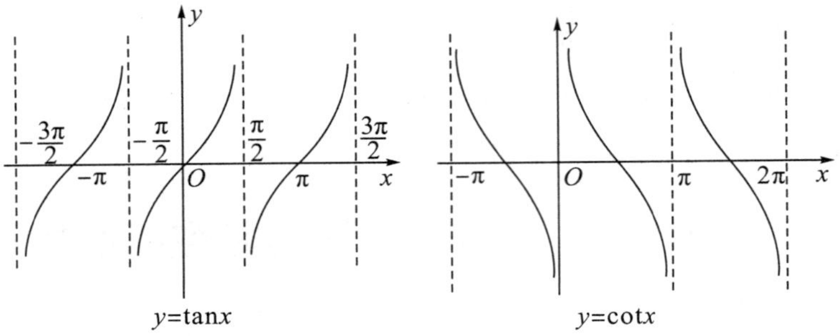

图 4－13

三角函数 $y=\sin x$，$y=\cos x$，$y=\tan x$，$y=\cot x$ 的基本性质如下：

函数	$y=\sin x$	$y=\cos x$	$y=\tan x$	$y=\cot x$
定义域	$(-\infty, +\infty)$	$(-\infty, +\infty)$	$\left\{x \mid x\neq k\pi+\frac{\pi}{2}, k\in\mathbf{Z}\right\}$	$\left\{x \mid x\neq k\pi, k\in\mathbf{Z}\right\}$
值域	$[-1, 1]$	$[-1, 1]$	$(-\infty, +\infty)$ 无最值	$(-\infty, +\infty)$ 无最值
周期	最小正周期 2π		最小正周期 π	
奇偶性	奇函数	偶函数	奇函数	奇函数
单调性	$\left[2k\pi-\frac{\pi}{2}, 2k\pi+\frac{\pi}{2}\right]$ $(k\in\mathbf{Z})$ 上单调增加 $\left[2k\pi+\frac{\pi}{2}, 2k\pi+\frac{3\pi}{2}\right]$ $(k\in\mathbf{Z})$ 上单调减少	$[(2k-1)\pi, 2k\pi]$ $(k\in\mathbf{Z})$ 上单调增加 $[2k\pi, (2k+1)\pi]$ $(k\in\mathbf{Z})$ 上单调减少	$\left(k\pi-\frac{\pi}{2}, k\pi+\frac{\pi}{2}\right)$ $(k\in\mathbf{Z})$ 内单调增加	$[k\pi, (k+1)\pi]$ $(k\in\mathbf{Z})$ 内单调减少

例 1 求下列函数的定义域：

(1) $y=\sqrt[4]{\sin x}+\sqrt{-\tan x}$；　　(2) $y=\dfrac{1-\tan 2x}{\sin^2\dfrac{x}{2}-1}$.

解 (1) 要使函数有意义，应使 $\sin x\geqslant 0$ 同时 $\tan x\leqslant 0$，因此 x 应是第二象限的角. 即

$$2k\pi+\frac{\pi}{2}<x<(2k+1)\pi(k\in\mathbf{Z}).$$

同时注意到当 $x=k\pi$ 时，函数也有意义，所以函数的定义域为

$$\left\{x \mid 2k\pi+\frac{\pi}{2}<x<(2k+1)\pi \text{ 或 } x=k\pi,\ k\in\mathbf{Z}\right\}.$$

（2）要使 $\tan 2x$ 有意义，应使 $2x\neq k\pi+\frac{\pi}{2}$，即

$$x\neq\frac{k\pi}{2}+\frac{\pi}{4};$$

同时又要求 $\sin^2\frac{x}{2}-1\neq 0$，则有 $\frac{x}{2}\neq k\pi+\frac{\pi}{2}$，即

$$x\neq(2k+1)\pi.$$

所以函数的定义域为 $\left\{x \mid x\neq\frac{k\pi}{2}+\frac{\pi}{4} \text{ 且 } x\neq(2k+1)\pi,\ k\in\mathbf{Z}\right\}$.

例 2 判断下列函数的奇偶性：（1）$y=\sqrt{2}\sin 2x$；（2）$y=\sqrt{1-\cos x}+\sqrt{\cos x-1}$.

解 （1）函数的定义域为 $(-\infty,+\infty)$，由于

$$f(-x)=\sqrt{2}\sin 2(-x)=-\sqrt{2}\sin 2x=-f(x),$$

所以 $y=\sqrt{2}\sin 2x$ 为奇函数；

（2）由不等式组 $\begin{cases}1-\cos x\geqslant 0\\ \cos x-1\geqslant 0\end{cases}$ 可得 $\cos x=1$，可知函数的定义域为

$$\{x \mid x=2k\pi,\ k\in\mathbf{Z}\}.$$

当 $x=2k\pi$ 时，函数值始终为 0. 显然

$$f(-x)=-f(x)=f(x)=0,$$

所以 $y=\sqrt{1-\cos x}+\sqrt{\cos x-1}$ 既是奇函数也是偶函数.

例 3 讨论函数 $y=3\cos 2x-5$ 的单调性.

解 根据余弦函数 $y=\cos x$ 的单调性可知，题中函数当

$$2k\pi\leqslant 2x\leqslant 2k\pi+\pi \text{ 即 } k\pi\leqslant x\leqslant k\pi+\frac{\pi}{2}$$

时单调递减，当

$$2k\pi-\pi\leqslant 2x\leqslant 2k\pi \text{ 即 } k\pi-\frac{\pi}{2}\leqslant x\leqslant k\pi$$

时单调递增.

所以函数 $y=3\cos 2x-5$ 在区间 $\left[k\pi,\ k\pi+\frac{\pi}{2}\right]$ 上单调递减，在区间 $\left[k\pi-\frac{\pi}{2},\ k\pi\right]$ 上单调递增.

例 4 求函数 $f(x)=\log_{\frac{1}{2}}\left[\cos\left(\frac{x}{3}+\frac{\pi}{4}\right)\right]$ 的单调递增区间.

应先考虑函数的定义域，再结合函数的单调性来确定单调区间.

解 由函数的定义域知 $\cos\left(\frac{x}{3}+\frac{\pi}{4}\right)>0$，则

$$2k\pi-\frac{\pi}{2}<\frac{x}{3}+\frac{\pi}{4}<2k\pi+\frac{\pi}{2}\ (k\in\mathbf{Z})$$

而 $y=\log_{\frac{1}{2}}x$ 是减函数，则 $2k\pi<\frac{x}{3}+\frac{\pi}{4}<2k\pi+\frac{\pi}{2}$，

即 $6k\pi-\frac{3\pi}{4}<x<6k\pi+\frac{3\pi}{4}$时，函数 $f(x)=\log_{\frac{1}{2}}\left[\cos\left(\frac{x}{3}+\frac{\pi}{4}\right)\right]$ 递增.

例 5 解不等式 $\sin x>1+\cos x$.

解 不等式可化为

$$\sin x-\cos x>1$$

左边是 $\sin x$ 和 $\cos x$ 的一次式，可化为

$$\sqrt{2}\sin\left(x-\frac{\pi}{4}\right)>1,$$

即解三角不等式

$$\sin\left(x-\frac{\pi}{4}\right)>\frac{\sqrt{2}}{2}.$$

根据正弦函数的单调性（图 4－14）可得

$$2k\pi+\frac{\pi}{4}<x-\frac{\pi}{4}<2k\pi+\frac{3\pi}{4},$$

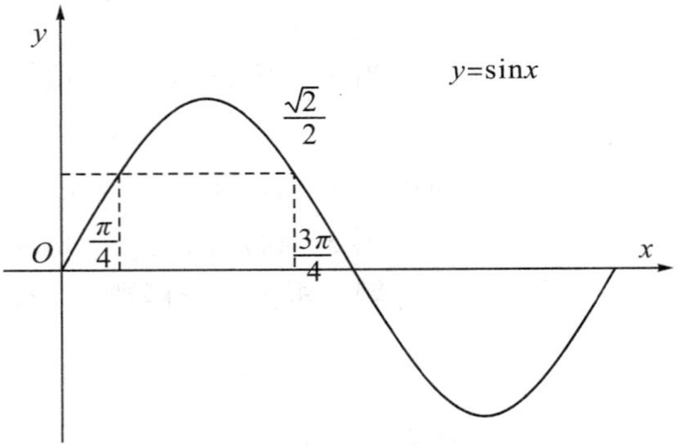

图 4－14

所以不等式的解为

$$\left\{x\mid 2k\pi+\frac{\pi}{2}<x<2k\pi+\pi,\ k\in\mathbf{Z}\right\}.$$

例 6 已知 α，β 为锐角，且 $3\sin^2\alpha+2\sin^2\beta=1$，$3\sin2\alpha-2\sin2\beta=0$，求证 $\alpha+2\beta=\frac{\pi}{2}$.

证明 方法一 由已知条件，可得

$$\cos2\beta=3\sin^2\alpha,\quad \sin2\beta=\frac{3}{2}\sin2\alpha=3\sin\alpha\cos\alpha,$$

从而推出

$$\begin{aligned}\cos(\alpha+2\beta)&=\cos\alpha\cos2\beta-\sin\alpha\sin2\beta\\&=\cos\alpha\cdot3\sin^2\alpha-\sin\alpha\cdot3\sin\alpha\cos\alpha\\&=0,\end{aligned}$$

又因为 $0<\alpha$，$\beta<\frac{\pi}{2}$，可知 $0<\alpha+2\beta<\frac{3\pi}{2}$. 而在 $\left(0,\frac{3\pi}{2}\right)$内，余弦函数 $y=\cos x$ 当且仅当 $x=\frac{\pi}{2}$时等于0. 因此

$$\alpha+2\beta=\frac{\pi}{2}.$$

方法二　由已知条件，可得

$$\cos2\beta=3\sin^2\alpha,\ \sin2\beta=3\sin\alpha\cos\alpha.$$

把以上两式相除，得

$$\tan\alpha=\cot2\beta \text{ 即 } \cot\left(\frac{\pi}{2}-\alpha\right)=\cot2\beta,$$

由于 $0<\alpha$，$\beta<\frac{\pi}{2}$，可知 $0<\frac{\pi}{2}-\alpha<\frac{\pi}{2}$，$0<2\beta<\pi$，由余切函数的性质可知在区间 $(0,\pi)$上 $y=\cot x$ 是单调函数，因此也是单值函数. 则有

$$\frac{\pi}{2}-\alpha=2\beta \text{ 即 } \alpha+2\beta=\frac{\pi}{2}.$$

4.6.2　一般正弦型函数 $y=A\sin(\omega x+\varphi)$的图象和性质

形如 $y=A\sin(\omega x+\varphi)$的函数是在工程技术和科学实验中常常会遇到的一种函数，它的图形称为**正弦型曲线**. 在解析式 $y=A\sin(\omega x+\varphi)$中，$A$，$\omega$，$\varphi$ 为常数，并且 $A\neq0$，$\omega>0$，$\varphi\in\mathbf{R}$. 其中 A 称为**振幅**，$T=\frac{2\pi}{\omega}$称为**周期**，$f=\frac{1}{T}=\frac{\omega}{2\pi}$称为**频率**，$\omega x+\varphi$ 称为**相位**，φ 称为**初相**.

函数 $y=A\sin(\omega x+\varphi)(A>0)$ 的图象可用“五点作图法”得到，也可以正弦函数 $y=\sin x$ 的图形为基础，用图象变换的方法得到. 其方法如下：

(1) 在直角坐标系 $x'Oy'$里作出正弦函数 $y=\sin x$ 的图象.

(2) 把正弦函数 $y=\sin x$ 的图象上各点的纵坐标乘以 A 而横坐标不变，作出函数 $y=A\sin x$ 的图象，这种变换叫做振幅变换.

(3) 把函数 $y=A\sin x$ 的图象上各点的横坐标除以 $\omega(\omega>0)$，而纵坐标不变，作出函数 $y=A\sin\omega x$ 的图象，这种变换叫做周期变化.

(4) 把纵坐标轴平移，当 $\varphi>0$ 时，y'轴向右平移$\frac{\varphi}{\omega}$个单位；当 $\varphi<0$ 时，y'轴向左平移$\left|\frac{\varphi}{\omega}\right|$个单位，就得到一般正弦函数在坐标系 xOy 里的图象，这种变换叫做相位变换.

运用“五点作图法”，对于函数 $y=A\sin(\omega x+\varphi)$ $(A>0)$ 令 $\omega x+\varphi$ 分别为

0，$\frac{\pi}{2}$，π，$\frac{3\pi}{2}$，2π，

找到 x 的对应点、求出 y 值连线、作出简图.

例 7 用“五点作图法”作函数 $y=3\sin\left(2x+\frac{\pi}{3}\right)$的简图，并指出函数的周期和单调区间.

解 (1) 函数的周期 $T=\frac{2\pi}{2}=\pi$，振幅为 $A=3$.

(2) 列表：

$2x+\frac{\pi}{3}$	0	$\frac{\pi}{2}$	π	$\frac{3\pi}{2}$	2π
x	$-\frac{\pi}{6}$	$\frac{\pi}{12}$	$\frac{\pi}{3}$	$\frac{7\pi}{12}$	$\frac{5\pi}{6}$
y	0	3	0	-3	0

(3) 描点.

(4) 用光滑的曲线顺次连接各点，如图 4－15 所示.

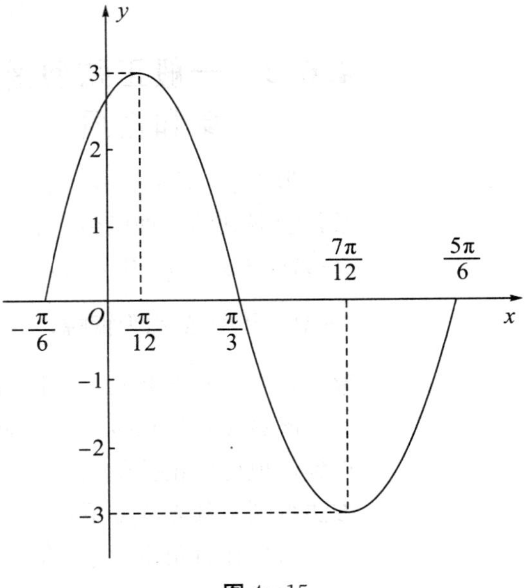

图 4－15

(5) 单位区间：由图可知在一个周期内，函数在$\left[\frac{\pi}{12},\ \frac{7\pi}{12}\right]$上递减，在$\left[-\frac{5\pi}{12},\ \frac{\pi}{12}\right]$上递增. 又函数的周期为 π，所以函数的单调递减区间$\left[k\pi+\frac{\pi}{12},\ k\pi+\frac{7\pi}{12}\right](k\in\mathbf{Z})$，函数的

单调递增区间为$\left[k\pi-\frac{5\pi}{12}, k\pi+\frac{\pi}{12}\right](k\in\mathbf{Z})$.

通过前面的叙述我们已经知道，正弦型函数 $y=A\sin(\omega x+\varphi)$的最小正周期为 $T=\frac{2\pi}{|\omega|}$. 类似地，函数 $y=A\cos(\omega x+\varphi)$的最小正周期也为 $T=\frac{2\pi}{|\omega|}$，而函数 $y=\tan(\omega x+\varphi)$ 和 $y=\cot(\omega x+\varphi)$的最小正周期均为 $T=\frac{\pi}{|\omega|}$.

例 8 （1）求函数 $y=\tan x-\cot x$ 的最小正周期.

（2）求函数 $f(x)=|\sin x|+|\cos x|$ 的最小正周期.

解 （1）函数 $y=\tan x-\cot x$ 可化为

$$y=\frac{\sin x}{\cos x}-\frac{\cos x}{\sin x}=\frac{\sin^2 x-\cos^2 x}{\sin x\cos x}=-\frac{2\cos 2x}{\sin 2x}=-2\cot 2x,$$

所以函数 y 的最小正周期为 $T=\frac{\pi}{2}$.

（2）函数
$$\begin{aligned}f(x)&=\sqrt{\sin^2 x}+\sqrt{\cos^2 x}\\&=\sqrt{(\sqrt{\sin^2 x}+\sqrt{\cos^2 x})^2}\\&=\sqrt{1+2\sqrt{\sin^2 x\cos^2 x}}\\&=\sqrt{1+\sqrt{\frac{1-\cos 4x}{2}}},\end{aligned}$$

所以 $f(x)$ 的最小正周期为 $T=\frac{2\pi}{4}=\frac{\pi}{2}$.

例 9 设函数 $f(x)=\cos^6 x+\sin^6 x$，试求：

（1）$f(x)$ 的最小正周期；(2)$f(x)$ 的最小值和最大值.

解
$$\begin{aligned}f(x)&=(\cos^2 x)^3+(\sin^2 x)^3\\&=(\cos^2 x+\sin^2 x)(\cos^4 x-\cos^2 x\sin^2 x+\sin^4 x)\\&=(\cos^2 x+\sin^2 x)^2-3\cos^2 x\sin^2 x\\&=1-\frac{3}{4}\sin^2 2x\\&=1-\frac{3}{4}\left(\frac{1-\cos 4x}{2}\right)=\frac{5}{8}+\frac{3}{8}\cos 4x.\end{aligned}$$

（1）$f(x)$ 的最小正周期 $T=\frac{2\pi}{4}=\frac{\pi}{2}$；

（2）当 $\cos 4x=-1$ 时，$f(x)$ 有最小值$\frac{1}{4}$；当 $\cos 4x=1$ 时，$f(x)$ 有最大值 1.

例 10 作函数 $y=|\sin x|$ 和 $y=\sin|x|$ 的图象，并且分别讨论它们的奇偶性和周期性.

解 (1) $y=|\sin x|=\begin{cases}\sin x, & \sin x\geqslant 0\\ -\sin x, & \sin x<0\end{cases}$

的图象如图 4－16 所示. 又因为 $|\sin(-x)|=|-\sin x|=|\sin x|$，所以 $y=|\sin x|$ 是偶函数，且以 π 为最小正周期.

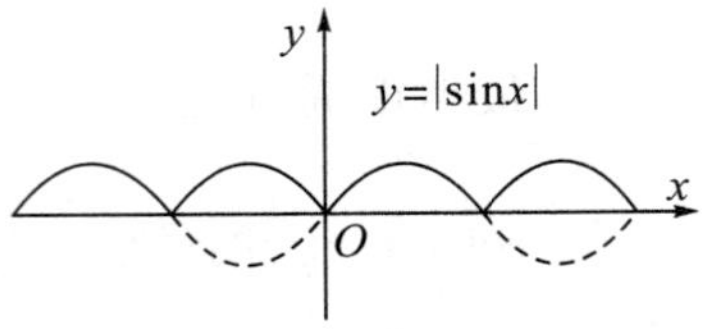

图 4－16

(2) $y=\sin|x|=\begin{cases}\sin x, & x\geqslant 0\\ -\sin x, & x<0\end{cases}$

的图象如图 4－17 所示. 又因为 $\sin|-x|=\sin|x|$，所以 $y=|\sin x|$ 是偶函数，但不是周期函数.

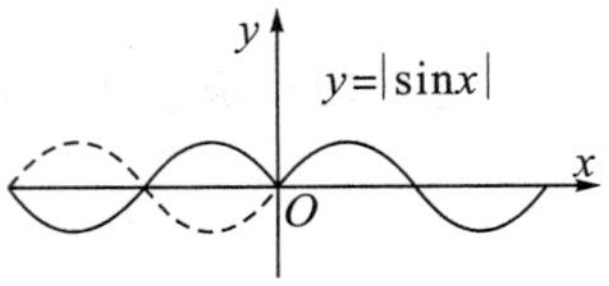

图 4－17

习题 4.6

1. 确定下列函数的定义域.

(1) $y=\sqrt{\cos(\sin x)}+36$；　　(2) $y=5\lg\sin x+2\sqrt{192-3x^2}$；

(3) $y=\dfrac{2\cos x}{\sin x-\cos x}+4$；　　(4) $y=\sqrt{\sin x+1}$.

2. 下列各式有意义吗？为什么？

(1) $\sin x=-1.0001$；　　(2) $\cos x=m^2+1(m\neq 0)$；

(3) $\cos x=\dfrac{1}{\sqrt{3}-\sqrt{2}}$；　　(4) $y=\sqrt{\sin x-2}$.

3. 求下列各函数的周期.

(1) $y=\sin x\cos x$；　　(2) $y=\sin^2 x$；

(3) $y=\sin x+\cos x$；　　(4) $y=\tan x+\cot x$.

4. 判断下列函数的奇偶性.

(1) $y=-\sin x$；　　(2) $y=|\sin x|$；　　(3) $y=3\sin x+1$.

5. 图 4－18 所示是函数 $y=A\cos(\omega x+\varphi)$ 的图象，试求 A，ω 和 φ.

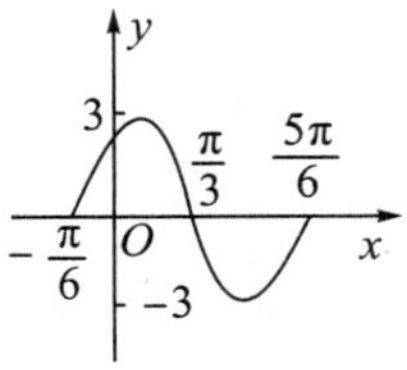

图 4－18

6. 设 $f(x)=\sin\left(\dfrac{kx}{5}+\dfrac{\pi}{3}\right)$，其中 $k\neq 0$.

(1) 求 $f(x)$ 的最大值、最小值及最小正周期；

(2) 求最小的正整数 k，使得当自变量 x 在任意两个整数之间变化时，函数 $f(x)$ 至少有一个值是 M，有一个值是 m.

7. 解不等式 $\cos x > 1-\sqrt{3}\sin x$.

8. 求证：对任意实数 x，$-4 \leqslant \cos 2x + 3\sin x \leqslant \frac{17}{8}$.

9. 求函数 $f(x)=\log_{\sin x}\left(\cos x+\frac{1}{2}\right)$ 的定义域.

10. 求函数 $f(x)=2\sin^2 x+4\cos^2 x-8\sin x\cos x+5$ 的最大值和最小值.

11. 求函数 $f(x)=2+\sqrt{2}\sin\left(2x+\frac{\pi}{4}\right)$ 的最小正周期和最小值.

§4.7　反三角函数

特殊值的角可以通过三角函数值对应角的值而得到，但是非特殊角如何表示呢？反三角函数（inverse trigonometric function）就解决了这个问题. 在求解三角方程时，解就需要用反三角函数表示.

欧拉提出反三角函数的概念，并且首先使用了"arc＋函数名"的形式表示反三角函数.

反三角函数是一类初等函数，指三角函数的反函数. 由于基本三角函数具有周期性，所以反三角函数是多值函数.

但是，在实函数中一般只研究单值函数，只把定义在包含锐角的单调区间上的基本三角函数的反函数称为**反三角函数**，亦称**反圆函数**. 为了得到单值对应的反三角函数，人们把全体实数分成许多区间，使每个区间内的每个有定义的 y 值都只能有唯一确定的 x 值与之对应. 为了使单值的反三角函数所确定区间具有代表性，常遵循如下条件：

(1) 为了保证函数与自变量之间的单值对应，确定的区间必须具有单调性；

(2) 函数在这个区间最好是连续的（这里之所以说最好，是因为反正割和反余割函数是间断的）；

(3) 为了使研究方便，常要求所选择的区间包含 0 到 $\frac{\pi}{2}$ 的角；

(4) 所确定的区间上的函数值域应与反函数的定义域相同. 这样确定的反三角函数就是单值的.

本节将介绍反正弦函数、反余弦函数、反正切函数的定义、性质、图象，需要掌握其基本计算、非主值区间上反三角函数的表示方法.

4.7.1 正弦函数的反函数

由正弦函数 $y=\sin x$ 的图象可以看出，在函数的定义域 $(-\infty,+\infty)$ 里每一个 x 的值，都对应着唯一的实数 y；但是，在函数的值域 $[-1,1]$ 里的每一个 y 的值，却对应着无穷多个实数 x. 所以在正弦函数的整个定义域内不存在反函数. 但如果把正弦函数的定义域划分成许多单调区间，那么在每一个单调区间里，自变量 x 和函数 y 之间就建立了一一对应的关系，这时也就可以看成 y 的函数. 我们把这样导出的函数叫做这个区间上函数 $y=\sin x$ 的反函数.

在区间 $\left[-\frac{\pi}{2},\ \frac{\pi}{2}\right]$ 上正弦函数 $y=\sin x$（图 4－19）的反函数，叫做**反正弦函数**，记作 $y=\arcsin x$（图 4－20），并把区间 $\left[-\frac{\pi}{2},\ \frac{\pi}{2}\right]$ 叫做反正弦函数 $y=\arcsin x$ 的**主值区间**. 反正弦函数的定义域是 $[-1,1]$，值域是 $\left[-\frac{\pi}{2},\ \frac{\pi}{2}\right]$.

三角函数与反三角函数关于 $y=x$ 对称：

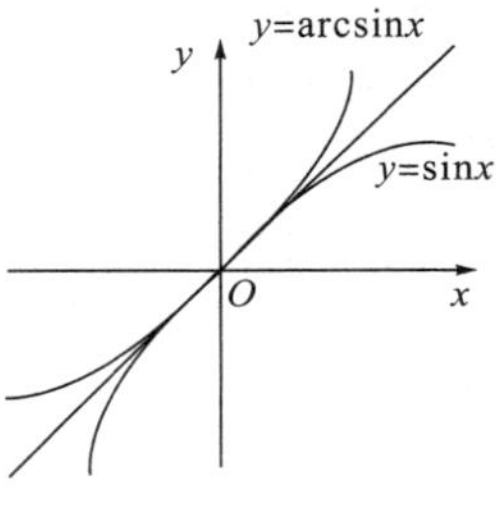

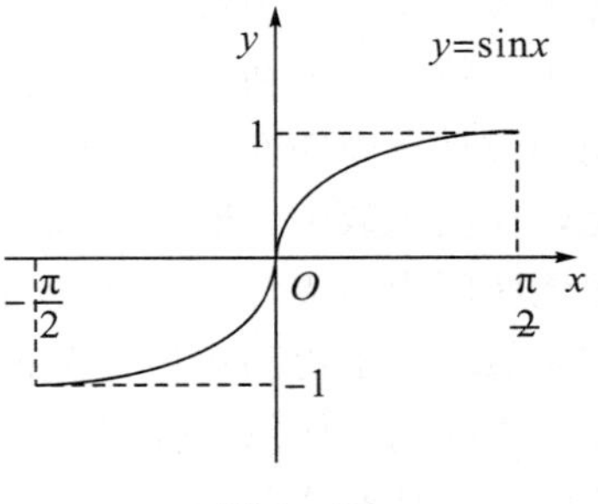

图 4－19

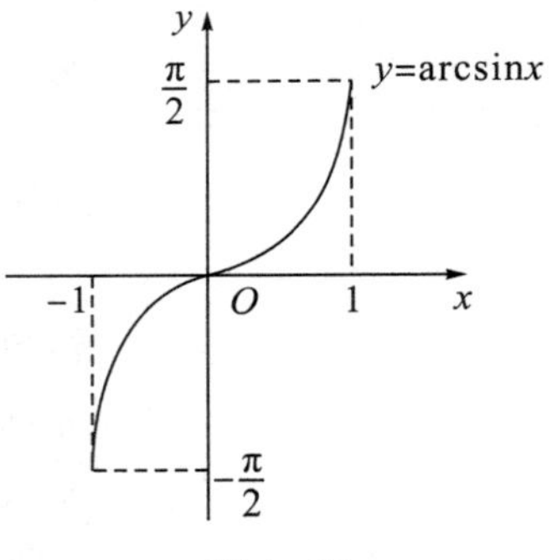

图 4－20

例 1 求函数 $y=\arcsin\frac{1+x^2}{5}$ 的定义域.

解 由反正弦函数的定义域可知

$$\left|\frac{1+x^2}{5}\right|\leqslant 1,$$

解此不等式，得 $-2\leqslant x\leqslant 2$，故函数的定义域为 $\{x\mid -2\leqslant x\leqslant 2\}$.

例 2 求正弦函数 $y=\sin x$ 在区间 $\left[\frac{5\pi}{2},\ \frac{7\pi}{2}\right]$ 上的反函数.

解 反正弦函数的主值区间为 $\left[-\frac{\pi}{2},\ \frac{\pi}{2}\right]$，也就是说只有

当 $x\in\left[-\frac{\pi}{2},\ \frac{\pi}{2}\right]$时，$y=\sin x$ 的反函数才能用 $x=\arcsin y$ 表示. 这里$\frac{5\pi}{2}\leqslant x\leqslant\frac{7\pi}{2}$，但$-\frac{\pi}{2}\leqslant x-3\pi\leqslant\frac{\pi}{2}$，又由于

$\sin(x-3\pi)=-\sin(3\pi-x)=-\sin(\pi-x)=-\sin x$
$=-y$，则有 $x-3\pi=\arcsin(-y)$，即 $x=3\pi-\arcsin y$，
所以 $y=\sin x$ 在区间$\left[\frac{5\pi}{2},\ \frac{7\pi}{2}\right]$上的反函数为

$$y=3\pi-\arcsin x.$$

4.7.2 反三角函数的性质与图形

$y=\operatorname{arccot}x$，定义域$(-\infty,+\infty)$，主值区间$(0,\pi)$，非奇非偶函数，$\operatorname{arccot}(-x)=\pi-\operatorname{arccot}x$.

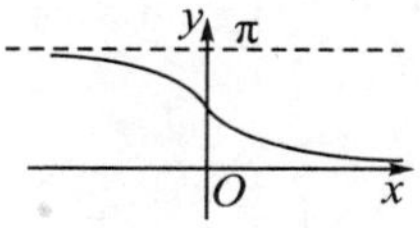

类似地可以定义反余弦函数、反正切函数等，常见的反三角函数的性质与图形如下表所示.

函数	$y=\arcsin x$	$y=\arccos x$	$y=\arctan x$
定义域	$[-1,1]$	$[-1,1]$	$(-\infty,+\infty)$
主值区间	$\left[-\frac{\pi}{2},\frac{\pi}{2}\right]$	$[0,\pi]$	$\left(-\frac{\pi}{2},\frac{\pi}{2}\right)$
奇偶性	奇函数 $\arcsin(-x)$ $=-\arcsin x$	非奇非偶 $\arccos(-x)$ $=\pi-\arccos x$	奇函数 $\arctan(-x)$ $=-\arctan x$
单调性	增函数	减函数	增函数
其他性质	$\sin(\arcsin x)=x$ $\lvert x\rvert\leqslant 1$	$\cos(\arccos x)=x$ $\lvert x\rvert\leqslant 1$	$\tan(\arctan x)=x$ $-\infty<x<+\infty$
	$\arcsin(\sin y)=y$ $-\frac{\pi}{2}\leqslant y\leqslant\frac{\pi}{2}$	$\arccos(\cos y)=y$ $0\leqslant y\leqslant\pi$	$\arctan(\tan y)=y$ $-\frac{\pi}{2}<y<\frac{\pi}{2}$
图形	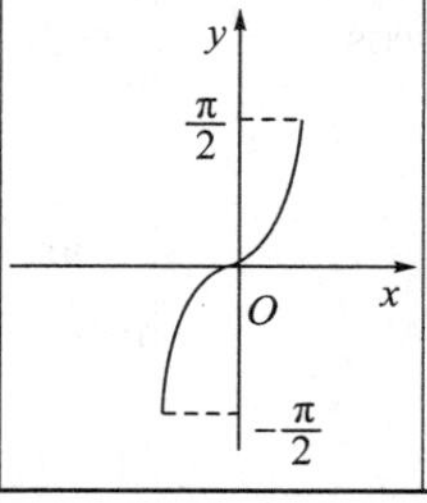	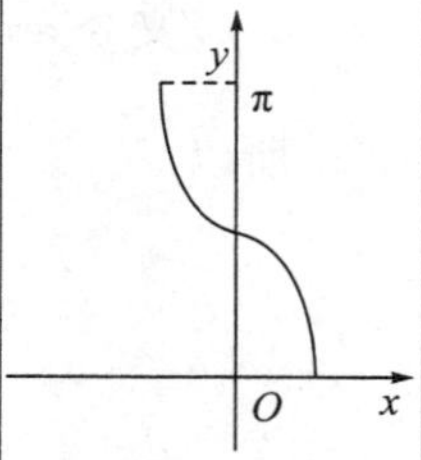	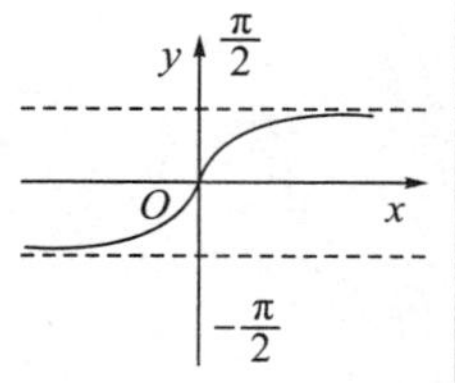

例 3 求下列各式中的 x 的值.

(1) $\arccos x=\frac{2\pi}{3}$； (2) $\arctan x=\frac{\pi}{3}$.

解 (1) 由 $\arccos x=\frac{2\pi}{3}$可得 $\cos\frac{2\pi}{3}=x$，所以 $x=-\frac{1}{2}$；

(2) 由 $\arctan x=\frac{\pi}{3}$可得 $\tan\frac{\pi}{3}=x$，所以 $x=\sqrt{3}$.

例 4 求下列各式的值.

（1）$\arccos\left(-\frac{1}{2}\right)$；　　（2）$\sin\left(\arccos\frac{\sqrt{2}}{2}\right)$；

（3）$\cos\left(2\arcsin\frac{1}{3}\right)$；　　（4）$\sin\{\arccos[\tan(\arcsin x)]\}$.

（5）$\arcsin\left(\sin\frac{6\pi}{5}\right)$.

解　（1）令 $\arccos\left(-\frac{1}{2}\right)=\theta$，则有 $\cos\theta=-\frac{1}{2}$，$\theta\in[0,\pi]$，可知 $\theta=\frac{2\pi}{3}$；

（2）令 $\arccos\frac{\sqrt{2}}{2}=\theta$，则有 $\cos\theta=\frac{\sqrt{2}}{2}$，$\theta\in[0,\pi]$，可知 $\theta=\frac{\pi}{4}$，所以

$$\sin\left(\arccos\frac{\sqrt{2}}{2}\right)=\sin\frac{\pi}{4}=\frac{\sqrt{2}}{2};$$

（3）令 $\arcsin\frac{1}{3}=\theta$，则有 $\sin\theta=\frac{1}{3}$，$\theta\in\left[-\frac{\pi}{2},\frac{\pi}{2}\right]$，所以

$$\cos\left(2\arcsin\frac{1}{3}\right)=\cos 2\theta=1-2\sin^2\theta=1-2\times\left(\frac{1}{3}\right)^2=\frac{7}{9};$$

求反三角函数的值，当多层反三角函数嵌套时，要从最内层开始，层层化简.

（4）令 $\arcsin x=\alpha$，则 $\sin\alpha=x$，$\alpha\in\left[-\frac{\pi}{2},\frac{\pi}{2}\right]$，可知 $\tan\alpha=\frac{\sin\alpha}{\cos\alpha}=\frac{x}{\sqrt{1-x^2}}$，所以 $\sin\{\arccos[\tan(\arcsin x)]\}=\sin[\arccos(\tan\alpha)]=\sin\left(\arccos\frac{x}{\sqrt{1-x^2}}\right)$；

又令 $\arccos\frac{x}{\sqrt{1-x^2}}=\beta$，则 $\cos\beta=\frac{x}{\sqrt{1-x^2}}$，$\beta\in[0,\pi]$，所以

$$\begin{aligned}&\sin\{\arccos[\tan(\arcsin x)]\}\\&=\sin\beta\\&=\sqrt{1-\left(\frac{x}{\sqrt{1-x^2}}\right)^2}\\&=\sqrt{\frac{1-2x^2}{1-x^2}}.\end{aligned}$$

（5）在运用公式 $\arcsin(\sin x)=x$，$x\in\left[-\frac{\pi}{2},\frac{\pi}{2}\right]$时，一定要注意只有当 $-\frac{\pi}{2}\leqslant x\leqslant\frac{\pi}{2}$时，这个公式才成立.

$$\arcsin\left(\sin\frac{6\pi}{5}\right)=\arcsin\left[\sin\left(\pi+\frac{\pi}{5}\right)\right]$$

$$=\arcsin\left(-\sin\frac{\pi}{5}\right)$$
$$=-\arcsin\left(\sin\frac{\pi}{5}\right)=-\frac{\pi}{5}.$$

例 5 证明 $\arccos(-x)=\pi-\arccos x$.

证明 令 $\arccos x=\theta$，则 $\cos\theta=x(0\leqslant\theta\leqslant\pi)$，可知 $0\leqslant\pi-\theta\leqslant\pi$，因为

$$\cos(\pi-\theta)=-\cos\theta=-x,$$

所以 $\pi-\theta=\arccos(-x)$，即 $\arccos(-x)=\pi-\arccos x$.

例 6 求函数 $y=\arccos\left(x^2-x-\frac{1}{4}\right)$的定义域.

解 由反余弦函数的定义域可知 $-1\leqslant x^2-x-\frac{1}{4}\leqslant 1$，于是解不等式组

$$\begin{cases}x^2-x-\frac{1}{4}\geqslant -1\\ x^2-x-\frac{1}{4}\leqslant 1\end{cases}，即\begin{cases}x^2-x+\frac{3}{4}\geqslant 0\\ x^2-x-\frac{5}{4}\leqslant 0\end{cases},$$

得$\frac{1-\sqrt{6}}{2}\leqslant x\leqslant\frac{1+\sqrt{6}}{2}$，因此所求的定义域为$\left[\frac{1-\sqrt{6}}{2},\frac{1+\sqrt{6}}{2}\right]$.

互余关系：

$\operatorname{arctan}x+\operatorname{arccot}x=\frac{\pi}{2}$；

$\operatorname{arccsc}x+\operatorname{arcsec}x=\frac{\pi}{2}$.

例 7 求证：$\arcsin x+\arccos x=\frac{x}{2}(-1\leqslant x\leqslant 1)$.

证明 令 $\arcsin x=\alpha$，$\arccos x=\beta$，则

$$\sin\alpha=x\left(-\frac{\pi}{2}\leqslant\alpha\leqslant\frac{\pi}{2}\right)，\cos\beta=x(0\leqslant\beta\leqslant\pi),$$

可知 $\cos\alpha=\sqrt{1-x^2}$，$\sin\beta=\sqrt{1-x^2}$. 则有

$$\sin(\alpha+\beta)=\sin\alpha\cos\beta+\cos\alpha\sin\beta$$
$$=x\cdot x+\sqrt{1-x^2}\cdot\sqrt{1-x^2}=1.$$

又由于$-\frac{\pi}{2}\leqslant\alpha\leqslant\frac{\pi}{2}$，$0\leqslant\beta\leqslant\pi$，则有$-\frac{\pi}{2}\leqslant\alpha+\beta\leqslant\frac{3\pi}{2}$. 而在$\left[-\frac{\pi}{2},\frac{3\pi}{2}\right]$内，只有当 $x=\frac{\pi}{2}$时，$\sin x$ 的值才能为 1，因此 $\alpha+\beta=\frac{\pi}{2}$.

所以 $\arcsin x+\arccos x=\frac{\pi}{2}$ $(-1\leqslant x\leqslant 1)$.

例 8 求证 $\arccos\left(-\frac{11}{14}\right)-\arccos\frac{1}{7}=\frac{\pi}{3}$.

证明 令 $\arccos\left(-\frac{11}{14}\right)=\alpha$，$\arccos\frac{1}{7}=\beta$，则 $\cos\alpha=-\frac{11}{14}$，$\cos\beta=\frac{1}{7}$，$0\leqslant\alpha$，$\beta\leqslant\pi$，可知 $\sin\alpha=\frac{5\sqrt{3}}{14}$，$\sin\beta=\frac{4\sqrt{3}}{7}$，于是

$$\cos(\alpha-\beta)=\cos\alpha\cos\beta+\sin\alpha\sin\beta$$
$$=-\frac{11}{14}\times\frac{1}{7}+\frac{5\sqrt{3}}{14}\times\frac{4\sqrt{3}}{7}=\frac{1}{2}.$$

又由 $\cos\alpha=-\frac{11}{14}$，$\cos\beta=\frac{1}{7}$ $(0\leqslant\alpha, \beta\leqslant\pi)$可以进一步确定$\frac{\pi}{2}<\alpha<\pi$，$0<\beta<\frac{\pi}{2}$，则有 $0<\alpha-\beta<\pi$. 而在 $(0, \pi)$内，只有当 $x=\frac{\pi}{3}$时，$\cos x$ 的值才能为$\frac{1}{2}$，因此 $\alpha-\beta=\frac{\pi}{3}$.

所以 $\arccos\left(-\frac{11}{14}\right)-\arccos\frac{1}{7}=\frac{\pi}{3}$.

例 9 求 $\arcsin\frac{1}{\sqrt{5}}-\arccos\left(-\frac{3}{\sqrt{10}}\right)$的值.

解 设 $\arcsin\frac{1}{\sqrt{5}}=\alpha$，则 $\sin\alpha=\frac{1}{\sqrt{5}}$，且 $0<\alpha<\frac{\pi}{2}$，可知 $\cos\alpha=\frac{2}{\sqrt{5}}$；又设 $\arccos\left(-\frac{3}{\sqrt{10}}\right)=\beta$，则 $\cos\beta=-\frac{3}{\sqrt{10}}$，且$\frac{\pi}{2}<\beta<\pi$，可知 $\sin\beta=\frac{1}{\sqrt{10}}$. 因为

$$\cos\left[\arcsin\frac{1}{\sqrt{5}}-\arccos\left(-\frac{3}{\sqrt{10}}\right)\right]=\cos(\alpha-\beta)$$
$$=\cos\alpha\cos\beta+\sin\alpha\sin\beta=\frac{2}{\sqrt{5}}\times\left(-\frac{3}{\sqrt{10}}\right)+\frac{1}{\sqrt{5}}\times\frac{1}{\sqrt{10}}$$
$$=-\frac{5}{\sqrt{50}}=-\frac{\sqrt{2}}{2}.$$

由于 $-\pi<\alpha-\beta<0$，而在 $(-\pi, 0)$内，仅当 $\alpha-\beta=-\frac{3\pi}{4}$ 时 $\cos(\alpha-\beta)=-\frac{\sqrt{2}}{2}$，故 $\alpha-\beta=-\frac{3\pi}{4}$，

即 $\arcsin\frac{1}{\sqrt{5}}-\arccos\left(-\frac{3}{\sqrt{10}}\right)=-\frac{3\pi}{4}$.

习题 4.7

1. 求下列函数的定义域.

(1) $y=\arcsin 2x$；　　(2) $y=\arccos\sqrt{3x-1}$；

(3) $y=\sqrt{3-x}+\arccos x$；　　(4) $y=\arccos(\sqrt{2}\sin x)$.

2. 求函数 $y=\arccos(x^2-x)$ 的定义域与值域.

3. 求下列各式的值.

(1) $\tan(\arcsin x)$；　　(2) $\sin\left[2\arcsin\left(-\frac{3}{4}\right)\right]$；

(3) $\cos\left[\frac{1}{2}\arcsin\left(-\frac{4}{5}\right)\right]$； (4) $\cos\left[\arccos\frac{4}{5}+\arccos\left(-\frac{5}{13}\right)\right]$.

4. 试用 $\arcsin x$ 表示函数 $y=\sin x$ 在下列区间上的反函数.

(1) $\left[\frac{\pi}{2}, \frac{3\pi}{2}\right]$； (2) $\left[\frac{3\pi}{2}, \frac{5\pi}{2}\right]$.

5. 试用 $\arccos x$ 表示函数 $y=\cos x$ 在下列区间上的反函数.

(1) $[2\pi, 3\pi]$； (2) $[-3\pi, -2\pi]$.

6. 证明下列等式.

(1) $\arctan 2+\arctan 3=\frac{3\pi}{4}$； (2) $\arcsin\frac{4}{5}+\arcsin\frac{5}{13}+\arcsin\frac{16}{65}=\frac{\pi}{2}$.

7. 设 x_1，x_2 是 $(-\infty, +\infty)$ 内任两点，若 $-\frac{\pi}{2}<\arctan x_1+\arctan x_2<\frac{\pi}{2}$，求证：

$\arctan x_1+\arctan x_2=\arctan\frac{x_1+x_2}{1-x_1x_2}$.

§4.8 三角方程

4.8.1 三角方程的定义

含有未知数的三角函数的方程叫做**三角方程**. 特殊地，形如 $\sin x=a$，$\cos x=a$，$\tan x=a$，$\cot x=a$ 的方程叫做**最简三角方程**.

最简三角方程是其他三角方程的基础，求解时应把原方程变形为最简三角方程.

由于三角函数的周期性，注定三角方程的解常有无穷多个. 由这无穷多个解组成的解集的表达式，叫做三角方程的**通解公式**. 例如方程 $\sin x=\frac{1}{2}$ 的解集是 $\left\{x \mid x=k\pi+(-1)^k\cdot\frac{\pi}{6}, k\in\mathbf{Z}\right\}$，为了简便，也可直接写成 $x=k\pi+(-1)^k\cdot\frac{\pi}{6}$，$k\in\mathbf{Z}$.

4.8.2 最简三角方程的通解公式

不加证明地给出最简三角方程 $\sin x=a$，$\cos x=a$，$\tan x=a$，$\cot x=a$ 的通解公式：

方程	解集
$\sin x=a\ (\lvert a\rvert\leqslant 1)$	$\{x \mid x=k\pi+(-1)^k\arcsin a, k\in\mathbf{Z}\}$
$\cos x=a\ (\lvert a\rvert\leqslant 1)$	$\{x \mid x=2k\pi\pm\arccos a, k\in\mathbf{Z}\}$

续表

方程	解集
$\tan x=a\ (a\in\mathbf{R})$	$\{x\mid x=k\pi+\arctan a,\ k\in\mathbf{Z}\}$
$\cot x=a\ (a\in\mathbf{R})$	$\{x\mid x=k\pi+\text{arccot}\, a,\ k\in\mathbf{Z}\}$

例 1　解方程 $\sin\left(x-\frac{\pi}{3}\right)=\frac{1}{4}$.

解　由题意知 $x-\frac{\pi}{3}=k\pi+(-1)^k\cdot\arcsin\frac{1}{4}$，

故原方程的解集为$\left\{x\mid x=k\pi+(-1)^k\cdot\arcsin\frac{1}{4}+\frac{\pi}{3},\ k\in\mathbf{Z}\right\}$.

例 2　解方程 $2\cos\left(2x-\frac{\pi}{4}\right)=\frac{1}{3}$.

解　原方程变形为 $\cos\left(2x-\frac{\pi}{4}\right)=\frac{1}{6}$，

由题意知　　$2x-\frac{\pi}{4}=2k\pi\pm\arccos\frac{1}{6}$，

即　　$x=k\pi\pm\frac{1}{2}\arccos\frac{1}{6}+\frac{\pi}{8}$，

故原方程的解集为$\left\{x\mid x=k\pi\pm\frac{1}{2}\arccos\frac{1}{6}+\frac{\pi}{8},\ k\in\mathbf{Z}\right\}$.

4.8.3　三角方程的解法

凡是可用初等方法求解的三角方程，一般总可以通过三角式的恒等变形和代数方法将原方程归为一个或几个最简三角方程，然后写出它的解．由于三角函数的丰富内涵，三角恒等变形千变万化，因此三角方程的解法也是灵活多样的．接下来介绍几种常用的三角方程求解方法．

1．利用同名三角函数的相等关系

根据最简三角方程的通解公式，有以下命题成立：

$$\sin\alpha=\sin\beta\Leftrightarrow\alpha=k\pi+(-1)^k\beta,\ k\in\mathbf{Z},$$
$$\Leftrightarrow\alpha=2k\pi+\beta,\ \alpha=(2k+1)\pi-\beta,\ k\in\mathbf{Z};$$
$$\cos\alpha=\cos\beta\Leftrightarrow\alpha=2k\pi\pm\beta,\ k\in\mathbf{Z};$$
$$\tan\alpha=\tan\beta\Leftrightarrow\alpha=k\pi+\alpha,\ k\in\mathbf{Z}.$$

如果其中 α，β 是 x 的函数，以上诸式仍成立．

将三角方程通过代数变形或三角变形可化为同名函数的方程，转化为最简三角方程求解．

例 3　解方程 $3\sin\left(x-\frac{\pi}{3}\right)+4\sin\left(x+\frac{\pi}{6}\right)+5\sin\left(5x+\frac{\pi}{6}\right)=0$.

观察若三角方程中有 $\sin\alpha+\sin\beta$ 或 $\cos\alpha+\cos\beta$ 且 $\alpha\pm\beta=\frac{\pi}{2}$，则可使用互余关系化为同角三角式.

解 将原方程变形为

$$\frac{3}{5}\sin\left(x-\frac{\pi}{3}\right)+\frac{4}{5}\sin\left(x+\frac{\pi}{6}\right)=\sin\left(-5x-\frac{\pi}{6}\right). \quad ①$$

令 $\cos\varphi=\frac{3}{5}$，$\sin\varphi=\frac{4}{5}$，则方程①可化为

$$\sin\left(\varphi+x-\frac{\pi}{3}\right)=\sin\left(-5x-\frac{\pi}{6}\right), \quad ②$$

所以 $$\varphi+x-\frac{\pi}{3}=2k\pi-5x-\frac{\pi}{6}$$

或 $$\varphi+x-\frac{\pi}{3}=(2k+1)\pi+5x+\frac{\pi}{6}$$

即 $$x=\frac{k\pi}{3}-\frac{\varphi}{6}+\frac{\pi}{36}\text{或}x=\frac{k\pi}{2}+\frac{\varphi}{4}-\frac{3\pi}{8}.$$

由于 $\varphi=\arctan\frac{4}{3}$，带入上式，得原方程的解

$$x_1=\frac{k\pi}{3}-\frac{1}{6}\arctan\frac{4}{3}+\frac{\pi}{36}，x_2=\frac{k\pi}{2}+\frac{1}{4}\arctan\frac{4}{3}-\frac{3\pi}{8}(k\in\mathbf{Z}).$$

例 4 解方程 $\cos\frac{x}{2}+\cos x=1$.

解 将原方程变形为

$$2\cos^2\frac{x}{2}+\cos\frac{x}{2}-2=0,$$

$2\cos^2\frac{x}{2}-1=\cos x$

利用求根公式可得 $\cos\frac{x}{2}=\frac{-1\pm\sqrt{17}}{4}$.

由 $\cos\frac{x}{2}\in[-1,1]$，则 $\cos\frac{x}{2}=\frac{-1-\sqrt{17}}{4}$ 不符合题意，故舍去.

解三角方程过程中，由于形式变化会带来缩小或扩大未知量的取值范围，出现增根或失根，所以在解题中一定要注意根的检验.

由 $\cos\frac{x}{2}=\frac{-1+\sqrt{17}}{4}$ 得 $\frac{x}{2}=2k\pi\pm\arccos\frac{-1+\sqrt{17}}{4}$ ($k\in\mathbf{Z}$)，故原方程的解为

$$x=4k\pi\pm2\arccos\frac{-1+\sqrt{17}}{4}\ (k\in\mathbf{Z}).$$

例 5 解方程 $\frac{\cos2x}{1-\sin2x}=0$.

解 由方程可知 $\cos2x=0$，

所以解得 $$2x=2k\pi\pm\frac{\pi}{2},$$

即 $$x=k\pi\pm\frac{\pi}{4},$$

又因为当 $x=k\pi+\frac{\pi}{4}$ 时，分母 $1-\sin2x=0$，应舍去.

故原方程的解为 $x=k\pi-\frac{\pi}{4}$ ($k\in\mathbf{Z}$).

2. 利用和差化积、倍角公式等进行因式分解

多个同名三角函数相加减，常考虑使用和差化积.

将原方程通过三角公式化为几个较简单的方程再求解.

例 6 解方程 $\sin x+\sin 2x+\sin 3x=1+\cos x+\cos 2x$.

解 原方程可记作

$$(\sin x+\sin 3x)+\sin 2x=(1+\cos 2x)+\cos x,$$

$$2\sin 2x\cos x+\sin 2x=2\cos^2 x+\cos x,$$

$$\sin 2x(2\cos x+1)=\cos x(2\cos x+1),$$

$$2\sin x\cos x(2\cos x+1)=\cos x(2\cos x+1),$$

$$(2\cos x+1)\cdot\cos x\cdot(2\sin x-1)=0,$$

分别解 $2\cos x+1=0$，$\cos x=0$，$2\sin x-1=0$

原方程的解为

$$x_1=2k\pi\pm\frac{2\pi}{3},\ x_2=k\pi+\frac{\pi}{2},\ x_3=k\pi+(-1)^k\ \frac{\pi}{6},\ k\in\mathbf{Z}.$$

例 7 解方程 $\sin 3x=\cos 2x$.

解 等式左边利用和角公式，等式右边利用倍角公式

$$\sin(2x+x)=1-2\sin^2 x,$$

化简为

$$\sin 2x\cos x+\cos 2x\sin x=1-2\sin^2 x,$$

再次使用倍角公式全部转化为 $\sin x$ 的代数式，化简后得

$$4\sin^3 x-2\sin^2 x-3\sin x+1=0,$$

因式分解 $(\sin x-1)(4\sin^2 x+2\sin x-1)=0$，

分别解 $\sin x=1$，$4\sin^2 x+2\sin x-1=0$，

由 $\sin x=1$ 解得 $x=2k\pi+\frac{\pi}{2}$

由 $4\sin^2 x+2\sin x-1=0$，

利用求根公式可得 $\sin x=\dfrac{-1\pm 2\sqrt{5}}{4}$，

由 $\sin x\in[-1,\ 1]$，则 $\sin x=\dfrac{-1-2\sqrt{5}}{4}$不符合题意，故舍去.

原方程的解为 $x_1=2k\pi+\frac{\pi}{2}$，$x_2=\arcsin\dfrac{-1+2\sqrt{5}}{4}(k\in\mathbf{Z})$.

3. 化为 $\sin x$ 和 $\cos x$ 齐次方程

齐次方程，就是多项式中每一个单项式的次数相同.

某些三角方程可先化为 $\sin x$ 和 $\cos x$ 的齐次方程，再化为只含有正切未知函数的三角方程，再求解. 齐次方程要求常数项为零.

例 8 解方程 $6\sin^2 x-\sin x\cos x-\cos^2 x=3$.

解 引入 $\sin^2 x+\cos^2 x=1$ 后方程变形为

$$6\sin^2 x-\sin x\cos x-\cos^2 x-3(\sin^2 x+\cos^2 x)=0,$$

即 $$3\sin^2 x-\sin x\cos x-4\cos^2 x=0, \quad ①$$

方程两边同除以 $\cos^2 x$，得

$$3\tan^2 x-\tan x-4=0,$$

即 $$(\tan x+1)(3\tan x-4)=0, \quad ②$$

由 $\tan x=-1$，得 $x=k\pi-\frac{\pi}{4}$ $(k\in\mathbf{Z})$，

由 $\tan x=\frac{4}{3}$，得 $x=k\pi+\arctan\frac{4}{3}$ $(k\in\mathbf{Z})$.

由于方程从①到②可能失根，故将 $\cos x=0$ 的解 $x=k\pi+\frac{\pi}{2}$ 带入原方程检验，不适合方程.

因此原方程的解是

$$x_1=k\pi-\frac{\pi}{4},\ x_2=k\pi+\arctan\frac{4}{3}\ (k\in\mathbf{Z}).$$

例9 解方程 $8\sin^2\frac{x}{2}+3\sin x-4=0$.

解 原方程变形为

$$8\sin^2\frac{x}{2}+6\sin\frac{x}{2}\cos\frac{x}{2}-4\left(\sin^2\frac{x}{2}+\cos^2\frac{x}{2}\right)=0,$$

即 $$2\sin^2\frac{x}{2}+3\sin\frac{x}{2}\cos\frac{x}{2}-2\cos^2\frac{x}{2}=0,$$

两边除以 $\cos^2\frac{x}{2}$，得

$$2\tan^2\frac{x}{2}+3\tan\frac{x}{2}-2=0\Rightarrow\left(2\tan\frac{x}{2}-1\right)\left(\tan\frac{x}{2}+2\right)=0,$$

所以 $$\tan\frac{x}{2}=\frac{1}{2},\ \tan\frac{x}{2}=-2,$$

故原方程的解集为

$\left\{x\mid x=2k\pi+2\arctan\frac{1}{2},\ k\in\mathbf{Z}\right\}\cup\{x\mid x=2k\pi-2\arctan 2,\ k\in\mathbf{Z}\}$.

4. 引入辅助角的方法

形如 $a\sin x+b\cos x=c$ 的三角方程，可化为一般形式

$$\sin(x+\theta)=\frac{c}{\sqrt{a^2+b^2}},$$

其中 $\tan\theta=\frac{b}{a}$.

①当 $\frac{b}{a}>0$，$\theta=\arctan\frac{b}{a}$；当 $\frac{b}{a}<0$，$\theta=-\arctan\frac{b}{a}$；

②当 $\frac{c}{\sqrt{a^2+b^2}}>1$ 时，原方程无解；当 $\frac{c}{\sqrt{a^2+b^2}}\leqslant 1$ 时，原方程的解集为

$$\left\{x \mid x=k\pi+(-1)^k \arcsin \frac{c}{\sqrt{a^2+b^2}}-\theta,\ k\in\mathbf{Z}\right\}.$$

例 10 解方程 $5\sin x-12\cos x=13$.

解还可以表示为 $\left\{x \mid x=2k\pi+\frac{\pi}{2}+\arctan\frac{12}{5},\ k\in\mathbf{Z}\right\}$.

解 引入辅助角可得

$$\sin(x-\theta)=1,\ 其中\ \theta=\arctan\frac{12}{5},$$

故原方程的解为 $\left\{x \mid x=k\pi+(-1)^k\frac{\pi}{2}+\arctan\frac{12}{5},\ k\in\mathbf{Z}\right\}$.

5. 利用升降次法求解

当方程中含有偶次三角式，也可利用倍角公式进行降次变形，再进行求解.

例 11 解方程 $\sin^2 x+\sin^2 2x=1$.

解 利用倍角公式进行降次，原方程可化为

$$\frac{1-\cos 2x}{2}+\frac{1-\cos 4x}{2}=1,$$

化简得 $\cos 2x+\cos 4x=0$,

应用和差化积公式得 $2\cos 3x\cos x=0$,

由 $\cos 3x=0$，得 $x=\frac{k\pi}{3}+\frac{\pi}{6}$ $(k\in\mathbf{Z})$, ①

由 $\cos x=0$，得 $x=k\pi+\frac{\pi}{2}$ $(k\in\mathbf{Z})$. ②

由于解集②是解集①的真子集，所以原方程的解是

$$x=\frac{k\pi}{3}+\frac{\pi}{6}\ (k\in\mathbf{Z}).$$

例 12 解方程 $\sin^4 x+\cos^4 x=\sin 2x$.

解 原方程可变形为

$$\sin^4 x+\cos^4 x+2\sin^2 x\cos^2 x=\sin 2x+2\sin^2 x\cos^2 x,$$

$$(\sin^2 x+\cos^2 x)^2=\sin 2x+\frac{1}{2}\sin^2 2x,$$

化简得

$$\sin 2x+\frac{1}{2}\sin^2 2x=1,$$

即 $\sin^2 2x+2\sin 2x-2=0$.

利用求根公式可得 $\sin 2x=-1+\sqrt{3}$，$\sin 2x=-1-\sqrt{3}$（舍去）.

故原方程的解集为

$$x=\frac{k\pi}{2}+(-1)^k\cdot\frac{1}{2}\arcsin(-1+\sqrt{3})\ (k\in\mathbf{Z}).$$

6. 利用换元法求解

当三角方程中同时存在 $\sin x\pm\cos x$ 和 $\sin x\cos x$，适当引入辅助未知数进行换元，将三角方程化为代数方程，求得代数方程的解.

例 13 解方程 $\sin x+\cos x=1+\sin x\cos x$.

解 令 $\sin x+\cos x=t$，则 $\sin x\cos x=\frac{t^2-1}{2}$，

原方程化 $t=1+\frac{t^2-1}{2}$，即 $(t-1)^2=0$，可得 $t=1$，

所以 $\quad\sin x+\cos x=1\Rightarrow\cos\frac{\pi}{4}\cos x+\sin\frac{\pi}{4}\sin x=\frac{1}{\sqrt{2}}$.

即 $\cos\left(x-\frac{\pi}{4}\right)=\frac{\sqrt{2}}{2}$，所以 $x=2k\pi+\frac{\pi}{4}\pm\frac{\pi}{4}\ (k\in\mathbf{Z})$，

从而 $x_1=2k\pi+\frac{\pi}{2}$，$x_2=2k\pi(k\in\mathbf{Z})$.

7. 利用万能公式求解

万能公式：

$$\sin x=\frac{2\tan\frac{x}{2}}{1+\tan^2\frac{x}{2}};$$

$$\cos x=\frac{1-\tan^2\frac{x}{2}}{1+\tan^2\frac{x}{2}}.$$

凡是两边都是 $\sin x$，$\cos x$，$\tan x$，$\cot x$ 的有理式方程，都可以使用万能公式置换，再求解. 但在解方程过程中注意检验其解，以便找回失根.

例 14 解方程 $\sin x-\cos x=1$.

解 方法一 利用万能公式，将原方程变形为

$$\frac{2\tan\frac{x}{2}}{1+\tan^2\frac{x}{2}}-\frac{1-\tan^2\frac{x}{2}}{1+\tan^2\frac{x}{2}}=1,$$

化简可得 $\tan\frac{x}{2}=1$，

所以 $\frac{x}{2}=k\pi+\frac{\pi}{4}\Rightarrow x=2k\pi+\frac{\pi}{2}$.

经过检验，当 $\sin x=0$，$\cos x=-1\Rightarrow x=2k\pi+\pi$ 也是原方程的解.

故原方程的解集为 $\left\{x\mid x=2k\pi+\frac{\pi}{2}\text{或}x=(2k+1)\pi,\ k\in\mathbf{Z}\right\}$.

方法二的解与方法一看似不同，其实完全相同. 方法二中当 k 为偶数，

方法二 本题还可以使用辅助角.

$\sin x-\cos x=1\Rightarrow\sin\left(x-\frac{\pi}{4}\right)=\frac{\sqrt{2}}{2}$，

解即为 $x=2k\pi+\frac{\pi}{2}$；当 k 为奇数，解即为 $x=2k\pi+\pi$.

即
$$x-\frac{\pi}{4}=k\pi+(-1)^k\frac{\pi}{4},$$
故原方程的解集为 $\left\{x \mid x=k\pi+(-1)^k\frac{\pi}{4}+\frac{\pi}{4},\ k\in\mathbf{Z}\right\}$.

4.8.4 三角方程解的等效性

在解三角方程时，由于不同的解法或取特殊解的代表值不同，而使解集具有不同的表达式．一般来说，只要解法正确，在剔除增解、补回失解之后，同一方程的不同形式的解集是等效的.

判别解集的等效性有两种方法：

（1）**推理法** 通过推理，证明表达式不同的解集是相等的，例如例 14 中方法二的解集通过推理得到与方法一的解集是相等的.

（2）**实验法** 先找到这两个解集的代表值增减的公共周期 T，然后算出两个解集在区间 $[0,T]$ 内的具体解，检验是否一致.

习题 4.8

1. 求解下列三角方程.

（1）$4\sin^2x+2\sin x\cos x=1$；（2）$2\cos3x+1=0$；

（3）$3\sin2x-8\sin^2x-1=0$；（4）$\sin\left(x-\frac{\pi}{6}\right)+\sqrt{3}\cos\left(x+\frac{5\pi}{6}\right)=2$；

（5）$\sin x+\sin2x+\sin3x=0$；（6）$3\sin x=4\sin^3x$；

（7）$2\sin^2x-3\cos x=0$；（8）$3\sin^2x-4\sin x\cos x+5\cos^2x=2$；

（9）$\sin x-\cos x=\cos2x$；（10）$\sin x\cos x+\sin x+\cos x+1=0$.

§4.9 解三角形

克罗狄斯·托勒密（约 90—168），希腊数学家、天文学家、地理学家和占

在勘探、测量等技术中，解三角形是一种极为普遍的应用工具，可以避免很多误差较大或技术难度大的测量．起初，由于土地测量、航海等实际应用，让众多学者投入解三角形的相关研究．从解直角三角形开始，《周髀算经》记载了勾股定理的一个特例，相传是在商代由商高发现，故又称之为商高定理，但没有严格证明．古希腊数学家、哲学家毕达哥拉斯严格证明勾股定理，因此勾股定理也被称为毕达哥拉斯定理．显然斜三角形在实际生活中更为常见.

星家.
他是“地心说”的集大成者. 在数学方面，他用圆周运动组合解释了天体运动，这在当时被认为是绝对准确的. 他还论证了四边形的特性，即有名的托勒密定理. 他对光学也做过研究，认为光线在折射时入射角与折射角成正比关系.

早在公元 2 世纪，正弦定理已为古希腊天文学家托勒密(Ptolemy) 所知. 中世纪阿拉伯著名天文学家阿尔·比鲁尼(Al-Birunj，973—1048) 也知道该定理. 但是，最早清楚地表述并证明该定理的是 13 世纪阿拉伯数学家和天文学家纳绥尔丁. 15 世纪，德国数学家雷格蒙塔努斯在《论各种三角形》中给出了更简明的证明.

余弦定理的历史可追溯至公元 3 世纪前欧几里得的《几何原本》，书中将三角形分为钝角和锐角来解释，这同时对应现代数学中余弦值的正负. 托勒密在《天文大成》中利用命题 12 解决了“已知三角形三边，求角”的问题，但并未明确提出余弦定理. 不过，利用托勒密定理，我们的确能轻易证明余弦定理.

余弦定理是作为勾股定理的推广而诞生的，在 18—19 世纪的许多三角学著作中它只是以几何定理的身份出现，在从欧几里得时代直到 20 世纪上半叶的两千余年间，人们普遍采用几何方法对余弦定理进行推导，正是包括今天所谓“无字证明”在内的那些几何方法，才使其展现出了迷人的魅力.

本节内容帮助读者深刻理解正弦、余弦定理，掌握解三角形的方法，并利用其解决实际问题.

4.9.1 正弦定理和余弦定理

1. 正弦定理

正弦定理指出了任意三角形中三条边与对应角的正弦值之间的一个关系式. 由正弦函数在区间上的单调性可知，正弦定理非常好地描述了任意三角形中边与角的一种数量关系.
正弦定理实际上是三个等式：$\frac{a}{\sin A}=\frac{b}{\sin B}$，$\frac{b}{\sin B}=\frac{c}{\sin C}$，$\frac{a}{\sin A}=\frac{c}{\sin C}$. 每个等式涉及四个元素，所以只要知道其中的三个就可以求另外一个.

在一个三角形中，各边和它的对角的正弦之比是相等的，且都等于该三角形的外接圆直径（图 4－21)，即当外接圆半径为 R 时，有

$$\frac{a}{\sin A}=\frac{b}{\sin B}=\frac{c}{\sin C}=2R.$$

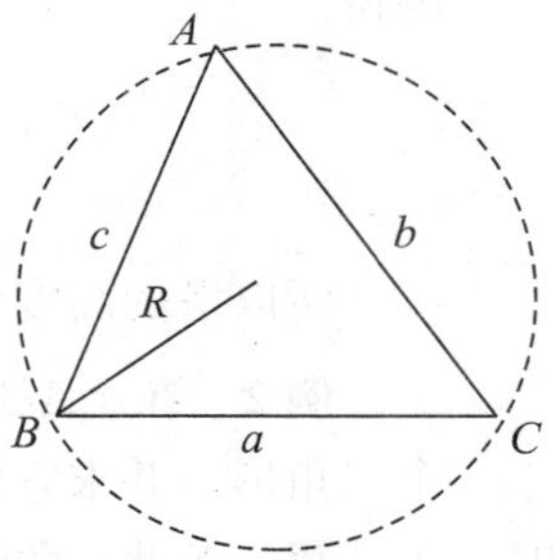

图 4－21

2. 余弦定理

三角形的任意一边的平方等于其他两边平方的和减去这两

边与它们夹角的余弦的积的两倍，即

$$a^2=b^2+c^2-2bc\cos A;$$
$$b^2=c^2+a^2-2ca\cos B;$$
$$c^2=a^2+b^2-2ab\cos C.$$

有时还会用到三角形的面积公式：

$$S_{\triangle ABC}=\frac{1}{2}ab\sin C=\frac{1}{2}bc\sin A=\frac{1}{2}ca\sin B;$$

或

$$S_{\triangle ABC}=\sqrt{\rho(\rho-a)(\rho-b)(\rho-c)}\quad\left(\rho=\frac{a+b+c}{2}\right).$$

上面这个公式被称为**海伦公式**.

4.9.2 正弦定理和余弦定理的应用

例 1 如图 4－22，在平地上一点 A，测得塔尖仰角是 45°，向塔前进 100 米到达点 C，在 C 处测得塔尖仰角是 60°，求塔的高度.

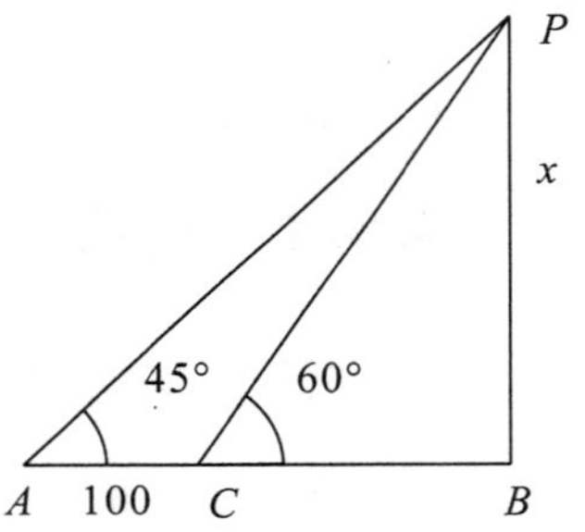

图 4－22

解 设塔高 $PB=x$(米)，显然 $AB=PB$. 则有

$$100+x\cdot\cot 60^\circ=x,$$

解得

$$x=\frac{100}{1-\frac{\sqrt{3}}{3}}=\frac{300}{3-\sqrt{3}}\approx 236.22(\text{米}).$$

所以塔的高度约 236.22 米.

例 2 在△ABC 中，已知 $a=2\sqrt{3}$，$b=6$，$A=30°$，解这个三角形，并求它的面积.

已知三角形两边和其中一边的对角解三角形时的方法：
(1) 首先由正弦定理求出另一边对角的正

解 解此三角形即是要求出它的未知元素 B，C 与 c.

方法一 由正弦定理，有 $\frac{a}{\sin A}=\frac{b}{\sin B}$，得

$$\sin B=\frac{b}{a}\sin A=\frac{6}{2\sqrt{3}}\times\sin 30^\circ=\frac{\sqrt{3}}{2},$$

弦值.

(2) 如果已知的角为大边所对的角时，由三角形中大边对大角、大角对大边的法则能判断另一边所对的角为锐角，由正弦值可求锐角.

(3) 如果已知的角为小边所对的角时，则不能判断另一边所对的角为锐角，这时由正弦值可求两个角，要分类讨论.

可知 $B=60°$ 或 $B=120°$，下面分两种情况讨论.

(1) 若 $B=60°$，则 $C=90°$，$\triangle ABC$ 为直角三角形，因此

$$c=\sqrt{a^2+b^2}=\sqrt{(2\sqrt{3})^2+6^2}=4\sqrt{3},$$

$$S_{\triangle ABC}=\frac{1}{2}ab\sin C=\frac{1}{2}\times 2\sqrt{3}\times 6\times 1=6\sqrt{3}.$$

(2) 若 $B=120°$，则 $C=30°$，$\triangle ABC$ 为等腰三角形，因此

$$c=a=2\sqrt{3},$$

$$S_{\triangle ABC}=\frac{1}{2}ab\sin C=\frac{1}{2}\times 2\sqrt{3}\times 6\times\frac{1}{2}=3\sqrt{3}.$$

方法二　由余弦定理，有 $a^2=b^2+c^2-2bc\cos A$，代入已知条件，得

$$(2\sqrt{3})^2=6^2+c^2-2\times 6c\times\frac{\sqrt{3}}{2},$$

化简得方程　　$c^2-6\sqrt{3}c+24=0.$

解得 $c=4\sqrt{3}$ 或 $c=2\sqrt{3}$，也要分两种情况讨论.

(1) 若 $c=4\sqrt{3}$，显然 $c^2=a^2+b^2$，$\triangle ABC$ 为直角三角形，则 $C=90°$，$B=60°$，

$$S_{\triangle ABC}=\frac{1}{2}ab\sin C=\frac{1}{2}\times 2\sqrt{3}\times 6\times 1=6\sqrt{3}.$$

(2) 若 $c=2\sqrt{3}$，显然 $c=a$，$\triangle ABC$ 为等腰三角形，则 $C=30°$，$B=120°$，

$$S_{\triangle ABC}=\frac{1}{2}ab\sin C=\frac{1}{2}\times 2\sqrt{3}\times 6\times\frac{1}{2}=3\sqrt{3}.$$

判断三角形形状的常用方法：

(1) 化边为角，将题目中的条件，利用正弦定理化边为角，再根据三角函数的有关知识得到三个内角的关系，进而确定三角形的形状.

(2) 化角为边，将题目中的所有条件，利用正弦定理化角为边，再根据代数恒等变换得到边的关系，进而确定三角形的形状.

例 3　在 $\triangle ABC$ 中，如果 $\cos A:\cos B=b:a$，求证 $\triangle ABC$ 是等腰三角形或直角三角形.

证明　方法一　根据正弦定理，有 $\frac{\sin A}{\sin B}=\frac{a}{b}=\frac{\cos B}{\cos A}$，则有

$$\sin A\cos A=\sin B\cos B\Rightarrow\sin 2A=\sin 2B\Rightarrow\sin 2A-\sin 2B=0$$
$$\Rightarrow 2\cos(A+B)\sin(A-B)=0,$$

如果 $\cos(A+B)=0$，由于 $0<A+B<\pi$，可知 $A+B=\frac{\pi}{2}$，即 $C=\frac{\pi}{2}$，此时 $\triangle ABC$ 为直角三角形；如果 $\sin(A-B)=0$，由于 $-\pi<A-B<\pi$，可知 $A-B=0$，即 $A=B$，此时 $\triangle ABC$ 为等腰三角形.

方法二　根据余弦定理，可得

$$\frac{\cos A}{\cos B}=\frac{\frac{b^2+c^2-a^2}{2bc}}{\frac{a^2+c^2-b^2}{2ac}}=\frac{b}{a}\quad\text{即}\quad\frac{a(b^2+c^2-a^2)}{b(a^2+c^2-b^2)}=\frac{b}{a},$$

化简，得 $a^2b^2+a^2c^2-a^4=b^2a^2+b^2c^2-b^4$，

$$c^2(a^2-b^2)-(a^4-b^4)=0,$$

$$(a^2-b^2)\left[c^2-(a^2+b^2)\right]=0.$$

如果 $a^2-b^2=0$，则 $a=b$，此时$\triangle ABC$ 为等腰三角形；

如果 $c^2-(a^2+b^2)=0$，则 $c^2=a^2+b^2$，此时$\triangle ABC$ 为直角三角形.

例 4 在$\triangle ABC$ 中，求证 $a^2\sin 2B+b^2\sin 2A=2ab\sin C$.

证明 在等式的左侧，应用正弦定理和余弦定理，有

$$\begin{aligned}&a^2\sin 2B+b^2\sin 2A\\&=2a^2\sin B\cos B+2b^2\sin A\cos A\\&=2a^2\cdot\frac{b}{2R}\cdot\frac{a^2+c^2-b^2}{2ac}+2b^2\cdot\frac{a}{2R}\cdot\frac{b^2+c^2-a^2}{2bc}\\&=\frac{ab(a^2+c^2-b^2)}{2Rc}+\frac{ab(b^2+c^2-a^2)}{2Rc}\\&=\frac{2abc^2}{2Rc}=\frac{abc}{R}\end{aligned}$$

而在等式的另一侧，有 $2ab\sin C=2ab\cdot\frac{c}{2R}=\frac{abc}{R}$.

所以 $a^2\sin 2B+b^2\sin 2A=2ab\sin C$.

已知三角形的两边及其夹角解三角形的方法：
(1) 先利用余弦定理求出第三边，其余角的求解有两种思路：一是利用余弦定理的推论求出其余角，二是利用正弦定理（已知两边和一边的对角）求解.
(2) 用正弦定理求解时，需对角的取值根据“大边对大角”进行取舍，而用余弦定理就不存在这些问题［因为在 $(0,\pi)$上，余弦值对应的角是唯一的］，故用余弦定理求解较好.

例 5 已知$\triangle ABC$ 的三边 a，b，c 成等差数列，求证 $\cos A+2\cos B+\cos C=2$.

证明 由已知条件可得 $a+c=2b$，应用正弦定理有

$2R\sin A+2R\sin C=2\times 2R\sin B$ 即 $\sin A+\sin C=2\sin(A+C)$

则有 $2\sin\frac{A+C}{2}\cos\frac{A-C}{2}=2\times 2\sin\frac{A+C}{2}\cos\frac{A+C}{2}$.

由于 $0<\frac{A+C}{2}<\frac{\pi}{2}$，可知 $\sin\frac{A+C}{2}\neq 0$，于是有

$$\cos\frac{A-C}{2}=2\cos\frac{A+C}{2},$$

因此

$$\begin{aligned}&\cos A+2\cos B+\cos C\\&=\cos A+\cos C-2\cos(A+C)\\&=2\cos\frac{A+C}{2}\cos\frac{A-C}{2}-2\times\left(2\cos^2\frac{A+C}{2}-1\right)\\&=2\cos\frac{A+C}{2}\cdot 2\cos\frac{A+C}{2}-4\cos^2\frac{A+C}{2}+2\\&=2.\end{aligned}$$

例 6 在$\triangle ABC$ 中，a，b，c 满足 $a+c=2b$，且 $A-C=120°$，求 $\sin A$，$\sin C$.

解 由已知条件，根据正弦定理推论，得

$$2R\sin A+2R\sin C=2\cdot 2R\sin B$$
$$\Rightarrow \sin A+\sin C=2\sin(A+C)$$
$$\Rightarrow 2\sin\frac{A+C}{2}\cos\frac{A-C}{2}=2\cdot 2\sin\frac{A+C}{2}\cos\frac{A+C}{2}$$
$$\Rightarrow \cos\frac{A-C}{2}=2\cos\frac{A+C}{2},$$

$\left(这里是由于 0<\frac{A-C}{2}<\frac{\pi}{2}，可知 \sin\frac{A+C}{2}\neq 0.\right)$

又因为

$$\cos\frac{A-C}{2}=\cos 60^\circ=\frac{1}{2},\ \sin\frac{A-C}{2}=\sin 60^\circ=\frac{\sqrt{3}}{2},$$

可得 $\cos\frac{A+C}{2}=\frac{1}{4}$，$\sin\frac{A+C}{2}=\frac{\sqrt{15}}{4}$，于是有

$$\sin A+\sin C=2\sin\frac{A+C}{2}\cos\frac{A-C}{2}=2\times\frac{\sqrt{15}}{4}\times\frac{1}{2}=\frac{\sqrt{15}}{4} \quad ①$$

$$\sin A-\sin C=2\cos\frac{A+C}{2}\sin\frac{A-C}{2}=2\times\frac{1}{4}\times\frac{\sqrt{3}}{2}=\frac{\sqrt{3}}{4} \quad ②$$

由①②可解得 $\sin A=\frac{1}{8}(\sqrt{15}+\sqrt{3})$，$\sin C=\frac{1}{8}(\sqrt{15}-\sqrt{3})$.

例7 在$\triangle ABC$中，A，B，C的对边分别为a，b，c，求证：$\frac{a^2-b^2}{c^2}=\frac{\sin(A-B)}{\sin C}$.

证明 在$\triangle ABC$中，由余弦定理得$a^2=b^2+c^2-2bc\cos A$，$b^2=a^2+c^2-2ac\cos B$，

所以

$$a^2-b^2=b^2-a^2-2bc\cos A+2ac\cos B,$$

即

$$2(a^2-b^2)=2ac\cos B-2bc\cos A,$$

即 $a^2-b^2=ac\cos B-bc\cos A$，

所以

$$\frac{a^2-b^2}{c^2}=\frac{a\cos B-b\cos A}{c}.$$

由正弦定理得$\frac{a}{c}=\frac{\sin A}{\sin C}$，$\frac{b}{c}=\frac{\sin B}{\sin C}$，

所以

$$\frac{a^2-b^2}{c^2}=\frac{\sin A\cos B-\cos A\sin B}{\sin C}=\frac{\sin(A-B)}{\sin C},$$

故等式成立.

(1) 证明三角恒等式，形式上一般有：左⇒右、右⇒左或左⇒中⇐右三种.
(2) 利用正弦、余弦定理证明三角形中的恒等式的途径有两种：一是把角的关系通过正弦、余弦定理转化为边的关系；二是把边的关系转化为角的关系，一般是通过正弦定理转化.

例8 设锐角$\triangle ABC$的内角A，B，C的对边分别为a，b，c，且$a=2b\sin A$.

（1）求 B 的大小；

（2）求 $\cos A+\sin C$ 的取值范围.

解　（1）由正弦定理及 $a=2b\sin A$ 得，

$$\frac{a}{\sin A}=\frac{b}{\sin B}=2b，\sin B=\frac{1}{2}，$$

又因为 $B\in\left(0，\frac{\pi}{2}\right)$，所以 $B=\frac{\pi}{6}$.

（2）由△ABC 为锐角三角形，得 $\begin{cases}0<A<\frac{\pi}{2}\\0<B=\frac{\pi}{6}<\frac{\pi}{2}\\0<C=\frac{5\pi}{6}-A<\frac{\pi}{2}\end{cases}$，

解得 $\frac{\pi}{3}<A<\frac{\pi}{2}$，

$$\cos A+\sin C=\cos A+\sin\left(\frac{5\pi}{6}-A\right)=\sqrt{3}\sin\left(A+\frac{\pi}{3}\right)，$$

因为 $\frac{2\pi}{3}<A+\frac{\pi}{3}<\frac{5\pi}{6}$，所以 $\frac{1}{2}<\sin\left(A+\frac{\pi}{3}\right)<\frac{\sqrt{3}}{2}$，即

$$\frac{\sqrt{3}}{2}<\sqrt{3}\sin\left(A+\frac{\pi}{3}\right)<\frac{3}{2}.$$

所以，$\cos A+\sin C$ 的取值范围为 $\left(\frac{\sqrt{3}}{2}，\frac{3}{2}\right)$.

习题 4.9

1. 在地面上 A 点测得山顶上旗杆顶 C 的仰角为 45°，旗杆底的仰角为 30°，朝旗杆移动 10 米到达 B 点，又测得旗杆顶与底的视角为 15°，求旗杆的高.
2. 在△ABC 中，$b=2$，$c=2\sqrt{3}$，$C=2B$，解此三角形.
3. 在△ABC 中，$b=2\sqrt{3}$，$c=2$，$C=30°$，求 a.
4. 在△ABC 中，$a=10$，$\sin A=\frac{4}{5}$，$\cos B=\frac{12}{13}$，求 c.
5. 在△ABC 中，已知 $a=2b\cos C$，求证△ABC 是等腰三角形.
6. 在△ABC 中，已知 $(a+b+c)(b+c-a)=3bc$，求 A.
7. 在△ABC 中，已知 $a^2=b(b+c)$，求证 $A=2B$.
8. 在△ABC 中，已知 $ab=60$，$\sin A=\cos B$，△ABC 的面积为 15，求这个三角形的三个角.
9. 在△ABC 中，求证 $\sin^2A+\sin^2B-\sin^2C=2\sin A\sin B\cos C$.

§4.10 习题选解

4.10.1 习题4.1选解

1. (1) $(-\infty, +\infty)$; (2) $(-\infty, +\infty)$;

(3) $\left[1, \frac{3}{2}\right) \cup \left(\frac{3}{2}, 2\right]$; (4) $\left[-\infty, -\frac{1}{2}\right) \cup \left(-\frac{1}{2}, 0\right]$.

2. $[-1, 2]$. 3. $(-2, 2)$. 4. 4; 2; 6. 5. -2; 0; 3.

6. (1) $-\frac{1}{x}$; (2) $f(x)=x^2-5x+6$.

7. (1) $f(x)=\frac{1}{1-x}$. (2) $f(x)=x^2+1$.

8. (1) 偶函数；(2) 非奇非偶函数；(3) 奇函数；(4) 偶函数.

9. **解** $f(x)$ 的定义域为 $\left(-\infty, \frac{2}{3}\right) \cup \left(\frac{2}{3}, +\infty\right)$，$\forall x_1, x_2 \in \left(-\infty, \frac{2}{3}\right) \cup \left(\frac{2}{3}, +\infty\right)$ 且 $x_1<x_2$，

$$f(x_2)-f(x_1)=\frac{2x_2+1}{3x_2-2}-\frac{2x_1+1}{3x_1-2}$$
$$=\frac{(2x_2+1)(3x_1-2)-(2x_1+1)(3x_2-2)}{(3x_2-2)(3x_1-2)}$$
$$=\frac{7(x_1-x_2)}{(3x_2-2)(3x_1-2)}<0,$$

所以 $f(x)$ 在 $\left(-\infty, \frac{2}{3}\right)$ 和 $\left(\frac{2}{3}, +\infty\right)$ 上单调递减.

令 $y=\frac{2x+1}{3x-2}$，则有 $x=\frac{2y+1}{3y-2}$，所以 $f(x)$ 的反函数为 $f^{-1}(x)=\frac{2x+1}{3x-2}$.

10. **解** 设 $x_1<x_2$，由于 $f(x_2)-f(x_1)=\left(x_2+\frac{1}{x_2}\right)-\left(x_1+\frac{1}{x_1}\right)=x_2-x_1+\frac{x_1-x_2}{x_2x_1}=\frac{(x_1-x_2)(1-x_2x_1)}{x_2x_1}$，

当 $x_1, x_2 \in (0, 1)$ 时，$x_1-x_2<0$，$0<x_2x_1<1$，$0<1-x_2x_1<1$，可知 $f(x_2)-f(x_1)<0$；

当 $x_1, x_2 \in (1, +\infty)$ 时，$x_1-x_2<0$，$x_2x_1>1$，$1-x_2x_1<0$，可知 $f(x_2)-f(x_1)>0$.

所以函数 $y=x+\frac{1}{x}$ 在区间 $(0, 1)$ 上单调递减，在 $(1, +\infty)$ 上单调增加.

11. (1) 反函数为 $y=\frac{2x+3}{4x-2}$；(2) 反函数为 $y=x^3-1$；(3) 反函数 $y=\log_2(x-1)$；

(4) $y=10^{x-1}-2$.

12. **解** 此二次函数的图象是一条开口向上的抛物线.

令 $y=0$，有 $x^2+ax+a-2=0$，可以求得抛物线与 x 轴交点的横坐标 x_1，x_2，则两个交点之间的距离为

$$|x_1-x_2|=\sqrt{(x_1+x_2)^2-4x_1x_2}=\sqrt{a^2-4(a-2)}=\sqrt{a^2-4a+8}=2\sqrt{5}$$

解得 $a=-2$ 或 $a=6$.

13. **解** 如图所示，先作出 $y=x^2-4$ 的图象，再把 x 轴下方的部分翻折到上方，得到 $y=|x^2-4|$ 的图象.

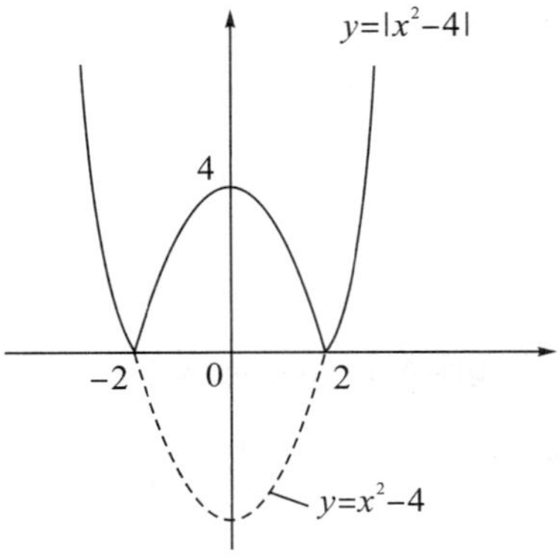

根据图象可以得出 $f(x)$ 在$(-\infty, -2)$与$(0, 2)$上单调减少，在$(-2, 0)$与$(2, +\infty)$上单调增加.

14. (1) $f(x)$ 的定义域为 $[1, +\infty)$；(2) $f(x)$ 在 $[2, +\infty)$上单调递增，并在此区间上有反函数. 反函数为 $f^{-1}(x)=\frac{x^2}{4}+1(x\geqslant 2)$；(3) $f(x)$ 的值域为 $[2, +\infty)$.

4.10.2 习题 4.2 选解

2. (1) $\left[-\frac{3}{4}, +\infty\right)$.　　(2) $[-1, +\infty)$.

(3) $[-4, -3)\cup(-3, 0]$.　　(4) $(-6, 1)$.

3. **解** (1) 原方程可化为$(3^x)^2+3\cdot 3^x-18=0$，可得 $3^x=3$，$3^x=-6$（舍去）由 $3^x=3$，得 $x=1$. 故原方程的解为 $x=1$.

(2) 方法一 原方程可化为 $7^{2x}\cdot 7^{-1}-3^{3x}\cdot 3^{-2}=7^{2x}\cdot 7^1-3^{3x}\cdot 3^2\Rightarrow 7^{2x}\cdot\left(\frac{1}{7}-7\right)=3^{3x}\cdot\left(\frac{1}{9}-9\right)\Rightarrow\frac{7^{2x}}{3^{3x}}=\frac{35}{27}\Rightarrow\left(\frac{49}{27}\right)^x=\frac{35}{27}$，可以得到 $x=\log_{\frac{49}{27}}\frac{35}{27}$，此即为原方程的解.

方法二 原方程可化为 $7^{2x-1}\cdot(1-7^2)=3^{3x-2}\cdot(1-3^4)\Rightarrow 7^{2x-1}\cdot 3=3^{3x-2}\cdot 5$，两边同时取常用对数，可得

$(2x-1)\lg 7+\lg 3=(3x-2)\lg 3+\lg 5\Rightarrow(2\lg 7-3\lg 3)x=\lg 5-3\lg 3+\lg 7$，

可得 $x=\frac{\lg 5-3\lg 3+\lg 7}{2\lg 7-3\lg 3}$，此即为原方程的解.

(3) 原方程可化为$\log_7[\log_3(\log_2 x)]=\log_7 1$，即$\log_3(\log_2 x)=1$，方程又可化为$\log_3(\log_2 x)=\log_3 3$，即$\log_2 x=3$. 于是可得$x=2^3$，故原方程的解为$x=8$.

(4) 原方程可视为关于$\log_x\sqrt{5}$的一元二次方程，可解得$\log_x\sqrt{5}=-\frac{1}{2}$或$\log_x\sqrt{5}=-\frac{5}{2}$.

由$\log_x\sqrt{5}=-\frac{1}{2}$，有$\log_x\sqrt{5}=\log_x x^{-\frac{1}{2}}$，则$x^{-\frac{1}{2}}=\sqrt{5}$，可知$(x^{-\frac{1}{2}})^{-2}=(5^{\frac{1}{2}})^{-2}$，求得$x=5^{-1}$；

由$\log_x\sqrt{5}=-\frac{5}{2}$，有$\log_x\sqrt{5}=\log_x x^{-\frac{5}{2}}$，则$x^{-\frac{5}{2}}=\sqrt{5}$，可知$(x^{-\frac{5}{2}})^{-\frac{2}{5}}=(5^{\frac{1}{2}})^{-\frac{2}{5}}$，求得$x=5^{-\frac{1}{5}}$. 故原方程的解为$x_1=\frac{1}{5}$，$x_2=\frac{1}{\sqrt[5]{5}}$.

4. (1) 原式$=1$；(2) 原式$=-\frac{1}{2}$；(3) 原式$=1$.

5. $\left(1,\ \frac{11}{9}\right)$.　　6. 2^{81}是25位的整数.

7. **解**　(1) 由$-x^2+2x+3\geqslant 0\Rightarrow x^2-2x-3\leqslant 0$可得定义域为$1\leqslant x\leqslant 3$. 原函数可分解为$y=3^u$，$u=v^{\frac{1}{2}}$，$v=-x^2+2x+3$. 其中，$y=3^u$与$u=v^{\frac{1}{2}}$为增函数，化简可知，$v=-(x-1)^2+4$当$-1\leqslant x\leqslant 1$时是增函数，当$1\leqslant x\leqslant 3$时是减函数.

根据“同增异减”可知，函数$y=3^{\sqrt{-x^2+2x+3}}$在$[-1,\ 1]$上单调增加，在$[1,\ 3]$上单调减少。

(2) 由$2x^2-5x-3>0$，可知函数定义域为$x<-\frac{1}{2}$或$x>3$. 所给函数可分解为$y=\lg u$，$u=2x^2-5x-3$.

由$u=2\left(x-\frac{5}{2}\right)^2-\frac{9}{4}$，可知它的图象是开口向上，以$x=\frac{5}{2}$为对称轴的抛物线.

则$u=2x^2-5x-3$在$\left(-\infty,\ -\frac{1}{2}\right)$上单调递减，在$(3,\ +\infty)$上单调递增.

类似 (1)，可知所给函数在$\left(-\infty,\ -\frac{1}{2}\right)$上单调递减，在$(3,\ +\infty)$上单调递增.

8. **解**　由已知条件，有

$$\log_a\frac{x^2+1}{4x}=\log_a\frac{ay}{y^2+a^2}$$

$$\Rightarrow\frac{x^2+1}{4x}=\frac{ay}{y^2+a^2}$$

$$\Rightarrow(x^2+1)(y^2+a^2)=4axy$$

$$\Rightarrow x^2y^2+y^2+a^2x^2+a^2=4axy$$

$$\Rightarrow(x^2y^2-2axy+a^2)+(y^2-2axy+a^2x^2)=0$$

$$\Rightarrow(xy-a)^2+(y-ax)^2=0,$$

可以得到$\begin{cases}xy-a=0\\ y-ax=0\end{cases}$，解得 $x=1$，$y=a$.

9. a 的取值范围$\left(0,\ \dfrac{1}{100}\right)$.

10. 定义域为 $1-\sqrt{3}<x<1+\sqrt{3}$，函数在$(1-\sqrt{3},\ 1)$上单调递减，在$(1,\ 1+\sqrt{3})$上单调递增.

11. **解** 由$\begin{cases}x>0\\ 2-x>0\end{cases}\Rightarrow 0<x<2$，原不等式可化为

$\begin{cases}0<x<1\\ -\log_2 x+\log_2(2-x)\geqslant 1\end{cases}\Rightarrow 0<x\leqslant\dfrac{2}{3}$，或$\begin{cases}1<x<2\\ \log_2 x-\log_2(2-x)\geqslant 1\end{cases}\Rightarrow\dfrac{4}{3}<x\leqslant 2$，

故不等式的解为$\left(0,\ \dfrac{2}{3}\right]\cup\left[\dfrac{4}{3},\ 2\right)$.

12. **解** （1）当 $0<a<1$ 时，由 $\log_a(2-ax)$ 在 $[0,\ 1]$ 上单调减少，可知 $y=2-ax$ 在 $[0,\ 1]$ 上单调增加，则有 $a<0$，这与 a 为对数底数应大于 0 不符；

（2）当 $a>1$ 时，由 $\log_a(2-ax)$ 在 $[0,\ 1]$ 上单调减少，可知 $y=2-ax$ 在 $[0,\ 1]$ 上单调减少，则有 $a>0$，同时 $2-ax>0$.

由于 $0<x<1$，则 $ax<2\Rightarrow a<\dfrac{2}{x}$，可知 $a<2$，则有 $1<a<2$.

综合（1）（2）可知，a 的取值范围是 $1<a<2$.

4.10.3 习题 4.3 选解

1. （1）$\sin\alpha=\dfrac{-6}{10}=-\dfrac{3}{5}$；$\cos\alpha=\dfrac{-8}{10}=-\dfrac{4}{5}$；$\tan\alpha=\dfrac{-6}{-8}=\dfrac{3}{4}$；$\cot\alpha=\dfrac{-8}{-6}=\dfrac{4}{3}$；$\sec\alpha=\dfrac{10}{-8}=-\dfrac{5}{4}$；$\csc\alpha=\dfrac{10}{-6}=-\dfrac{5}{3}$.

（2）$\sin\alpha=\dfrac{-1}{2}=-\dfrac{1}{2}$；$\cos\alpha=\dfrac{\sqrt{3}}{2}$；$\tan\alpha=\dfrac{-1}{\sqrt{3}}=-\dfrac{\sqrt{3}}{3}$；$\cot\alpha=\dfrac{\sqrt{3}}{-1}=-\sqrt{3}$；$\sec\alpha=\dfrac{2}{\sqrt{3}}=\dfrac{2\sqrt{3}}{3}$；$\csc\alpha=\dfrac{2}{-1}=-2$.

2. （1）第二象限的角；（2）第三象限的角；（3）第一、四象限的角；（4）第一、三象限的角.

3. （1）0；（2）$(a-b)^2$；（3）$(a-b)^2$；（4）-2.

4. $\cos\alpha=\dfrac{1}{2}$，$\tan\alpha=-\sqrt{3}$，$\cot\alpha=-\dfrac{\sqrt{3}}{3}$，$\sec\alpha=2$，$\csc\alpha=\dfrac{2}{\sqrt{3}}$.

5. （1）原式$=\sec^2\alpha\cos^2\alpha=\dfrac{1}{\cos^2\alpha}\cdot\cos^2\alpha=1$；

（2）原式$=1-\sin^2 A=\cos^2 A$；

（3）原式$=\dfrac{\sin^2\alpha}{\cos^2\alpha}+\cos\alpha\cdot\dfrac{1}{\cos\alpha}=\tan^2\alpha+1=\sec^2\alpha$；

(4) 原式$=\dfrac{\cos^2\dfrac{\alpha}{2}}{\sin^2\dfrac{\alpha}{2}}+1=\cot^2\dfrac{\alpha}{2}+1=\csc^2\dfrac{\alpha}{2}$.

6. 证明从略. 7. $\dfrac{\sqrt{3}+1}{2}$.

8. 证明从略. 9. 证明从略.

10. **证明** $\cos 3x=-\sin\left(\dfrac{3\pi}{2}-3x\right)=-\sin\left[3\left(\dfrac{\pi}{2}-x\right)\right]=-f\left[\sin\left(\dfrac{\pi}{2}-x\right)\right]=-f(\cos x)$.

11. **解** 由 $\lg\cot x-\lg\cos x=\lg\sin x-\lg\tan x+2\lg 3-\dfrac{3}{2}\lg 2$，可得 $\lg\dfrac{\cot x}{\cos x}=\lg\dfrac{\sin x}{\tan x}+\lg 3^2-\lg 2^{\frac{3}{2}}\Rightarrow\lg\dfrac{1}{\sin x}=\lg\cos x+\lg 9-\lg\sqrt{8}\Rightarrow\lg\sin x+\lg\cos x+\lg\dfrac{9}{\sqrt{8}}=0\Rightarrow$ $\lg\sin x\cos x=\lg\dfrac{2\sqrt{2}}{9}$.

可知 $\sin x\cos x=\dfrac{2\sqrt{2}}{9}$，于是有 $(\cos x-\sin x)^2=\cos^2x-2\cos x\sin x+\sin^2x=1-\dfrac{4\sqrt{2}}{9}$.

又因为 $0<x<\dfrac{\pi}{4}$，有 $\cos x>\sin x$，则 $\cos x-\sin x>0$，所以得

$$\cos x-\sin x=\sqrt{1-\frac{4\sqrt{2}}{9}}=\sqrt{\frac{(2\sqrt{2})^2-4\sqrt{2}+1}{9}}=\sqrt{\frac{(2\sqrt{2}-1)^2}{3^2}}=\frac{2\sqrt{2}-1}{3}.$$

4.10.4 习题 4.4 选解

1. $-\dfrac{6+\sqrt{35}}{12}$ $(0<\alpha<90°)$；$-\dfrac{6-\sqrt{35}}{12}$ $(90°<\alpha<180°)$.

2. 若$\dfrac{\alpha}{2}$在第Ⅱ象限，$\sin\dfrac{\alpha}{2}=\dfrac{\sqrt{5}}{5}$，$\cos\dfrac{\alpha}{2}=-\dfrac{2\sqrt{5}}{5}$，$\tan\dfrac{\alpha}{2}=-\dfrac{1}{2}$；

若$\dfrac{\alpha}{2}$在第Ⅳ象限，$\sin\dfrac{\alpha}{2}=-\dfrac{\sqrt{5}}{5}$，$\cos\dfrac{\alpha}{2}=\dfrac{2\sqrt{5}}{5}$，$\tan\dfrac{\alpha}{2}=-\dfrac{1}{2}$.

3. **解** (1) 原式$=\tan\theta\cdot\dfrac{\cos\theta}{1+\cos\theta}=\dfrac{\sin\theta}{1+\cos\theta}=\tan\dfrac{\theta}{2}$；

(2) 原式$=\sqrt{\sin^2\dfrac{x}{2}-2\sin\dfrac{x}{2}\cos\dfrac{x}{2}+\cos^2\dfrac{x}{2}}+\sqrt{\sin^2\dfrac{x}{2}+2\sin\dfrac{x}{2}\cos\dfrac{x}{2}+\cos^2\dfrac{x}{2}}$

$$=\sqrt{\left(\sin\frac{x}{2}-\cos\frac{x}{2}\right)^2}+\sqrt{\left(\sin\frac{x}{2}+\cos\frac{x}{2}\right)^2},$$

由于 $0<\dfrac{x}{2}<\dfrac{\pi}{4}$，可知 $\cos\dfrac{x}{2}>\sin\dfrac{x}{2}$，则$\sqrt{\left(\sin\dfrac{x}{2}-\cos\dfrac{x}{2}\right)^2}=-\left(\sin\dfrac{x}{2}-\cos\dfrac{x}{2}\right)$，

于是原式$=\left(\cos\dfrac{x}{2}-\sin\dfrac{x}{2}\right)+\left(\sin\dfrac{x}{2}+\cos\dfrac{x}{2}\right)=2\cos\dfrac{x}{2}$；

(3) 由于 $270°<\theta<360°$，可知 $135°<\frac{\theta}{2}<180°$，则 $\cos\frac{\theta}{2}>0$，

$$原式=\frac{\left(2\sin\frac{\theta}{2}\cos\frac{\theta}{2}+2\cos^2\frac{\theta}{2}\right)\left(\sin\frac{\theta}{2}-\cos\frac{\theta}{2}\right)}{\sqrt{2\times 2\cos^2\frac{\theta}{2}}}$$

$$=\frac{2\cos\frac{\theta}{2}\left(\sin\frac{\theta}{2}+\cos\frac{\theta}{2}\right)\left(\sin\frac{\theta}{2}-\cos\frac{\theta}{2}\right)}{2\cos\frac{\theta}{2}}$$

$$=\sin^2\frac{\theta}{2}-\cos^2\frac{\theta}{2}=-\cos\theta.$$

4. $-\frac{6}{7}$.　5. $\frac{2m}{1-m^2}$.　6. $\frac{7}{25}$.　7. 证明从略.　8. 证明从略.　9. 证明从略.

4.10.5　习题 4.5 选解

1. (1)0；　(2) $\frac{3}{16}$；　(3) 1；　(4) 4.

2. 化简从略.　3. 证明从略

4. **解**　由已知，有

$$\begin{cases}(\sin\alpha-\sin\beta)^2=\left(-\frac{1}{2}\right)^2\\(\cos\alpha-\cos\beta)^2=\left(\frac{1}{2}\right)^2\end{cases}\Rightarrow\begin{cases}\sin^2\alpha-2\sin\alpha\sin\beta+\sin^2\beta=\frac{1}{4}\\\cos^2\alpha-2\cos\alpha\cos\beta+\cos^2\beta=\frac{1}{4}\end{cases},$$

两式相加，得 $2-2\sin\alpha\sin\beta-2\cos\alpha\cos\beta=\frac{1}{2}\Rightarrow\cos(\alpha-\beta)=\frac{3}{4}$.

由于 $0<\alpha$，$\beta<\frac{\pi}{2}$，则 $-\frac{\pi}{2}<\alpha-\beta<\frac{\pi}{2}$，而由已知条件 $\sin\alpha-\sin\beta=-\frac{1}{2}$，可知 $\sin\alpha<\sin\beta$，则 $\alpha<\beta$，即 $-\frac{\pi}{2}<\alpha-\beta<0$. 于是 $\sin(\alpha-\beta)=-\sqrt{1-\cos(\alpha-\beta)^2}=-\sqrt{1-\left(\frac{3}{4}\right)^2}=-\frac{\sqrt{7}}{4}$，$\tan(\alpha-\beta)=\frac{\sin(\alpha-\beta)}{\cos(\alpha-\beta)}=\frac{-\frac{\sqrt{7}}{4}}{\frac{3}{4}}=-\frac{\sqrt{7}}{3}$.

5. 锐角三角形.　6. 钝角三角形.　7. $A=30°$，$B=60°$或 $A=60°$，$B=30°$，$k=\sqrt{3}$.

8. **解**　由题意可得 $a\cos\alpha+b\sin\alpha=c$，$a\cos\beta+b\sin\beta=c$ 以上二式相减得

$$a(\cos\alpha-\cos\beta)+b(\sin\alpha-\sin\beta)=0$$

$$\Rightarrow -2a\sin\frac{\alpha+\beta}{2}\sin\frac{\alpha-\beta}{2}+2b\cos\frac{\alpha+\beta}{2}\cos\frac{\alpha-\beta}{2}=0$$

$$\Rightarrow 2\sin\frac{\alpha-\beta}{2}\left(a\sin\frac{\alpha+\beta}{2}-b\cos\frac{\alpha+\beta}{2}\right)=0,$$

由于 $0\leqslant\alpha$，$\beta\leqslant\pi$ 且 $\alpha\neq\beta$，可知 $-\pi<\alpha-\beta<\pi$，则 $-\frac{\pi}{2}<\frac{\alpha-\beta}{2}<\frac{\pi}{2}$ 且 $\frac{\alpha-\beta}{2}\neq0$，则

有 $\sin\frac{\alpha-\beta}{2}\neq 0$，于是

$$a\sin\frac{\alpha+\beta}{2}-b\cos\frac{\alpha-\beta}{2}=0\Rightarrow\tan\frac{\alpha+\beta}{2}=\frac{b}{a}.\text{ 令 }\tan\frac{\alpha+\beta}{2}=t\text{，则 }\sin(\alpha+\beta)=\frac{2t}{1+t^2}=$$

$$\frac{2\times\frac{b}{a}}{1\left(\frac{b}{a}\right)^2}=\frac{2ab}{a^2+b^2}.$$

9. 证明从略.

10. **证明**　由已知，有 $2\cos B\sin C=\sin(B+C)\Rightarrow 2\cos B\sin C=\sin B\cos C+\cos B\sin C\Rightarrow$ $\cos B\sin C-\sin B\cos C=0\Rightarrow\sin(B-C)=0$，

由于 $-\pi<B-C<\pi$，可知 $B-C=0$ 即 $B=C$. 故 $\triangle ABC$ 为等腰三角形.

4.10.6　习题 4.6 选解

1. (1) $\mathbf{R}$；(2) $(-2\pi,\ \pi)\cup(0,\ \pi)\cup(2\pi,\ 8]$；(3) $\left\{x\,|\,x\neq k\pi+\frac{\pi}{4},\ k\in\mathbf{Z}\right\}$；(4) $\mathbf{R}$

2. 从略.

3. (1) π；　(2) π；　(3) 2π；　(4) π.

4. (1) 奇函数；(2) 偶函数；(3) 非奇非偶函数.

5. **解**　方法一　由图象可知，振幅 $A=3$，周期 $T=\frac{5\pi}{6}-\left(-\frac{\pi}{6}\right)=\pi$. 由 $T=\frac{2\pi}{\omega}$，可知 $\omega=2$. 又因点 $\left(-\frac{\pi}{6},\ 0\right)$ 在曲线上，则有 $3\cos\left[2\times\left(-\frac{\pi}{6}\right)+\varphi\right]=0\Rightarrow\cos\left(\varphi-\frac{\pi}{3}\right)=0$.

可取 $\varphi=-\frac{\pi}{6}$. 故函数应为 $y=3\cos\left(2x-\frac{\pi}{6}\right)$.

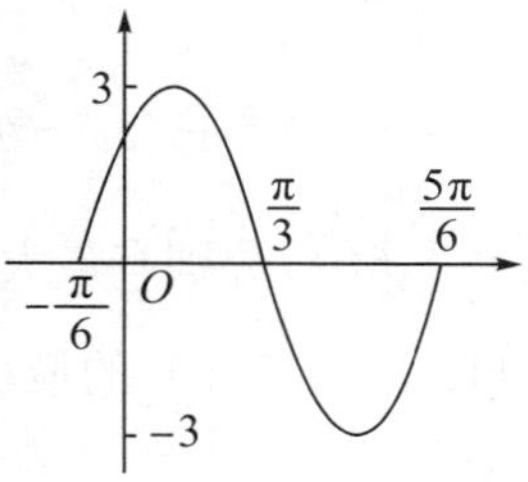

方法二　由图象可知，振幅 $A=3$，又曲线过点 $\left(\frac{\pi}{3},\ 0\right)$ 和 $\left(\frac{5\pi}{6},\ 0\right)$. 根据五点作图法原理（这两点可以看作五点作图法中的第三点与第五点），则有

$$\begin{cases}\omega\cdot\frac{\pi}{3}+\varphi=\frac{\pi}{2}\\ \omega\cdot\frac{5\pi}{6}+\varphi=\frac{3\pi}{2}\end{cases}\Rightarrow\begin{cases}\omega=2\\ \varphi=-\frac{\pi}{6}\end{cases}\text{，故函数应为 }y=3\cos\left(2x-\frac{\pi}{6}\right).$$

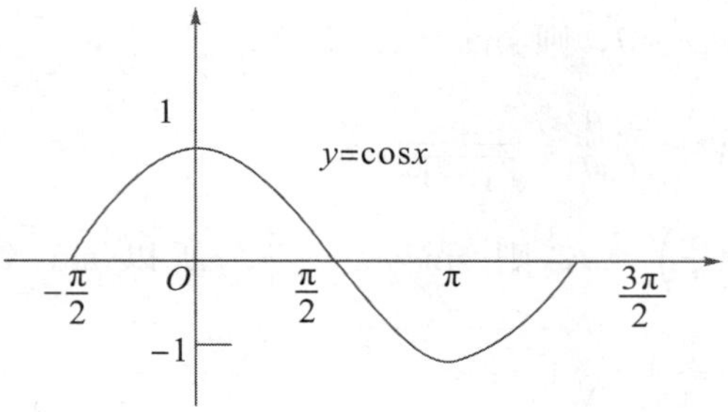

方法三 由图象可知，振幅 $A=3$，$T=\frac{5\pi}{6}-\left(-\frac{\pi}{6}\right)=\pi$，曲线过点 $\left(\frac{\pi}{12},\ 0\right)$，可知图象由 $y=3\cos2x$ 向右平移 $\frac{\pi}{12}$ 个单位长度而得，于是有 $y=3\cos2\left(x-\frac{\pi}{12}\right)=3\cos\left(2x-\frac{\pi}{6}\right)$.

6. 从略.

7. $\left\{x \mid 2k\pi<x<2k\pi+\frac{2\pi}{3},\ k\in\mathbf{Z}\right\}$.

8. 证明从略.

9. **解** 解不等式组 $\begin{cases}\sin x>0\\ \sin x\neq1\\ \cos x+\frac{1}{2}>0\end{cases}\Rightarrow\begin{cases}2k\pi<x<2k\pi+\pi\\ x\neq2k\pi+\frac{\pi}{2}\\ 2k\pi-\frac{2\pi}{3}<x<2k\pi+\frac{2\pi}{3}\end{cases}\Rightarrow 2k\pi<x<2k\pi+\frac{\pi}{2}$ 或 $2k\pi+\frac{\pi}{2}<x<2k\pi+\frac{2\pi}{3}$ $(k\in\mathbf{Z})$，故 $f(x)$ 的定义域为 $\left(2k\pi,\ 2k\pi+\frac{\pi}{2}\right)\cup\left(2k\pi+\frac{\pi}{2},\ 2k\pi+\frac{2\pi}{3}\right)(k\in\mathbf{Z})$.

10. **解** $f(x)=2\times\frac{1-\cos2x}{2}+4\times\frac{1+\cos2x}{2}-4\sin2x+5=\cos2x-4\sin2x+8=-\sqrt{17}\sin(2x-\theta)+8\left(\text{其中 }\sin\theta=\frac{1}{\sqrt{17}},\ \cos\theta=\frac{4}{\sqrt{17}}\right)$. 故当 $\sin(2x-\theta)=\pm1$ 时，$f(x)$ 分别有最大值 $8+\sqrt{17}$ 与最小值 $8-\sqrt{17}$.

11. (1) $f(x)$ 的最小正周期 $T=\frac{2\pi}{2}=\pi$；(2) 当 $\sin\left(2x+\frac{\pi}{4}\right)=-1$ 时 $f(x)$ 有最小值 $2-\sqrt{2}$，此时 $2x+\frac{\pi}{4}=2k\pi+\frac{3\pi}{2}\Rightarrow x=k\pi+\frac{5\pi}{8}(k\in\mathbf{Z})$

4.10.7 习题 4.7 选解

1. (1) $\left[-\frac{1}{2},\ \frac{1}{2}\right]$； (2) $\left[\frac{1}{3},\ \frac{2}{3}\right]$；

(3) $[-1,\ 3]$； (4) $\left[k\pi-\frac{\pi}{4},\ k\pi+\frac{\pi}{4}\right](k\in\mathbf{Z})$.

2. 从略.

3. **解** (1) 令 $\arcsin x=\theta$，则 $\sin\theta=x$. 且 $\theta\in\left[-\frac{\pi}{2},\ \frac{\pi}{2}\right]$，可知 $\cos\theta\geqslant0$，所以

$\tan(\arcsin x)=\tan\theta=\frac{\sin\theta}{\cos\theta}=\frac{x}{\sqrt{1-x^2}}$.

(2) 令 $\arcsin\left(-\frac{3}{4}\right)=\theta$，则 $\sin\theta=-\frac{3}{4}$. 所以 $\sin\left[2\arcsin\left(-\frac{3}{4}\right)\right]=\sin2\theta=2\sin\theta\cos\theta=2\times\left(-\frac{3}{4}\right)\times\sqrt{1-\left(-\frac{3}{4}\right)^2}=-\frac{3\sqrt{7}}{8}$.

(3) 令 $\arcsin\left(-\frac{4}{5}\right)=\theta$，则 $\sin\theta=-\frac{4}{5}$，$\cos\theta=\frac{3}{5}$. 所以 $\cos\left[\frac{1}{2}\arcsin\left(-\frac{4}{5}\right)\right]=\cos\frac{\theta}{2}=\sqrt{\frac{1+\cos\theta}{2}}=\frac{2\sqrt{5}}{5}$.

(4) 令 $\arccos\frac{4}{5}=\alpha$，$\arccos\left(-\frac{5}{13}\right)=\beta$，则 $\cos\alpha=\frac{4}{5}$，$\cos\beta=-\frac{5}{13}$. 所以

$$\cos\left[\arccos\frac{4}{5}+\arccos\left(-\frac{5}{13}\right)\right]=\cos(\alpha+\beta)=\cos\alpha\cos\beta-\sin\alpha\sin\beta=\frac{4}{5}\times\left(-\frac{5}{13}\right)-\frac{3}{5}\times\frac{12}{13}=-\frac{56}{65}.$$

4. **解** (1) 由 $\frac{\pi}{2}\leqslant x\leqslant\frac{3\pi}{2}$，可知 $-\frac{\pi}{2}\leqslant x-\pi\leqslant\frac{\pi}{2}$，又因为 $\sin(x-\pi)=-\sin(\pi-x)=-\sin x=-y$，

则有 $x-\pi=\arcsin(-y)$，即 $x=\pi-\arcsin y$，故所求的反函数为 $y=\pi-\arcsin x$；

(2) 由 $\frac{3\pi}{2}\leqslant x\leqslant\frac{5\pi}{2}$，可知 $-\frac{\pi}{2}\leqslant x-2\pi\leqslant\frac{\pi}{2}$，又因为 $\sin(x-2\pi)=-\sin(2\pi-x)=\sin x=y$，

则有 $x-2\pi=\arcsin y$，即 $x=2\pi+\arcsin y$，故所求的反函数为 $y=2\pi+\arcsin x$.

5. **解** (1) 由 $2\pi\leqslant x\leqslant 3\pi$，可知 $0\leqslant x-2\pi\leqslant\pi$，又因为 $\cos(x-2\pi)=\cos x=y$，
则有 $x-2\pi=\arccos y$，即 $x=2\pi+\arccos y$，故所求的反函数为 $y=2\pi+\arccos x$；
(2) 由 $-3\pi\leqslant x\leqslant-2\pi$，可知 $0\leqslant x+3\pi\leqslant\pi$，又因为 $\cos(x+3\pi)=-\cos x=-y$，
则有 $x+3\pi=\arccos(-y)$，即 $x=-3\pi+\arccos(-y)$. 由于 $\arccos(-y)=\pi-\arccos y$，上式化为 $x=-2\pi-\arccos y$，故所求的反函数为 $y=-2\pi-\arccos x$.

6. 证明从略. 7. 证明从略.

4.10.8 习题 4.8 选解

1. **解** (1) 两边同除以 $\cos^2 x$，原方程变形为 $4\tan^2 x+2\tan x=\sec^2 x\Rightarrow 4\tan^2 x+2\tan x=\tan^2 x+1\Rightarrow 3\tan^2 x+2\tan x-1\Rightarrow(\tan x+1)(3\tan x-1)=0$，

由 $\tan x=-1$，得 $x=k\pi-\frac{\pi}{4}$ $(k\in\mathbf{Z})$；由 $\tan x=\frac{1}{3}$，得 $x=k\pi+\arctan\frac{1}{3}$ $(k\in\mathbf{Z})$.

(2) 原方程变形为 $\cos 3x=-\frac{1}{2}$，所以 $3x=2k\pi\pm\frac{2\pi}{3}$，故原方程的解为 $x=\frac{2k\pi}{3}\pm\frac{2\pi}{9}(k\in\mathbf{Z})$.

(3) 原方程的解为 $x=k\pi+\frac{\pi}{4}-\frac{1}{2}\arctan\frac{4}{3}$ $(k\in\mathbf{Z})$

(4) $x=k\pi+(-1)^k\frac{\pi}{2}+\frac{\pi}{2}$ $(k\in\mathbf{Z})$.

(5) $(\sin x+\sin 3x)+\sin 2x=0\Rightarrow 2\sin 2x\cos x+\sin 2x=0\Rightarrow 2x+(2\cos x+1)=0$，分别解 $\sin 2x=0$，$2\cos x+1=0$，原方程的解为 $x_1=\frac{k\pi}{2}$，$x_2=2k\pi\pm\frac{2\pi}{3}(k\in\mathbf{Z})$.

(6) 原方程变形为 $\sin x(3-4\sin^2 x)=\sin x(2\cos 2x-1)=0$，分别解 $\sin x=0$，$2\cos 2x-1=0$. 原方程的解为 $x_1=k\pi$，$x_2=k\pi\pm\frac{\pi}{3}$，$k\in\mathbf{Z}$.

(7) $x=2k\pi\pm\frac{\pi}{3}$，$k\in\mathbf{Z}$.

(8) $x_1=k\pi+\frac{\pi}{4}$或$x_2=\frac{k\pi}{2}+\arctan 3$

(9) $x=k\pi+(-1)^k\frac{\pi}{4}-\frac{\pi}{4}$ $(k\in\mathbf{Z})$.

(10) $x_1=k\pi-(-1)^k\frac{\pi}{2}$，$x_2=2k\pi\pm(-\pi)$ $(k\in\mathbf{Z})$.

4.10.9 习题 4.9 选解

1. 236.6 米

2. $B=\frac{\pi}{6}$，则 $C=\frac{\pi}{3}$，$A=\frac{\pi}{2}$. $a=\sqrt{c^2+b^2}=4$.

3. (1) 若 $B=60°$，则 $A=90°$，$\triangle ABC$ 为直角三角形，$a=\sqrt{b^2+c^2}=4$；(2) 若 $B=120°$，则 $A=30°$，$\triangle ABC$ 为等腰三角形，$a=c=2$.

4. (1) 若 A 为锐角，$\cos A=\frac{3}{5}$，求得 $\sin C=\frac{63}{65}$，则 $c=\frac{a\sin C}{\sin A}=\frac{10\times\frac{63}{65}}{\frac{4}{5}}=12\frac{3}{26}$；

(2) 若 A 为钝角，$\cos A=-\frac{3}{5}$，求得 $\sin C=\frac{35}{65}$，则 $c=\frac{a\sin C}{\sin A}=\frac{10\times\frac{35}{65}}{\frac{4}{5}}=6\frac{9}{26}$.

5. **证明** 由已知条件和正弦定理推论，可得 $2R\sin A=2\cdot 2R\sin B\cos C\Rightarrow\sin A=2\sin B\cos C\Rightarrow\sin(B+C)=\sin(B+C)-\sin(B-C)\Rightarrow\sin(B-C)=0$

由 $0<B$，$C<\pi$，有 $-\pi<B-C<\pi$，可知 $B-C=0$，即 $B=C$. 故$\triangle ABC$ 为等腰三角形.

6. $A=\frac{\pi}{3}$.　　7. 证明从略.　　8. 证明从略.

9. **证明** 由正弦定理及其推论、余弦定理，有$\sin^2 A+\sin^2 B-\sin^2 C=\left(\frac{a}{2R}\right)^2+\left(\frac{b}{2R}\right)^2-\left(\frac{c}{2R}\right)^2=\frac{a^2+b^2-c^2}{4R^2}$，

$2\sin A\sin B\cos C=2\times\frac{a}{2R}\cdot\frac{b}{2R}\cdot\frac{a^2+b^2-c^2}{2ab}=\frac{a^2+b^2-c^2}{4R^2}$，故 $\sin^2 A+\sin^2 B-\sin^2 C=2\sin A\sin B\cos C$.

CHAPTER 5

第5章 排列组合数学归纳法和二项式定理

排列的历史，可以追溯到殷周之际的占卜术，比较完整的文字记载则见于《易经》一书.《易经》记载所谓“四象”就是每次取两个爻的排列，“八卦”是每次取三个爻的排列. 汉代数学家徐岳的《数术记遗》（公元2世纪）也曾记载有与占卜有关的“八卦算”，即把卦按不同的方法在八个方位中排列起来. 它与“八个人围一张圆桌而坐，问有多少种不同坐法”这一典型的排列问题类似. 11世纪时，邵雍（1012—1077）还进一步研究了六十四卦的排列问题.

八卦图

中国传统的“干支历”在商朝已普遍使用，干支计数与五行循环理论包含着丰富的排列思想. 把10“天干”与12“地支”有序排列，周而复始，成一循环，依次以奇数对奇数、偶数对偶数的约束构成一组. 现在我们的日历中仍然在使用.

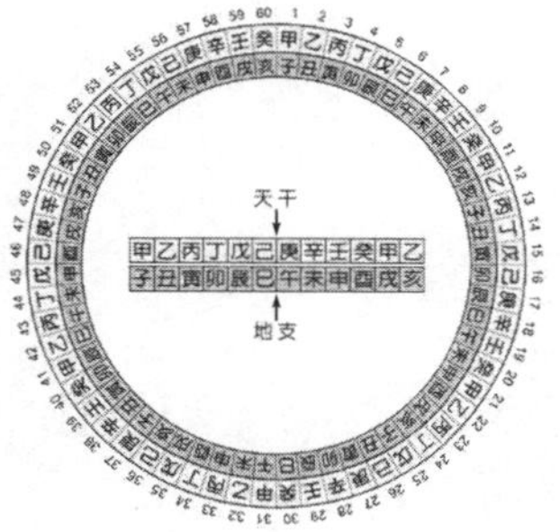

天干地支图

唐朝张遂曾计算过棋盘上所有可能的布局总数，这相当于从黑子、白子、空位中每次取出361个排列数. 后来，17世纪，北宋时期沈括在《梦溪笔谈》中进一步讨论了围棋布局总数问题. 他利用一些排列、组合的办法对一行的计算作了分析. 沈括指出，当361个棋子全用上时，棋局总数达到10000^{52}的数量级.

排列组合的中心问题是研究给定要求的排列和组合可能出现的情况总数. 排列组合与古典概率论关系密切.

（1）解决排列组合问题应遵循的原则：先特殊后一般，先选后排，先分类后分步.

（2）解决排列组合问题的11个策略：①相邻问题捆绑法；②不相邻问题插空法；③多排问题单排法；④定序问题倍缩法；⑤多元问题分类法；⑥有序分配问题分步法；⑦交叉问题集合法；⑧至少或至多问题间接法；⑨选排问题先选后排法；⑩局部与整体问题排除法；⑪复杂问题转化法.

（3）解答排列组合问题要从“分析”“分辨”“分类”“分步”的角度入手.

①“分析”就是找出题目的条件、结论，哪些是“元素”，哪些是“位置”；

②“分辨”就是辨别是排列还是组合，对某些元素的位置有无限制等；

③“分类”就是对于较复杂的问题中的元素往往分成互斥的几类，然后逐类解决；

④“分步”就是把问题化成几个互相联系的步骤，而每一步都是简单的排列组合问题，然后逐步解决.

§ 5.1　排列

排列是组合学最基本的概念之一．所谓排列，就是指从给定个数的元素中取出指定个数的元素进行排序．排列的中心问题是研究给定要求的排列可能出现的情况总数．排列在生活与生产实际问题中有着广泛的应用，同时也是学习概率与数理统计等数学知识的基础．

本节将学习两种计数方法、排列和组合的基本知识．

5.1.1　分类计数原理与分步计数原理

1．分类计数原理

从甲地到乙地可以乘火车、汽车、轮船，一天中，火车有 4 班，汽车有 2 班，轮船有 3 班（图 5－1）．问一天中乘坐这些交通工具从甲地到乙地，共有多少种不同的走法？

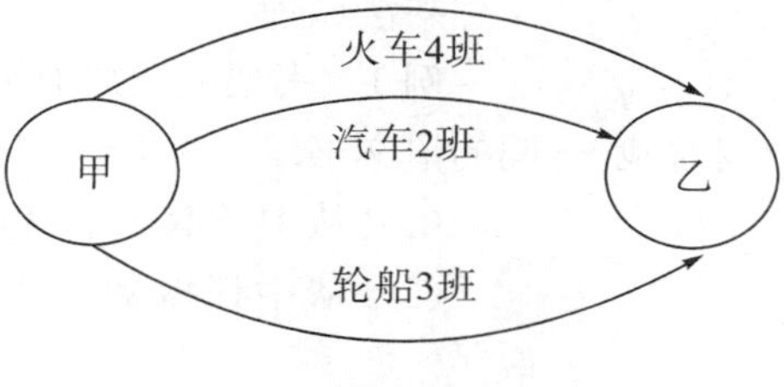

图 5－1

从图 5－1 可以看出，从甲地到乙地有三类不同的方式：可乘火车、汽车或轮船．乘火车有 4 种走法，乘汽车有 2 种走法，乘轮船有 3 种走法．所以，从甲地到乙地共有

$$4+2+3=9\ （种）$$

不同的走法．

一般地，有下面的分类计数原理：

做一件事，完成它可以有 n 类方式，第一类方式中有 m_1 种不同的方法，第二类方式中有 m_2 种不同的方法，…，第 n 类方式中有 m_n 种不同的方法，那么完成这个事件共有 $N=m_1+m_2+\cdots+m_n$ 种不同的方法．分类计数原理又称加法原理．

分类是对完成这件事的所有办法的一个**分类**，分类时要根据问题的特点确定一个合适的分类标准后再分类，分类要满足两条基本原则：（1）完成这件事的任何一种方法必须属于某

2．分步计数原理

从甲地到丙地，要通过乙地，从甲地到乙地有三条路可走，

一类；

（2）分别属于不同类的两种方法是不同的方法，前者保证不遗漏，后者保证不重复；

（3）每类方案中的每一种方法，都能独立完成这件事.

从乙地到丙地有两条路可走，如图 5－2 所示，问从甲地到丙地，共有多少种不同的走法？

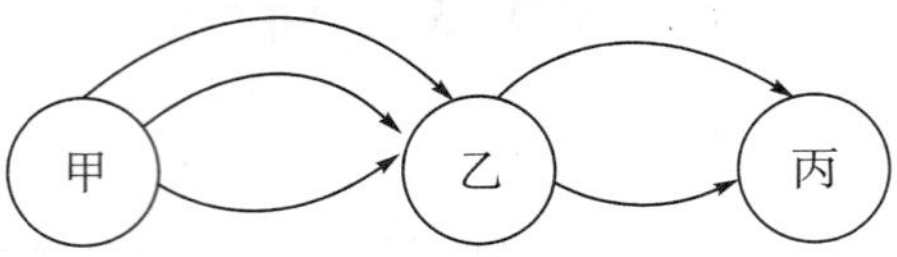

图 5－2

从图 5－2 中可以看出，从甲地到丙地分两个步骤，先从甲地到乙地，再从乙地到丙地. 而从甲地到乙地有 3 条路可以走，每一条路到达乙地后，再从乙地到丙地又有 2 种不同的走法，因此，从甲地经乙地到丙地共有

$$3\times 2=6\text{（种）}$$

不同的走法.

分步时，根据问题的特点确定一个可行的**分步**标准，步骤的设置要满足完成这件事必需且只需要连续完成这 n 个步骤，这件事才算最终完成，即每一个步骤中的每一个方法，只能完成这件事的一个步骤，不能完成这件事，只有 n 个步骤连贯起来才完成这件事.

一般地，有下面的分步计数原理：

做一件事，完成它需要分成 n 个步骤，第一步有 m_1 种不同的方法，第二步有 m_2 种不同的方法，…，第 n 步有 m_n 种不同的方法，只有完成这 n 个步骤，才能完成这件事，那么完成这个事件共有 $m_1\times m_2\times\cdots\times m_n$ 不同的方法. 分步计数原理又称乘法原理.

例 1 书架上层放有 6 本不同的数学书，下层放有 5 本不同的语文书.

（1）从中任取 1 本书，有多少种不同的取法？

（2）从中任取数学书和语文书各 1 本，有多少种不同的取法？

加法原理和乘法原理，回答的都是有关做一件事的不同方法种数的问题. 区别在于：加法原理针对的是“分类”问题，其中各种方法相互独立，用其中任何一种方法都可以完成这件事；乘法原理针对的是“分步”问题，各个步骤中的方法相互依存，只有各个步骤都完成才算做完这件事.

解 （1）完成“从书架上任取 1 本书”这件事有两类取法：第一类取法是从上层取数学书，可以从 6 本书中任取 1 本，有 6 种取法；第二类是从下层取语文书，可以从 5 本书中任取 1 本，有 5 种取法. 根据加法原理，得到不同的取法的种数是

$$N=m_1+m_2=6+5=11\text{（种）}.$$

答：从书架上任取 1 本书，有 11 种不同的取法.

（2）完成“从书架上任取数学书和语文书各一本”这件事可以分为两个步骤：第一步取 1 本数学书，有 6 种方法；第二步取 1 本语文书，有 5 种方法. 根据乘法原理，得到不同的取法的种数是

$$N=m_1\times m_2=6\times 5=30\text{（种）}.$$

答：从书架上取数学书和语文书各一本，有 30 种不同方法.

例 2 将 3 封信投入 6 个信箱内，有多少种不同的投法？

解 完成“将3封信投入6个信箱内”这个事可以分3步考虑，第一步投第一封信，因为有6个信箱，所以有6种不同的投法；第二步投第二封信，同样有6种不同的投法；第三步投第三封信，同样也有6种不同的投法．这三步都完成才算一种投法．因此根据乘法原理，不同的投法种数共有

$$N=6\times6\times6=6^3=216\ (\text{种}).$$

答：共有216种不同的投法．

用两个计数原理解决问题时，最重要的是在开始计算之前要进行仔细分析——需要分类还是需要分步；分类要做到“不重不漏”，分类后再分别对每一类进行计数(可能需要分步)，最后用分类加法计数原理求和，得到总数．分步要做到“步骤完整”，完成了所有步骤，恰好完成任务，当然步与步之间要相互独立，分步后再计算每一步的方法数(可能需要分类)，最后根据分步乘法计数原理，把完成每一步的方法数相乘，得到总数．

5.1.2 排列

1. 排列的概念

从两个实例来研究．

实例1 在北京、上海、广州三个民航站之间的直达航线上，需要准备多少种不同的机票？

显然，问题是从北京、上海、广州三个民航站，每次取出两个站，按照起点站在前、终点站在后的顺序排列，问有多少种不同的排法．

实际上，要准备的飞机票有如下几种：

北京→上海	上海→北京
北京→广州	广州→北京
上海→广州	广州→上海

共有$3\times2=6$种不同的飞机票．

实例2 从写有数字3、4、5的三张卡片中，每次取出两张来组成一个两位数，可以组成多少个没有重复数字的两位数？

先取出两个数字3与4，按照顺序组成34和43两个两位数；再取出两个数字3与5，按照顺序组成35和53；最后再取出4和5，按照顺序组成45和54，所以共有$3\times2=6$个两位数．

解简单的排列应用问题，首先必须认真分析题意，看能否把问题归结为排列问题，即是否有顺序，如果是，再进一步分析n个不同的元素是指什么，以及从n个不同的元素中任取m个元素的每一种排列对应着什么事情，最后再运用排列数公式求解．

我们将以上两个问题的实际意义抽去，抽象出来的结论如下：将被取的对象（如上面实例中的民航站、数字）称为元素，那么以上问题就是从3个不同元素中任取2个元素，然后按照一定的顺序排成一列，共有多少种不同的排法的问题．对于这类的问题，我们给出定义如下：

从n个不同的元素中，任取$m(m\leqslant n,\ m\in\mathbf{N}^*,\ n\in\mathbf{N}^*)$个元素，按照一定的顺序排成一排，叫做从$n$个不同的元素中取出$m$个元素的一个**排列**．当$m=n$时，叫做全排列．

2. 排列数公式

从n个不同的元素中，任意取出$m(m\leqslant n,\ m\in\mathbf{N}^*,\ n\in$

从排列的定义可知，两个排列相同，不仅要这两个排列所含的元素完全相同，而且要元素的排列顺序也完全相同．如果两个排列所含的元素不完全相同，自然是两个不同的排列，例如 34 和 35 就是两个不同的排列；即使所含元素完全相同的两个排列，若元素排列的顺序不完全相同，也是两个不同的排列．例如 34 与 43，虽然所含元素相同，但不是相同的排列．

$\mathbf{N}^*$)个元素的所有不同的排列的个数，称为从 n 个元素中取出 m 个元素的排列数，记为 A_n^m．当 $m=n$ 时，全排列数 A_n^n 简记为 $n!$．

假定有排列顺序的 m 个空位，从 n 个元素 a_1，a_2，…，a_n 中任取 m 个去填空，一个空位填一个元素，每一种填法就得到一个排列；反之，由每一个排列就可以得到一种填法．因此，所有不同的填法的种数就是排列数 A_n^m．

第 1 位可以从 n 个元素中任选一个填上，共有 n 种填法；第 2 位只能从余下的 $n-1$ 个元素中任选一个填上，共有 $n-1$ 种填法；第 3 位只能从余下的 $n-2$ 个元素中任选一个填上，共有 $n-2$ 种填法．依此类推．当前面的 $m-1$ 位填上后，第 m 位只能从余下的 $n-(m-1)$ 个元素中任选一个填上，共有 $n-m+1$ 种填法．根据乘法原理可知，全部填满空位共有 $n(n-1)(n-2)\cdots(n-m+1)$ 种填法．

排列数公式　　$A_n^m=n(n-1)(n-2)\cdots(n-m+1)$，

其中，m，$n\in\mathbf{N}^*$，且 $m\leqslant n$．

公式的右边是从 n 开始顺次递减 1 的 m 个连续自然数的乘积．例如：

$$A_6^3=6\times5\times4=120.$$

全排列数公式　$A_n^n=n(n-1)(n-2)\cdots3\times2\times1(m=n)$，

即 n 的全排列数等于自然数 1 到 n 的乘积，叫做 n 的阶乘，用 $n!$ 表示：

$$A_n^n=n!.$$

排列公式还可以作如下变形：

$$\begin{aligned}A_n^m&=n(n-1)(n-2)\cdots(n-m+1)\\&=\frac{n(n-1)(n-2)\cdots(n-m+1)(n-m)\cdots2\times1}{(n-m)\cdots2\times1}\\&=\frac{n!}{(n-m)!},\end{aligned}$$

即 $$A_n^m=\frac{n!}{(n-m)!}.$$

为使以上公式在 $m=n$ 时也成立，我们规定：$0!=1$.

例 3　计算 A_7^4，A_{100}^2，A_n^3．

解　$A_7^4=7\times6\times5\times4=840$；$A_{100}^2=100\times99=9900$；

$A_n^3=n(n-1)(n-3+1)=n(n-1)(n-2)$．

例 4　求证 $A_{16}^3=2A_8^4$．

证明　$A_{16}^3=16\times15\times14=2\times8\times3\times5\times2\times7=2\times8\times7\times6\times5=2A_8^4$．

例5 求证 $A_n^m+mA_n^{m-1}=A_{n+1}^m$.

证明 因为 $A_n^m+mA_n^{m-1}=\frac{n!}{(n-m)!}+m\frac{n!}{[n-(m-1)]!}$

$$=\frac{n!(n-m+1)}{(n-m+1)!}+\frac{mn!}{(n-m+1)!}$$

$$=\frac{(n+1)!}{[(n+1)-m]!}=A_{n+1}^m.$$

所以 $$A_n^m+mA_n^{m-1}=A_{n+1}^m.$$

例6 某停车场有8个停车位，现有5辆不同的车要停放，有多少种停放方法?

解 5辆车停放的顺序不同，其停放方法也就不同，这是从8个元素中任取5个元素的排列问题，不同的停放方法共有：

$$A_8^5=8\times7\times6\times5\times4=6720\text{（种）}.$$

例7 从红、绿、黄三面旗子中任取一面、两面或三面，按不同次序挂在旗杆上表示信号，一共可以得到几种不同的信号?

解 挂一面、挂二面、挂三面均可表示信号，且挂的顺序不同，表示的信号也就不同，这是一个排列问题. 用一面旗子作信号共有 A_3^1 种，用两面旗子作信号共有 A_3^2 种，用三面旗子作信号共有 A_3^3 种. 根据分类计数原理，所求的信号种数为：

$$A_3^1+A_3^2+A_3^3=3+3\times2+3\times2\times1=3+6+6=15\text{（种）}.$$

例8 用0到9这十个数字，

(1) 可以组成多少个没有重复数字的三位数码?

(2) 可以组成多少个没有重复数字的三位数?

(3) 可以组成多少个大于300的没有重复数字的三位数?

(4) 可以组成多少个大于300小于700的没有重复数字的三位奇数?

解 (1) 这是从10个元素中任取3个元素的排列问题. 组成的三位数码的个数是

$$A_{10}^3=10\times9\times8=720\text{（个）}.$$

(2) 方法一 由于0不能排在最高位，最高位只能在1到9这9个数字中任取，共有 A_9^1 种取法；其余数位可在剩余的9个数字中任取2个，共有 A_9^2 种取法. 根据乘法原理，组成的没有重复数字的三位数的个数是

$$A_9^1\times A_9^2=9\times9\times8=648\text{（个）}.$$

方法二 从0到9这10个数字中任取3个的排列有 A_{10}^3 种. 在这些排列中包括了0在百位的排列，有 A_9^2 种，因此，所求的三位数的个数是

$$A_{10}^3-A_9^2=10\times9\times8-9\times8=648\text{（个）}.$$

(3) 要组成大于 300 的没有重复数字的三位数，百位上的数字只能在 3 到 9 这 7 个数字中任取一个，有 A_7^1 种；十位和个位的数字在剩余的 9 个中任取 2 个，有 A_9^2 种. 因此，所求的三位数的个数是

$$A_7^1\times A_9^2=7\times 9\times 8=504\text{（个）}.$$

(4) 所求的三位数是大于 300 而小于 700 的奇数. 因此，百位上的数字只能在 3，4，5，6 中任取一个，个位上的数字只能在 1，3，5，7，9 中任取一个. 3，5 这两个数字可排在百位也可排在个位：

①当 3，5 排在百位上时，百位的排列有 A_2^1 种；个位只能在 1，7，9 及 3 与 5 剩余一个中任取一个，有 A_4^1 种，十位上的数字在剩余的 8 个中取 1 个，有 A_8^1 种. 所以，当 3，5 排在百位时，所求的三位数的个数是 $A_2^1\times A_4^1\times A_8^1$ 个；

②当 3，5 不排在百位上时，百位上的数字只能在 4，6 中任取一个，有 A_2^1 种；个位在 1，3，5，7，9 中任取一个，有 A_5^1 种；十位上的数字在剩余的 8 个中取 1 个，有 A_8^1 种. 所以当 3，5 不排在百位时时所求的三位数的个数是 $A_2^1\times A_5^1\times A_8^1$ 个.

因此，满足条件的三位数的个数是：

$$A_2^1\times A_4^1\times A_8^1+A_2^1\times A_5^1\times A_8^1=64+80=144\text{（个）}.$$

3. 重复排列

先看问题，用 1，2，3 三个数字可以组成多少个两位数？

把这些两位数写出来有：11，21，31，12，22，32，13，23，33.

这种问题与以前讨论的有所不同，所求的排列中，每一个数字都可重复出现，我们把元素可重复的排列称为**重复排列**.

以上的排列可分为两步完成：

(1) 十位上的数字可从 1，2，3 中任取一个，有 3 种方法；

(2) 个位上的数字仍可从 1，2，3 中任取一个，也有 3 种方法.

根据分步计数原理，符合题意的两位数的个数是 $3\times 3=3^2=9$（种）.

一般地，从 n 个不同的元素中任取可重复的 m 个元素的排列数为

$$N=n^m,$$

其中 n 表示不同元素的个数，m 表示元素最多可重复的次数.

例9　以622为首的七位数电话号码，最多有多少个？

解　符合题意的电话号码的形式为622××××. 其后四个数由0，1，2，…，9十个数字组成，所以公式中$n=10$，$m=4$，即符合题意的电话号码的个数是

$$N=10^4=10000\text{（个）}.$$

4. 常见排列问题的解决方法

（1）**特殊元素（或位置）优先安排的方法**　由特殊元素或特殊位置的排列，分析问题时有位置分析法、元素分析法. 在实际进行排列时一般采用特殊元素优先原则，即先安排有限制条件的元素或有限制条件的位置.

（2）**捆绑法**　元素必须相邻的排列，将必须相邻的元素捆绑，作为一个整体与其他元素进行排列，但要注意其内部元素的顺序，不要忽略.

先将这k个元素捆绑在一起，看成一个整体. 然后，把这个整体当作一个元素与其他元素一起排列，其排列方法有A_{n-k+1}^{n-k+1}种. 最后，“松绑”，即将“捆绑”在一起的元素内部进行排列，其排列方法有A_k^k种. 根据分步乘法计数原理，符合条件的排列方法有中$A_{n-k+1}^{n-k+1}A_k^k$种.

（3）**插空法**　元素不相邻的排列，先排其他元素，每两个元素之间写成“空”（注意根据问题判断两端元素外是否还有“空”），然后将不相邻的元素进行“插空”.

首先将不做不相邻要求的元素共（$n-k$）个排成一排，其排列方法有A_{n-k}^{n-k}种；其次将要求不相邻的k个元素插入$n-k+1$个空位中，相当于从$n-k+1$个空位中选出k个，分别分配给不相邻的k个元素，其排列方法有A_{n-k+1}^k种. 根据分步乘法计数原理，符合条件的排列方法有$A_{n-k}^{n-k}A_{n-k+1}^k$种.

（4）**间接法**　当正面问题分类较多而反面问题分类较少时，不妨改变思维方向，从结论的反面进行思考，即间接法，此种方法常用来解决“至多”或“至少”型问题.

例10　3个女生和5个男生排成一排，在下列情形中各有多少种不同的排法？

（1）如果女生必须全排在一起，有多少种不同的排法？

（2）如果女生必须全分开，有多少种不同的排法？

（3）如果两端都不能排女生，有多少种不同的排法？

（4）如果两端不能都排女生，有多少种不同的排法？

解　（1）（相邻问题捆绑法）因为3个女生必须排在一起，所以可以先把她们看成一个整体，这样同5个男生合在一起共

有 6 个元素，排成一排有 A_6^6 种不同排法．对于其中的每一种排法，3 个女生之间又都有 A_3^3 种不同的排法，因此共有

$$A_6^6 \cdot A_3^3 = 4320$$

种不同的排法．

(2)（不相邻问题插空法）要保证女生全分开，可先把 5 个男生排好，每两个相邻的男生之间留出一个空档．这样共有 4 个空档，加上两边两个男生外侧的两个位置，共有 6 个位置，再把 3 个女生插入这 6 个位置中，只要保证每个位置至多插入 1 个女生，就能保证任意两个女生都不相邻．由于 5 个男生排成 1 排有 A_5^5 种不同排法，对于其中任意一种排法，从上述 6 个位置中选出 3 个来让 3 个女生插入都有 A_6^3 种方法，因此共有

$$A_5^5 \cdot A_6^3 = 14400$$

种不同的排法．

(3)（位置分析法，特殊位置先排）因为两端不能排女生，所以两端只能挑选 5 个男生中的 2 个，有 A_5^2 种不同的排法，对于其中的任意一种排法，其余 6 位都有 A_6^6 种排法，所以共有

$$A_5^2 \cdot A_6^6 = 14400$$

种不同的排法．

(4) 3 个女生和 5 个男生排成一排有 A_8^8 种排法，从中扣去两端都是女生排法 $A_3^2 \cdot A_6^6$ 种，就能得到两端不都是女生的排法种数．因此共有

$$A_8^8 - A_3^2 \cdot A_6^6 = 36000$$

种不同的排法．

习题 5.1

1. 从 2 个数学教师、3 个语文教师、2 个体育教师中推选 1 个代表去开会，有多少种不同的选法？
2. 在读书活动中，一个学生要从 2 本不同的科技书、3 本不同的政治书、4 本不同的文艺书里各选 1 本，共有多少种不同的选法？
3. 一个城市的某电话局管辖范围内的电话号码由 8 位数字组成，其中前 4 位数字是统一的，后 4 位数字都是由 0 到 9 之间的一个数字，那么不同的电话号码最多有多少个？
4. 计算：(1) $\dfrac{A_{16}^3}{2A_8^4}$；　　(2) $\dfrac{A_7^3 - A_6^6}{7! + 6!}$.
5. 求证：(1) $A_n^m = nA_{n-1}^{m-1}$；　　(2) $A_{n+1}^{n+1} = A_n^n + n^2 A_{n-1}^{n-1}$.
6. (1) 从多少个元素中取出 2 个元素的排列数是 20？

(2) 已知从 n 个元素中取出两个元素的排列数等于从 $n-4$ 个元素中取出两个元素的排列数的 7 倍. 求 n.

7. 一部科教影片在 5 个班级轮映，每个班级放映一场，问有几种轮映秩序？

8. (1) 由数字 1，2，3，4，5，6 可以组成多少个没有重复数字的五位数？

(2) 由数字 0，1，2，3，4，5 可以组成多少个没有重复数字的五位数？

(3) 由数字 1，2，3，4，5 可以组成多少个没有重复数字的正整数？

(4) 由数字 1，2，3，4，5 可以组成多少个没有重复数字，并且比 13000 大的正整数？

9. 4 个男同学和 3 个女同学排成一列，在下列情形中各有多少种不同的排法？

(1) 女同学连排在一起；(2) 男女同学分别连排在一起；(3) 任意两个女同学都不连在一起.

10. 从 0，1，2，3，4，5，6 中每次取出 5 个来排列，可以组成多少个 1 不在百位且 2 不在个位没有重复数字的五位数？

11. 在 3000 到 8000 之间，有多少个没有重复数字的？

(1) 四位偶数；(2) 能被 5 整除的四位奇数.

12. 用 0 到 9 这 10 个数字，可组成多少个没有重复数字的四位偶数？

13. 排一张有 5 个歌唱节目和 4 个舞蹈节目的演出节目单.

(1) 任何两个舞蹈节目不相邻的排法有多少种？

(2) 歌唱节目与舞蹈节目间隔排列的方法有多少种？

14. 某一天的课程表要排入政治、语文、数学、物理、体育、美术共六节课，如果第一节不排体育，最后一节不排数学，那么共有多少种不同的排课程表的方法？

15. 现有 3 辆公交车、3 位司机和 3 位售票员，每辆车上需配 1 位司机和 1 位售票员. 车辆、司机、售票员搭配方案一共有多少种？

16. 下表是高考第一批录取的一份志愿表. 如果有 4 所重点院校，每所院校有 3 个专业是你较为满意的选择. 若表格填满且规定学校没有重复，同一学校的专业也没有重复的话，你将有多少种不同的填表方法？

学校	专业	
1	1	2
2	1	2
3	1	2

17. 7 名同学排队照相.

(1) 若分成两排照，前排 3 人，后排 4 人，有多少种不同的排法？

(2) 若排成两排照，前排 3 人，后排 4 人，但其中甲必须在前排，乙必须在后排，有多少种不同的排法？

(3) 若排成一排照，甲、乙、丙三人必须相邻，有多少种不同的排法？

(4) 若排成一排照，7 人中有 4 名男生、3 名女生，女生不能相邻，有多少种不同的排法？

18. 计算下列各题：

(1) A_{15}^{2}；(2) A_{6}^{6}；(3) $\frac{A_{n-1}^{m-1} \cdot A_{n-m}^{n-m}}{A_{n-1}^{n-1}}$.

19. a，b，c，d，e，f 六人排一列纵队，限定 a 要排在 b 的前面（a 与 b 可以相邻，也可以不相邻)，求共有几种排法.

20. 八个人分两排坐，每排四人，限定甲必须坐在前排，乙、丙必须坐在同一排，共有多少种安排办法？

21. 计划在某画廊展出 10 幅不同的画，其中 1 幅水彩画、4 幅油画、5 幅国画，排成一行陈列，要求同一品种的画必须连在一起，并且水彩画不放在两端，那么不同陈列方式有几种？

22. 由数字 0，1，2，3，4，5 组成没有重复数字的六位数，其中个位数字小于十位数的个数共有几种？

23. 用 1，2，3，4，5，这五个数字，组成没有重复数字的三位数，其中偶数共有几种？

24. 用 0，1，2，3，4，5 共六个数字，组成无重复数字的自然数共有几种？

(1) 可以组成多少个无重复数字的三位偶数？

(2) 可以组成多少个无重复数字且能被 3 整除的三位数？

§5.2 组合

排列与组合问题的共同点都是从 n 个不同元素中任取 $m(m \leqslant n)$ 个元素，而不同点是排列按照一定的顺序排成一列，组合只和构成这组的元素有关，而不管怎样的顺序，因此“有序”与“无序”是排列与组合的重要区别标志.

11—12 世纪间，贾宪就发现了二项式系数，杨辉将它整理记载在他的《续古抉奇法》一书中. 这就是中国通常称的杨辉三角. 事实上，12 世纪印度的婆什迦罗第二也发现了这种组合数. 组合学一词是德国数学家莱布尼茨在数学的意义下的首次应用. 到了 18 世纪欧拉所处时代，组合学才可以说开始了作为一门科学的发展，因为那时欧拉解决了柯尼斯堡七桥问题，发现了多面体（首先是凸多面体，即平面图的情形）的顶点数、边数和面数之间的简单关系（被人们称为欧拉公式). 近 20 年来，用组合学中的方法已经解决了一些即使在整个数学领域也是具有挑战性的难题. 在数学中已经或正在形成着诸如组合拓扑、组合几何、组合数论、组合矩阵论、组合群论等与组合学密切相关的交叉学科. 此外，组合学也正在渗透到其他自然科学以及社会科学的各个方面，例如物理学、化学、生物学、遗传学、心理学以及经济学、管理学甚至政治学等. 在中国当代的数学家中，较早地在组合学中的不同方面作出过贡献的有华罗庚、吴文俊、柯召、万哲先、张里千和陆家羲等. 其中，万哲先和他领导的研究组在有限几何方面的系统工作不仅对于组合设计而且对于图的对称性的研究都有影响.

组合是组合学最基本的概念. 所谓组合，就是指从给定个数的元素中仅仅取出指定个数的元素，不考虑排序. 组合的中心问题是研究给定要求的组合可能出现的情况总数. 组合在生活与生产实际问题中有着广泛的应用，同时也是学习概率与数理统计等数学知识的基础.

5.2.1　组合的定义和组合数公式

组合应用问题中，如果要求“含有”某些元素，则先将这些元素取出，再由另外的元素补足；如果要求“不含”某些元素，则先将这些元素剔除，再从剩余的元素中选取.

无限制条件的组合问题，只需按照组合的定义直接取出组合数即可，注意分清元素的总数及取出元素的个数，分清完成一件事需要分类还是分步. 解决组合应用问题的基本思想是化归，即由实际问题建立组合模型，再由组合数公式来计算结果，从而得出实际问题的解. 解答有限制条件的组合实际应用问题的基本方法：直接法和间接法（排除法）. 其中用直接法求解时应坚持特殊元素优先选取，特殊位置优先安排的原则，优先安排特殊元素的选取，再安排其他元素的选取. 而选择间接法的原则是正面困难则反面，

某班 20 名同学，(1) 从中选出 3 人分别担任班长、学习委员、生活委员，有多少种选法？(2) 从中选出 3 名参加学生代表大会，又有多少种选法？

在问题 (1) 中，选出的 3 人与顺序有关，是排列问题；在问题 (2) 中，选出的 3 人与顺序无关，是组合问题.

1. 组合的定义

从 n 个不同的元素中，任取 $m(m\leqslant n，m\in \mathbf{N}，n\in \mathbf{N})$ 个元素，不考虑其先后顺序并成一组，叫做从 n 个不同的元素中取出 m 个元素的一个组合.

上面的问题 (2) 就是要求从 3 个不同元素中取出 2 个元素的组合. 从排列与组合的定义可以知道，排列与元素的顺序有关，组合与元素的顺序无关，例如 ab 与 ba 是两个不同的排列，但它们却是同一个组合.

2. 组合数公式

从 n 个不同的元素中，任取 $m(m\leqslant n，m\in \mathbf{N}^*，n\in \mathbf{N}^*)$ 个元素的所有不同组合的个数，叫做从 n 个不同的元素中取出 m 个元素的组合数，记作 C_n^m.

例如，从 a，b，c 三个不同的元素中取出 2 个元素的组合数是 C_3^2.

下面我们从排列数与组合数之间的关系来推导组合数公式. 从上面可以看出，对一个组合都有 2 个不同的排列，因此从 3 个不同元素中取出 2 个元素的排列数 A_3^2 可分为以下两个步骤完成：

(1) 从 3 个不同元素中取出 2 个元素作组合，共有 $C_3^2=3$ 个；

(2) 对于每一个组合中的两个不同的元素作全排列，共有 $A_2^2=2$ 个.

也就是若正面问题分类较多，较复杂或者计算量较大，可从反面问题入手.

根据分步计数原理，得 $A_3^2=C_3^2A_2^2$，即 $C_3^2=\dfrac{A_3^2}{A_2^2}$.

一般地，求从 n 个不同的元素中取出 m 个元素的排列数 A_n^m，可分为以下两个步骤完成：

（1）先求从 n 个不同元素中取出 m 个元素作组合，共有 C_n^m 个；

（2）再把每种组合里 m 个元素作全排列，共有 A_m^m 种.

根据分步计数原理，可得

$$A_n^m=C_n^mA_m^m$$

组合数公式 $C_n^m=\dfrac{A_n^m}{A_m^m}=\dfrac{n(n-1)(n-2)\cdots(n-m+1)}{m!}=\dfrac{n!}{m!\,(n-m)!}$.

例 1 计算：(1)C_{10}^3；(2)$C_6^3-C_5^2$.

解 (1) $C_{10}^3=C_{10}^3=\dfrac{10\times9\times8}{3\times2\times1}=120$.

(2) $C_6^3-C_5^2=\dfrac{6\times5\times4}{3\times2\times1}-\dfrac{5\times4}{2\times1}=20-10=10$.

5.2.2 组合数的两个性质

性质 1 $C_n^m=C_n^{n-m}$.

证明 因为

$$C_n^m=\frac{n!}{m!\,(n-m)!},$$

$$C_n^{n-m}=\frac{n!}{(n-m)!\,[n-(n-m)]!}=\frac{n!}{(n-m)!\,m!},$$

所以 $$C_n^m=C_n^{n-m}.$$

说明 为了公式在 $n=m$ 时也成立，我们规定：$C_n^0=1$.

性质 2 $C_{n+1}^m=C_n^m+C_n^{m-1}$.

证明 因为

$$\begin{aligned}C_n^m+C_n^{m-1}&=\frac{n!}{m!\,(n-m)!}+\frac{n!}{(m-1)!\,[n-(m-1)]!}\\&=\frac{n!\,[(n-m+1)+m]}{m!\,(n-m+1)!}\\&=\frac{(n+1)n!}{m!\,(n-m+1)!}=\frac{(n+1)!}{m!\,[(n+1)-m]!}=C_{n+1}^m,\end{aligned}$$

所以 $C_{n+1}^m=C_n^m+C_n^{m-1}$.

例 2 计算：(1) C_{100}^{98}；(2) $C_{49}^3+C_{49}^2$.

解 (1)$C_{100}^{98}=C_{100}^2=\dfrac{100\times99}{2\times1}=4950$.

$$(2)\ C_{49}^{3}+C_{49}^{2}=C_{50}^{3}=\frac{50\times49\times48}{3\times2\times1}=19600.$$

例3　解方程：$C_{15}^{x}=C_{15}^{x-7}$.

解　等号两边的两个组合数的下标相同，上标相同，或者对称，由此得

$x=x-7$ 或者 $15-x=x-7$，由于第一个方程无解，由对称性有 $C_{15}^{x}=C_{15}^{15-x}$，所以 $C_{15}^{15-x}=C_{15}^{x-7}$，由此得

$$15-x=x-7,$$

解得 $x=11$. 经检验 $x=11$ 为方程的解.

例4　(1) 平面内有10个点，任何3点都不同线，问可以画出多少条直线？

(2) 平面内有10个点，任何3点都不同线，任取3点作为三角形的3个顶点，问可以构成多少个三角形？

(3) 平面内有10个点，若有3点共线，其余7个点中任何3点不共线，问能构成多少个三角形？

解　(1) 平面内任意2点只能确定一条直线，因此，所求的直线数是从10个不同元素中任意取出2个元素的组合数，即

$$C_{10}^{2}=\frac{10\times9}{2\times1}=45(条).$$

故可以画出45条直线.

(2) 因为平面内10个点中任何3点都不共线，以任意3点为顶点均可构成三角形，所构成三角形的个数就是从10个元素中任取3个元素的组合数，即：

$$C_{10}^{3}=\frac{10\times9\times8}{3\times2\times1}=120\ (个).$$

(3) 所构成的三角形可分为三种情况：3个顶点均在不共线的7个点中取，共有 C_{7}^{3} 种；3个顶点在不共线的7个点中取1个，共线3点中取2个，有 $C_{7}^{1}\times C_{3}^{2}$ 种；3个顶点在不共线的7个点中取2个，共线3点中取1个，有 $C_{7}^{2}\times C_{3}^{1}$ 种. 所以，构成的三角形的个数是：

$$C_{7}^{3}+C_{7}^{1}\times C_{3}^{2}+C_{7}^{2}\times C_{3}^{1}=35+21+63=119\ (个).$$

例5　在产品检验时，常从产品中抽出一部分进行检查. 现在从100件产品中任意抽出3件：

(1) 一共有多少种不同的抽法？

(2) 如果100件产品中有2件次品，其余为正品，抽出的3件恰好有1件次品的抽法有多少种？

(3) 如果100件产品中有2件次品，抽出的3件中至少有1件是次品的抽法有多少种？

解　(1) 所求的不同抽法的种数，就是从100件产品中取

出 3 件的组合数

$$C_{100}^{3}=\frac{100\times99\times98}{3\times2\times1}=161700\text{（种）}$$

即一共有 161700 种抽法.

（2）从 2 件次品中抽出 1 件次品的抽法有 C_2^1 种，从 98 件正品中抽出 2 件正品的抽法有 C_{98}^2 种，因此抽出的 3 件中恰有 1 件是次品的抽法的种数是

$$C_2^1C_{98}^2=2\times4753=9506\text{（种）}.$$

（3）从 100 件产品中抽出的 3 件中至少有 1 件是次品的抽法，包括 1 件是次品的和 2 件是次品的抽法. 而 1 件是次品的抽法有 $C_{98}^2C_2^1$ 种，2 件是次品的抽法有 $C_{98}^1C_2^2$ 种，因此，至少有 1 件是次品的抽法的种数为

$$C_{98}^2C_2^1+C_{98}^1C_2^2=9506+98=9604\text{（种）}.$$

例 6 从 10 名候选人（6 名男生，4 名女生）中，选出 5 人担任班委的 5 个不同的职务，要求选出的 5 个人中男生女生都不得少于 2 人，问有多少种选法？

解 选出的符合要求的 5 人只能有两种情况：2 男 3 女，有 $C_6^2\times C_4^3$ 种；3 男 2 女，有 $C_6^3\times C_4^2$ 种. 所以，选出符合要求的 5 人的选法共有 $C_6^2\times C_4^3+C_6^3C_4^2$ 种. 选出的 5 人又要担任 5 个不同的职务，是 5 个元素中选出 5 个元素的全排列，有 A_5^5 种选法. 因此，所有的选法是

$$(C_6^2\times C_4^3+C_6^3\times C_4^2)A_5^5=(15\times4+20\times6)\times5!=21600\text{（种）}.$$

例 7 有四本不同的书，

（1）分成两堆，一堆 3 本，一堆 1 本，有多少种分法？

（2）把（1）中的两堆书再分给甲、乙两人，每人一堆，有多少种分法？

（3）等分成两堆，有多少种分法？

（4）把（3）中的两堆书分给甲、乙两人，有多少种分法？

解 （1）从 4 本书中取出 3 本书有 C_4^3 种方法，从剩下的 1 本书中取 1 本的方法是 C_1^1 种，即所求分法是 $C_4^3C_1^1=4$（种）；

（2）把（1）中的两堆书再分给甲、乙两人有 A_2^2 种方法，即所求分法是

$$C_4^3C_1^1A_2^2=8\text{（种）};$$

（3）把等分好的两堆书交换一下，仍是等分的两堆书，于是所求的分法是

$$\frac{C_4^2C_2^2}{A_2^2}=3\text{（种）};$$

（4）类似于（2），所求的分法是 $\frac{C_4^2C_2^2}{A_2^2}A_2^2=6$（种）.

习题 5.2

1. 计算：(1) C_{20}^{3}；(2) C_{999}^{998}.
2. 解方程：$C_{18}^{2x}=C_{18}^{x+2}$.
3. 求证：(1)$C_{n+1}^{m}=C_{n}^{m-1}+C_{n-1}^{m}+C_{n-1}^{m-1}$；(2)$C_{n}^{m+1}+C_{n}^{m-1}+2C_{n}^{m}=C_{n+2}^{m+1}$.
4. 平面内有 12 个点，任何 3 点不在同一直线上，以每 3 点为顶点画一个三角形，一共可画多少个三角形？
5. 有 3 组，每组 10 个队进行篮球赛，第一轮先分组进行单循环赛（即组中每两个队赛一次），取前三名后再集中进行第二轮的比赛，在第二轮比赛中，除了在第一轮比赛时已经赛过的两个队除外，每个队都应和其他队赛一次，先后共比赛多少场？
6. 要从由 8 男 7 女组成的一个小组中选出 6 人参加某项活动，如果达到下列要求，各有多少种选法？
   (1) 男女各半；(2) 至少有 3 名女的；(3) 至多有 3 名女的；(4) 至少有 3 名女的，且至少有 2 名男的；(5) 选出的 4 男 2 女分别担任不同的职务.
7. 有 6 本不同的书：
   (1) 分成三堆，一堆一本，一堆两本，一堆三本，有多少种分法？
   (2) 把 (1) 中的三堆书分给甲、乙、丙三人，有多少种分法？
   (3) 等分成三堆，有多少种分法？
8. 连结正三角形 ABC 各边上的中点 D，E，F 后得 4 个小三角形，从红、黄、蓝、白 4 种颜色中任选 3 种给 4 个三角形着色，规定有公共边的三角形不能着同一种颜色. 共有多少种不同的着色方法？
9. 四个不同的小球放入编号为 1，2，3，4 的四个小盒中，恰有一个空盒的放法共有多少种？

§5.3　数学归纳法

布莱士・帕斯卡(Blaise Pascal)，法国数学家、物理学家、哲学家、散文家.

我们经常会遇到涉及全体自然数的命题. 如果要否定它，你只要能举出一个反例即可. 如果要证明它，由于自然数有无限多个，若是一个接一个地验证下去，那永远也做不完. 数学家想出了一种非常重要的数学方法来解决这类问题，那就是数学归纳法，它是沟通有限和无限的桥梁.

古希腊数学家欧几里得在《几何原本》中采用了近似于数学归纳法的思想. 该书第 9 卷第 20 命题是：“素数比任何给定的一批素数都多.”直到 16 世纪，一位意大利数学家毛罗利科在他的《算术》一书中明确地提出了一个“递归推理”原则，并提出了一个例子：“证明 $1+3+5+\cdots+(2k-1)=k^2$ 对任何

在代数研究中，他发表过多篇关于算术级数及二项式系数的论文，发现了二项式展开式的系数规律，即著名的“帕斯卡三角形”（在我国称“杨辉三角形”）．他与费马共同建立了概率论和组合论的基础，并得出了关于概率论问题的一系列解法．他研究了摆线问题，得出了不同曲线面积和重心的一般求法．他计算了三角函数和正切的积分，最早引入了椭圆积分．

自然数都成立．”他用这一例子来说明这一原则的应用．不过他并没有对这一原则作出清晰的表述，所作的证明也仅限于对 $k=2$，3，4 时进行的计算．他仍像欧几里得那样，隐含地表示出原则的必要性．但由于他第一次正式提出这一原则，并以例子说明，所以人们认为毛罗利科是第一个正式应用数学归纳法的人．

明确而清晰地阐述并使用了数学归纳法的是法国数学家、物理学家帕斯卡．帕斯卡发现了“帕斯卡三角形”的数表，即二项展开式系数表，中国称为“贾宪三角形”．而帕斯卡在研究证明这个算术三角形命题时，他最先准确而清晰地指出了证明过程所必需且只需的两个步骤，他称之为第一条引理和第二条引理．

第一条引理 该命题对于第一个数（即 $n=1$）成立，这是很显然的．

第二条引理 如果该命题对任一数成立，它必对其下一数也成立．由此可见，该命题必定对所有 n 值都成立．

依赖于自然数的命题在数学中普遍存在，用数学归纳法证明这类命题，两步缺一不可：第一步叫奠基，是基础；第二步叫归纳，实际上是证明某种递推关系的存在．这是以有限来把握无限，通过有限次的操作来证明关于无限集合的某些命题．

帕斯卡的证明方法正是现在的数学归纳法，他所提出的两个引理就是数学归纳法的两个步骤，他在 1654 年写出的著作《论算术三角形》中做了详尽的论述．因此，在数学史上，人们认为帕斯卡是数学归纳法的创建人．1686 年，瑞士数学家伯努利提出了表示任意自然数的符号，在他的《猜度术》一书中给出并使用了现代形式的数学归纳法．

数学界把数学归纳法视为沟通有限和无限的桥梁．假如没有这个桥梁，很难想象人类如何认识无限集合问题，数学的发展也将会大打折扣．所以，数学家非常重视并经常使用它，正是这座桥梁使人类通向了认识的彼岸．

5.3.1 第一数学归纳法

1. 归纳公理

归纳公理是由皮亚诺（Peano，1858—1932）提出的关于正整数的五条公理中的一条，它是数学归纳法的基础．

数学归纳法是证明与正整数 n 有关的命题的一种方法．

设 S 是正整数集 $\mathbf{N}^*$ 的一个子集，满足条件：

（1）$1\in S$；

（2）若 $n\in S$，则 $n+1\in S$；

那么，$S=\mathbf{N}^*$．

2. 第一数学归纳法含义

事实上，第一数学归纳法与归纳公理是等价的．

设 $P(n)$ 是与正整数 n 有关的命题（或性质）．如果

（1）当 $n=1$ 时，$P(n)$ 成立；

（2）由 $P(n)$ 成立可以推出 $P(n+1)$ 成立；

那么，对任意的 $n\in\mathbf{N}^*$，$P(n)$ 都成立.

3. 第一数学归纳法证明步骤

（1）验证当 n 取第一个自然数值 n_0（$n_0\in\mathbf{N}^*$，例如：$n_0=1$，2）时，论断正确.

（2）假设 $n=k$（$k\geqslant n_0$，$k\in\mathbf{N}$）时命题成立，在这个基础上推导 $n=k+1$ 时命题也成立.

在证明第二步假设后的递推是关键. 在这一过程中要是认准目标式子，充分利用假设进行形变，在形变的全过程中，保留目标式子中有的，转化目标式子中没有的，从而形成目标式中需要的来完成递推任务.

根据（1）（2）断定命题对于从 n_0 开始的一切自然数都成立.

例1　用数学归纳法证明：$1^3+2^3+3^3+\cdots+n^3=\left[\frac{n}{2}(n+1)\right]^2$.

证明　（1）当 $n=1$ 时，上式左端 $=1^3$，右端 $=\left[\frac{1}{2}(1+1)\right]^2=1$.

所以当 $n=1$ 时，等式成立.

（2）假设当 $n=k$ 时，等式成立，即 $1^3+2^3+3^3+\cdots+k^3=\left[\frac{k}{2}(k+1)\right]^2$，

则，当 $n=k+1$ 时，

$$\begin{aligned}&1^3+2^3+3^3+\cdots+k^3+(k+1)^3\\&=\left[\frac{k}{2}(k+1)\right]^2+(k+1)^3\\&=\left[\frac{1}{2}(k+1)\right]^2[k^2+4(k+1)]\\&=\left[\frac{1}{2}(k+1)\right]^2(k+2)^2\\&=\left[\frac{(k+1)(k+2)}{2}\right]^2,\end{aligned}$$

所以当 $n=k+1$ 时，等式也成立.

根据（1）（2）可知对 $\forall n\in\mathbf{N}^*$，等式都成立.

例2　用数学归纳法证明：$\frac{1}{1\times3}+\frac{1}{3\times5}+\cdots+\frac{1}{(2n-1)(2n+1)}=\frac{n}{2n+1}$.

证明　（1）当 $n=1$ 时，左 $=\frac{1}{1\times3}=\frac{1}{3}$，右 $=\frac{1}{2\times1+1}$.

所以当 $n=1$ 时，等式成立.

（2）假设当 $n=k$ 时，等式成立，即 $\frac{1}{1\times3}+\frac{1}{3\times5}+\cdots+\frac{1}{(2k-1)(2k+1)}=\frac{k}{2k+1}$，

则当 $n=k+1$ 时，

$$\begin{aligned}&\frac{1}{1\times3}+\frac{1}{3\times5}+\cdots+\frac{1}{(2k-1)(2k+1)}+\frac{1}{(2k+1)(2k+3)}\\&=\frac{k}{2k+1}+\frac{1}{(2k+1)(2k+3)}=\frac{k(2k+3)+1}{(2k+1)(2k+3)}\\&=\frac{2k^2+3k+1}{(2k+1)(2k+3)}=\frac{(2k+1)(k+1)}{(k+1)(2k+3)}\\&=\frac{k+1}{2k+3}=\frac{k+1}{2(k+1)+1},\end{aligned}$$

所以当 $n=k+1$ 时，等式也成立.

根据（1）（2）可知对 $\forall n\in\mathbf{N}^*$，等式都成立.

例 3 用数学归纳法证明：对于任意正整数 n，

$$1-\frac{1}{2}+\frac{1}{3}-\frac{1}{4}+\cdots+\frac{1}{2n-1}-\frac{1}{2n}=\frac{1}{n+1}+\frac{1}{n+2}+\cdots+\frac{1}{n+n}.$$

证明 （1）当 $n=1$ 时，左边 $=1-\frac{1}{2}=\frac{1}{2}$，右边 $=\frac{1}{1+1}=\frac{1}{2}$，

所以当 $n=1$ 时，等式成立.

（2）假设当 $n=k$ 时等式成立，即有

$$1-\frac{1}{2}+\frac{1}{3}-\frac{1}{4}+\cdots+\frac{1}{2k-1}-\frac{1}{2k}=\frac{1}{k+1}+\frac{1}{k+2}+\cdots+\frac{1}{k+k},$$

则当 $n=k+1$ 时，有

$$\begin{aligned}&1-\frac{1}{2}+\frac{1}{3}-\frac{1}{4}+\cdots+\frac{1}{2k-1}-\frac{1}{2k}+\frac{1}{2(k+1)-1}-\frac{1}{2(k+1)}\\&=\left(\frac{1}{k+1}+\frac{1}{k+2}+\cdots+\frac{1}{k+k}\right)+\frac{1}{2k+1}-\frac{1}{2k+2}\\&=\frac{1}{k+2}+\cdots+\frac{1}{k+k}+\frac{1}{2k+1}+\left(\frac{1}{k+1}-\frac{1}{2k+2}\right)\\&=\frac{1}{k+2}+\cdots+\frac{1}{k+k}+\frac{1}{2k+1}+\frac{1}{2(k+1)}\\&=\frac{1}{(k+1)+1}+\cdots+\frac{1}{(k+1)+(k-1)}+\frac{1}{(k+1)+k}\\&\quad+\frac{1}{(k+1)+(k+1)},\end{aligned}$$

所以当 $n=k+1$ 时，等式也成立.

根据（1）（2）可知对 $\forall n\in\mathbf{N}^*$，等式都成立.

这里“|”表示整除

例 4 求证：当 $n\geqslant2$，$n\in\mathbf{N}$ 时，$(x-a)^2\mid x^n-na^{n-1}x+$

$(n-1)a^n$.

证明　(1) 当 $n=2$ 时，有 $x^n-na^{n-1}x+(n-1)a^n=x^2-2ax+a^2=(x-a)^2\Rightarrow(x-a)^2\mid(x-a)^2$,
所以当 $n=2$ 时，等式成立.

(2) 假设当 $n=k$ 时，结论成立，即 $(x-a)^2\mid x^k-ka^{k-1}x+(k-1)a^k$,

凑出假设，再利用假设是关键.

则当 $n=k+1$ 时，有

$$\begin{aligned}&x^{k+1}-(k+1)a^kx+ka^{k+1}\\&=x[x^k-ka^{k-1}x+(k-1)a^k]+ka^{k-1}x^2-(k-1)a^kx\\&\quad-(k+1)a^kx+ka^{k+1}\\&=x[x^k-ka^{k-1}x+(k-1)a^k]+ka^{k-1}x^2-2ka^kx+ka^{k+1}\\&=x[x^k-ka^{k-1}x+(k-1)a^k]+ka^{k-1}(x^2-2ax+a^2)\\&=x[x^k-ka^{k-1}x+(k-1)a^k]+ka^{k-1}(x-a)^2\end{aligned}$$

由假设可知：$(x-a)^2\mid x^k-ka^{k-1}x+(k-1)a^k$，$(x-a)^2\mid(x-a)^2$.
所以当 $n=k+1$ 时，等式也成立.

根据 (1)(2) 可知对 $\forall n\in\mathbf{N}^*$，等式都成立.

例 5　求证：对 $\forall n\in\mathbf{N}^+$ 时：$(x+y)\mid x^{2n}-y^{2n}$.

证明　(1) 当 $n=1$ 时，$x^2-y^2=(x+y)(x-y)$，即 $(x+y)\mid x^2-y^2$,
所以当 $n=1$ 时，等式成立.

(2) 假设当 $n=k$ 时，命题成立，即 $(x+y)\mid x^{2k}-y^{2k}$,
则当 $n=k+1$ 时，有

$$\begin{aligned}x^{2(k+1)}-y^{2(k+1)}&=x^{2k+2}-y^{2k+2}\\&=x^2x^{2k}-y^2y^{2k}\\&=x^2x^{2k}-x^2y^{2k}+x^2y^{2k}-y^2y^{2k}\\&=x^2(x^{2k}-y^{2k})+y^{2k}(x^2-y^2),\end{aligned}$$

由假设可知：$(x+y)\mid x^{2k}-y^{2k}$，$(x+y)\mid x^2-y^2$.
所以当 $n=k+1$ 时，等式也成立.

根据 (1)(2) 可知对 $\forall n\in\mathbf{N}^*$，等式都成立.

例 6　证明不等式 $1+\frac{1}{\sqrt{2}}+\frac{1}{\sqrt{3}}+\cdots+\frac{1}{\sqrt{n}}<2\sqrt{n}$ $(n\in\mathbf{N})$.

证明　(1) 当 $n=1$ 时，左边 $=1$，右边 $=2$，左边 $<$ 右边，不等式成立.

(2) 假设当 $n=k$ 时，不等式成立，即 $1+\frac{1}{\sqrt{2}}+\frac{1}{\sqrt{3}}+\cdots+\frac{1}{\sqrt{k}}<2\sqrt{k}$,

则当 $n=k+1$ 时，有

$$1+\frac{1}{\sqrt{2}}+\frac{1}{\sqrt{3}}+\cdots+\frac{1}{\sqrt{k}}+\frac{1}{\sqrt{k+1}}<2\sqrt{k}+\frac{1}{\sqrt{k+1}}$$

$$=\frac{2\sqrt{k}\sqrt{k+1}+1}{\sqrt{k+1}}$$

$$<\frac{k+(k+1)+1}{\sqrt{k+1}}$$

$$=\frac{2(k+1)}{\sqrt{k+1}}=2\sqrt{k+1}.$$

所以，当 $n=k+1$ 时，不等式也成立.

根据（1）（2）可知，原不等式对任意自然数 $n\in\mathbf{N}^*$ 都成立.

小结：这里要注意当 $n=k+1$ 时，要证的目标是

$$1+\frac{1}{\sqrt{2}}+\frac{1}{\sqrt{3}}+\cdots+\frac{1}{\sqrt{k}}+\frac{1}{\sqrt{k+1}}<2\sqrt{k+1},$$

当代入归纳假设后，就是要证明 $2\sqrt{k}+\frac{1}{\sqrt{k+1}}<2\sqrt{k+1}$.

例 7 数列 $\{a_n\}$ 满足 $a_1=b(b>2)$，$a_{n+1}=\frac{1}{2-a_n}$ $(n\in\mathbf{N}^*)$，求 a_n.

解 $a_1=b$，$a_2=\frac{1}{2-b}$，$a_3=\frac{1}{2-a_2}=\frac{1}{2-\frac{1}{2-b}}=\frac{2-b}{3-2b}$，

$a_4=\frac{1}{2-a_3}=\frac{1}{2-\frac{2-b}{3-2b}}=\frac{3-2b}{4-3b}$，所以猜想：$a_n=\frac{(n-1)-(n-2)b}{n-(n-1)b}$.

（1）当 $n=1$ 时，等式显然成立.

（2）假设当 $n=k$ 时，等式成立，即 $a_k=\frac{(k-1)-(k-2)b}{k-(k-1)b}$，则当 $n=k+1$ 时，有

$$a_{k+1}=\frac{1}{2-a_k}=\frac{1}{2-\frac{(k-1)-(k-2)b}{k-(k-1)b}}$$

$$=\frac{k-(k-1)b}{2[k-(k-1)b]-[(k-1)-(k-2)b]}$$

$$=\frac{k-(k-1)b}{(k+1)-kb},$$

所以 $n=k+1$ 成立.

根据（1）（2）可知，对于任意 $n\in\mathbf{N}^*$，猜想均成立.

5.3.2　第二数学归纳法

1. 第二数学归纳法含义

设 $P(n)$ 是与正整数 n 有关的命题（或性质）. 如果

（1）当 $n=1$ 时，$P(n)$ 成立；

（2）由“对于一切小于 n 的正整数 k”，$P(k)$ 成立可以推出 $P(n)$ 成立.

那么，对任意的 $n\in\mathbf{N}^*$，$P(n)$ 都成立.

2. 第二数学归纳法的步骤

（1）验证当 n 取第一个自然数值 n_0（$n_0\in\mathbf{N}^*$，例如：$n_0=1$，2）时，论断正确.

（2）假设 $n\leqslant k$（$k\geqslant n_0$，$k\in\mathbf{N}$）时命题成立，在这个基础上推导 $n=k+1$ 时命题也成立.

根据（1）（2）断定命题对于从 n_0 开始的一切自然数都成立.

例 8　设 $a_1=1$，$a_2=1$，$a_{n+1}=a_n+a_{n-1}$（$n\geqslant 2$，$n\in\mathbf{N}$），用数学归纳法证明：

$$a_n=\frac{1}{\sqrt{5}}\left[\left(\frac{1+\sqrt{5}}{2}\right)^n-\left(\frac{1-\sqrt{5}}{2}\right)^n\right].$$

证明　（1）当 $n=1$ 时，$a_1=1$，右 $=\frac{1}{\sqrt{5}}\left[\left(\frac{1+\sqrt{5}}{2}\right)-\left(\frac{1-\sqrt{5}}{2}\right)\right]=1$.

所以当 $n=1$ 时，等式成立.

（2）假设当 $n\leqslant k$ 时，等式成立，即

$$a_{k-1}=\frac{1}{\sqrt{5}}\left[\left(\frac{1+\sqrt{5}}{2}\right)^{k-1}-\left(\frac{1-\sqrt{5}}{2}\right)^{k-1}\right],$$

$$a_k=\frac{1}{\sqrt{5}}\left[\left(\frac{1+\sqrt{5}}{2}\right)^k-\left(\frac{1-\sqrt{5}}{2}\right)^k\right].$$

则当 $n=k+1$ 时

$$\begin{aligned}a_{k+1}&=a_k+a_{k-1}\\&=\frac{1}{\sqrt{5}}\left[\left(\frac{1+\sqrt{5}}{2}\right)^{k-1}-\left(\frac{1-\sqrt{5}}{2}\right)^{k-1}\right]+\frac{1}{\sqrt{5}}\left[\left(\frac{1+\sqrt{5}}{2}\right)^k-\left(\frac{1-\sqrt{5}}{2}\right)^k\right]\\&=\frac{1}{\sqrt{5}}\left[\left(\frac{1+\sqrt{5}}{2}\right)^k+\left(\frac{1+\sqrt{5}}{2}\right)^{k-1}-\left(\frac{1-\sqrt{5}}{2}\right)^k-\left(\frac{1-\sqrt{5}}{2}\right)^{k-1}\right]\\&=\frac{1}{\sqrt{5}}\left[\left(\frac{1+\sqrt{5}}{2}\right)^{k-1}\left(1+\frac{1+\sqrt{5}}{2}\right)-\left(\frac{1-\sqrt{5}}{2}\right)^{k-1}\left(1+\frac{1-\sqrt{5}}{2}\right)\right]\end{aligned}$$

1. 数学归纳法仅限于证明与非零自然数有关的命题，但不是所有与非零自然数有关的命题都能用数学归纳法讲明.
2. 用数学归纳法证明命题时，两个步骤缺一不可，步骤（1）是证明的递推基础，步骤（2）是无限推理关系，是数学归纳法的递推根据.
3. 在步骤（2）中假设

当 n=k 时，命题成立，称为归纳假设. 在从 $n=k$ 到 $n=k+1$ 的推理过程中，必须用归纳假设，不用归纳假设的证明不是数学归纳法.

4. 在步骤（2）的中心任务是两个“凑”. 一“凑”假设，二“凑”结论，关键是明确 $n=k+1$ 时要证明的目标. 理解由 $n=k$ 到 $n=k+1$ 时命题形式之间的区别和联系.

$$=\frac{1}{\sqrt{5}}\left[\left(\frac{1+\sqrt{5}}{2}\right)^{k-1}\left(\frac{3+\sqrt{5}}{2}\right)-\left(\frac{1-\sqrt{5}}{2}\right)^{k-1}\left(\frac{3-\sqrt{5}}{2}\right)\right]$$
$$=\frac{1}{\sqrt{5}}\left[\left(\frac{1+\sqrt{5}}{2}\right)^{k-1}\left(\frac{6+2\sqrt{5}}{4}\right)-\left(\frac{1-\sqrt{5}}{2}\right)^{k-1}\left(\frac{6-2\sqrt{5}}{4}\right)\right]$$
$$=\frac{1}{\sqrt{5}}\left[\left(\frac{1+\sqrt{5}}{2}\right)^{k-1}\left(\frac{1+\sqrt{5}}{2}\right)^{2}-\left(\frac{1-\sqrt{5}}{2}\right)^{k-1}\left(\frac{1-\sqrt{5}}{2}\right)^{2}\right]$$
$$=\frac{1}{\sqrt{5}}\left[\left(\frac{1+\sqrt{5}}{2}\right)^{k+1}-\left(\frac{1-\sqrt{5}}{2}\right)^{k+1}\right].$$

所以当 $n=k+1$ 时，等式也成立.

根据（1）（2）可知对 $\forall n\in\mathbf{N}^*$，等式都成立.

例 9 已知：$x+x^{-1}=2\cos\theta$，求证：$x^n+x^{-n}=2\cos n\theta$ $(n\in\mathbf{N}^*)$.

证明 （1）当 $n=2$ 时（这里当 $n=1$ 时，由已知可知结论成立），

$$\begin{aligned}x^2+x^{-2}&=(x^2+2+x^{-2})-2\\&=(x+x^{-1})^2-2\\&=(2\cos\theta)^2-2\\&=2(2\cos^2\theta-1)\\&=2\cos2\theta.\end{aligned}$$

所以当 $n=2$ 时，等式成立.

（2）假设当 $n\leqslant k$ 时，等式成立，即

$$x^{k-1}+x^{-k+1}=2\cos(k-1)\theta,\ x^k+x^{-k}=2\cos k\theta.$$

则当 $n=k+1$ 时，

$$\begin{aligned}&x^{k+1}+x^{-(k+1)}\\&=x(x^k+x^{-k})+x^{-1}(x^k+x^{-k})-(x^{k-1}+x^{-k+1})\\&=(x^k+x^{-k})(x+x^{-1})-(x^{k-1}+x^{-k+1})\\&=2\cos k\theta\cdot2\cos\theta-2\cos(k-1)\theta\\&=2\left[\cos(k+1)\theta+\cos(k-1)\theta\right]-2\cos(k-1)\theta\\&=2\cos(k+1)\theta.\end{aligned}$$

所以当 $n=k+1$ 时，等式也成立.

根据（1）（2）可知对 $\forall n\in\mathbf{N}^*$，等式都成立.

习题 5.3

1. 用数学归纳法证明：对于任意的正整数 n，

（1）$1+2+3+\cdots+n=\dfrac{n(n+1)}{2}$；

（2）$1^2+2^2+3^2+\cdots+n^2=\dfrac{n(n+1)(2n+1)}{6}$；

(3) $1\times2\times3+2\times3\times4+3\times4\times5+\cdots+n(n+1)(n+2)$
$=\frac{1}{4}n(n+1)(n+2)(n+3)$.

2. 利用前 $2n$ 个正整数的平方和、立方和求下列各式之和：
(1) $1^2+3^2+5^2+\cdots+(2n-1)^2$；
(2) $1^3+3^3+5^3+\cdots+(2n-1)^3$.

3. 用数学归纳法证明：
(1) 若 $n\in\mathbf{N}^+$，求证：$13\mid 4^{2n+1}+3^{n+2}$；
(2) 若 $n\in\mathbf{N}^+$，求证：$9\mid n^3+(n+1)^3+(n+2)^3$；
(3) 若 n 是正奇数，求证：$(x+y)\mid x^n+y^n$；
(4) 若 $n\in\mathbf{N}^+$，求证：$8\mid 5^n+2\times3^{n-1}+1$.

4. 用数学归纳法证明：若 $n\in\mathbf{N}^+$，$(x^2+x+1)\mid x^{3n-1}+x^{3n-2}+1$.

§ 5.4　二项式定理

杨辉，中国南宋时期杰出的数学家和数学教育家. 他非常重视数学教育的普及和发展，在《算法通变本末》中，杨辉为初学者制订的“习算纲目”是中国数学教育史上的重要文献.
著有《详解九章算法》十二卷（1261）、《日用算法》二卷（1262）、《乘除通变本末》三卷（1274）、《田亩比类乘除算法》二卷（1275）、《续古摘奇算法》二卷（1275）. 杨辉的数学研究与教育工作的重点是在计算技术方面，他对筹算乘除捷算法进行总结和发展，有的还编成了口诀，如九归口诀.
《详解九章算法》现传

古时候的中国、埃及、巴比伦、印度的劳动人民，通过了以下的几何图形，认识了这个公式 $(a+b)^2=a^2+2ab+b^2$. 它是公式 $(a+b)^n$ 的特殊情形. 该公式在科学上很有用. 而在初中我们学到怎样算 $(a+b)^n$（当 n 是较小的正整数），如：

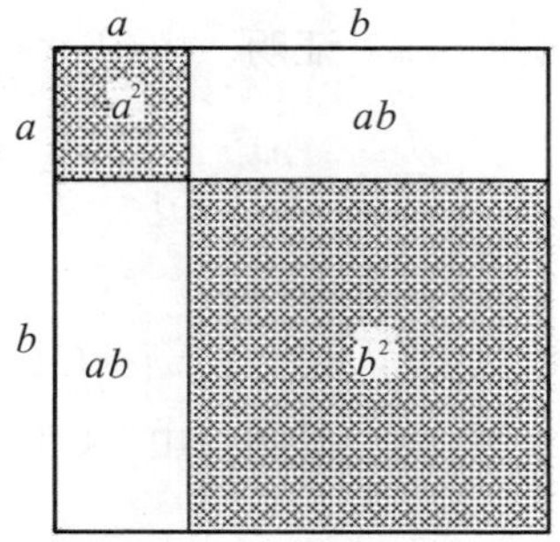

$n=2$ 时，我们有 $(a+b)^2=a^2+2ab+b^2$，
$n=3$ 时，我们有 $(a+b)^3=a^3+3a^2b+3ab^2+b^3$.

是否有较快的方法写下 $(a+b)^n$ 的展开式呢？$(a+b)^n$ 展开式的系数可以表示出来，排列为一个三角形，在我国称为“贾宪三角”，一般认为是北宋数学家贾宪所首创. 它记载于杨辉的《详解九章算法》（1261）之中，“开方作法本源，出《释锁算书》，贾宪用此术”.

除了杨辉的书有这个贾宪三角，另外一本元朝朱世杰的书——出版于 1303 年的《四元玉鉴》也有这个贾宪三角的图.

本已非全帙，编排也有错乱. 从其序言可知，该书乃取魏刘微注、唐李淳风等注释、北宋贾宪细草的《九章算术》中的80问进行详解. 在《九章算术》9卷的基础上，又增加了3卷：一卷是图；一卷是讲乘除算法的，居九章之前；一卷是纂类，居书末.

阿拉伯数学家卡西的著作《算术之钥》(1427) 也给出了一个二项式定理系数表，他所用的计算方法与贾宪的完全相同.

在欧洲，德国数学家阿皮安努斯在他1527年出版的算术书的封面上刻有此图. 但在欧洲，这个三角形一般却称为“帕斯卡三角形”，因为帕斯卡在1654年也发现了这个结果. 1665年，刚好22岁的牛顿在大学毕业前夕把二项式定理推广到n为分数与负数的情形，并给出了展开式. 可见，二项式定理的发现，中国比欧洲早500年左右.

二项式定理在组合理论、开高次方、高阶等差数列求和，以及差分法中有广泛的应用，是研究级数论、函数论、数学分析、方程理论的有力工具，对于微积分的充分发展更是必不可少的一步.

本节将导出$a+b$的任何正整数次幂的公式——二项式定理，并研究其性质及运用.

5.4.1 常用组合数公式

先给出一些组合数的计算公式.

(1) $C_n^0=C_{n+1}^0=1$. (2) $C_n^n=C_{n+1}^{n+1}=1$.

(3) $C_n^m=\dfrac{n(n-1)(n-2)\cdots(n-m+1)}{m!}$.

(4) $C_n^m=C_n^{n-m}$.

证明 由$C_n^m=\dfrac{n!}{m!(n-m)!}$可得$C_n^{n-m}=\dfrac{n!}{(n-m)![n-(n-m)]!}$

$=\dfrac{n!}{(n-m)!m!}$

所以 $C_n^m=C_n^{n-m}$.

(5) $C_{n+1}^m=C_n^m+C_n^{m-1}$.

证明 由 $C_n^m+C_n^{m-1}$

$$=\frac{n!}{m!(n-m)!}+\frac{n!}{(m-1)![n-(m-1)]!}$$

$$=\frac{n![(n-m+1)+m]}{m!(n-m+1)!}$$

$$=\frac{(n+1)n!}{m!(n-m+1)!}=\frac{(n+1)!}{m![(n+1)-m]!}$$

$$=C_{n+1}^m,$$

所以 $C_{n+1}^m=C_n^m+C_n^{m-1}$.

5.4.2 二项式定理

运用多项式的乘法公式，我们已经知道

$$(a+b)^0=1$$
$$(a+b)^1=a+b=C_1^0a+C_1^1b$$
$$(a+b)^2=a^2+2ab+b^2=C_2^0a^2+C_2^1ab+C_2^2b^2$$
$$(a+b)^3=a^3+3a^2b+3ab^2+b^3=C_3^0a^3+C_3^1a^2b+C_3^2ab^2+C_3^3b^3$$
$$(a+b)^4=a^4+4a^3b+6a^2b^2+4ab^3+b^4=C_4^0a^4+C_4^1a^3b+C_4^2a^2b^2+C_4^3ab^3+C_4^4b^4$$
…

根据以上推理，我们猜想，对任意正整数 n，有下面公式

$$(a+b)^n=C_n^0a^n+C_n^1a^{n-1}b+C_n^2a^{n-2}b^2+\cdots+C_n^ra^{n-r}b^r+\cdots+C_n^nb^n.$$

下面我们用数学归纳法证明这个公式.

证明　(1) 当 $n=1$ 时，左 $=a+b$，右 $=C_1^0a+C_1^1b=a+b$，即左=右.

所以当 $n=1$ 时，等式成立.

(2) 假设当 $n=k$ 时，等式成立，即

$$(a+b)^k=C_k^0a^k+C_k^1a^{k-1}b+C_k^2a^{k-2}b^2+\cdots+C_k^ra^{k-r}b^r+\cdots+C_k^kb^k,$$

当 $n=k+1$ 时，

$$\begin{aligned}&(a+b)^{k+1}\\&=(C_k^0a^k+C_k^1a^{k-1}b+C_k^2a^{k-2}b^2+\cdots+C_k^ra^{k-r}b^r\\&\quad+\cdots+C_k^kb^k)(a+b)\\&=C_k^0a^{k+1}+C_k^1a^kb+C_k^2a^{k-1}b^2+\cdots+C_k^ra^{k-r+1}b^r\\&\quad+C_k^{r+1}a^{k-r}b^{r+1}+\cdots+C_k^kab^k+C_k^0a^kb\\&\quad+C_k^1a^{k-1}b^2+\cdots+C_k^{r-1}a^{k-r+1}b^r+C_k^ra^{k-r}b^{r+1}\\&\quad+\cdots+C_k^{k-1}ab^k+C_k^kb^{k+1}\\&=C_k^0a^{k+1}+(C_k^0+C_k^1)a^kb+\cdots+(C_k^{r-1}+C_k^r)\\&\quad a^{k-r+1}b^r+\cdots+(C_k^{k-1}+C_k^k)ab^k+C_k^kb^{k+1}\\&=C_{k+1}^0a^{k+1}+C_{k+1}^1a^kb+C_{k+1}^2a^{k-1}b^2+\cdots\\&\quad+C_{k+1}^ra^{k-r+1}b^r+\cdots+C_{k+1}^kab^k+C_{k+1}^{k+1}b^{k+1},\end{aligned}$$

所以当 $n=k+1$ 时，等式也成立.

根据 (1)(2) 可知对 $\forall n\in\mathbf{N}^*$，等式都成立.

1. 二项式定理的定义

$$(a+b)^n=C_n^0a^n+C_n^1a^{n-1}b+C_n^2a^{n-2}b^2+\cdots+C_n^ra^{n-r}b^r+\cdots+C_n^nb^n$$

二项展开式的通项是第 $r+1$ 项，而不是第 r 项；二项展开式的通项的二项式系数是 C_n^r 而

这个公式所表示的定理叫**二项式定理**（也称“牛顿二项公式”）. 等式左边的式子叫二项式的幂，等式右边的多项式叫做二项式的展开式，简称二项展开式. 右边式子中的 $C_n^ra^{n-r}b^r$ 叫做展开式的通项公式，记作：$T_{r+1}=C_n^ra^{n-r}b^r$. 其中，C_n^0，

不是 C_n^{r+1}，二项展开式的通项体现了二项展开式的项数、系数、次数的变化规律，是二项式定理的核心，他在求展开式的某些特定的项及其系数方面有着广泛的应用.

C_n^1，C_n^2，…，C_n^r，…，C_n^n 叫做二项式展开式的系数. 它与展开式中"某项的系数"是两个不同的概念.

2. **展开式的通项公式**

$$T_{r+1}=C_n^r a^{n-r} b^r.$$

5.4.3 二项式展开式的性质

$(a+b)^n$ 的二项式展开式中具有如下性质：

(1) 二项式展开式共有 $n+1$ 项.

(2) $(a+b)^n$ 二项式展开式系数的对称性：展开式各项的二项式系数依次为

$$C_n^0,\ C_n^1,\ C_n^2,\ \cdots,\ C_n^r,\ \cdots,\ C_n^n.$$

则有 $C_n^0=C_n^n$，$C_n^1=C_n^{n-1}$，…，$C_n^r=C_n^{n-r}$. 即各项的二项式系数中与首末两端"等距离"的两项的二项式系数相等.

(3) $(a+b)^n$ 的二项展开式中，所有项的二项式系数之和等于 2^n，即若 $a=b=1$，则

$$(a+b)^n=(1+1)^n=C_n^0+C_n^1+C_n^2+\cdots+C_n^r+\cdots+C_n^n=2^n.$$

(4) 在 $(a-b)^n$ 的二项式展开式中，奇数项的二项式系数之和等于偶数项的二项式系数之和，即若 $a=b=1$，则

$$\begin{aligned}(a-b)^n&=(1-1)^n\\&=C_n^0-C_n^1+C_n^2-\cdots+(-1)^rC_n^r+\cdots+(-1)^nC_n^n\\&=0,\end{aligned}$$

所以 $C_n^0+C_n^2+C_n^4+\cdots=C_n^1+C_n^3+C_n^5+\cdots=2^{n-1}$.

(5) 二项式系数的最大项，在 $(a+b)^n$ 有：

①当 n 为偶数时，$(a+b)^n$ 系数最大的项为第 $\frac{n}{2}+1$ 项，即 $C_n^{\frac{n}{2}}$ 取得最大值；

②当 n 为奇数时，$(a+b)^n$ 系数最大的项为第 $\frac{n+1}{2}$ 项与 $\frac{n+1}{2}+1$，即 $C_n^{\frac{n-1}{2}}=C_n^{\frac{n+1}{2}}$ 相等且同时取得最大值，即中间项两项的二项式系数最大.

例 1 求下列的二项式的展开式：

(1) $(1+2x)^5$； (2) $(1-2x)^5$； (3) $\left(1+\frac{1}{x}\right)^5$.

解 由二项式定理可得

(1) $(1+2x)^5=C_5^0\cdot1^5+C_5^1\cdot1^{5-1}\cdot(2x)$
$+C_5^2\cdot1^{5-2}\cdot(2x)^2+C_5^3\cdot1^{5-3}\cdot(2x)^3$
$+C_5^4\cdot1^{5-4}\cdot(2x)^4+C_5^5\cdot(2x)^5$
$=1\cdot1+5\cdot(2x)+10\cdot(2x)^2+10$
$\cdot(2x)^3+5\cdot(2x)^4+1\cdot(2x)^5$
$=1+10x+40x^2+80x^3+80x^4+32x^5$;

(2) $(1-2x)^5=C_5^0\cdot1^5-C_5^1\cdot1^{5-1}\cdot2x+(-1)^2$
$\cdot C_5^2\cdot1^{5-2}\cdot(2x)^2+(-1)^3C_5^3$
$\cdot1^{5-3}\cdot(2x)^3+(-1)^4\cdot$
$C_5^4\cdot1^{5-4}\cdot(2x)^4+(-1)^5$
$\cdot C_5^5\cdot(2x)^5$
$=1\cdot1-5\times2x+10\times(2x)^2-10$
$\times(2x)^3+5\times(2x)^4-1\times(2x)^5$
$=1-10x+40x^2-80x^3+80x^4-32x^5$;

本题的目的在于区别二项式系数与项的系数的概念，它们分别为：第 r 项的二项式系数是组合数 C_n^{r-1}；第 r 项的系数是二项式系数与数字系数的积.

(3) $\left(x+\frac{1}{x}\right)^5=C_5^0\cdot x^5+C_5^1\cdot x^4\cdot\left(\frac{1}{x}\right)^1+C_5^2\cdot x^3\left(\frac{1}{x}\right)^2$
$+C_5^3\cdot x^2\cdot\left(\frac{1}{x}\right)^3+C_5^4\cdot x\cdot\left(\frac{1}{x}\right)^4+C_5^5\cdot\left(\frac{1}{x}\right)^5$
$=x^5+5\cdot x^4\cdot\frac{1}{x}+10\cdot x^3\cdot\frac{1}{x^2}+10x^2\cdot\frac{1}{x^3}$
$+5\cdot x\cdot\frac{1}{x^4}+\frac{1}{x^5}$
$=x^5+5x^3+10x+\frac{10}{x}+\frac{5}{x^3}+\frac{1}{x^5}$.

例 2　求 $(1+2x)^7$ 的展开式中第 4 项的二项式系数和第 4 项的系数.

解　由题可知 $T_4=T_{3+1}=C_7^3\cdot1^{7-3}\cdot(2x)^3=35\times8\times x^3=280x^3$.

所以，展开式中第 4 项的二项式系数是 $C_7^3=35$，第 4 项的系数是 $2^3C_7^3=280$.

例 3　(1) 求 $\left(x-\frac{1}{x}\right)^9$ 的展开式中含 x^3 的项的系数；

(2) 求 $\left(\frac{x}{3}+\frac{3}{\sqrt{x}}\right)^9$ 的展开式中的常数项.

解　(1) 由题可知 $T_{r+1}=C_9^rx^{9-r}\left(-\frac{1}{x}\right)^r=(-1)^rC_9^rx^{9-2r}$，

由 $9-2r=3$ 得 $r=3$，所以，展开式中含 x^3 的项的系数是

$$(-1)^3C_9^3=-1\times\frac{7\times8\times9}{1\times2\times3}=-84.$$

(2) 由题可知 $T_{r+1}=C_9^r\left(\frac{x}{3}\right)^{9-r}\left(\frac{3}{\sqrt{x}}\right)^r=C_9^r 3^{2r-9}x^{9-r-\frac{1}{2}r}$.

由 $9-r-\frac{r}{2}=0$ 得 $r=6$，所以，展开式中的常数项为

$$T_7=T_{6+1}=C_9^6\times 3^{2\times 6-9}=2268.$$

例 4　在二项式$\left(\frac{1}{\sqrt[4]{x}}+\sqrt[3]{x^2}\right)^n$的展开式中倒数第 3 项的二项式系数为 45，求含有 x^3 的项的系数.

解　由二项式$\left(\frac{1}{\sqrt[4]{x}}+\sqrt[3]{x^2}\right)^n$的展开式中倒数第 3 项的二项式系数为 45，得

$C_n^{n-2}=45$，即 $C_n^2=45$，故 $n^2-n-90=0$，解得 $n=-9$ 或 $n=10$. 由 n 为正整数可知，得 $n=10$.

又由 $T_{r+1}=C_{10}^r x^{-\frac{1}{4}(10-r)}x^{\frac{2}{3}r}=C_{10}^r x^{-\frac{10-r}{4}+\frac{2}{3}r}\Rightarrow -\frac{10-r}{4}+\frac{2}{3}r=3\Rightarrow r=6$. 所以，$T_{6+1}=C_{10}^6x^3=210x^3$ 得所求系数为 $C_{10}^6=C_{10}^4=210$.

例 5　利用二项式定理证明：对 $\forall n\in\mathbf{N}^+$，$64\mid 3^{2n+2}-8n-9$.

证明　因为 $3^{2n+2}-8n-9=9^{n+1}-8n-9=(8+1)^{n+1}-8n-9$，则

$$\begin{aligned}
&3^{2n+2}-8n-9\\
=&(C_{n+1}^0 8^{n+1}+C_{n+1}^1\cdot 8^n+\cdots+C_{n+1}^{n-1}\cdot 8^2\\
&+C_{n+1}^n\cdot 8+C_{n+1}^{n+1}\cdot 1)-8n-9\\
=&8^{n+1}+C_{n+1}^1\cdot 8^n+\cdots+C_{n+1}^{n-1}\cdot 8^2+8(n+1)\\
&+1-8n-9\\
=&8^{n+1}+C_{n+1}^1\cdot 8^n+\cdots+C_{n+1}^{n-1}\cdot 8^2\\
=&(8^{n-1}+C_{n+1}^1\cdot 8^{n-2}+\cdots+C_{n+1}^{n-1})\cdot 64.
\end{aligned}$$

所以 $64\mid 3^{2n+2}-8n-9$.

例 6　求 $S_n=C_n^1+3C_n^2+9C_n^3+\cdots+3^{n-1}C_n^n$.

关键是配凑成二项式的展开式.

解　由 $S_n=C_n^1+3C_n^2+9C_n^3+\cdots+3^{n-1}C_n^n$ 可得

$$\begin{aligned}
3S_n&=C_n^1 3+C_n^2 3^2+C_n^3 3^3+\cdots+C_n^n 3^n\\
&=(C_n^0\cdot 1^n\cdot 3^0+C_n^1\cdot 1^{n-1}\cdot 3+C_n^2\cdot 1^{n-2}\cdot 3^2\\
&\quad+C_n^3\cdot 1^{n-3}\cdot 3^3+\cdots+C_n^n\cdot 1^0\cdot 3^n)-1\\
&=(1+3)^n-1\\
&=4^n-1,
\end{aligned}$$

所以 $S_n=\frac{4^n-1}{3}$.

例 7　在$(\sqrt{2}+\sqrt[3]{3})^{100}$的展开式中，有多少个有理数的项？

解　由 $T_{r+1}=C_n^r a^{n-r}b^r\Rightarrow T_{r+1}=C_{100}^r(\sqrt{2})^{100-r}(\sqrt[3]{3})^r=$

$C_{100}^{r}2^{\frac{100-r}{2}}3^{\frac{r}{3}}=C_{100}^{r}2^{50-\frac{r}{2}}3^{\frac{r}{3}}$，

所以，只有当$\frac{r}{2}$，$\frac{r}{3}$均为整数时，第 $r+1$ 项是有理数，即当 r 是 6 的整数倍时成立.

又因为 $0\leqslant r\leqslant 100$，所以展开式中共有 17 项是有理数.

例 8　已知$(3x-1)^6=a_0+a_1x+a_2x^2+\cdots+a_nx^n$. 求

(1)$a_1+a_2+\cdots+a_6$；(2)$a_0+a_2+a_4+a_6$.

解　(1) 令 $x=0$，则 $a_0=1$.

又令 $x=1$，$a_0+a_1+a_2+a_3+a_4+a_5+a_6=(3\times1-1)^6=2^6=64$，所以

$$a_1+a_2+a_3+a_4+a_5+a_6=63.$$

(2) 令 $x=-1$，$a_0-a_1+a_2-a_3+a_4-a_5+a_6=[3\times(-1)-1]^6=4^6=4096$，　①

当 $x=1$，$a_0+a_1+a_2+a_3+a_4+a_5+a_6=2^6=64$，　②

由①+②得：$2(a_0+a_2+a_4+a_6)=4160$，所以 $a_0+a_2+a_4+a_6=2080$.

例 9　求$(x+1)^2(1-x)^5$ 展开式中 x^3 的系数.

解　$(x+1)^2(1-x)^5=(1+2x+x^2)(1-x)^5=(1-x)^5+2x(1-x)^5+x^2(1-x)^5$，

故 x^3的系数为$(1-x)^5$，$2x(1-x)^5$ 和 $x^2(1-x)^5$ 中 x^3 系数之和.

(1) $(1-x)^5$ 中含 x^3 的项为$C_5^3(-x)^3$，其系数为$-C_5^3$；

(2) $2x(1-x)^5$ 中含 x^3 的项为 $2x\cdot C_5^2(-x)^2$，系数为$2C_5^2$；

(3) $x^2(1-x)^5$ 中含有 x^3 的项为 $x^2\cdot C_5^1(-x)^1$，系数为$-C_5^1$.

综上所述，x^3的系数为$-C_5^3+2C_5^2-C_5^1=5$.

例 10　设二项式$\left(3\sqrt[3]{x}+\frac{1}{x}\right)^n$的展开式各项系数之和为 p，所有二项式系数的和为 s，若 $p+s=272$，则 n 等于多少?

解　若$\left(3\sqrt[3]{x}+\frac{1}{x}\right)^n=a_0+a_1x+a_2x^2+\cdots+a_nx^n$，有

$$p=a_0+a_1+a_2+\cdots+a_n,\ s=C_n^0+C_n^1+C_n^2+\cdots+C_n^n=2^n.$$

令 $x=1$，得 $p=4^n$，又 $p+s=272$，即 $4^n+2^n=272\Rightarrow(2^n+17)(2^n-16)=0$，

解得 $2^n=16$ 或 $2^n=-17$（舍去)，所以 $n=4$.

例 11　求证 $7\mid 51^{51}-1$.

证明　将 $51^{51}-1$ 展开可得

$$
\begin{aligned}
51^{51}-1&=(49+2)^{51}-1\\
&=C_{51}^{0}49^{51}+C_{51}^{1}49^{50}\cdot 2+C_{51}^{2}49^{49}\cdot 2^{2}+\cdots\\
&\quad+C_{51}^{50}49\cdot 2^{50}+C_{51}^{51}2^{51}-1,
\end{aligned}
$$

除 $C_{51}^{51}2^{51}-1$ 外，各项都能被 7 整除，

又 $C_{51}^{51}2^{51}-1=(2^{3})^{17}-1$

$$
\begin{aligned}
&=(7+1)^{17}-1=C_{17}^{0}7^{17}+C_{17}^{1}7^{16}+\cdots\\
&\quad+C_{17}^{16}7+C_{17}^{17}-1\\
&=C_{17}^{0}7^{17}+C_{17}^{1}7^{16}+\cdots+C_{17}^{16}7,
\end{aligned}
$$

则 $C_{51}^{51}2^{51}-1$ 显然能被 7 整除，所以 $51^{51}-1$ 能被 7 整除.

习题 5.4

1. 用二项式定理展开下列各式：

   (1) $(1+x)^{6}$；　(2) $(3x+2y)^{3}$；　(3) $(2x-y^{3})^{6}$；　(4) $\left(2+\dfrac{1}{x}\right)^{4}$.

2. 求下列二项展开式的指定项：

   (1) $\left(1+\dfrac{x}{2}\right)^{11}$ 的第六项；　(2) $(1-x)^{9}$ 的中间两项；

   (3) $\left(x+\dfrac{1}{x}\right)^{12}$ 的常数项；　(4) 求 $(2x+1)^{12}$ 展开式中系数最大的项；

   (5) 若 $x=\dfrac{1}{2}$，求 $(1+2x)^{10}$ 的展开式中最大的项；

   (6) 求 $\left(2x-\dfrac{1}{2}y\right)^{7}$ 展开式中 $x^{5}y^{2}$ 的系数.

3. 求 $(x-1)^{11}$ 展开式中 x 的偶次项系数之和.
4. 在 $(1+\sqrt{2})^{100}$ 展开式中，有多少个有理项的项数？
5. 求 $S_n=C_n^0+3C_n^1+3^2C_n^2+\cdots+3^nC_n^n$ 的值.
6. 已知 $\left(\sqrt{x}-\dfrac{2}{x^{2}}\right)^{n}$ 的展开式中，第五项与第三项的二项式系数之比为 14∶3，求展开式的常数项.
7. 自然数 n 为偶数时，求证：

   $1+2C_n^1+C_n^2+2C_n^3+C_n^4+\cdots+2C_n^{m-1}+C_n^n=3\cdot 2C^{n-1}$.
8. 求 82^{11} 被 9 除的余数 r.

§5.5　习题选解

5.5.1　习题 5.1 选解

1. $2+3+2=7$（种）.　2. $2\times3\times4=24$（种）.　3. 10^{4} 个.　4. (1)1；(2) $-\dfrac{17}{192}$.

5. 证明从略.

6. (1) $A_n^2=20\Rightarrow n=5$；(2) $A_n^2=7A_{n-4}^2\Rightarrow n=7$.　　7. $A_5^5=120$.

8. (1) $A_6^5=720$；(2) 重复数字的五位数有 $A_5^1A_5^4=600$ 个；(3) 一位数 $A_5^1=5$，两位数 $A_5^2=20$，三位数 $A_5^3=60$，四位数 $A_5^4=120$，五位数 $A_5^5=120$，一共 325 个；(4) 114 个.

9. **解**　(1) 先把女同学看成一个整体，与 4 个男同学一起排列，共有 $A_5^5=120$，再把女同学内部排列 $A_3^3=6$，共有 $A_5^5A_3^3=720$ 种；(2) $A_2^2A_3^3A_4^4=288$；(3) 四个男同学排列 A_4^4，四个男同学有 5 个缝隙任选 3 个间隙排女同学共有 A_5^3，乘法原理共有 $A_5^3A_4^4=1440$ 种.

10. 1608 个.

11. **解**　(1) 分两类：第一类从 0，2，8 中选一个在末尾，首位数字有 5 个，中间数字从剩下的任取 2 个，共有 $A_3^1A_5^1A_8^2=840$；

第二类，从 4，6 中选一个在末尾，首位数字有 4 个，中间数字从剩下的选 2 个，共有 $A_2^1A_4^1A_8^2=448$，共有 1288 种.

(2) 能被 5 整除的四位奇数，个位数字为 5，首位数字有 4 种，中间数字从剩下的任取 2 个，共有 $A_4^1A_8^2=224$.

12. **解**　当个位数上排“0”时，千位、百位、十位上可以从余下的 9 个数字中任选 3 个来排列，故有 A_9^3 个；当个位上在“2，4，6，8”中任选一个来排，则千位上从余下的 8 个非零数字中任选一个、百位、十位上再从余下的 8 个数字中任选 2 个来排，按乘法原理有 $A_4^1\cdot A_8^1\cdot A_8^2$ (个). 所以没有重复数字的四位偶数有 $A_9^3+A_4^1\cdot A_8^1\cdot A_8^2=504+1792=2296$.

13. **解**　(1)(不相邻问题插空法) 先排歌唱节目有 A_5^5 种，歌唱节目之间以及两端共有 6 个位子，从中选 4 个放入舞蹈节目，共有 A_6^4 中方法，所以任两个舞蹈节目不相邻排法有 $A_5^5A_6^4=43200$ 种.

(2) 先排舞蹈节目有 A_4^4 中方法，在舞蹈节目之间以及两端共有 5 个空位，恰好供 5 个歌唱节目放入，所以歌唱节目与舞蹈节目间隔排列的排法有 $A_4^4A_5^5=2880$ 种.

14. **解**　(反面考虑法) 六节全排有 A_6^6 种；第一节排体育有 A_5^5 种，最后一节排数学也有 A_5^5 种，第一节排体育且最后一节排数学有 A_4^4 种. 所以第一节不排体育，最后一节不排数学有 $A_6^6-2A_5^5+A_4^4=504$ 种方法.

15. **解**　由分步计数原理知，完成这件事，可以分两步：第一步，把 3 位司机分配给 3 辆公交车有 A_3^3 种分配法；第二步，同样把 3 位售票员分配给 3 辆公交车有 A_3^3 种分配法，所以车辆、司机、售票员搭配方案一共有 $A_3^3\cdot A_3^3=36$ 种.

16. **解**　填表过程可分两步：第一步，确定填报学校及其顺序，则在 4 所学校中选出 3 所并加排列，共有 A_4^3 种不同的排法；第二步，从每所院校的 3 个专业中选出 2 个专业并确定其顺序，其中又包含三小步，因此总的排列数有 $A_3^2\cdot A_3^2\cdot A_3^2$ 种. 综合以上两步，由分步计数原理得不同的填表方法有 $A_4^3\cdot A_3^2\cdot A_3^2\cdot A_3^2=5184$ 种.

17. (1) $A_7^3\cdot A_4^4=A_7^7=5040$ 种.　　(2) $A_3^1\cdot A_4^1\cdot A_5^5=1440$ 种.

(3) $A_5^5\cdot A_3^3=720$ 种.　　(4) $A_4^4\cdot A_5^3=1440$ 种.

18. (1) $A_{15}^{2}=15\times 14=210$； (2) $A_{6}^{6}=6!\ =6\times 5\times 4\times 3\times 2\times 1=720$；

(3) 原式 $=\dfrac{(n-1)!}{[n-1-(m-1)!]}\cdot(n-m)!\ \cdot\dfrac{1}{(n-1)!}=\dfrac{(n-1)!}{(n-m)!}\cdot(n-m)!\ \cdot$ $\dfrac{1}{(n-1)!}=1.$

19. **解** 方法一 先把 a，b 以外的四个人在 6 个位置上排列，剩下两个位置 a，b 只有一种排法，所以共有排法有 $A_{6}^{4}=360$ 种.

方法二 在 6 个人的全排列中，a 要排在 b 的前面与 a 要排在 b 的后面可能性是相同的，所以共有排法有 $\dfrac{1}{2}A_{6}^{6}=360$ 种.

20. **解** 可分为“乙、丙坐在前排，甲坐在前排的八人坐法”和“乙、丙在后排，甲坐在前排的八人坐法”两类情况. 应当使用加法原理，在每类情况下，划分“乙丙坐下”“甲坐下”“其他五人坐下”三个步骤，又要用到分步计数原理，$A_{4}^{2}\cdot A_{2}^{1}\cdot A_{5}^{5}+A_{4}^{2}\cdot A_{4}^{1}\cdot A_{5}^{5}=8640$ 种.

21. **解** 将同一品种的画“捆”在一起，注意到水彩画不放在两端，共有 A_{2}^{2} 种排列. 但 4 幅油画、5 幅国画本身还有排列顺序要求. 所以共有 $A_{2}^{2}\cdot A_{4}^{4}\cdot A_{5}^{5}$ 种陈列方式.

22. 300. 23. $A_{4}^{2}+A_{4}^{2}=24$ 个.

24. **解** (1) 就个位用 0 还是用 2，4 分成两类，个位用 0，其他两位从 1，2，3，4 中任取两数排列，共有 $A_{4}^{2}=12$（个），个位用 2 或 4，再确定首位，最后确定十位，共有 $2\times 4\times 4=32$（个），所有 3 位偶数的总数为：$12+32=44$（个）.

(2) 从 0，1，2，3，4，5 中取出和为 3 的倍数的三个数，分别有下列取法：(012)，(015)，(024)，(045)，(123)，(135)，(234)，(345)，前 4 组中有 0，后 4 组中没有 0，用它们排成三位数，如果用前 4 组，共有 $4\times 2\times A_{2}^{2}=16$（个）；如果用后四组，共有 $4\times A_{3}^{3}=24$（个）. 所有被 3 整除的三位数的总数为 $16+24=40$（个）.

5.5.2 习题 5.2 选解

1. (1)1140；(2)999. 2. $x=2$. 3. 证明从略. 4. $C_{12}^{3}=220$.

5. **解** 第一轮每个组单循环，三个组共有 $3C_{10}^{2}=135$ 场；第二轮三个组共有 9 个队参加比赛，共需要 $C_{9}^{2}=36$ 场. 第一轮已经比过的有 $3C_{3}^{2}=9$ 场要排除，所以共 $135+36-9=162$（场）.

6. (1) 3 男 3 女，$C_{8}^{3}C_{7}^{3}=1960$；

(2) 全是女，5 女 1 男，4 女 2 男和 3 女 3 男，$C_{7}^{6}+C_{7}^{5}C_{8}^{1}-C_{7}^{4}C_{8}^{2}+C_{7}^{3}C_{8}^{3}=3115$；

(3) 至多有 3 个女的对立事件是至少有 4 个女，类似 (2) 可得，3850 种；

(4) 3 女 3 男，4 女 2 男，共有 2940 种；

(5) A_{6}^{6} 种.

7. (1) $C_{6}^{1}C_{5}^{2}C_{3}^{3}=60$ 种；(2)$60A_{3}^{3}=360$ 种；(3)$\dfrac{C_{6}^{2}C_{4}^{2}C_{2}^{2}}{A_{3}^{3}}=15$ 种.

8. 72 种.

9. $C_4^2C_4^1C_3^2=144$.

5.5.3　习题5.3选解

1. (1) 证明从略.

(2) **证明**　①当 $n=1$ 时，上式左边 $=1^2=1$，右边 $=\dfrac{1\times(1+1)\times(2+1)}{6}=1$. 所以当 $n=1$ 时，等式成立.

②假设当 $n=k$ 时，等式成立，即 $1^2+2^2+3^2+\cdots+k^2=\dfrac{k(k+1)(2k+1)}{6}$

当 $n=k+1$ 时，

$$1^2+2^2+3^2+\cdots+k^2+(k+1)^2=\frac{k(k+1)(2k+1)}{6}+(k+1)^2$$
$$=\frac{(k+1)(2k^2+7k+6)}{6}$$
$$=\frac{(k+1)(k+2)(2k+3)}{6},$$

所以当 $n=k+1$ 时，等式也成立.

根据①，②可知，对 $\forall n\in\mathbf{N}^*$，等式都成立.

(3) 证明从略.

2. **解** (1) 原式 $=1^2+2^2+3^2+\cdots+(2n-1)^2+(2n)^2-[2^2+4^2+6^2+\cdots+(2n)^2]$

$$=1^2+2^2+3^2+\cdots+(2n-1)^2+(2n)^2-4(1^2+2^2+3^2\cdots+n^2)$$
$$=\frac{2n(2n+1)(4n+1)}{6}-\frac{4n(n+1)(2n+1)}{6}=\frac{n(2n-1)(2n+1)}{3}.$$

(2) 已知 $1^3+2^3+3^3+\cdots+n^3=\dfrac{n^2(n+1)^2}{4}$,

原式 $=1^3+2^3+3^3+\cdots+(2n-1)^3+(2n)^3-[2^3+4^3+6^3+\cdots+(2n)^3]$

$$=1^3+2^3+3^3+\cdots+(2n-1)^3+(2n)^3-8(1^3+2^3+3^3+\cdots+n^3)$$
$$=\left[\frac{2n}{2}(2n+1)\right]^2-8\cdot\left[\frac{n}{2}(n+1)\right]^2=\frac{n^2}{4}(8n^2-4)=n^2(2n^2-1)$$

3. (1) **证明**　①当 $n=1$ 时，$4^{2n+1}+3^{n+2}=4^3+3^3=91$，即 $13|91$.

所以当 $n=1$ 时，结论成立.

②假设当 $n=k$ 时，命题成立，即 $13|4^{2k+1}+3^{k+2}$.

则当 $n=k+1$ 时，有

$$4^{2k+3}+3^{k+3}=16\times4^{2k+1}+3\times3^{k+2}=(13+3)\times4^{2k+1}+3\times3^{k+2}$$
$$=13\times4^{2k+1}+3\times(4^{2k+1}+3^{k+2})$$

由假设可知 $13|4^{2k+1}+3^{k+2}$，$13|13\times4^{2k+1}$.

所以当 $n=k+1$ 时，结论也成立.

根据①②可知对 $\forall n\in\mathbf{N}^*$，结论都成立.

(2) **证明**　①当 $n=1$ 时，$1^3+2^3+3^3=36$，即 $9|36$，结论成立.

②假设当 $n=k$ 时，命题成立，即 $9|k^3+(k+1)^3+(k+2)^3$.

当 $n=k+1$ 时，有

$$\begin{aligned}(k+1)^3+(k+2)^3+(k+3)^3 &= k^3+(k+1)^3+(k+2)^3+[(k+3)^3-k^3]\\ &= k^3+(k+1)^3+(k+2)^3+3[(k+3)^2\\ &\quad +k(k+3)+k^2]\\ &= k^3+(k+1)^3+(k+2)^3+9(k^2+3k+3),\end{aligned}$$

由假设可知 $9\mid k^3+(k+1)^3+(k+2)^3$，$9\mid 9(k^2+3k+3)$.

即当 $n=k+1$ 时，结论也成立.

根据①②可知对 $\forall n\in\mathbf{N}^*$，结论都成立.

(3) **证明** ①当 $n=1$ 时，$x^n+y^n=x+y$，即 $(x+y)\mid x+y$，结论成立.

②假设当 $n=2k-1$ 时，命题成立，即 $(x+y)\mid x^{2k-1}+y^{2k-1}$.

当 $n=2k+1$ 时，有

$$\begin{aligned}x^{2k+1}+y^{2k+1} &= x^2\cdot x^{2k-1}+y^2\cdot y^{2k-1}\\ &= x^2\cdot x^{2k-1}+x^2\cdot y^{2k-1}-x^2\cdot y^{2k-1}+y^2\cdot y^{2k-1}\\ &= x^2(x^{2k-1}+y^{2k-1})-y^{2k-1}(x^2-y^2),\end{aligned}$$

由假设可知：$(x+y)\mid x^{2k-1}+y^{2k-1}$，$(x+y)\mid x^2-y^2$.

所以当 $n=k+1$ 时，结论也成立.

根据①②可知对任意的 n 是正奇数，结论都成立.

(4) **证明** ①当 $n=1$ 时，$5+2+1=8$，结论显然成立.

②假设当 $n=k$ 时，命题成立，即 $8\mid 5^k+2\times 3^{k-1}+1$.

当 $n=k+1$ 时，有

$$\begin{aligned}5^{k+1}+2\times 3^k+1 &= 5\times 5^k+10\times 3^{k-1}+5-10\times 3^{k-1}-5+6\times 3^{k-1}+1\\ &= 5\times(5^k+2\times 3^{k-1}+1)-4\times(3^{k-1}+1),\end{aligned}$$

由假设可知：$8\mid 5^k+2\times 3^{k-1}+1$，又因为 $3^{k-1}+1$ 是偶数，所以 $8\mid 4\times(3^{k-1}+1)$

所以当 $n=k+1$ 时，结论也成立.

根据①②可知对于任意的 $n\in\mathbf{N}^*$，结论都成立.

4. **证明** (1) 当 $n=1$ 时，$x^2+x+1\mid x^2+x+1$.

所以当 $n=1$ 时，结论成立.

(2) 假设当 $n=k$ 时，命题成立，即 $(x^2+x+1)\mid x^{3k-1}+x^{3k-2}+1$.

当 $n=k+1$ 时，有

$$\begin{aligned}x^{3k+2}+x^{3k+1}+1 &= x^3\cdot x^{3k-1}+x^3\cdot x^{3k-2}+x^3+1-x^3\\ &= x^3(x^{3k-1}+x^{3k-2}+1)+(1-x^3),\end{aligned}$$

由假设可知 $(x^2+x+1)\mid x^{3k-1}+x^{3k-2}+1$，$(x^2+x+1)\mid 1-x^3$.

所以当 $n=k+1$ 时，结论也成立.

5.5.4 习题 5.4 选解

1. (1) $1+6x+15x^2+20x^3+15x^4+6x^5+x^6$；

(2) $27x^3+54x^2y+36xy^2+8y^3$；

(3) $64x^6-192x^5y^3+240x^4y^6-160x^3y^9+60x^2y^{12}-12xy^{15}+y^{18}$；

(4) $16+\frac{32}{x}+\frac{24}{x^2}+\frac{8}{x^3}+\frac{1}{x^4}$.

2. **解** (1) 由题可知 $T_6=T_{5+1}=C_{11}^5\cdot 1^{11-5}\cdot\left(\frac{x}{2}\right)^5=\frac{231}{16}x^5$.

(2) $(1-x)^9$ 的中间两项为第 5 项、第 6 项：$T_5=T_{4+1}=(-1)^4C_9^4\cdot x^4=126x^4$，$T_6=T_{5+1}=(-1)^5C_9^5\cdot x^5=-126x^5$.

(3) $T_{r+1}=C_{12}^r\cdot x^{12-r}\cdot\frac{1}{x^r}=C_{12}^r x^{12-2r}$. 当 $12-2r=0$，即 $r=6$ 时是常数项 $T_7=C_{12}^6=924$.

(4) $(2x+1)^{12}=(1+2x)^{12}$，$T_{r+1}=C_{12}^r(2x)^r=C_{12}^r2^rx^r$. 设系数最大的项的为 $r+1$，则它不小于第 r 项和第 $r+2$ 项的系数，第 r 项的系数为$C_{12}^{r-1}2^{r-1}$，第 $r+1$ 项的系数为 $C_{12}^r2^r$. 所以

$$\begin{cases}C_{12}^{r-1}2^{r-1}\leqslant C_{12}^r2^r\\ C_{12}^{r+1}2^{r+1}\leqslant C_{12}^r2^r\end{cases}\Rightarrow\begin{cases}r\leqslant 2(13-r)\\ 2(12-r)\leqslant r+1\end{cases}\Rightarrow\frac{23}{3}\leqslant r\leqslant\frac{26}{3},$$

又 $r\in\mathbf{N}^*$，所以 $r=8$. 则展开式中的第 9 项为系数最大项，$T_{8+1}=C_{12}^8 2^8x^8=126720x^8$.

(5) $x=\frac{1}{2}$，则$(1+2x)^{10}$的展开式中最大的项就是二项式系数最大项第 6 项，$T_6=C_{10}^5=252$.

(6) $T_{r+1}=C_7^r(2x)^{7-r}\left(-\frac{1}{2}y\right)^r=(-1)^rC_7^r2^{7-2r}x^{7-r}y^r$，根据题意得 $r=2$，

即 $T_3=C_7^22^3x^5y^2=168x^5y^2$，所以 x^5y^2 的系数为 168.

3. **解** $(x-1)^{11}=C_{11}^0x^{11}-C_{11}^1x^{10}+C_{11}^2x^9-C_{11}^3x^8\cdots+C_{11}^{10}x-C_{11}^{11}x^0$，

所以，x 的偶次项系数之和为 $-C_{11}^1-C_{11}^3-C_{11}^5\cdots-C_{11}^{11}=-2^{10}=-1024$.

4. **解** 由 $T_{r+1}=C_n^ra^{n-r}b^r\Rightarrow T_{r+1}=C_{100}^r(\sqrt{2})^r=C_{100}^r2^{\frac{r}{2}}$，

所以，只有当$\frac{r}{2}$是整数时，第 $r+1$ 项是有理数，即当 r 是 2 的整数倍时成立.

又因为 $0\leqslant r\leqslant 100$，所以展开式中共有 51 项是有理数.

5. $S_n=C_n^0\cdot 1^n\cdot 3^0+C_n^1\cdot 1^{n-1}\cdot 3+C_n^2\cdot 1^{n-2}\cdot 3^2+C_n^3\cdot 1^{n-3}\cdot 3^3+\cdots+C_n^n\cdot 1^0\cdot 3^n=(1+3)^n=4^n$.

6. **解** 由 $C_n^4:C_n^2=14:3$ 解得 $n=10$，$n=-5$（不合题意，舍去).

由 $T_{r+1}=(-1)^rC_{10}^r(\sqrt{x})^{10-r}\left(\frac{2}{x^2}\right)^r=(-2)^rC_{10}^rx^{5-\frac{5r}{2}}$，令 $5-\frac{5r}{2}=0$ 得 $r=2$，所以，

$\left(\sqrt{x}-\frac{2}{x^2}\right)^n$ 的展开式中的常数项为 $T_3=T_{2+1}=(-2)^2C_{10}^2=180$.

7. **证明** 方法一 $1+2C_n^1+C_n^2+2C_n^3+C_n^4+2C_n^5+\cdots+2C_n^{n-1}+C_n^n$

$$=(1+C_n^2+C_n^4+\cdots+C_n^n)+2(C_n^1+C_n^3+C_n^5+\cdots+C_n^{n-1})$$
$$=2^{n-1}+2\cdot 2^{n-1}=3\cdot 2^{n-1}.$$

方法二 $1+2C_n^1+C_n^2+2C_n^3+C_n^4+2C_n^5+\cdots+2C_n^{n-1}+C_n^n$

$$=(1+C_n^1+C_n^2+C_n^3+\cdots+C_n^{n-1}+C_n^n)+(C_n^1+C_n^3+C_n^5+\cdots+C_n^{n-1})$$

$=2^n+2^{n-1}=2\cdot 2^{n-1}+2^{n-1}=3\cdot 2^{n-1}$.

8. **解** $82^{11}=(1+81)^{11}=C_{11}^{0}1+C_{11}^{1}81+C_{11}^{2}81^2+C_{11}^{3}81^3+\cdots+C_{11}^{11}81^{11}=1+81\cdot(C_{11}^{1}+C_{11}^{2}81^1+C_{11}^{3}81^2+\cdots+C_{11}^{11}81^{10})$,

所以82^{11}被 9 除的余数 $r=1$.

CHAPTER 6

第6章

平面解析几何

几何学是研究空间关系的数学分支，简称为几何. 公元前338年，希腊人欧几里得把在他以前的埃及和希腊人的几何学知识加以系统的总结和整理，写成了《几何原本》. 这本书不仅仅是一部数学著作，更重要的是它开创了一种范式，即欧氏几何的公理化体系，通过极少数不证自明的公设，以及人们普遍认同的逻辑方法，推演出一个庞大的知识体系. 其影响远远超出了数学以外，对整个人类文明都带来了巨大影响.

中国对几何学的研究也有悠久的历史. 在公元前一千年前，中国黑陶文化时期的陶器上的花纹就有菱形、正方形和圆内接正方形等许多几何图形.《九章算术》记载了土地面积和物体体积的计算方法.《周髀算经》记载了直角三角形的三边之间的关系. 这就是著名的"勾三股四弦五"的勾股定理，也称为"商高定理". 祖冲之计算的圆周率也是著称世界的. 还有中国古代数学家刘徽、王孝通等对几何学都作出了重大的贡献.

从希腊时代到在17世纪之前，几何与代数是彼此独立的两个分支，前者侧重于空间形式，而后者则侧重于数量关系. 几何统治着数学，代数居于附庸的地位. 在方法上，它们也基本上是互不相关的. 甚至在古希腊的论证几何学中还排斥代数方法的应用. 欧洲文艺复兴之后，自然科学和生产技术都有了很大的进步，产生大量的"变量"问题——机械运动、航海导航、弹道研究等，这就对数学提出了更高的要求. 因此近代数学本质上是关于变量的数学，这区别于古代关于常量的数学. 而变量数学的首个里程碑式的成果就是解析几何.

解析几何的发明主要归功于笛卡尔(Descartes，1596—1650）与费马（Fermat，1601—1665). 解析几何的基本思想是在平面中引入坐标，建立坐标系，然后将一个形如 $f(x，y)=0$ 的代数方程与平面上的一条曲线对应起来. 将几何问题转化为代数问题，也通过对代数问题的研究发现新的几何结果，代数问题也有了几何意义的解释. 解析几何的产生，是数学发展史上的一次飞跃，不仅由于在内容上引入了变量的研究而开创了变量数学，而且在方法上也使几何与代数方法实现了结合.

解析几何是学习高等数学和其他学科的基础，例如，要学习微积分，必须首先学好解析几何；学习物理或其他科学技术，也经常需要解析几何的知识. 这一章我们除了学习用坐标的方法研究几何问题外，主要是研究各种平面曲线（直线、圆、椭圆、双曲线、抛物线）的有关性质.

§6.1　平面坐标法

笛卡尔，法国哲学家、数学家、物理学家．他对现代数学的发展作出了重要的贡献，因将几何坐标体系公式化而被认为是解析几何之父．

法国数学家笛卡尔于 1637 年发明了现代数学的基础工具之一——坐标系，将几何和代数相结合，创立了解析几何学．笛卡尔的中心思想是建立起一种“普遍”的数学，把算术、代数、几何统一起来．他设想，把任何数学问题化为一个代数问题，再把任何代数问题归结到去解一个方程式．为了实现上述的设想，笛卡尔从天文和地理的经纬制度出发，指出平面上的点和实数对（x，y）的对应关系．x，y 的不同数值可确定平面上许多不同的点，这样就可用代数的方法研究曲线的性质．这就是解析几何的基本思想．

具体地说，平面解析几何的基本思想有两个要点：

第一，在平面建立坐标系，一点的坐标与一组有序的实数对相对应；

第二，在平面上建立了坐标系后，平面上的一条曲线就可由带两个变数的一个代数方程来表示．

从这里可以看到，运用坐标法不仅可以把几何问题通过代数的方法解决，而且还把变量、函数以及数和形等重要概念密切联系了起来．

总的来说，解析几何运用坐标法可以解决两类基本问题：一类是满足给定条件点的轨迹，通过坐标系建立它的方程；另一类是通过方程的讨论，研究方程所表示的曲线性质．

6.1.1　平面上点的直角坐标

1. 有向线段

解析几何（analytic geometry）又称为坐标几何（coordinate geometry）．

规定了起点与终点的线段叫做有向线段（图 6－1）．一条有向线段的长度，连同表示它的方向的正负号叫做这条有向线段的数值（或数量）．

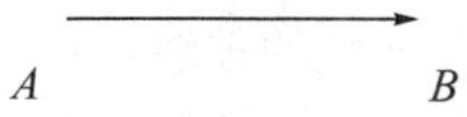

图 6－1

以 A 为起点、B 为终点的有向线段记作 $\overline{AB}$，它的数值和长度分别记作 AB 和 $|AB|$．显然，对于任何两条长度相等、

方向相反的有向线段$\overline{AB}$和$\overline{BA}$，它们的数值的关系是

$$AB=-BA.$$

数轴上任意一点 P 的位置可以用以原点 O 为起点、P 为终点的有向线段的数值 OP 来表示．设 $OP=x_0$，称 x_0 为数轴上点 P 的坐标．

容易证明，对于数轴上的任意有向线段$\overline{AB}$，它的数值 AB 和起点坐标（设为 x_1）、终点坐标（设为 x_2）有如下关系（图 6－2）

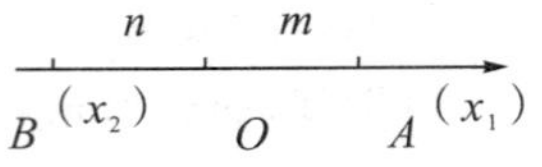

图 6－2

$$AB=x_2-x_1.$$

根据这个公式可知，数轴上任意两点间的距离为

$$|AB|=|x_2-x_1|.$$

2．平面直角坐标系

要表示平面上任意一点 P 的位置，需要建立坐标系．平面上点的直角坐标，实际上也是以有向线段的数值来定义的．

在平面上取两条相互垂直且有共同原点和长度单位的坐标轴 Ox 和 Oy，就构成了一个平面直角坐标系（图 6－3）．坐标轴 Ox 和 Oy 分别叫做 x 轴和 y 轴，通常 x 轴放在水平位置，正向指向右侧；y 轴放在竖直位置，正向指向上方．因此又把 x 轴叫做横轴，y 轴叫做纵轴．

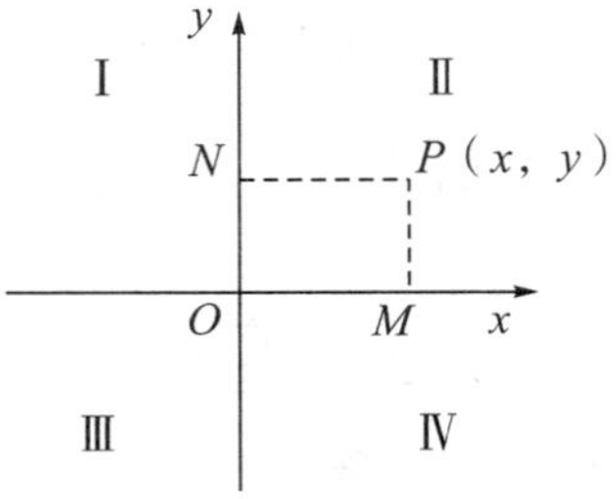

图 6－3

如图 6－3，对于平面上任意一点 P，由 P 分别作 x 轴、y 轴的垂线，得到垂足 M 与 N，分别称它们为点 P 在 x 轴、y 轴上的投影点．设有向线段$\overline{OM}$的数量 $OM=x$，有向线段$\overline{ON}$的数量 $ON=y$，那么 x，y 就称为点 P 的横坐标和纵坐标，记作 $P(x,\ y)$．这样，由点 P 就确定了一个有序实数对 $(x,\ y)$．反过来，任意给定一个有序实数对 $(x,\ y)$，也可以在平面上确

笛卡尔从小体弱多病，所以他所在的寄宿学校的教师允许他每天可以一直留在床上直到中午．笛卡尔并没有把这段时间用在睡懒觉上，而是思考了很多关于数学和哲学上的问题．一天，笛卡尔发现一只苍蝇在天花板上爬来爬去，他观察了很长一段时间，考虑要如何来描述这只苍蝇的运动轨迹．笛卡尔意识到，可以使用这只苍蝇距离房间内不同墙面的位置来描述．

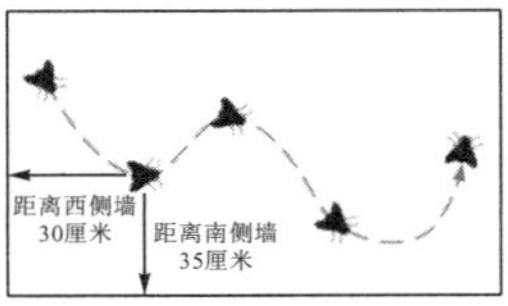

然后他试图描述一些点

的位置，正如他要描述苍蝇的位置一样. 由此笛卡儿就发明了坐标平面.

定一个定点 P.

坐标轴把平面分成四个部分，分别叫做第Ⅰ、Ⅱ、Ⅲ、Ⅳ象限（图 6－3）. x 轴上（下）方的点的纵坐标为正（负），y 轴右（左）侧的点的横坐标为正（负）. 特别地，x 轴（y 轴）上的点纵（横）坐标为零.

平面直角坐标系的建立，使平面上的点和有序实数对之间建立了一一对应关系，这就有可能把平面上某些关于点的几何问题化为关于点的坐标的代数问题进行研究.

需要注意的是，一个平面直角坐标系包含了两个部分的信息：

一个特殊的位置，即原点，它是整个坐标系的中心.

两条过原点的互相垂直的矢量，即 x 轴和 y 轴. 这些坐标轴也被称为是该坐标系的基矢量.

虽然在图 6－3 中 x 轴和 y 轴分别是水平和垂直方向的，但这并不是必须的. 想象把上面的坐标系整体向左旋转 30°，得到的依然是一个平面直角坐标系. 而且，虽然图中的 x 轴指向右、y 轴指向上，但这也并不是必需的.

屏幕映射（Screen Mapping）的任务是把每个图元的 x 和 y 坐标转换到屏幕坐标系（Screen Coordinates）下.

例如，在屏幕映射中，OpenGL 和 DirectX 使用了不同的平面直角坐标系，屏幕映射时的平面直角坐标系如图 6－4 所示.

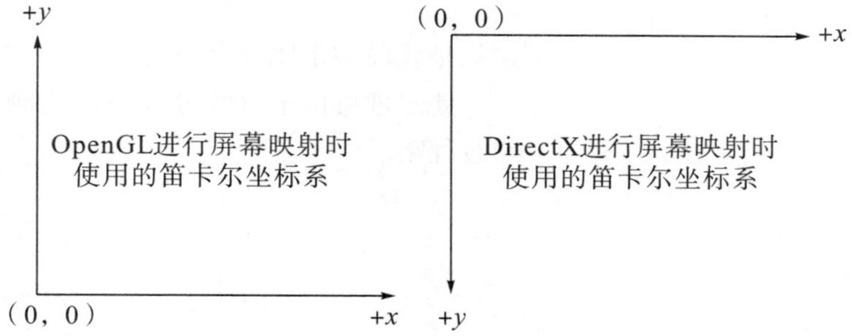

图 6－4

3. 平面解析几何的两个基本公式

(1) 两点间的距离公式.

当线段 P_1P_2 与 x 轴平行，则 $|P_1P_2|=|x_2-x_1|$；当线段 P_1P_2 与 y 轴平行，则 $|P_1P_2|=|y_2-y_1|$.

已知 $P_1(x_1, y_1)$，$P_2(x_2, y_2)$ 是平面内的任意两点（图 6－5），则这两点间的距离是

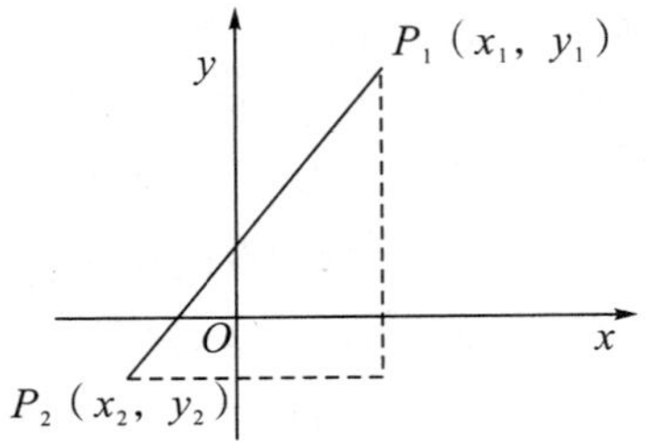

图 6—5

$$|P_1P_2|=\sqrt{(x_2-x_1)^2+(y_2-y_1)^2},$$

这就是平面上两点间的距离公式.

此定理可由勾股定理导出，证明过程略.

特别地，点 $P(x, y)$ 与原点 $O(0, 0)$ 的距离为 $|OP|=\sqrt{x^2+y^2}$.

(2) 线段的定比分点公式.

当 P 在$\overline{P_1P_2}$之间，称为内分点，此时 $\lambda \geqslant 0$；当 P 在$\overline{P_1P_2}$之外，称为外分点，此时 $\lambda<0$.

已知 $P_1(x_1, y_1)$，$P_2(x_2, y_2)$ 是平面内的任意两点，设点 $P(x, y)$ 分有向线段$\overline{P_1P_2}$的比是 $\lambda=\frac{P_1P}{PP_2}$ $(\lambda \neq -1)$，则定比分点 P 的坐标是

$$\begin{cases} x=\dfrac{x_1+\lambda x_2}{1+\lambda} \\ y=\dfrac{y_1+\lambda y_2}{1+\lambda} \end{cases} (\lambda \neq -1),$$

这就是线段的定比分点公式.

此定理可由平行线分线段成比例定理导出（图 6—6），证明过程略.

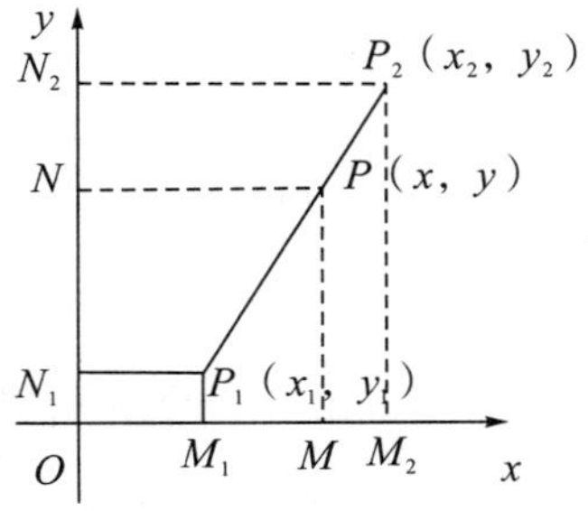

图 6—6

特别地，如果 P 是$\overline{P_1P_2}$的中点，此时 $\lambda=\frac{P_1P}{PP_2}=1$，则有

$$\begin{cases} x=\dfrac{x_1+x_2}{2} \\ y=\dfrac{y_1+y_2}{2} \end{cases},$$

这就是线段的中点坐标公式.

例 1　在 x 轴上取一点 P，使它到原点的距离等于它到点 $Q(1,\ 2)$距离的一半，求点 P 的坐标.

解　设点 P 的坐标为 $(x,\ 0)$，由题意知 $|OP|=\frac{1}{2}|OQ|$，则有

$$|x|=\frac{1}{2}\sqrt{(x-1)^2+(0-2)^2},$$

化简，得

$$3x^2+2x-5=0,$$

解得

$$x_1=1,\ x_2=-\frac{5}{3}.$$

故点 P 的坐标为 $(1,\ 0)$ 或 $\left(-\frac{5}{3},\ 0\right)$.

三角形的几种“心”：
重心——三角形的三条中线共点；
垂心——三角形的三条高共点；
内心——三角形的三条内角平分线共点；
外心——三角形三边的垂直平分线共点.
此外还有“旁心”——三角形一内角平分线与另两外角平分线共点，此点是三角形的旁切圆圆心.

例 2　已知 $A(x_1,\ y_1)$，$B(x_2,\ y_2)$，$C(x_3,\ y_3)$ 是 $\triangle ABC$ 的三个顶点，求重心 G 的坐标.

解　设点 G 的坐标为 $(x,\ y)$，连接 CG 交 AB 于点 D，设点 D 坐标为 $(x_0,\ y_0)$，则有

$$\begin{cases} x_0=\frac{x_1+x_2}{\ } \\ y_0=\frac{y_1+y_2}{0} \end{cases},$$

由于重心是中线的三等分点，公比 $\lambda=\frac{CG}{GD}=\frac{2}{1}=2$，则有

$$\begin{cases} x=\frac{x_1+2x_0}{1+2} \\ y=\frac{y_1+2y_0}{1+2} \end{cases} \Rightarrow \begin{cases} x=\frac{x_1+x_2+x_3}{3} \\ y=\frac{y_1+y_2+y_3}{3} \end{cases},$$

故重心 G 的坐标为 $\left(\frac{x_1+x_2+x_3}{3},\ \frac{y_1+y_2+y_3}{3}\right)$.

6.1.2　曲线与方程

1. 曲线与方程之间的关系

在用坐标系建立了点与有序实数对的对应关系的基础上，便可进一步建立曲线与方程的对应关系.

平面上的一条曲线（包括直线）可以看作是适合某种条件的点的集合，或称适合某种条件的点的轨迹. 例如，圆是“到定点的距离等于常数的点的集合”，线段的垂直平分线是“到线段的两端距离相等的点的轨迹”.

曲线上的每个点所要适合的条件，一般可用曲线上任意一点的坐标 x 和 y 所适合的方程 $F(x, y)=0$ 来表示. 如果这个方程和曲线有下面的关系：

(1) 曲线上所有点的坐标都是这个方程的解；

(2) 以这个方程的解为坐标的点都在曲线上.

那么这个方程就叫做这条曲线的方程，而这条曲线就叫做这个方程的曲线.

在曲线和方程之间建立起这样的关系以后，研究曲线的几何问题就可以转化成研究方程的代数问题了.

2. 求曲线的方程

对于一条给定的曲线，要求出它的方程，实际上就是将这条曲线上的点所适合的条件（即点的共同特征），用这条曲线上的点的坐标 x 和 y 的关系式来表达.

求已知曲线的方程，一般有以下几个步骤：

(1) 建立适当的坐标系，用 (x, y) 表示曲线上任意一点 P 的坐标；

(2) 写出曲线上的点 P 所要满足的几何条件；

(3) 将上述几何条件用 P 的坐标 x 和 y 的关系式表示出来，得方程 $F(x, y)=0$；

(4) 化方程 $F(x, y)=0$ 为最简形式；

(5) 证明化简后的方程就是所求的曲线方程.

适当选择坐标系，可以使所讨论的问题得以简化. 在一般情况下，方程的化简过程都是同解变形，那么化简后的方程就是所求曲线的方程，步骤 (5) 可以省略不写，如有特殊情况可适当予以说明. 另外根据具体情况，步骤 (2) 也可省略，直接列出曲线方程.

例 3 已知点 P 到两条相互垂直的直线的距离之积为 1，求点 P 的轨迹方程.

解 如图 6－7，以已知的两条直线为坐标轴建立坐标系，设点 P 的坐标为 (x, y)，由题意有

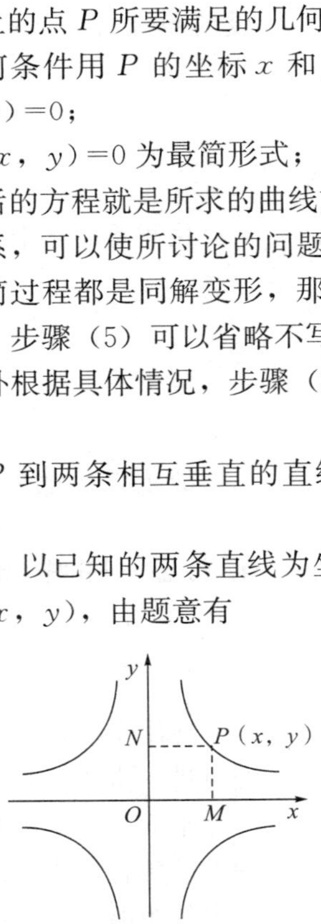

图 6－7

$$|PM|\cdot|PN|=1$$

即

$$|y|\cdot|x|=1$$

化简得

$$xy=\pm 1,$$

即为所求的轨迹方程.

方程对应的曲线是以坐标轴为渐近线的两条双曲线.

平面直角坐标系下，双曲线的标准方程为

$$\frac{x^2}{a^2}-\frac{y^2}{b^2}=1,$$

本例中的方程

$$xy=\pm 1$$

所表示的双曲线通过坐标变换，可以化为标准方程. 坐标变换的方法在本章第 7 节有介绍.

例 4　求从半径为 a 的圆上一定点所引各弦的中点轨迹方程.

解　如图 6－8，以圆心为原点 O，以圆心和定点的连线为 x 轴建立坐标系. 设定点为 $A(a, 0)$，过 A 任作一弦 AB，设 B 点坐标为 (x', y')，AB 中点为 $P(x, y)$，则有

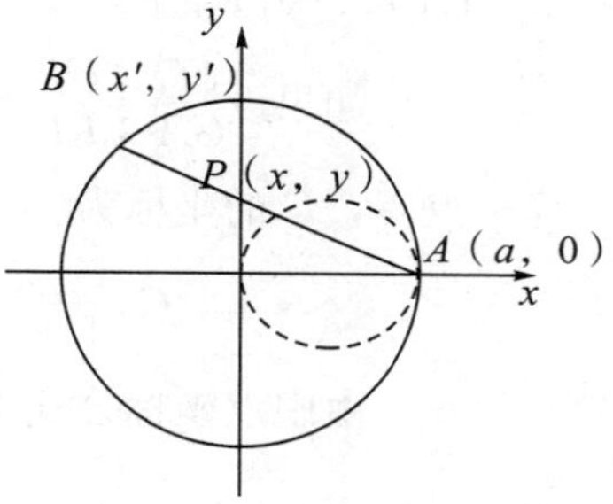

图 6－8

$$\begin{cases} x=\dfrac{x'+a}{2} \\ y=\dfrac{y'+0}{2} \end{cases} \Rightarrow \begin{cases} x'=2x-a \\ y'=2y \end{cases}, \qquad (1)$$

求曲线轨迹方程时，若动点 $P(x, y)$ 依赖于已知曲线上的另一动点 $P'(x', y')$ 而运动，且 P' 的坐标可用 P 的坐标来表示，则只需把 P 的坐标表示代入已知曲线的方程，即为动点 P 的轨迹方程，这种方法一般称为代入法（转移法）.

而点 $B(x', y')$ 在圆上，在此坐标系中圆的方程为 $x^2+y^2=a^2$，则有

$$x'^2+y'^2=a^2, \qquad (2)$$

将入 (1) 代入 (2)，得

$$(2x-a)^2+(2y)^2=a^2,$$

化简，得

$$\left(x-\frac{a}{2}\right)^2+y^2=\left(\frac{a}{2}\right)^2,$$

此即为所求的轨迹方程. 它的图象是以点 $\left(\frac{a}{a}, 0\right)$ 为圆心，$\frac{a}{2}$ 为半径的一个圆.

例 5　给定 $\triangle ABC$，求它的内接矩形 $DEFG$ 的对角线交点 P 的轨迹方程.

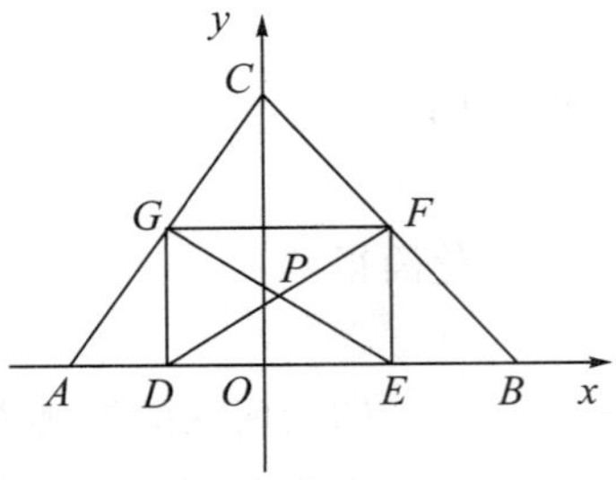

图 6－9

解 如图 6－9，以 AB 边所在直线为 x 轴，AB 边上的高 OC 为 y 轴建立直角坐标系．设定点 A，B，C 的坐标分别为 $A(-a,0)$，$B(b,0)$，$C(0,c)$，又设动点 D，E，F，G 和 P 的坐标分别为 $D(x_1,0)$，$E(x_2,0)$，$F(x_2,y_1)$，$G(x_1,y_1)$ 和 $P(x,y)$．

如果设 $\frac{CG}{GA}=\frac{CF}{FB}=\lambda$（这里 λ 是参数），由定比分点公式可知点 G，F 的坐标为

$$G\left(\frac{-\lambda a}{1+\lambda},\ \frac{c}{1+\lambda}\right),\ F\left(\frac{\lambda b}{1+\lambda},\ \frac{c}{1+\lambda}\right),$$

由中点坐标公式得 P 的坐标为

$$\begin{cases} x=\dfrac{\lambda(b-a)}{2(1+\lambda)} & (1) \\ y=\dfrac{c}{1+\lambda} & (2) \end{cases},$$

由（2）式，有 $\lambda=\frac{c}{2y}-1$，代入（1）式，消去参数 λ，化简后得

$$2cx+2(b-a)y-c(b-a)=0.$$

这就是所求的轨迹方程．由题意知，点 P 的轨迹只能是此方程表示的直线的一段（以 AB 中点和 OC 中点为端点的线段）．

本例中使用了“参数法”．参数法是指在解题过程中，通过适当引入一些与题目研究的数学对象发生联系的新变量（参数），以此作为媒介，列出目标关系式，根据题设条件和图形的几何性质，将目标关系式进行化简变形，从而求得结果．
在解析几何中，直线与二次曲线的参数方程都是用参数法解题的例证．本章第 9 节对此有较详细描述．

在求出曲线方程之后，我们就可以根据曲线的方程来研究曲线的几何性质．关于这一点，在以后再结合各种具体的曲线来说明．

3. 两曲线的交点

由曲线方程的定义可知，如果两曲线有交点，那么交点的坐标就是这两条曲线的方程所组成的方程组的实数解；反过来，方程组的每一组实数解对应于曲线的一个交点．所以求曲线交点的问题，就是求由它们的方程所组成的方程组的实数解的问题．

例6　设两条曲线的方程为 $y=x+k$ 和 $y=x^2-3x+5$，问当 k 分别为何值时，这两条曲线有两个交点？有一个交点？没有交点？

解　解方程组

$$\begin{cases} y=x+k \\ y=x^2-3x+5 \end{cases},$$

可得

$$\begin{cases} x=2\pm\sqrt{k-1} \\ y=k+2\pm\sqrt{k-1} \end{cases}.$$

所以当 $k>1$ 时，方程组有两组不同的实数解，这两条曲线有两个交点；当 $k=1$ 时，方程组只有一组实数解，这两条曲线只有一个交点；当 $k<1$ 时，方程组没有实数解，这两条曲线没有交点.

习题 6.1

1. 已知平面上三点 $A(-1, 1)$，$B(2, -1)$，$C(5, -3)$，证明这三点在一条直线上.
2. 已知点 B 分有向线段 $\overline{AC}$ 的比是 $\frac{2}{3}$，求：(1) 点 B 分 $\overline{CA}$ 的比；(2) 点 A 分 $\overline{BC}$ 的比；(3) 点 C 分 $\overline{AB}$ 的比.
3. 用解析法证明：
   (1) 直角三角形斜边的中点到三个顶点的距离相等；
   (2) 三角形中位线长等于底边长的一半.
4. 用解析几何的方法证明：对于任意实数 x_1，x_2，y_1，y_2，都有
$$\sqrt{(x_1-x_2)^2+(y_1-y_2)^2}\leqslant\sqrt{x_1^2+y_1^2}+\sqrt{x_2^2+y_2^2}.$$
5. 定长为 $2a$ 的线段 AB，它的端点 A、B 分别在 x 轴和 y 轴上滑动，求该线段中点的轨迹方程.
6. $\triangle ABC$ 的顶点 A，B 为定点，$|AB|=a$，中线 AD 的长度 $|AD|=m$，求顶点 C 的轨迹方程.
7. 已知 $\triangle ABC$ 是第一象限内的等腰直角三角形，且 $|AC|=|BC|=a$，当顶点 C 和 A 分别在 x 轴和 y 轴上移动时，求第三个顶点 B 的轨迹方程.
8. 点 $A(a, 0)$ 是定圆 $x^2+y^2=r^2$ 外且位于 x 轴正半轴上的一个定点，点 B 在定圆上运动，求线段 AB 靠近 A 的三等分点 P 的轨迹方程.
9. 第一象限内由原点出发且与 x 轴夹角为 α 的射线上有一动点 M，在 x 轴正半轴上有一动点 N，$\triangle MON$ 的面积等于 4，求线段 MN 的中点 P 的轨迹方程.
10. 求两条曲线 $x^2+y^2+3x-y=0$ 和 $3x^2+3y^2+2x+y=0$ 的交点坐标.

§6.2 直线

费马原理
法国科学家皮埃尔·德·费马（Pierre de Fermat，1601—1665)在1662年提出：光传播的路径是光程取极值的路径．这个极值可能是最大值、最小值，甚至是函数的拐点．该原理最初提出时又名“最短时间原理”：光线传播的路径是需时最少的路径．而后来费马原理又有另外一个称呼——“最小光程原理”（principle of least optical path length），能更准确地描述该原理的核心精神．

直线是几何学的基本概念．《几何原本》关于直线有如下定义：直线是点沿着一定方向及其相反方向无限平铺．我们一般认为直线是点在空间内沿相同或相反方向运动的轨迹．直线有着广泛的应用，例如光的直线传播定律：光在均匀介质中沿直线传播时取极小值，根据费马原理，可以得到光在均匀介质中沿直线传播．直线也是平面曲线中最简单、最基本的一种图形．

6.2.1 直线的倾斜角与斜率

1. 直线的倾斜角

一条直线向上的方向与 x 轴的正方向所成的最小正角叫做这条直线的倾斜角．例如图 6－10 中，角 α_1，α_2 分别是直线 l_1，l_2 的倾斜角．

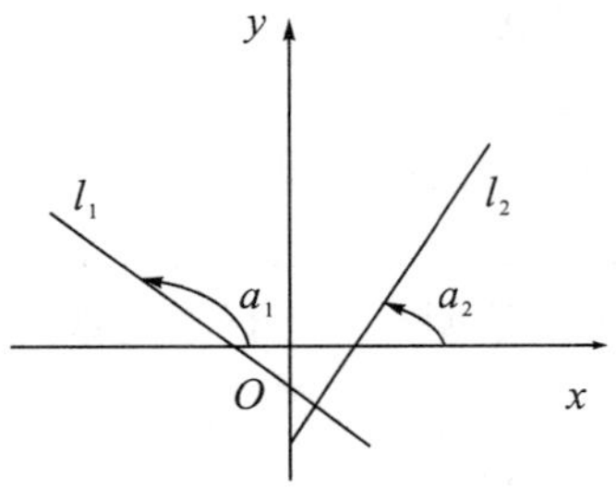

图 6－10

斜率又称“角系数”，用以反映直线对水平面的倾斜度．平面直线均有其倾斜角，但并不一定都存在斜率．
一条直线与平面直角坐标系横坐标轴垂直时，倾斜角为直角，故此直线不存在斜率（也可以说直线的斜率为无穷大）．

特别地，当直线与 x 轴平行时，规定它的倾斜角为 0°．因此，直线的倾斜角的取值范围是 $0°\leqslant\alpha<180°$．

2. 直线的斜率

一条直线的倾斜角的正切，叫做这条直线的斜率．斜率通常用 k 来表示，如果直线的倾斜角为 α，那么 $k=\tan\alpha$．

当 $\alpha=0°$时，$k=0$；当 α 为锐角时，$k>0$；当 α 为钝角时，$k<0$；当 $\alpha=90°$时，认为直线的斜率不存在．

如图 6－11，设 $P_1(x_1，y_1)$，$P_2(x_2，y_2)$ 为直线 l 上的任意两点，l 的斜率 k 可用下列公式计算

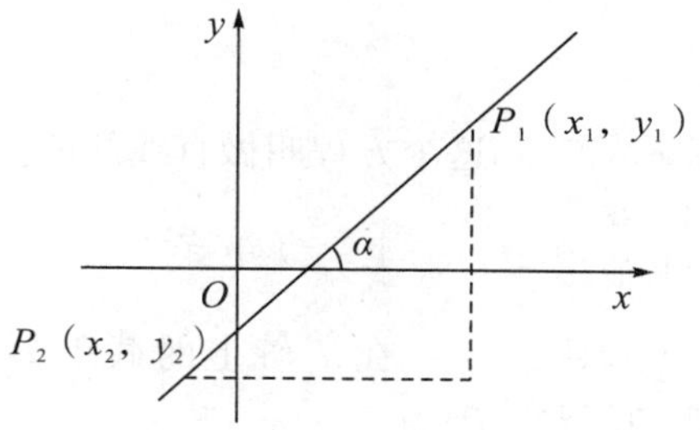

图 6-11

$$k=\frac{y_2-y_1}{x_2-x_1}(x_1 \neq x_2),$$

这就是直线的斜率公式.

例 1 用解析几何方法证明：$A(1, 5)$，$B(0, 2)$，$C(2, 8)$三点在同一直线上.

解 由斜率公式，直线 AB，AC 的斜率分别为

$$k_{AB}=\frac{2-5}{0-1}=3,\ k_{AC}=\frac{8-5}{2-1}=3.$$

即

$$k_{AB}=k_{AC},$$

这说明直线 AB 与 AC 的倾斜角相等.

又因为 AB 与 AC 有公共点 A，所以 A，B，C 三点在同一直线上.

6.2.2 直线的方程

当直线经过点 $P_1(x_1, y_1)$，并且斜率为 k 时，此直线的位置便完全被确定.

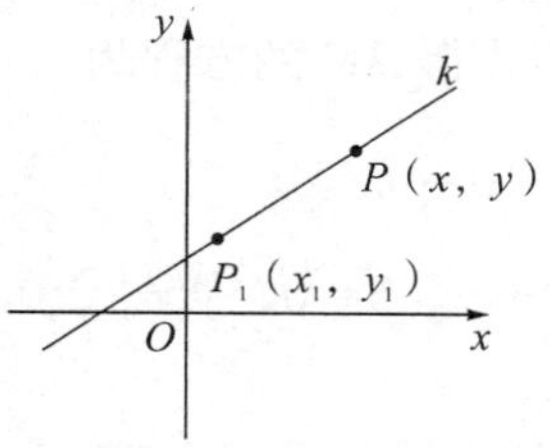

设点 $P(x, y)$ 是直线 l 上不同于 $P_1(x_1, y_1)$ 的任意一点，由斜率公式，得

$$\frac{y-y_1}{x-x_1}=k,$$

在平面解析几何中，直线方程有多种形式，在解决不同的问题时，使用适当的方程形式可以使问题简化. 根据不同的已知条件，直线的方程有以下几种常见的形式.

1. 点斜式

经过点 $P_1(x_1, y_1)$，并且斜率为 k 的直线的方程为

$$y-y_1=k(x-x_1),$$

这个方程叫做直线的点斜式方程.

2. 斜截式

斜率为 k，并且在 y 轴上的截距为 b 的直线的方程为

$$y=kx+b,$$

这个方程叫做直线的斜截式方程.

3. 两点式

经过两点 $P_1(x_1, y_1)$，$P_2(x_2, y_2)$ 的直线的方程为

即

$y-y_1=k(x-x_1)$，

这就是直线的点斜式方程. 以它为基础，容易导出直线方程的其他几种形式.

当直线 l 平行于 y 轴且过 $(x_1, 0)$ 时，它的方程是 $x=x_1$；当直线 l 平行于 x 轴且过点 $(0, y_1)$ 时，它的方程是 $y=y_1$. 特别地，y 轴的方程是 $x=0$，x 轴的方程是 $y=0$.

$$\frac{y-y_1}{y_2-y_1}=\frac{x-x_1}{x_2-x_1}(x_1\neq x_2,\ y_1\neq y_2),$$

这个方程叫做直线的两点式方程.

4. 截距式

在 x 轴上的截距为 a，在 y 轴上的截距为 b 的直线的方程为

$$\frac{x}{a}+\frac{y}{b}=1(a\neq 0,\ b\neq 0),$$

这个方程叫做直线的截距式方程.

由上面的讨论可知，平面内任何一条直线都可以用关于 x 与 y 的二元一次方程来表示. 反之，任何一个关于 x 与 y 的二元一次方程都可以表示平面内的一条直线. 因此，直线的方程都可以写成

$$Ax+By+C=0(A,\ B\text{ 不全为 }0)$$

的形式，这就是直线方程的一般形式.

例 2 已知三角形的顶点是 $A(-5, 0)$，$B(-3, 2)$，$C(0, 2)$，求三条边所在直线的方程.

解 已知三个顶点的坐标，当然可以用两点式方程来求解，但也可以根据坐标的特点选择比较简便的方程形式. 由两点式得直线 AB 的方程为

$$\frac{y-0}{2-0}=\frac{x-(-5)}{-3-(-5)}\quad 即\quad x-y+5=0;$$

因为 $B(-3, 2)$，$C(0, 2)$，所以直线 BC 与 x 轴平行，则 BC 的方程为

$$y=2\quad 即\quad y-2=0;$$

又因为 $A(-5, 0)$，$C(0, 2)$，可知直线 AC 在 x 轴上的截距为 -5，在 y 轴上的截距为 2，由截距式得 AC 的方程为

$$\frac{x}{-5}+\frac{y}{2}=1\quad 即\quad 2x-5y+10=0.$$

所以三条边所在直线的方程分别为 $x-y+5=0$，$y-2=0$ 和 $2x-5y+10=0$.

例 3 如图 6－12，已知矩形 $OABC$ 的边长 $OA=a$，$OC=b$，使点 D 在 AO 延长线上，$DO=a$，设 M，N 分别是 OC，BC 边上的动点，使 $\frac{OM}{MC}=\frac{BN}{NC}\neq 0$，求直线 DM 与 AM 的交点 P 的轨迹方程.

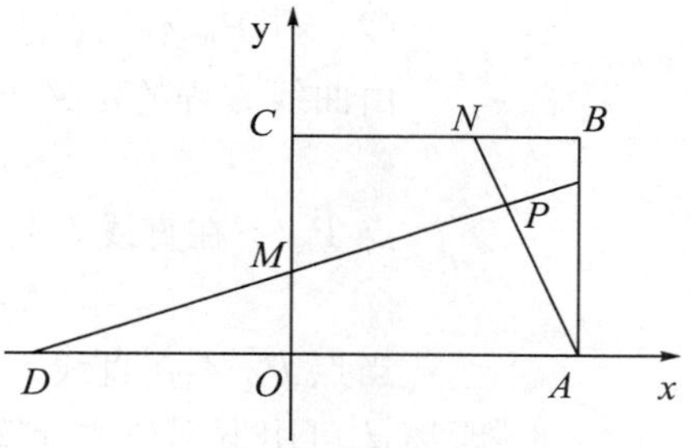

图 6-12

若能确定动点同时在两条曲线上，可利用这两条曲线方程消去参数得出所求的轨迹方程. 这种方法称为轨迹相交法（交轨法）.

解　设$\frac{OM}{MC}=\frac{BN}{NC}=\lambda$，由定比分点公式可知点 M 坐标为$\left(0,\ \frac{\lambda b}{1+\lambda}\right)$，因此直线 DM 方程为

$$\frac{x}{-a}+\frac{y}{\frac{\lambda b}{1+\lambda}}=1,$$

化简得

$$y=\frac{\lambda b}{(1+\lambda)a}(x+a), \quad ①$$

同理，点 N 坐标为$\left(\frac{a}{1+\lambda},\ 0\right)$，因此直线 AN 方程为$\frac{y}{b}=\frac{x-a}{\frac{a}{1+\lambda}-a}$，化简得

$$y=\frac{(1+\lambda)b}{-\lambda a}(x-a), \quad ②$$

由①②相乘，消去 λ，得

$$y^2=-\frac{b^2}{a^2}(x^2-a^2),$$

故所求的轨迹方程为

$$\frac{x^2}{a^2}+\frac{y^2}{b^2}=1(x>0,\ y>0).$$

它的图象是以原点为中心，A，C 为顶点的椭圆在第一象限内的一部分.

6.2.3　点与直线、直线与直线的位置关系

1. 点与直线的位置关系

已知点 $P_0(x_0,\ y_0)$ 与直线 l：$Ax+By+C=0$，点 P_0 与直线 l 的位置关系有两种：

（1）点 P_0 在直线 l 上；

(2) 点 P_0 不在直线 l 上.

由曲线方程的定义可知，点 P_0 在直线 l 上的充要条件为

$$Ax_0+By_0+C=0;$$

点 P_0 不在直线 l 上的充要条件为

$$Ax_0+By_0+C\neq 0.$$

当点 P_0 不在直线 l 上时（如图 6－13），点 P_0 到直线 l 的距离 d 可用下列公式计算

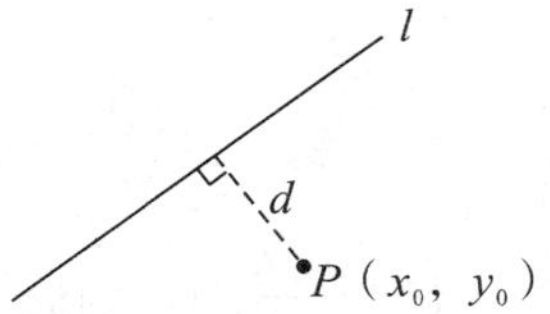

图 6－13

$$d=\frac{|Ax_0+By_0+C|}{\sqrt{A^2+B^2}},$$

这就是点到直线的距离公式.

直线到直线的距离
两条平行直线
$Ax+By+C_1=0$
$Ax+By+C_2=0$
间的距离为
$$d=\frac{|C_1-C_2|}{\sqrt{A^2+B^2}}.$$

2. 直线与直线的位置关系

已知两条直线的方程分别为

$$l_1:\ y=k_1x+b_1 \quad 或 \quad Ax_1+By_1+C=0$$
$$l_2:\ y=k_2x+b_2 \quad 或 \quad Ax_2+By_2+C=0$$

那么直线 l_1 与 l_2 的位置关系有以下三种：

(1) 两条直线相交：l_1 与 l_2 相交的充要条件是

$$k_1\neq k_2 \quad 或 \quad \frac{A_1}{A_2}\neq\frac{B_1}{B_2};$$

(2) 两条直线平行：l_1 与 l_2 平行的充要条件是

$$k_1=k_2\ 且\ b_1\neq b_2 \quad 或 \quad \frac{A_1}{A_2}=\frac{B_1}{B_2}\neq\frac{C_1}{C_2};$$

(3) 两条直线重合：l_1 与 l_2 重合的充要条件是

$$k_1=k_2\ 且\ b_1=b_2 \quad 或 \quad \frac{A_1}{A_2}=\frac{B_1}{B_2}=\frac{C_1}{C_2}.$$

夹角公式
我们把直线 l_1 和 l_2 相交所成的较小的角 θ 称为 l_1 和 l_2 的夹角. 设直线 l_1 和 l_2 的斜率存在，分别为 k_1 和 k_2，则
$$\tan\theta=\left|\frac{k_1-k_2}{1+k_1k_2}\right|.$$

若两条直线相交，设 θ 为 l_1 到 l_2 的角（图 6－14），记作 $\angle(l_1,\ l_2)=\theta$，则有

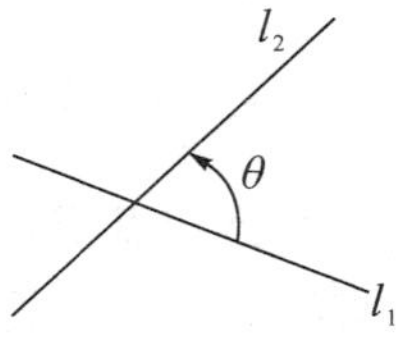

图 6－14

注意：两直线的夹角指的是两直线所成的小于等于 90°的角，但是当夹角为 90°时，k 不存在，故当 k 存在时，正切值始终为正.

$$\tan\theta=\frac{k_2-k_1}{1+k_1\cdot k_2}\quad 或\quad \tan\theta=\frac{A_1B_2-A_2B_1}{A_1A_2+B_1B_2},$$

这就是直线的交角公式.

特别地，当 $\theta=\frac{\pi}{2}$ 时，l_1 与 l_2 垂直。则两条直线 l_1 与 l_2 垂直的充要条件是

$$k_1\cdot k_2=-1\quad 或\quad A_1A_2+B_1B_2=0.$$

例 4　求两直线 l_1：$x+y-2=0$ 和 l_2：$7x-y+4=0$ 的交角的平分线方程.

解　方法一　如图 6－15，设 $P(x, y)$ 为角平分线 l 上任意一点，由于 P 到角两边的距离相同，可得

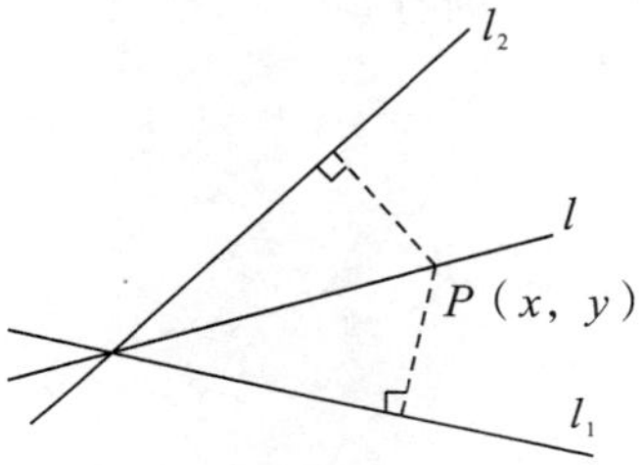

图 6－15

$$\frac{|x+y-2|}{\sqrt{2}}=\frac{|7x-y+4|}{5\sqrt{2}},$$

化简，得

$$5(x+y-2)=\pm(7x-y+4).$$

故 $x+3y+7=0$ 和 $6x+2y-3=0$ 为所求轨迹方程.

方法二　设角平分线 l 斜率为 k，如图 6－16，由于 $\angle(l_1, l)=\angle(l, l_2)$，根据交角公式有

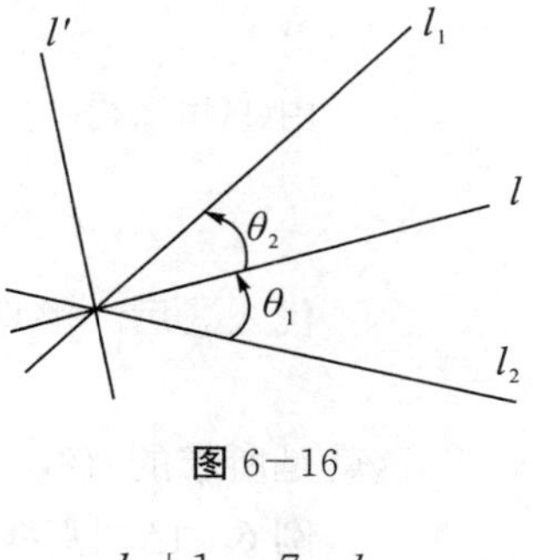

图 6－16

$$\frac{k+1}{1-k}=\frac{7-k}{1+7k},$$

解得 $k=\frac{1}{3}$ 或 $k=-3$.

再求 l_1 与 l_2 的交点坐标，解方程组

$$\begin{cases}x+y-2=0\\7x-y+4=0\end{cases}$$

得交点坐标为$\left(-\frac{1}{4},\ \frac{9}{4}\right)$. 由点斜式方程可得

$$y-\frac{9}{4}=\frac{1}{3}\left(x+\frac{1}{4}\right)\text{和 } y-\frac{9}{4}=-3\left(x+\frac{1}{4}\right),$$

化简可得 $x+3y+7=0$ 和 $6x+2y-3=0$，即为所求轨迹方程.

例 5 已知直线 l_1：$2x-y+1=0$，求以直线 l_2：$x-y-1=0$ 为轴对称的直线 l 的方程.

本题也可沿用上例方法二，设 l 的斜率为 k，l_2 到 l_1 的角为 θ_1，l 到 l_2 的角为 θ_2，显然 $\tan\theta_1=\tan\theta_2$. 则有

$$\frac{1-k}{1+k}=\frac{1}{3},$$

解得 $k=\frac{1}{2}$.

又解方程组$\begin{cases}2x-y+1=0\\x-y-1=0\end{cases}$

得 l_1，l_2 交点坐标为 $(-2,\ -3)$，

故所求直线 l 的方程为

$$y+3=\frac{1}{2}(x+2).$$

解 如图 6－17，设 $P(x,\ y)$ 为 l 上任一点，P 关于 l_2 的对称点为 $P'(x',\ y')$. 由于点 P' 在直线 $2x-y+1=0$ 上，则有

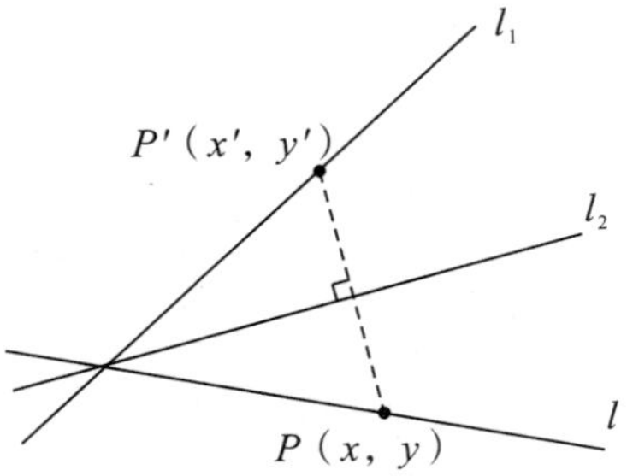

图 6－17

$$2x'-y'+1=0, \qquad ①$$

因为直线 PP' 与 l：$x-y-1=0$ 垂直，可得

$$\frac{y-y'}{x-x'}\times1=-1, \qquad ②$$

而线段 PP' 的中点在直线 $x-y-1=0$ 上，则

$$\frac{x+x'}{2}-\frac{y+y'}{2}-1=0, \qquad ③$$

由①和②得

$$x'=\frac{x+y-1}{3},\ y'=\frac{2x+2y+1}{3},$$

代入③后，整理得

$$x-2y-4=0,$$

这就是所求的直线 l 的方程.

例 6 已知直线 l 过点 $P(3,\ 2)$，且与 x 轴、y 轴的正半轴分别交于 A，B 两点，求△ABC 面积最小时的直线 l 的方程.

解 方法一 如图 6－18，设直线 l 的斜率为 k，则直线 l 的方程为 $y-2=k(x-3)$.

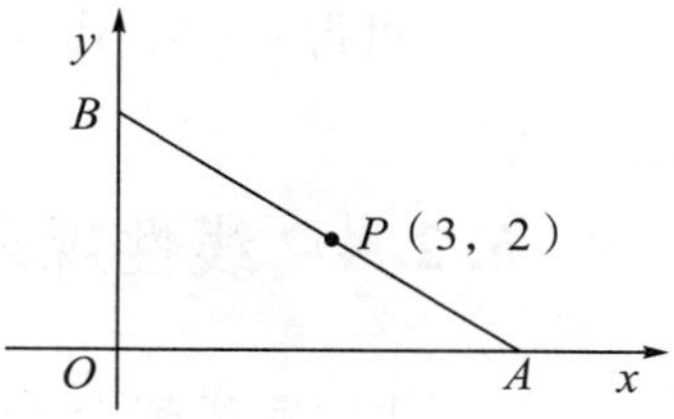

图 6－18

令 $x=0$，得 $y=-3k+2$；令 $y=0$，得 $x=-\frac{2}{k}+3$. 可知

$$|OB|=-3k+2,\ |OA|=-\frac{2}{k}+3,$$

所以

$$S_{\triangle AOB}=\frac{1}{2}(-3k+2)(-\frac{2}{k}+3)$$
$$=\frac{1}{2}[12+(-9k+\frac{4}{-k})].$$

此处运用了均值不等式：
$a，b\geqslant 0，a+b\geqslant 2\sqrt{ab}$，当且仅当 $y=f(x)$ 时等号成立.

因为直线 l 与 x 轴、y 轴的正半轴分别相交，所以 $k<0$，从而 $-9k>0$，$\frac{4}{-k}>0$，则有

$$-9k+\frac{4}{-k}\geqslant 2\sqrt{-9k\cdot\frac{4}{-k}}=2\sqrt{36}=12,$$

当且仅当 $-9k=\frac{4}{-k}$ 即 $k=-\frac{2}{3}$ 时，$-9k+\frac{4}{-k}$ 有最小值，于是 $S_{\triangle AOB}$ 有最小值.

故所求直线 l 的方程为

$$y-2=-\frac{2}{3}(x-3)\quad 即\quad 2x+3y-12=0.$$

求最值的判别式法

求函数 $y=f(x)$ 的极值，如果可以把函数式整理成关于 x 的二次方程，注意到 x 在其定义域内取值，即方程有实根，所以可以通过二次方程的判别式 $\Delta\geqslant 0$ 来探求 y 的极大与极小值.

实际上，由判别式确定的是函数的值域，由值域得到的是函数的极值而不是最值. 对有些函数来说，极值与最值相同，而有的函数就不一定. 若要求函数在给定的定义域内的最值，一定要注意极值是否在此定义域内取得.

方法二　设 A 点坐标为 $(a,0)$，则可写出直线 l 的两点式方程

$$\frac{x-3}{a-3}=\frac{y-2}{0-2}\quad 即\quad 2x+(a-3)y-2a=0. \qquad ①$$

当 $x=0$ 时，$y=\frac{2a}{a-3}$. 设△AOB 的面积为 S，则

$$S=\frac{1}{2}a\cdot\frac{2a}{a-3}=\frac{a^2}{a-3},$$

整理得

$$a^2-Sa+2S=0. \qquad ②$$

因为 $a\in\mathbf{R}$，所以判别式 $\Delta\geqslant 0$，即

$$S^2-4\times 3S\geqslant 0,$$

可知 $S\geqslant 12$，即 S 的最小值为 12. 把 $S=12$ 代入②中，得

$$a^2-12a+24=0,$$

可得 $a=6$，代入①，得直线 l 的方程为

$$2x+3y-12=0.$$

6.2.4 线性规划

1. 直线划分平面区域

在平面直角坐标系中，所有的点被直线 $x+y-1=0$ 分成三类：在直线上、在直线的左下方、在直线的右上方．对于任意一个点 (x, y)，把它的坐标代入 $x+y-1$ 这个式子中，可得到一个实数，若 $x+y-1=0$，则点 (x, y) 在直线 l 上．因此我们可以猜想：当点 (x, y) 在直线 l 右上方时，$x+y-1>0$ 成立；当点 (x, y) 在直线 l 左下方时，$x+y-1<0$ 成立．

在平面直角坐标系中，以二元一次方程 $x+y-1=0$ 的解为坐标的点的集合

$$\{(x, y) \mid x+y-1=0\}$$

是图 6－19 中所示的一条直线 l，那么，以二元一次不等式 $x+y-1>0$ 的解为坐标的点的集合 $\{(x, y) \mid x+y-1>0\}$ 是什么图形呢？

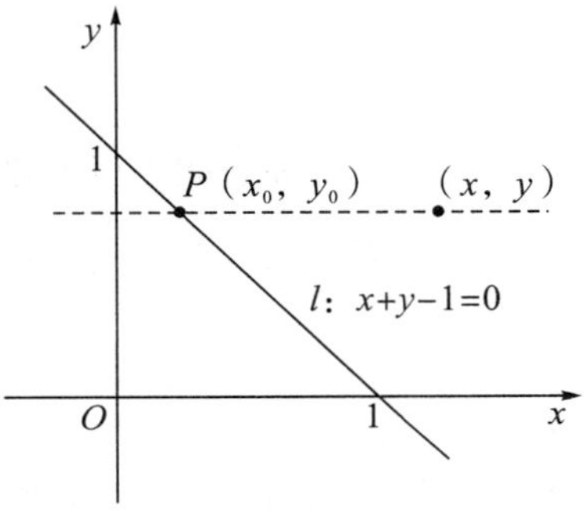

图 6－19

实际上，在直线 $x+y-1=0$ 上任取一点 $P(x_0, y_0)$，过点 P 作平行于 x 轴的直线 $y=y_0$，在此直线上点 P 右侧的任意一点 (x, y)，都有 $x>x_0$，$y=y_0$，所以

$$x+y>x_0+y_0,$$

$$x+y-1>x_0+y_0-1=0,$$

即

$$x+y-1>0.$$

因为点 $P(x_0, y_0)$ 是直线 $x+y-1=0$ 上的任意点，所以，对于直线 $x+y-1=0$ 右上方的任意点 (x, y)，$x+y-1>0$ 都成立．同理，对于直线 $x+y-1=0$ 左下方的任意点 (x, y)，$x+y-1<0$ 也都成立．

所以，以二元一次不等式 $x+y-1>0$ 的解为坐标的点的集合

$$\{(x, y) \mid x+y-1>0\}$$

是在直线 $x+y-1=0$ 右上方的平面区域（图 6－20）．

类似地，在平面直角坐标系中，以二元一次不等式 $x+y-$

$1<0$ 的解为坐标的点的集合

$$\{(x, y) \mid x+y-1<0\}$$

是在直线 $x+y-1=0$ 左下方的平面区域（图 6－21）.

一般地，二元一次不等式

$$Ax+By+C>0$$

在平面直角坐标系中表示直线 $Ax+By+C=0$ 某一侧所有点组成的平面区域. 我们把直线画成虚线以表示区域不包括边界直线. 当我们在坐标系中画不等式

$$Ax+By+C\geqslant 0$$

所表示的平面区域时，此区域应包括边界直线，则把边界直线画成实线.

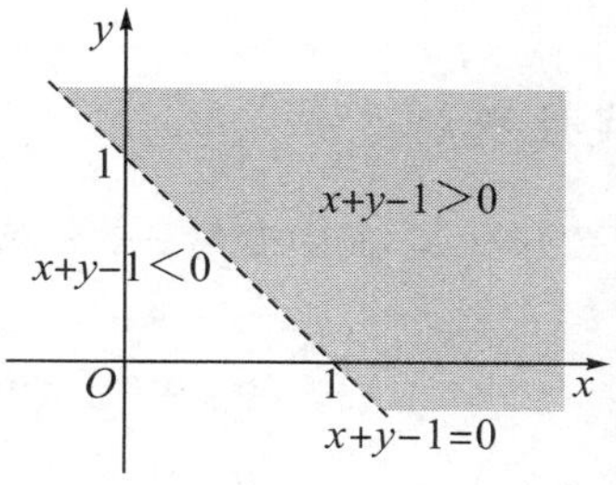

图 6－20

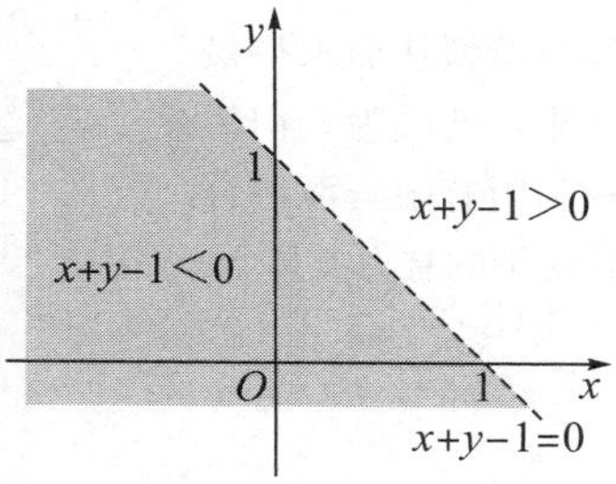

图 6－21

由于对在直线 $Ax+By+C=0$ 同一侧的所有点 (x, y)，把它的坐标 (x, y) 代入 $Ax+By+C$，所得到实数的符号都相同，所以只需在此直线的某一侧取一个特殊点 (x_0, y_0)，从 Ax_0+By_0+C 的正负即可判断 $Ax+By+C>0$ 表示直线哪一侧的平面区域. 当 $C\neq 0$ 时，常把原点作为此特殊点.

例 7　画出不等式 $2x+y-6<0$ 表示的平面区域.

解　先画直线 $2x+y-6=0$（画成虚线）. 取原点 $(0, 0)$，代入 $2x+y-6$，因为

$$2\times 0+0-6=-6<0,$$

可知原点在 $2x+y-6<0$ 表示的平面区域内，所以，不等式 $2x+y-6<0$ 表示的平面区域如图 6－22 所示.

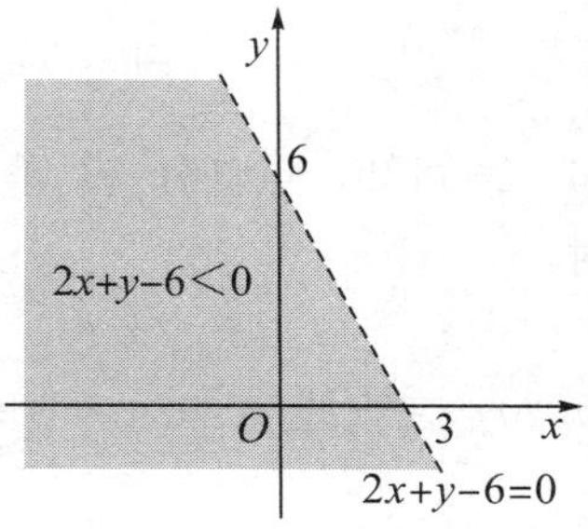

图 6－22

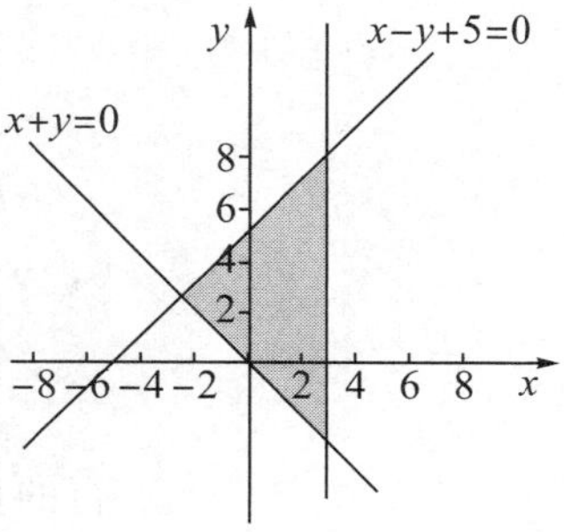

图 6－23

线性规划是运筹学的重要分支，它是一门实用性很强的应用数学学科. 随着计算机技术的发展和普及，线性规划的应用越来越广泛，例如计划、生产、运输、

例 8　画出不等式组 $\begin{cases} x-y+5\geqslant 0 \\ x+y\geqslant 0 \\ x\leqslant 3 \end{cases}$ 表示的平面区域.

解　不等式 $x-y+5\geqslant 0$ 表示直线 $x-y+5=0$ 上及右下方的点的集合，$x+y\geqslant 0$ 表示直线 $x+y=0$ 上及右上方的点的集

技术等问题．线性规划是指从各种限制条件的组合中，选择出最为合理的计算方法，建立线性规划模型从而求得最佳结果，已成为人们为合理利用有限资源制订最佳决策的有力工具．

合，$x \leqslant 3$ 示直线 $x=3$ 上及左方的点的集合．所以，不等式组 $\begin{cases} x-y+5 \geqslant 0 \\ x+y \geqslant 0 \\ x \leqslant 3 \end{cases}$ 表示的平面区域如图 6－23 所示．

2．线性规划

设 $z=2x+y$，式中变量 x，y 满足下列条件

$$\begin{cases} x-4y \leqslant -3 \\ 3x+5y \leqslant 25, \\ x \geqslant 1 \end{cases} \quad ①$$

求 z 的最大值和最小值．

由前面可知，变量 x，y 所满足的每个不等式都表示一个平面区域，不等式组①则表示这些平面区域的公共区域（图 6－24）．

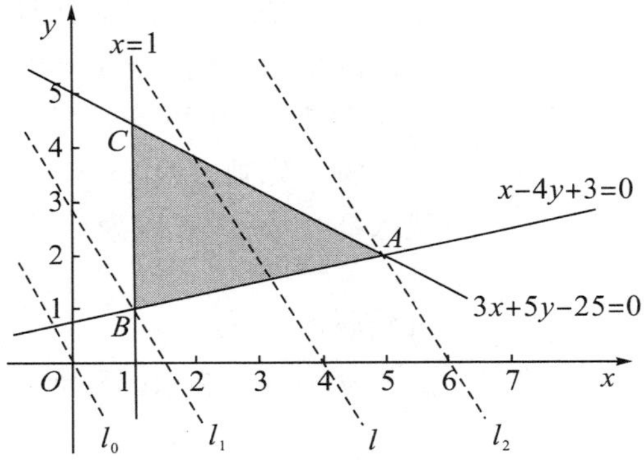

图 6－24

从图 6－24 可知，点（0，0）不在以上公共区域内．当 $x=0$，$y=0$ 时，

$$z=2x+y=0.$$

点（0，0）在直线 l_0：$2x+y=0$ 上．作一组与直线 l_0 平行的直线

$$l：2x+y=t(t \in \mathbf{R}).$$

可知，当 l 在 l_0 的右上方时，直线 l 上的点（x，y）满足 $2x+y>0$，即 $t>0$．而且直线 l 往右平移时，t 随之增大．在经过不等式组①所表示的公共区域内的点且平行于 l 的直线中，以经过点 A（5，2）的直线 l_2 所对应的 t 最大，以经过点 B(1，1)的直线 l_1 所对应的 t 最小．所以

$$z_{\max}=2 \times 5+2=12，z_{\min}=2 \times 1+1=3.$$

在上述问题中，不等式组①是一组对变量 x，y 的约束条

1939 年苏联经济学家列奥尼德·康托罗维奇（Leonid Kantorovic，1912—1986）采用乘数法求解线性规划问题，被认为是线性规划的雏形．康托罗维奇是苏联计划经济的创始人，因其在经济学领域的杰出贡献在获得了 1975 年的诺贝尔经济学奖．

件，这组约束条件都是关于 x，y 的一次不等式，所以又称为线性约束条件．$z=2x+y$ 是欲达到最大值或最小值所涉及的变量 x，y 的解析式，叫做目标函数．由于 $z=2x+y$ 又是 x，y 的一次解析式，所以又叫做线性目标函数．上述问题就是求线性目标函数 $z=2x+y$ 在线性约束条件①下的最大值和最小值的问题．

线性约束条件除了用一次不等式表示外，有时也用一次方程表示．一般地，求线性目标函数在线性约束条件下的最大值或最小值的问题，统称为线性规划问题．满足线性约束条件的解（x，y）叫做可行解，由所有可行解组成的集合叫做可行域．在上述问题中，可行域就是阴影部分表示的三角形区域．其中可行解（5，2）和（1，1）分别使目标函数取得最大值和最小值，它们都叫做这个问题的最优解．

现实生活中有许多问题都可以归结为线性规划问题．

例 9　某纺纱厂生产甲、乙两种棉纱，已知生产甲种棉纱 1 吨需耗一级籽棉 2 吨、二级籽棉 1 吨；生产乙种棉纱需耗一级籽棉 1 吨、二级籽棉 2 吨，每 1 吨甲种棉纱的利润是 600 元，每 1 吨乙种棉纱的利润是 900 元，工厂在生产这两种棉纱的计划中要求消耗一级籽棉不超过 300 吨、二级籽棉不超过 250 吨．甲、乙两种棉纱应各生产多少（精确到吨），能使利润总额最大？

分析　将已知数据列成下表：

资源　消耗量　产品	甲种棉纱（1 吨）	乙种棉纱（1 吨）	资源限额（吨）
一级籽棉（吨）	2	1	300
二级籽棉（吨）	1	2	250
利润（元）	600	900	—

解　设生产甲、乙两种棉纱分别为 x 吨、y 吨，利润总额为 z 元，那么

$$\begin{cases} 2x+y\leqslant 300 \\ x+2y\leqslant 250 \\ x\geqslant 0 \\ y\geqslant 0 \end{cases},$$

$$z=600x+900y.$$

作出以上不等式组所表示的平面区域（如图 6－25），即可行域．

丹齐格（Dantzig，1914—2005），美国数学家，线性规划（linear programming）的奠基人．丹齐格在1947年担任美国空军审计官的数学顾问，为找到解决问题的机制化工具，提出了“在一组线性方程或不等式约束下，求某一线性形式极小值问题的数学模型”，这便是“线性规划”这一经典优化模型．丹齐格后来被称为“线性规划之父”．

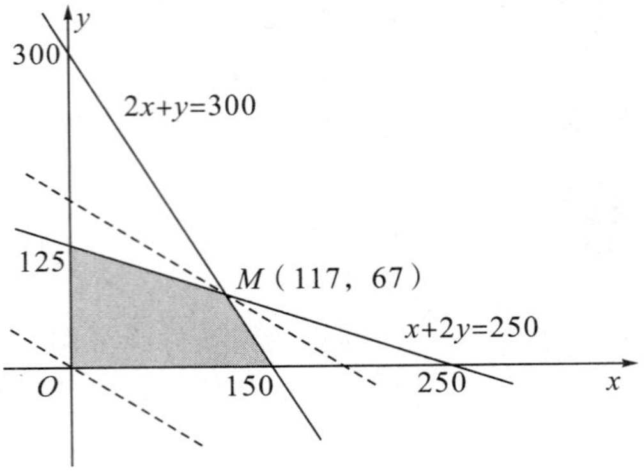

图 6−25

作直线 l：$600x+900y=0$，即 $2x+3y=0$，把直线 l 向右上方平移至经过可行域上的点 M 时，与原点距离最大，此时 $z=600x+900y$ 取最大值．

解方程组

$$\begin{cases}2x+3y=300\\ x+2y=250\end{cases},$$

得 M 的坐标为

$$x=\frac{350}{3}\approx 117,\ y=\frac{200}{3}\approx 67.$$

因此应生产甲种棉纱117吨，乙种棉纱67吨，能使利润总额达到最大．

习题 6.2

1. 求下列直线的方程，并化为一般形式．
   (1) 经过点$(-2,3)$，且斜率为4的直线；
   (2) 经过两点$(5,-4)$与$(-3,-2)$的直线；
   (3) 倾斜角为$\frac{\pi}{6}$，且在 y 轴上的截距为$\frac{\sqrt{3}}{2}$的直线；
   (4) 经过点$(4,2)$，并且平行于 x 轴的直线．
2. 当 m 取什么值时，两条直线
   $$l_1：(3-m)x+2y=5+2m \text{ 和 } l_2：5x+(4+m)y=1$$
   的位置关系是（1）相交；（2）平行；（3）重合？
3. 已知$\triangle ABC$的三个顶点是$A(4,-6)$，$B(-4,0)$，$C(-1,4)$，求：
   (1) 角 B 的平分线所在的直线的方程；(2) 角 B 的度数．
4. 用解析几何的方法证明：直径上的圆周角是直角．
5. 一条直线 l 经过点$A(2,-1)$且和直线 $5x-2y+3=0$ 相交成45°的角，求直线 l 的方程．
6. 过点$P(0,1)$作一条直线，使 P 点成为这条直线夹在两直线 $x-3y+10=0$ 和 $2x+$

$y-8=0$ 之间的线段的中点，求这条直线的方程.

7. 点 $F(a, 0)$ 是 x 轴上的一个定点（$a>0$），M 是 y 轴上任一点，过 M 作 MN 垂直于 FM 交 x 轴于 N，延长 NM 到 P，使 $|MN|=|MP|$，求 P 点的轨迹方程.
8. 与曲线 $x^2+y^2-2x-2y+1=0$ 相切的直线 AB 与 x 轴、y 轴分别交于 A，B 两点，若 $OA=a$，$OB=b$（O 为原点），且 $a>0$，$b>2$，求：(1) 线段 AB 中点的轨迹方程；(2) $\triangle AOB$ 面积的最小值.
9. 画出下列不等式组表示的平面区域：

(1) $\begin{cases} y<x \\ x+2y\leqslant 4; \\ y\geqslant -2 \end{cases}$　　(2) $\begin{cases} x<3 \\ 2y\geqslant x \\ 3x+2y\geqslant 6. \\ 3y<x+9 \end{cases}$

10. 某工厂计划生产甲、乙两种产品. 已知每生产产品甲 1 吨需 A 种原料 2 吨，B 种原料 6 吨；已知每生产产品乙 1 吨需 A 种原料 5 吨，B 种原料 3 吨；又知产品甲每吨价值 4 万元，产品乙每吨价值 3 万元，A，B 两种原料现存数量分别为 10 吨和 18 吨，问该厂应安排生产甲乙两种产品各多少吨，才能使产值最大？

§6.3　圆

二次曲线是平面直角坐标系中关于 x，y 的二元二次方程所表示的图形的统称. 常见的二次曲线有圆、椭圆、双曲线和抛物线. 因为它们可以用不同位置的平面去截圆锥面而得到，因此又称为圆锥曲线.

古希腊几何学家梅内克缪斯(Menaechmus，生卒不详）为了解决“倍立方”问题而提出了圆锥曲线. 在他之后，很多其他数学家也对圆锥曲线做了研究. 圆锥曲线研究的集大成者是希腊几何学家阿波罗尼奥斯（Apollonius，约公元前 262—前 190 年). 阿波罗尼奥斯以一个平面按不同的角度与圆锥相交，分别得出抛物线、椭圆和双曲线. 他最重要的著作是《圆锥曲线论》. 他在该书中详尽论述了圆锥曲线理论，将圆锥曲线的性质网罗殆尽，几乎使后人没有插足的余地. 直到 17 世纪解析几何的现，才使圆锥曲线的研究方法有所替代.

《圆锥曲线论》的影响是深远的. 后世的知名数学家如吉拉德·笛沙格（Girard Desargues，1591—1661)、布莱兹·帕斯卡（Blaise Pascal，1623—1662)、皮埃尔·德·费马、詹姆斯·格雷果里（James Gregory，1638—1675）等都直接或间接地受过它的影响. 伽利略（Galileo，1564—1642）发现斜抛运动轨道是抛物线，将圆锥曲线从之前的静态观点引向动态．约翰内斯·开普勒（Johannes Kepler，1571—1630）发现行星环绕太阳的轨道是椭圆，提出了焦点和离心率两大概念．他用圆锥曲线奠定了行星运动定律的基础，并为牛顿万有引力定律的发现埋下了伏笔.

解析几何的创立，使人们对圆锥曲线的认识进入了一个新阶段．对圆锥曲线的研究朝着解析方法的方向发展，即建立坐标系，得出圆锥曲线的方程，再利用方程研究圆锥曲线的性质，以期摆脱几何直观而达到抽象化的目标，也可以求得对圆锥曲线研究的高度的概括与统一．本章我们将从圆开始，依次研究几种圆锥曲线的方程与几何性质.

6.3.1 圆和圆的方程

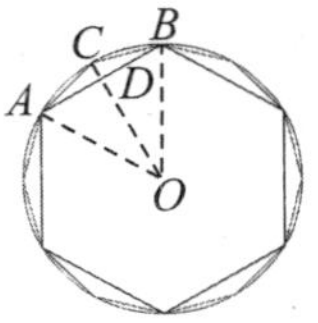

中国魏晋时期的数学家刘徽（约 225—295）用圆内接正多边形周长去逼近圆周长，他提出的割圆术是一个计算圆周率到任意精确度的迭代程序．祖冲之（429—500）用此方法计算出圆周率在 3.1415 和 3.1416 之间，这个记录领先世界 800 年，因此在我国圆周率往往又叫做祖率.

平面内到一个定点的距离为常数的点的轨迹叫做圆．这个定点称为圆心，表示距离的这个常数称为圆的半径.

圆的方程有以下两种常用形式.

1. 圆的标准方程

如图 6－26，圆心在点 $C(a, b)$，半径为 r 的圆的方程为

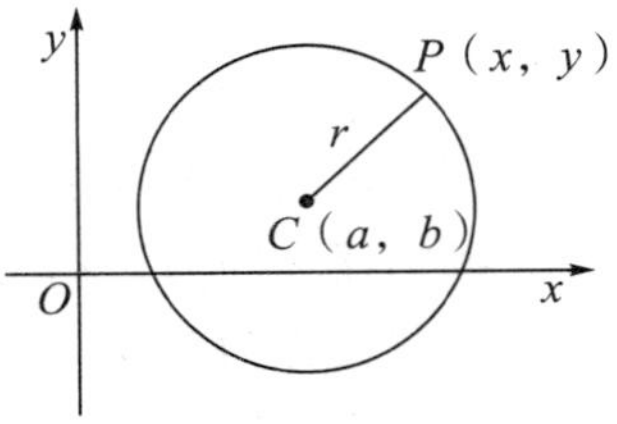

图 6－26

$$(x-a)^2+(y-b)^2=r^2,$$

这个方程叫做圆的标准方程.

特别地，以原点 $O(0, 0)$ 为圆心，r 为半径的圆的标准方程为 $x^2+y^2=r^2$.

2. 圆的一般方程

通过配方，圆的一般方程可化为标准方程

$$\left(x+\frac{D}{2}\right)^2+\left(y+\frac{E}{2}\right)^2=\frac{D^2+E^2-4F}{4}.$$

当 $D^2+E^2-4F>0$ 时，它表示一个圆心在

把圆的标准方程$(x-a)^2+(y-b)^2=r^2$ 展开，得

$$x^2+y^2-2ax-2by+a^2+b^2-r^2=0,$$

可见，任何一个圆的方程都可以写成下面的形式

$$x^2+y^2+Dx+Ey+F=0.$$

这个方程叫做圆的一般方程．它是一个二元二次方程，并且具有以下特点：

$\left(-\frac{D}{2}, -\frac{E}{2}\right)$，半径为$\frac{\sqrt{D^2+E^2-4F}}{2}$的圆；当 $D^2+E^2-4F=0$ 时，方程只有一个实数解 $\begin{cases} x=-\frac{D}{2} \\ y=-\frac{E}{2} \end{cases}$，所以它表示一个点$\left(-\frac{D}{2}, -\frac{E}{2}\right)$；当 $D^2+E^2-4F<0$ 时，方程没有实数解，因此它不表示任何图形.

(1) x^2 和 y^2 的系数相同，且不为零；

(2) 没有 xy 这样的二次项.

例 1　已知△ABC 的三个顶点是 $A(5, 1)$，$B(0, -1)$，$C(2, -3)$，求△ABC 的外接圆方程.

解　设外接圆方程为 $x^2+y^2+Dx+Ey+F=0$，点 A，B，C 都在圆上，则有

$$\begin{cases} 5^2+1^2+5D+E+F=0 \\ 0^2+(-1)^2+0 \cdot D-E+F=0, \\ 2^2+(-3)^2+2D-3E+F=0 \end{cases}$$

解这个方程组，得

$$D=-\frac{37}{7}, E=\frac{5}{7}, F=-\frac{2}{7}.$$

所以△ABC 的外接圆方程是 $x^2+y^2-\frac{32}{7}x+\frac{5}{7}y-\frac{2}{7}=0$.

例 2　证明两圆 $x^2+y^2+12x+6y-19=0$ 和 $x^2+y^2-4x-6y+9=0$ 相切.

两圆外切
如果两个圆只有一个公共点，且圆心的距离等于两个圆半径的和，这两个圆互为外切圆.

两圆内切
如果一个圆在另一个大圆的内部，两个圆只有一个公共点，这个圆就叫做大圆的内切圆. 此时圆心的距离等于两个圆半径的差.

证明　方法一　圆方程可化为 $(x+6)^2+(y+3)^2=8^2$ 和 $(x-2)^2+(y-3)^2=2^2$.

则两圆圆心距

$$|O_1O_2|=\sqrt{(-6-2)^2+(-3-3)^2}=10,$$

两圆半径之和

$$y_1+y_2=8+2=10,$$

可知

$$|O_1O_2|=y_1+y_2,$$

故此两圆相切（如图 6－27).

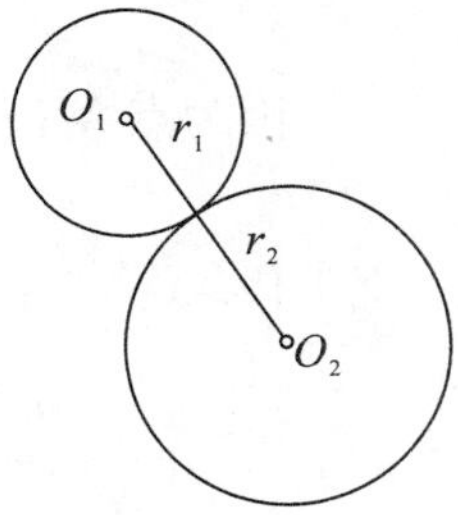

图 6－27

方法二　由方程组$\begin{cases} x^2+y^2+12x+6y-19=0 \\ x^2+y^2-4x-6y+9=0 \end{cases}$可得

$$4x+3y-7=0 \Rightarrow y=\frac{7-4x}{3}$$

代入消元，有

$$x^2+\left(\frac{7-4x}{3}\right)^2-4x-6\times\frac{7-4x}{3}+9=0.$$

化简得 $25x^2-20x+4=0$. 可知

$$\Delta=(-20)^2-4\times25\times4=0,$$

故此两圆相切.

例 3 求圆 $x^2+y^2-x+2y=0$ 关于直线 $x-y+1=0$ 对称的圆的方程.

解 已知圆方程可化为 $\left(x-\frac{1}{2}\right)^2+(y+1)^2=\frac{5}{4}$，故圆心为 $A\left(\frac{1}{2},\ -1\right)$，半径为 $\frac{\sqrt{5}}{2}$.

对称圆与已知圆形状大小相同（半径相等），只是圆心坐标不同，求对称圆方程只要确定其圆心坐标即可.

如图 6－28，对称圆的半径与已知圆半径相同，两圆圆心关于直线 $x-y+1=0$ 对称，设对称圆圆心为 $B(a,\ b)$，连接圆心的线段 AB 的中点为 $M(x_0,\ y_0)$，则有

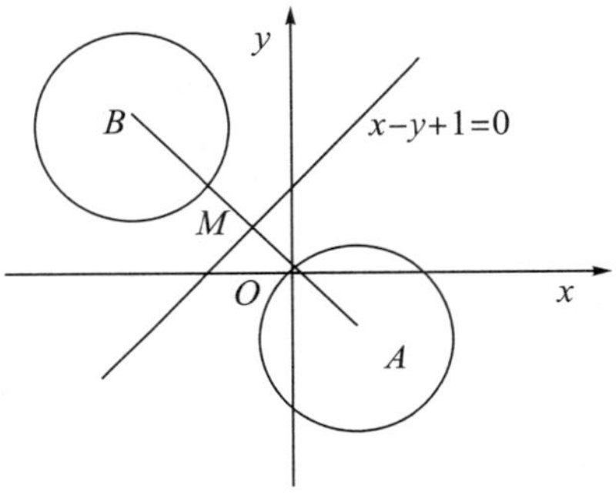

图 6－28

$$\begin{cases}x_0=\frac{1}{2}\left(a+\frac{1}{2}\right)\\ y_0=\frac{1}{2}(b-1)\end{cases}. \quad ①$$

因为点 $M(x_0,\ y_0)$ 在直线 $x-y+1=0$ 上，则有

$$x_0-y_0+1=0. \quad ②$$

把①代入②，得

$$\frac{a+\frac{1}{2}}{2}-\frac{b-1}{2}+1=0\Rightarrow a-b=-\frac{7}{2}. \quad ③$$

又因为 AB 与直线 $x-y+1=0$ 垂直，可知 AB 的斜率为 -1，由斜率公式可得

$$\frac{b-(-1)}{a-\frac{1}{2}}=-1\Rightarrow a+b=-\frac{1}{2}. \quad ④$$

由③④可解得 $a=-2$，$b=\frac{3}{2}$，故对称圆的方程为

$$(x+2)^2+\left(y-\frac{3}{2}\right)^2=\frac{5}{4}.$$

6.3.2　点与圆、直线与圆的位置关系

1. 点与圆的位置关系

点与圆的位置关系的本质是圆心到点的距离. 直线和圆的位置关系的本质是圆心到直线的距离.

已知点 $P_0(x_0, y_0)$ 与圆 C：$(x-a)^2+(y-b)^2=r^2$，点 P_0 与圆 C 的位置关系有三种：

（1）点在圆内.

如果点 P_0 与圆心（a，b）间的距离大于圆的半径 r，即 $(x_0-a)^2+(y_0-b)^2<r^2$，就说明点 P_0 在圆 C 内.

（2）点在圆上.

如果点 P_0 与圆心（a，b）间的距离等于圆的半径 r，即 $(x_0-a)^2+(y_0-b)^2=r^2$，就说明点 P_0 在圆 C 上.

（3）点在圆外.

如果点 P_0 与圆心（a，b）间的距离大于圆的半径 r，即 $(x_0-a)^2+(y_0-b)^2>r^2$，就说明点 P_0 在圆 C 外.

2. 直线与圆的位置关系

已知直线 l：$Ax+By+C=0$ 与圆 C：$(x-a)^2+(y-b)^2=r^2$，如果圆心（a，b）到直线 l 的距离为 d，又设方程组

$$\begin{cases}Ax+By+C=0\\(x-a)2+(y-b)2=r^2\end{cases}$$

消元后得到的一元二次方程的判别式为Δ，则直线 l 与圆 C 的位置关系有三种：

（1）相交.

直线 l 与圆 C 有两个不同的公共点，充要条件是$\Delta>0$ 或 $d<r$.

弦长公式

设直线 l：$y=kx+b$ 与二次曲线

$$Ax^2+Bxy+Cy^2+Dx+Ey+F=0$$

交于两点 $A(x_1, y_1)$，$B(x_2, y_2)$，则弦 AB 的长

$$|AB|=\sqrt{(1+k^2)[(x_2+x_1)^2-4x_1x_2]}$$

（2）相切.

直线 l 与圆 C 只有一个公共点，充要条件是$\Delta=0$ 或 $d=r$.

（3）相离.

直线 l 与圆 C 没有公共点，充要条件是$\Delta<0$ 或 $d>r$.

当直线 l 与圆 C 相交时，设交点为 $A(x_1, y_1)$，$B(x_2, y_2)$，则弦 AB 的长

$$|AB|=\sqrt{(x_2-x_1)^2+(y_2-y_1)^2}.$$

由于 A，B 是直线 l：$Ax+By+C=0$ 上的点，则有

$$\begin{cases}y_1=kx_1+b\\y_2=kx_2+b\end{cases}\Rightarrow y_2-y_1=k(x_2-x_1),$$

注：此公式可用于计算所有二次曲线的弦长.

所以

$$|AB|=\sqrt{(x_2-x_1)^2+k^2(x_2-x_1)^2}$$
$$=\sqrt{(1+k^2)(x_2-x_1)^2}$$
$$=\sqrt{(1+k^2)[(x_2+x_1)^2-4x_1x_2]},$$

这就是圆的弦长公式.

例 4 求直线 $2x+y+1=0$ 被圆 $(x-1)^2+(y-2)^2=25$ 截得的弦长.

解 由方程组 $\begin{cases}2x+y+1=0\\x^2+y^2-2x-4y-20=0\end{cases}$，有

$$x^2+(2x+1)^2-2x+4(2x+1)-20=0,$$

化简得

$$5x^2+10x-15=0.$$

可得 $x_1+x_2=-2$，$x_1x_2=-3$，故所求弦长为

$$\sqrt{[1+(-2)^2][(-2)^2-4\times(-3)]}=\sqrt{5\times16}=4\sqrt{5}.$$

在解有关圆和直线相切的问题时，可以应用圆的切线的定义或性质.
(1) 圆的切线的定义：如果一条直线和一个圆只有一个公共点，那么这条直线就是圆的切线。这就是说，方程组 $\begin{cases}Ax+By+C=0\\x^2+y^2+Dx+Ey+F=0\end{cases}$ 只有一组实数解. 也就是在方程组里消去 y（或 x）后所得的关于 x（或 y）的一元二次方程有两个相同的实数根.
(2) 圆的切线的性质：如果一条直线是圆的切线，那么它和圆心的距离等于圆的半径.

例 5 求经过点 $M(-1,\ -2)$ 且与圆 $x^2+y^2=1$ 相切的直线方程.

解 方法一 设所求直线的斜率为 k，则其方程为 $y+2=k(x+1)$.

因为切线与圆只有一个交点，所以方程组

$$\begin{cases}y+2=k(x+1) & ①\\x^2+y^2=1 & ②\end{cases}$$

只有一组解. 由①有 $y=kx+k-2$，代入②，得

$$x^2+(kx+k-2)^2=1,$$

即
$$(k^2+1)x^2+2k(k-2)x+k^2-4k+3=0.$$

由于$\Delta=0$，可知

$$[2k(k-2)]^2-4(k^2+1)(k^2-4k+3)=0,$$

化简，得 $16k-12=0$，解得 $k=\dfrac{3}{4}$，故切线方程为

$$y+2=\frac{3}{4}(x+1).$$

又因为点 $M(-1,\ -2)$ 在圆 $x^2+y^2=1$ 外，过圆外任一点总能引两条圆的切线，所以另外还有一条切线（图 6－29），它的斜率不存在（垂直于 x 轴），方程应为

$$x=-1.$$

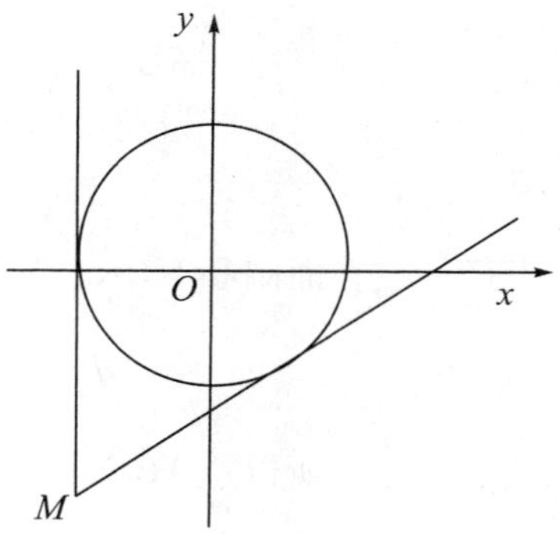

图 6－29

因此所求的切线方程为 $3x-4y-5=0$ 与 $x+1=0$.

方法二　设所求的切线方程为 $Ax+By+C=0$.

由于点 $M(-1, -2)$ 在切线上，则有

$$-A-2B+C=0; \quad ③$$

又因为圆心 $O(0, 0)$ 到切线的距离等于半径 1，可得

$$\frac{|0-0+C|}{\sqrt{A^2+B^2}}=1. \quad ④$$

由③④分别可得

$$A=C-2B, \quad ⑤$$

$$C^2=A^2+B^2, \quad ⑥$$

把⑤代入⑥，有 $4BC=5B^2$，可得 $B=\frac{4C}{5}$ 或 $B=0$.

当 $B=\frac{4C}{5}$ 时，$A=-\frac{3C}{5}$，所求直线方程为

$$-\frac{3C}{5}x+\frac{4C}{5}y+C=0 \text{ 即 } 3x-4y-5=0;$$

当 $B=0$ 时，$A=C$，所求直线方程为

$$Cx+C=0 \quad \text{即} \quad x+1=0.$$

故所求的切线方程为 $3x-4y-5=0$ 与 $x+1=0$.

设 $P_1(x_1, y_1)$ 是圆 $x^2+y^2=r^2$ 上的一点，那么经过点 P_1 的圆的切线方程是 $x_1x+y_1y=r^2$.

本例可设切点为 $P_1(x_1, y_1)$，则切线方程是 $x_1x+y_1y=1$.

由于切线过点 $M(-1, -2)$，则

$$-x_1-2y_1=1. \quad ①$$

而切点在圆上，坐标适合于圆的方程

$$x_1^2+y_1^2=1. \quad ②$$

解由①②组成的方程组，得

$$\begin{cases} x_1=-1 \\ y_1=0 \end{cases} \text{和} \begin{cases} x_1=\frac{3}{5} \\ y_1=-\frac{4}{5} \end{cases},$$

故所求的切线方程分别是 $x+1=0$ 与 $3x-4y-5=0$.

例 6　当 m 取何值时，直线 $2x+y+m=0$ 与圆 $x^2+y^2=4$ 的交点与圆心所构成的三角形的面积取得最大值？

解　设交点为 $A(x_1, y_1)$，$B(x_2, y_2)$，由方程组

$$\begin{cases} 2x+y+m=0 \\ x^2+y^2=4 \end{cases}$$

消去 y，整理得

$$5x^2+4mx+(m^2-4)=0,$$

可知 $x_1+x_2=-\frac{4m}{5}$，$x_1x_2=\frac{m^2-4}{5}$，由弦长公式有

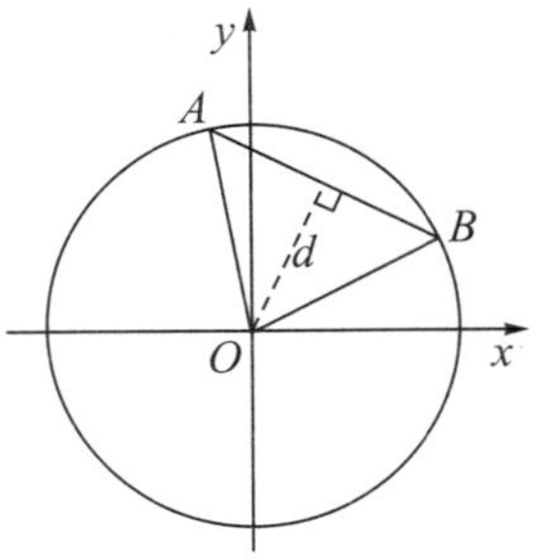

圆上弦端点与圆心所构成的三角形的面积为

$$S=\frac{1}{2}|AB|\cdot d.$$

$$|AB|=\sqrt{[1+(-2)^2]\left[\left(-\frac{4m}{5}\right)^2-4\times\frac{m^2-4}{5}\right]}$$

$$=\sqrt{\frac{80-4m^2}{5}}=2\sqrt{\frac{20-m^2}{5}}.$$

而圆心 $C(0,\ 0)$ 到弦 AB 的距离

$$d=\frac{|0+0+m|}{\sqrt{2^2+1^2}}=\frac{|m|}{\sqrt{5}}=\sqrt{\frac{m^2}{5}},$$

所以△ABC 的面积

$$S=\frac{1}{2}|AB|\cdot d=\sqrt{\frac{20-m^2}{5}}\cdot\sqrt{\frac{m^2}{5}}=\frac{\sqrt{20m^2-m^4}}{5}$$

$$=\frac{1}{5}\sqrt{-(m^2-10)^2+100}.$$

因此当 $m=\pm\sqrt{10}$时，△ABC 的面积 S 取得最大值 2.

习题 6.3

1. 写出满足下列条件的圆的方程：

(1) 圆心在点 $C(3,\ 4)$，半径是$\sqrt{5}$；

(2) 经过点 $P(5,\ 1)$，圆心在点 $C(8,\ -3)$；

(3) 圆心为 $C(3,\ -5)$，并且与直线 $x-7y+2=0$ 相切.

2. 已知圆的一条直径的两个端点坐标为 $(x_1,\ y_1)$ 和 $(x_2,\ y_2)$，证明这个圆的方程是

$$(x-x_1)(x-x_2)+(y-y_1)(y-y_2)=0.$$

3. 已知圆$(x-4)^2+y^2=4$ 和直线 $y=kx$，当 k 分别为何值时，直线与圆相交、相切、相离？

4. 已知方程 $x^2+y^2-2(t+3)x+2(1-4t^2)y+16t^4+9=0$，则：

(1) t 为何值时，方程表示圆？

(2) t 为何值时，方程表示的圆的半径最大？

5. 已知一个圆与直线 $x+3y-5=0$ 和 $x+3y-3=0$ 都相切，且圆心在直线 $2x+y+1=0$ 上，求该圆的方程.

6. 设圆 $x^2+y^2+5x=0$ 的切线垂直于直线 $4x-3y+7=0$，求这条切线方程.

7. 已知一动圆既与圆 $x^2+y^2=4$ 外切，又与圆 $x^2+y^2-12x-64=0$ 内切，求这个动圆圆心的轨迹方程.

8. 已知直线 $2x-3y-6=0$ 与圆 $x^2+y^2-2x=0$ 相离，求圆上的点到直线距离的最小值.

9. 在圆 $x^2+y^2-8x-2y+12=0$ 内有一点 $P(3,\ 0)$，过点 P 作一条弦，使该弦垂直于过圆心 C 与点 P 的直线，求这条弦的长.

10. 已知点 $A(a,\ 0)$ 是圆 $x^2+y^2=r^2$ 内的一个定点，点 M，N 分别是圆上的两个动点，且 $AM\perp AN$，若四边形 $AMPN$ 为矩形，求矩形顶点 P 的轨迹方程.

§ 6.4　椭圆

对偏爱几何学的古希腊人来说，圆是最完美的形状. 和它同样完美的，还有宇宙本身. 以亚里士多德(公元前 384—前 322) 为代表的古希腊先哲们认为，日月是圆的，大地是圆的，星辰的轨道当然也是完美的圆形. 托勒密 (Ptolemy，约 90—168) 的地心说体系把圆轨道的几何发展到了极致. 他用几十个小圆套大圆的方法，相当准确地计算出了行星的运动轨迹. 1400 多年后，哥白尼 (Nikolaj Kopernik，1473—1543) 提出了日心说，但他依然沿用圆轨道来描述行星运动，这使得计算仍然比较繁琐.

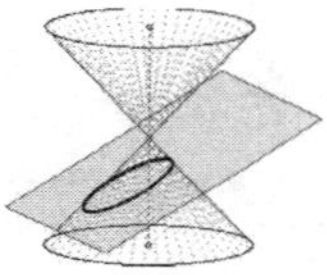

平面切二次锥面形成椭圆

最先突破圆轨道桎梏的是开普勒(Kepler，1571—1630) 和第谷 (Tycho，1546—1601). 第谷孜孜不倦地观测了 20 年，积累了大量行星运动数据. 开普勒根据老师第谷的数据，发现无论是托勒密还是哥白尼体系都无法精确给出行星的位置. 火星的资料最多，偏差很明显. 他发现只要让行星以变化的速度沿椭圆轨道围绕太阳运动，就可以完美地解释火星的数据. 在此基础上，他得到了开普勒第一定律："行星围绕太阳沿椭圆形轨道运动，太阳在椭圆的一个焦点上."

椭圆运动可以完美地预言和解释经验事实，而且也远比托勒密或哥白尼体系简单，所以人们称开普勒为"天空立法者".

开普勒发现了椭圆轨道，不过当时并没有人能给出解释，直到牛顿时代才揭开了其中的奥秘. 根据牛顿的万有引力定律可以计算出，两个天体组成的系统，它们绕质心运行的轨道只可能有三种情况：椭圆、抛物线、双曲线. 其中圆轨道是椭圆轨道的一种特例.

6.4.1　椭圆及其标准方程

平面内到两个定点的距离之和等于常数 (大于两定点距离) 的点的轨迹称为椭圆. 这两个定点称为椭圆的焦点，两焦点之间的距离称为焦距.

根据椭圆的定义，我们来求椭圆的方程. 如图 6－30，以过椭圆两个焦点 F_1，F_2 的直线为 x 轴，以线段 F_1F_2 的中点为原点 O 建立直角坐标系.

椭圆的拉线画法
用一条固定长度的绳，最好是弹性小的金属绳，如细钢丝绳，两端固定在钉子上，用划线笔撑直绳子，笔与绳之间是滑动的，这样转圈画出的就是一个椭圆.

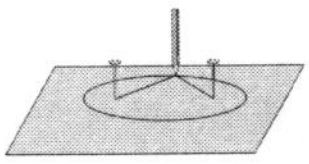

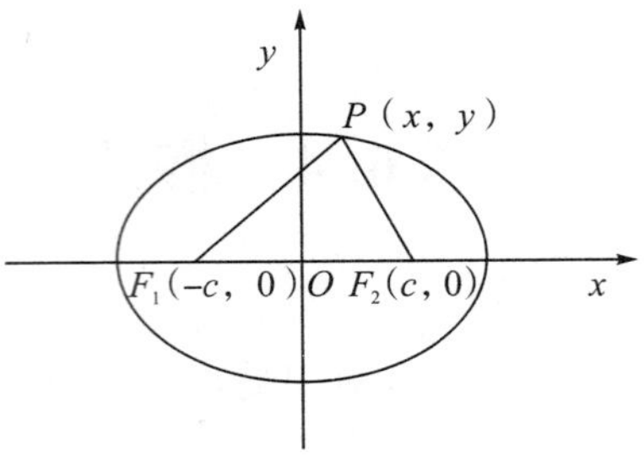

图 6－30

设焦距 $|F_1F_2|=2c(c>0)$，那么焦点 F_1，F_2 的坐标分别为 $(-c,\ 0)$，$(c,\ 0)$. 又设 $P(x,\ y)$ 是椭圆上任意一点，点 P 与 F_1，F_2 的距离之和等于常数 $2a(a>0)$.

根据椭圆的定义，得

$$|PF_1|+|PF_2|=2a.$$

又根据两点间的距离公式，得

$$\sqrt{(x+c)^2+y^2}+\sqrt{(x-c)^2+y^2}=2a,$$

将这个方程化简，整理后得

$$(a^2-c^2)x^2+a^2y^2=a^2(a^2-c^2).$$

由椭圆的定义可知，$2a>2c$，即 $a>c$，所以 $a^2-c^2>0$. 令 $a^2-c^2=b^2(b>0)$，代入上式得

$$b^2x^2+a^2y^2=a^2b^2,$$

用圆纸片折出椭圆：取一个圆纸片，圆心为 O. 在圆内取定一点 F. 将圆片的边缘向圆内折叠，使圆片的边缘通过定点 F，或者说使圆片边缘上的一点 P 与定点 F 重合. 每取一点 P 折一次就得一折痕. 当点 P 在圆周上取得足够多且密时，所得的众多折痕就显现出一个椭圆的轮廓. 它和所有的折痕直线都相切.

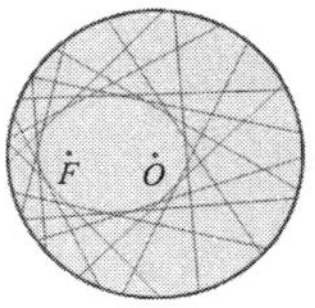

两边除以 a^2b^2，得

$$\frac{x^2}{a^2}+\frac{y^2}{b^2}=1(a>b>0), \quad ①$$

这个方程叫做椭圆的标准方程. 它所表示的椭圆的焦点在 x 轴上.

如果椭圆的焦点在 y 轴上（图 6－31），设焦点 F_1，F_2 的坐标分别为 $(0,\ -c)$，$(0,\ c)$. 只要将方程①中的 x 与 y 互换，就可以得到它的方程

$$\frac{y^2}{a^2}+\frac{x^2}{b^2}=1(a>b>0). \quad ②$$

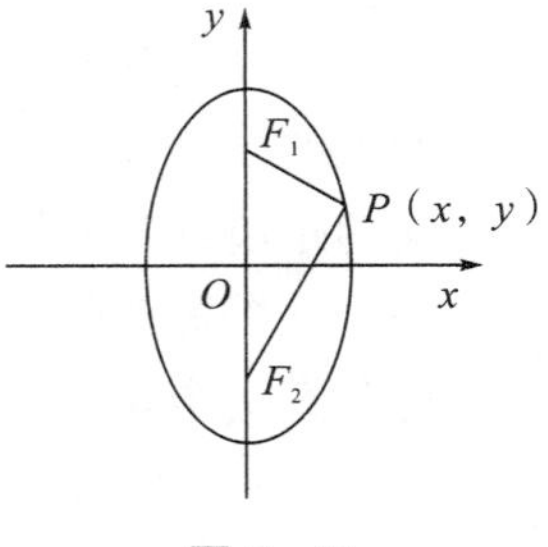

图 6－31

这个方程也是椭圆的标准方程. 其中 a，b，c 的关系仍然是 $c^2=a^2-b^2$.

例1　已知 A、B 是两个定点，$|AB|=8$，且 $\triangle ABC$ 的周长等于18，求顶点18的轨迹方程.

解　如图6－32，以过 A，B 的直线为 x 轴，以线段 AB 的中点为原点 O 建立直角坐标系. 由题意可知

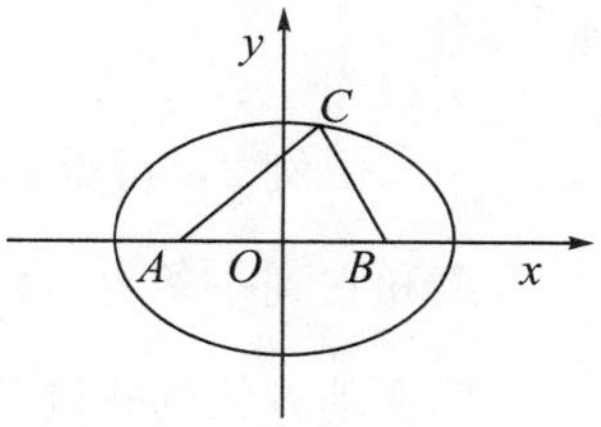

图6－32

$$|AB|+|AC|+|BC|=18.$$

因为 $|AB|=8$，则有

$$|AC|+|BC|=10.$$

由椭圆的定义可知，点 C 的轨迹是一个以 A，B 的为焦点的椭圆，可设其方程为

$$\frac{x^2}{a^2}+\frac{y^2}{b^2}=1.$$

由于 $2c=8$，$2a=10$，所以 $b^2=5^2-4^2=9$. 因此点 C 的轨迹方程是

$$\frac{x^2}{25}+\frac{y^2}{9}=1(y\neq 0).$$

例2　点 $P(x, y)$ 到定点 $F(c, 0)$ 的距离和它到定直线 l：$x=\frac{a^2}{c}$ 的距离的比是常数 $\frac{c}{a}$ $(a>c>0)$，求点 P 的轨迹方程.

解　设 d 是点 P 到直线 l 的距离，根据题意，有 $\frac{|PF|}{d}=\frac{c}{a}$，由此得

$$\frac{\sqrt{(x-c)^2+y^2}}{\left|\frac{a^2}{c}-x\right|}=\frac{c}{a}.$$

将上式两边平方，并化简，得

$$(a^2-c^2)x^2+a^2y^2=a^2(a^2-c^2),$$

在上式中，令 $a^2-c^2=b^2$，就可化成

$$\frac{x^2}{a^2}+\frac{y^2}{b^2}=1(a>b>0).$$

这是椭圆的标准方程，故点 P 的轨迹是一个椭圆（图 6－33）.

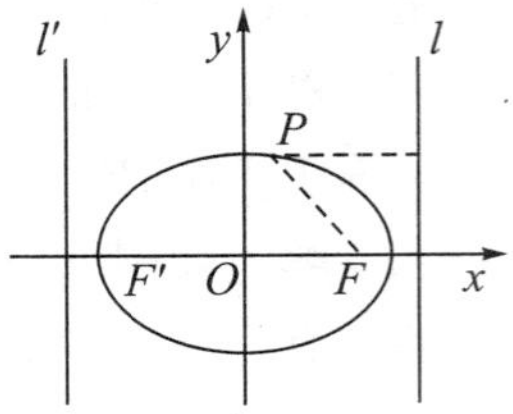

图 6－33

圆锥曲线的统一定义：动点到一个定点的距离和它到一条定直线的距离的比是常数 e 时，动点的的轨迹是圆锥曲线. 定点是圆锥曲线的焦点，定直线叫做准线，常数叫做离心率. 圆锥曲线当 $0<e<1$ 时为椭圆，当 $e=0$ 时为抛物线，当 $e>1$ 时为双曲线.

由例 2，可得到椭圆的另一种定义：动点到一个定点的距离和它到一条定直线的距离的比是常数 $e=\frac{c}{a}$（$0<e<1$）时，那么动点的的轨迹是椭圆. 这个定点是椭圆的焦点，定直线叫做椭圆的准线，常数 e 叫做椭圆的离心率.

椭圆 $\frac{x^2}{a^2}+\frac{y^2}{b^2}=1(a>b>0)$ 对应于焦点 $F(c，0)$ 的准线是 $x=\frac{a^2}{c}$，对应于另一焦点 $F'(-c，0)$ 的准线则是 $x=-\frac{a^2}{c}$. 所以一个椭圆有两条准线.

6.4.2 椭圆的几何性质

解析几何是利用曲线的方程来研究曲线的几何性质的，也就是说，是通过对曲线方程的讨论，得到曲线的形状、大小和位置. 下面我们根据椭圆的标准方程

$$\frac{x^2}{a^2}+\frac{y^2}{b^2}=1(a>b>0) \quad ①$$

来研究椭圆的几何性质.

1. 范围

由①得 $y=\pm\frac{b}{a}\sqrt{a^2-x^2}$，$x=\pm\frac{a}{b}\sqrt{b^2-y^2}$.

可知 $|x|\leqslant a$，$|y|\leqslant b$. 说明椭圆在直线 $x=\pm a$ 和 $y=\pm b$ 所围成的矩形内（图 6－34）.

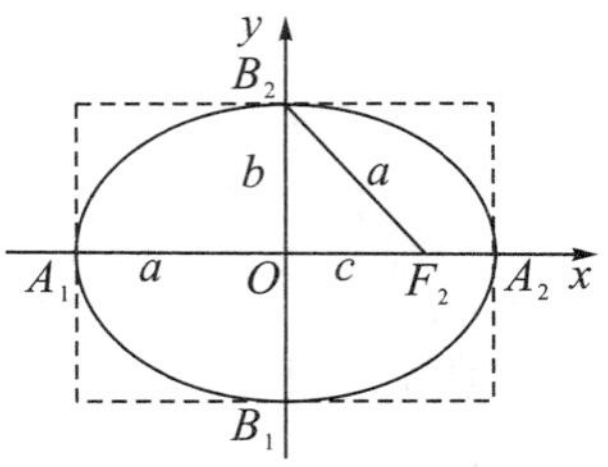

图 6－34

2. 对称性

椭圆既是轴对称图形，又是中心对称图形. 像椭圆这样具有对称中心的曲线，称为有心曲线.

在①中，把 x 换成 $-x$，或把 y 换成 $-y$，或同时把 x，y 换成 $-x$，$-y$，方程都不变，说明椭圆是关于 x 轴、y 轴和中心都对称的图形. 此时，坐标轴是椭圆的对称轴，原点是椭圆的对称中心，椭圆的对称中心叫做椭圆的中心.

3. 顶点

椭圆离心率 e 的几何意义：当 e 越接近于 1 时，c 越接近于 a，从而 $b=\sqrt{a^2-c^2}$ 就越小，则椭圆就越扁；反之 e 越接近于 0，则椭圆就越接近于圆.

在①中，令 $x=0$，得 $y=\pm b$；又令 $y=0$，得 $x=\pm a$. 这说明椭圆与 x 轴的交点是 $A_1(-a,\ 0)$，$A_2(a,\ 0)$，与 y 轴的交点是 $B_1(0,\ -b)$，$B_2(0,\ b)$. 椭圆和它的对称轴的这四个交点，叫做椭圆的顶点.

对称轴上两个顶点间的线段 A_1A_2 叫做椭圆的长轴，B_1B_2 叫做椭圆的短轴，它们的长分别等于 $2a$ 和 $2b$，a 和 b 又分别叫做椭圆的长半轴的长和短半轴的长.

4. 离心率

椭圆上的点到椭圆一个焦点的距离的最大值为 $a+c$，最小值为 $a-c$.

椭圆的焦距与长轴长之比 $e=\frac{c}{a}$，叫做椭圆的离心率. 由于 $a>c>0$，所以 $0<e<1$.

特别地，当 $a=b$ 时，$c=0$，这时椭圆的两个焦点重合，它的图形就变成为圆，方程为 $x^2+y^2=a^2$，此时离心率 $e=0$.

例 3　我国发射的神舟六号飞船的运行轨道是以地球的中心 F 为左焦点的椭圆，近地点 A 距地面为 m 千米，远地点 B 距离地面为 n 千米，求这个椭圆的离心率.

解　如图 6－35，设椭圆的长轴长为 $2a$，焦距为 $2c$. 则 $a+c=|BF|=n+R$，$a-c=m+R$，可得

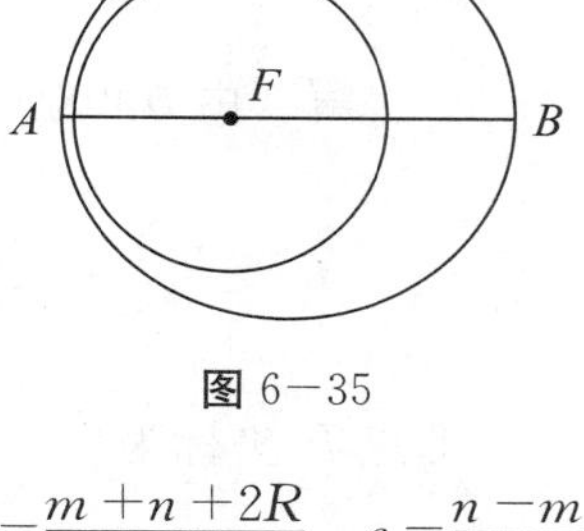

图 6－35

$$a=\frac{m+n+2R}{2},\quad c=\frac{n-m}{2},$$

故所求的椭圆离心率为 $e=\frac{c}{a}=\frac{n-m}{m+n+2R}$.

例 4　椭圆的中心在原点，对称轴为坐标轴，焦距是 16，

离心率是$\frac{2}{3}$，求这个椭圆的方程及焦点坐标、准线方程.

解　根据题意，$2c=16$，则 $c=8$. 又 $e=\frac{2}{3}$，则有

$$a=\frac{c}{e}=\frac{8}{\frac{2}{3}}=12.$$

所以 $b^2=a^2-c^2=12^2-8^2=144-64=80$，椭圆的方程有下面两种可能：

（1）如果焦点在 x 轴上，那么椭圆的方程是

$$\frac{x^2}{144}+\frac{y^2}{80}=1,$$

此时椭圆的两个焦点是 $F_1(-8,\ 0)$ 和 $F_2(8,\ 0)$，准线方程为 $x=\pm 18$；

（2）如果焦点在 y 轴上，那么椭圆的方程是

$$\frac{x^2}{80}+\frac{y^2}{144}=1,$$

此时椭圆的两个焦点是 $F_1(0,\ -8)$ 和 $F_2(0,\ 8)$，准线方程为 $y=\pm 18$.

椭圆通径公式

椭圆的通径 AB 就是过焦点垂直于长轴的直线与椭圆相交所得的线段 AB. 且有

$$|AB|=\frac{2b^2}{a}.$$

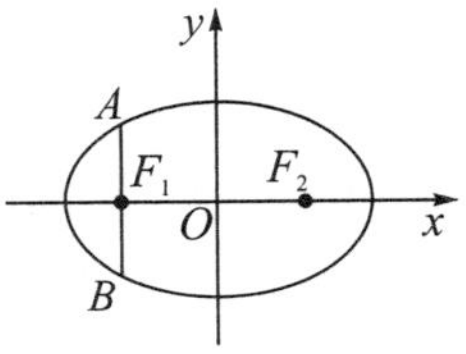

例 5　如图 6－36，从椭圆上的点 P 向 x 轴作垂线，恰好通过椭圆的一个焦点 F，这时椭圆的长轴端点 A 和短轴端点 B 的连线平行于 OP，求椭圆的离心率.

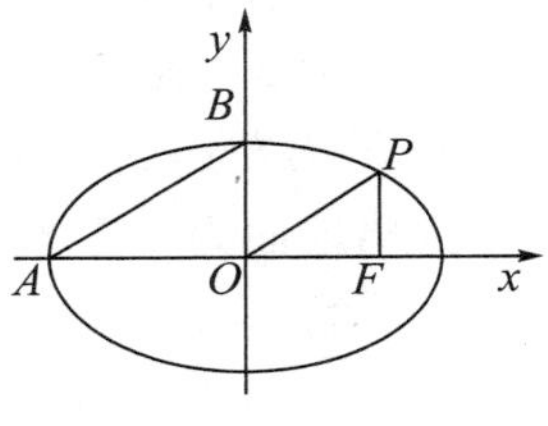

图 6－36

解　由方程组$\begin{cases}x=c\\ \frac{x^2}{a^2}+\frac{y^2}{b^2}=1\end{cases}$可得

$$y^2=\frac{a^2b^2-c^2b^2}{a^2}=\frac{b^4}{a^2}\Rightarrow y=\frac{b^2}{a},$$

即点 P 坐标为$\left(c,\ \frac{b^2}{a}\right)$. 则 OP 与 AB 的斜率分别为 $k_{OP}=\frac{b^2}{ac}$，$k_{AB}=\frac{b}{a}$，由 $k_{OP}=k_{AB}$，有$\frac{b^2}{ac}=\frac{b}{a}\Rightarrow b=c$.

又由 $a^2=b^2+c^2$，得 $a^2=2c^2$，故 $e=\frac{\sqrt{2}}{2}$.

椭圆的光学性质

从椭圆的一个焦点发出的光线，经过椭圆反射后，反射光线交于椭圆的另一个焦点上.

椭圆的面镜可以将某个焦点发出的光线全部反射到另一个焦点处；椭圆的透镜有汇聚光线的作用（也叫凸透镜），老花眼镜、放大镜和远视眼镜都是这种镜片.

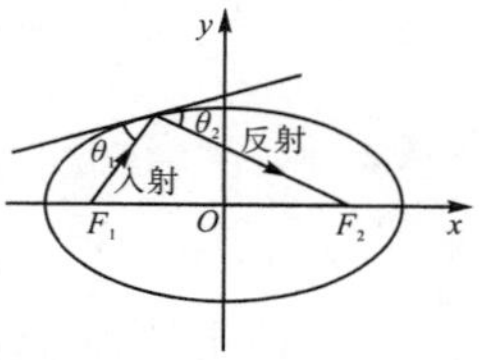

例 6　已知椭圆方程为$\frac{x^2}{25}+\frac{y^2}{16}=1$，若有光线自焦点$F_2(3, 0)$射出，经二次反射回到$F_2$点，设二次反射点为$A$，$B$，如图6－37所示，求光线走过的路程.

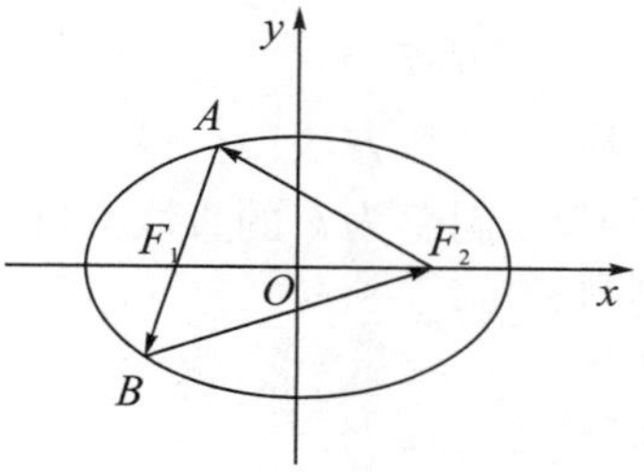

图6－37

解　光线走过的路程就是$\triangle ABF_2$的周长，由椭圆的光学性质可知$\triangle ABF_2$的周长

$$l=|F_2A|+|AF_1|+|F_1B|+|BF_2|,$$

由椭圆的定义可得

$$|F_2A|+|AF_1|=2a,\ |F_1B|+|BF_2|=2a.$$

所以$l=4a=20$，故光线走过的路程为20.

例 7　求椭圆$\frac{x^2}{a^2}+\frac{y^2}{b^2}=1$中斜率为$k$的平行弦中点的轨迹方程.

解　方法一　设$y=kx+m$是这些平行弦中任一条，它的端点为$A(x_1, y_1)$，$B(x_2, y_2)$，点$P(x, y)$为该弦的中点（图6－38）. 将方程组

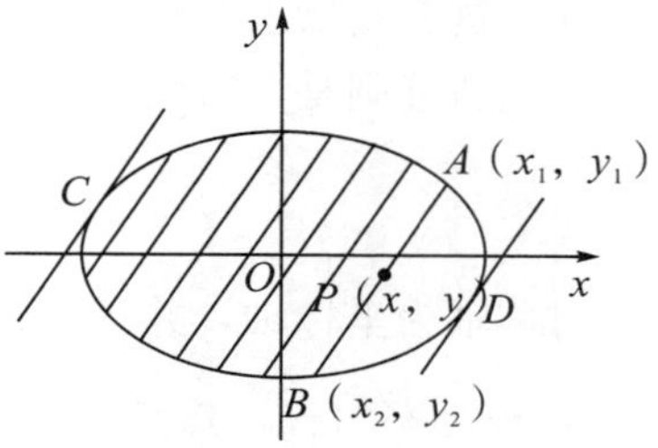

图6－38

$$\begin{cases}y=kx+m\\ \frac{x^2}{a^2}+\frac{y^2}{b^2}=1\end{cases}$$

消去y，整理得

$$(a^2k^2+b^2)x^2+2a^2kmx+a^2(m^2-b^2)=0.$$

可得　$x_1+x_2=-\frac{2a^2km}{a^2k^2+b^2}\Rightarrow x=\frac{x_1+x_2}{2}=-\frac{a^2km}{a^2k^2+b^2}$，　③

因为点 $P(x, y)$ 在直线 $y=kx+m$ 上，所以

$$y=k\left(-\frac{a^2km}{a^2k^2+b^2}\right)+m \Rightarrow y=\frac{b^2m}{a^2k^2+b^2}. \quad ④$$

把③④相除，得 $\frac{x}{y}=-\frac{a^2k}{b^2}$，即 $b^2x+a^2ky=0$ 就是所求的轨迹方程.

应用参数法求轨迹方程时，首先要选择恰当的参数，参数必须能刻画动点的运动变化，而且与动点坐标有直接的内在联系. 如果需要并且可能，还应顾及消去参数的方便，一般来说 n 个参数需列 $n+1$ 个方程. 这样才能消去参数得到轨迹方程.

方法二　设 $P(x, y)$ 为所求轨迹上任一点，经过 P 点且斜率为 k 的直线交椭圆于 $A(x_1, y_1)$，$B(x_2, y_2)$ 两点. 则有

$$\frac{x_1{}^2}{a^2}+\frac{y_1{}^2}{b^2}=1, \quad ⑤$$

$$\frac{x_2{}^2}{a^2}+\frac{y_2{}^2}{b^2}=1, \quad ⑥$$

⑤⑥相减，得

$$\frac{1}{a^2}(x_1^2-x_2^2)+\frac{1}{b^2}(y_1^2-y_2^2)=0,$$

即

$$b^2(x_1-x_2)(x_1+x_2)+a^2(y_1-y_2)(y_1+y_2)=0. \quad ⑦$$

因为直线 AB 的斜率为 k，所以 AB 与 x 轴不垂直，则 $x_1\neq x_2$，可把⑦的两端都除以 $2(x_1-x_2)$，得

$$b^2\left(\frac{x_1+x_2}{2}\right)+a^2\left(\frac{y_2-y_1}{x_2-x_1}\right)\left(\frac{y_1+y_2}{2}\right)=0. \quad ⑧$$

由于 $k=\frac{y_2-y_1}{x_2-x_1}$，$x=\frac{x_1+x_2}{2}$，$y=\frac{y_1+y_2}{2}$，把它们代入⑧中，可得

$$b^2x+ka^2y=0,$$

这就是所求的轨迹方程. 它表示过椭圆中心的一条直线，所求轨迹则是该直线夹在椭圆内的一条线段 CD.

习题 6.4

1. 求中心在原点，对称轴为坐标轴，并且满足下列条件的椭圆的方程：

 (1) 短轴长是 10，离心率为 $\frac{12}{13}$，焦点在 y 轴上；

 (2) 长、短轴长之和是 20，焦距是 $4\sqrt{5}$，焦点在 x 轴上；

 (3) 经过两点 $P_1(-3, 0)$，$P_2(0, 5)$；

 (4) 一个焦点到长轴的两个端点的距离分别是 5 和 1.

2. 已知椭圆的两个焦点为 $F_1(-1, 0)$，$F_2(1, 0)$，点 P 在椭圆上，$|PF_1|$，$|F_1F_2|$，$|F_2P|$ 成等差数列，求椭圆的标准方程.

3. 点 P 到椭圆 $\frac{x^2}{13^2}+\frac{y^2}{12^2}=1$ 的左焦点和右焦点的距离之比为 $2:3$，求点 P 的轨迹方程.

4. 椭圆$\frac{x^2}{25}+\frac{y^2}{9}=1$上有一点$P$，已知$P$到左准线的距离为$\frac{5}{2}$，求$P$到右焦点的距离.

5. 在椭圆$\frac{x^2}{45}+\frac{y^2}{20}=1$上求一点$P$，使点$P$与椭圆两个焦点的连线相互垂直.

6. 求证两椭圆$\frac{x^2}{a^2}+\frac{y^2}{b^2}=1$与$\frac{x^2}{b^2}+\frac{y^2}{a^2}=1$的交点在以原点为圆心的圆上，并求这个圆的方程.

7. 已知椭圆长轴长$|A_1A_2|=6$，焦距$|F_1F_2|=4\sqrt{2}$，过椭圆的左焦点F_1作直线交椭圆于M，N两点，设$\angle MF_1F_2=\alpha(0\leqslant\alpha\leqslant\pi)$，当$\alpha$取何值时，$|MN|$等于椭圆的短轴长.

8. 已知椭圆$\frac{x^2}{2}+y^2=1$的两个焦点分别为F_1，F_2，过右焦点F_2作倾角为$\frac{\pi}{4}$的弦AB，求$\triangle ABF_1$的面积.

9. 设P是直线l：$\frac{x}{12}+\frac{y}{8}=1$上的点，射线$OP$交椭圆$\frac{x^2}{24}+\frac{y^2}{16}=1$于点$R$，而点$Q$在$OP$上且满足$|OQ|\cdot|OP|=|OR|^2$，当点$P$在直线$l$上移动时，求点$Q$的轨迹方程.

10. 设椭圆的中心是坐标原点，长轴在x轴上，离心率为$\frac{\sqrt{3}}{2}$，已知点$P\left(0,\ \frac{3}{2}\right)$与此椭圆上的点的最远距离是$\sqrt{7}$，求椭圆的方程，并求椭圆上到点$P$的距离等于$\sqrt{7}$的点的坐标.

§6.5　双曲线

奥陌陌(Oumuamua，C/2017 U1）是已知的第一颗经过太阳系的星际天体，它于 2017 年 10 月 18 日在距离地球约 0.2AU 处被泛星 1 号望远镜发现. 与太阳系内的天体相比，它速度极快，其运动轨迹与普通彗星绕太阳公转的椭圆轨道不同，具有永远不会再接近太阳的极端双曲线轨迹。该曲线轨迹是一个非闭合的曲线，这种情况下天体沿着双曲线运动，离开中心天体越来越远，直到无限远.

根据万有引力定律，一个质点在一个大质量天体的引力场中运动，它的运动轨迹是圆锥曲线，根据能量（速度大小）的不同，可以是圆、椭圆、抛物线、双曲线. 根据单位质量质点的能量公式$E=\frac{v^2}{2}-\frac{GM}{r}$（$v$表示运动速度，$G$为万有引力常数，$M$为中心天体质量，$r$表示该质点与中心天体的距离)，当

$E<0$ 时，运动的轨道为圆或椭圆；当 $E=0$ 时，运动的轨道为抛物线；当 $E>0$ 时，运动的轨道为双曲线. 为了使航天器脱离地球引力场，速度必须足够大，使得 $E\geqslant 0$，将地球的质量 5.965×10^{24} kg 和地球半径 6378.137km 代入公式，可以算出要使 $E\geqslant 0$，需要 $v\geqslant 11.2$ km/s，这就是第二宇宙速度.

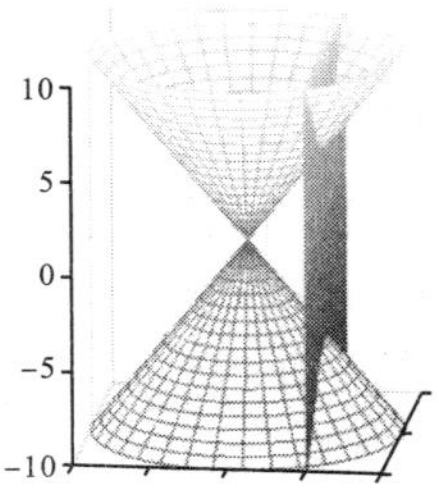

平面切二次锥面形成双曲线

双曲线多用于描述光学和力学系统中的轨迹，如电子束在加速器中的轨迹. 双曲线也用于描述地理学中的地形和地貌、设计曲线镜头等，如经典的卡塞格林式望远镜就是由一个抛物面与一个双曲面构成的. 在工业生产上，发电厂的冷却塔也是双曲线形的. 在几何上双曲面其实是一种直纹曲面，双曲面结构只利用直梁就可以建造.

6.5.1 双曲线及其方程

一般来说，二元二次方程 $Ax^2+By^2=C$，如果 A，B，C 都不等于 0，且 A，B 符号相反，那么它的轨迹是双曲线.

平面内到两个定点的距离之差的绝对值为常数（小于两定点距离）的点的轨迹称为双曲线. 这两个定点称为焦点，两焦点之间的距离称为焦距.

根据双曲线的定义，我们来求双曲线的方程. 如图 6－39，以过双曲线焦点 F_1，F_2 的直线为 x 轴，以线段 F_1F_2 的中点为原点 O 建立直角坐标系.

设焦距 $|F_1F_2|=2c\ (c>0)$，则 F_1，F_2 的坐标分别为 $(-c,\ 0)$，$(c,\ 0)$. 又设 $P(x,\ y)$ 是双曲线上任意一点，点 P 与 F_1、F_2 的距离之差的绝对值等于常数 $2a\ (a>0)$.

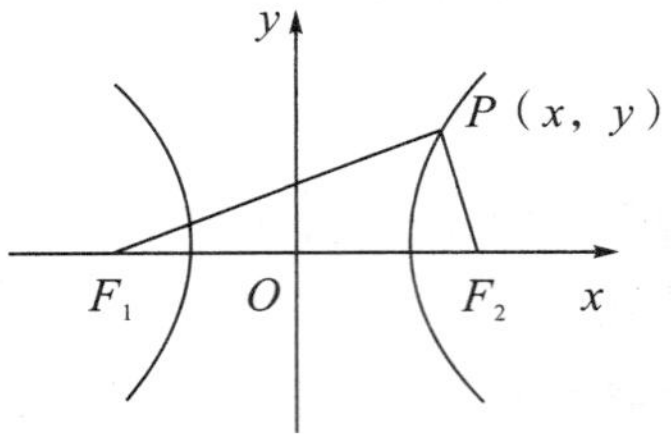

图 6－39

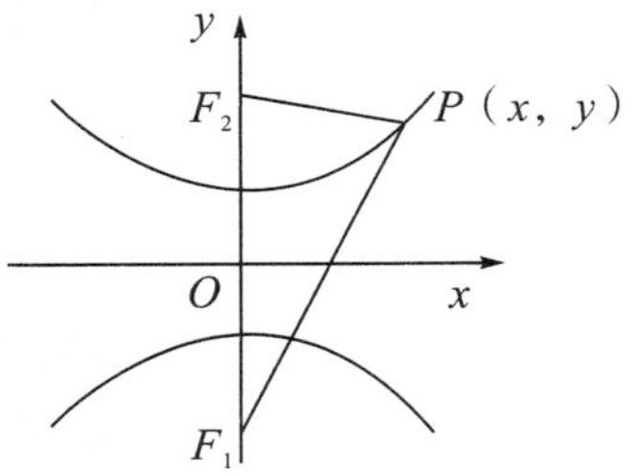

图 6－40

根据双曲线的定义，得 $|PF_1|-|PF_2|=\pm 2a$.

又根据两点间的距离公式，得

$$\sqrt{(x+c)^2+y^2}-\sqrt{(x-c)^2+y^2}=\pm 2a,$$

化简，得

$$(c^2-a^2)x^2-a^2y^2=a^2(c^2-a^2).$$

由双曲线的定义，$2c>2a$，即 $c>a$，则 $c^2-a^2>0$. 令 $c^2-a^2=b^2\ (b>0)$，代入上式得

$$b^2x^2-a^2y^2=a^2b^2,$$

也就是

$$\frac{x^2}{a^2}-\frac{y^2}{b^2}=1(a>0,\ b>0). \quad ①$$

这个方程叫做双曲线的标准方程. 它所表示的双曲线的焦点在 x 轴上.

如果双曲线的焦点在 y 轴上（图 6－40），设焦点 F_1，F_2 的坐标分别为 $(0,\ -c)$，$(0,\ c)$. 只要将方程①中的 x 与 y 互换，就可以得到它的方程

$$\frac{y^2}{a^2}-\frac{x^2}{b^2}=1. \quad ②$$

这个方程也是双曲线的标准方程. 其中 a，b，c 的关系仍然是 $c^2=a^2+b^2$.

例1 已知平面上三个点：$A(-7,\ 0)$，$B(7,\ 0)$，$C(2,\ -12)$，椭圆过 A、B 两点，并且以 C 为一个焦点，求椭圆另一个焦点的轨迹方程.

解 设另一个焦点为 $P(x,\ y)$，根据椭圆的定义有

$$|AC|+|AP|=|BC|+|BP|.$$

因为 $|AC|=\sqrt{(-12-0)^2+(2+7)^2}=15$,

$|BC|=\sqrt{(-12-0)^2+(2-7)^2}=13$.

可知 $|PB|-|PA|=|AC|-|BC|=15-13=2$.

> 本例中 $|PB|-|PA|=2>0$，说明 $|PB|>|PA|$. 点 P 距 B 点较远，距 A 点较近，所以点 P 在以 A，B 为焦点的双曲线的左支上.

根据双曲线的定义，P 点轨迹是以 A，B 为焦点的双曲线的左支.

设 P 点轨迹方程为 $\frac{x^2}{a^2}-\frac{y^2}{b^2}=1$，可知 $a=1$，$c=7$，则 $b^2=c^2-a^2=48$.

故椭圆另一个焦点 P 的轨迹方程为 $x^2-\frac{y^2}{48}=1(x\leqslant-1)$.

例2 点 $P(x,\ y)$ 到定点 $F(c,\ 0)$ 的距离和它到定直线 l：$x=\frac{a^2}{c}$ 的距离的比是常数 $\frac{c}{a}$ $(c>a>0)$，求点 P 的轨迹方程.

解 设 d 是点 P 到直线 l 的距离，由题意有

$$\frac{|PF|}{d}=\frac{c}{a},$$

由此得

$$\frac{\sqrt{(x-c)^2+y^2}}{\left|x-\frac{a^2}{c}\right|}=\frac{c}{a}.$$

化简，得 $(c^2-a^2)x^2-a^2y^2=a^2(c^2-a^2)$,

令 $c^2-a^2=b^2$，就可化成

$$\frac{x^2}{a^2}-\frac{y^2}{b^2}=1(a>0,\ b>0).$$

这是双曲线的标准方程，故点 P 的轨迹是一条双曲线（图 6－41）.

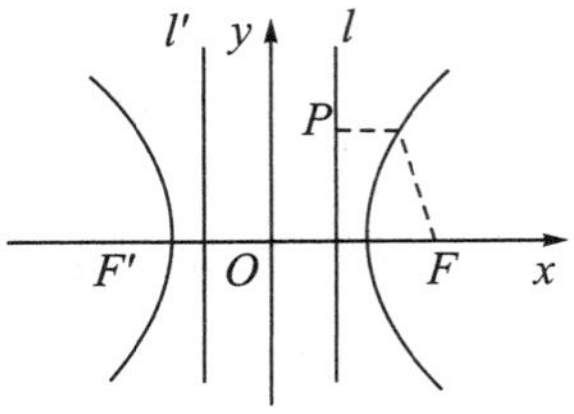

图 6－41

圆锥曲线的统一定义：动点到一个定点的距离和它到一条定直线的距离的比是常数 e 时，动点的轨迹是圆锥曲线. 定点是圆锥曲线的焦点，定直线叫做准线，常数叫做离心率. 圆锥曲线当 $0<e<1$ 时为椭圆，当 $e=0$ 时为抛物线，当 $e>1$ 时为双曲线.

由例 2，可得双曲线的另一种定义：当动点到一个定点的距离和它到一条定直线的距离的比是常数 $e=\frac{c}{a}$（$e>1$）时，动点的轨迹是**双曲线**. 这个定点是双曲线的**焦点**，定直线叫做双曲线的**准线**，常数 e 叫做双曲线的离心率.

双曲线$\frac{x^2}{a^2}-\frac{y^2}{b^2}=1(a>0,\ b>0)$ 对应于焦点 $F(c,\ 0)$ 的准线是 $x=\frac{a^2}{c}$，对应于另一焦点 $F'(-c,\ 0)$ 的准线则是$x=-\frac{a^2}{c}$. 所以一条双曲线有两条准线.

6.5.2 双曲线的几何性质

我们仿照讨论椭圆几何性质的方法，根据双曲线的标准方程

$$\frac{x^2}{a^2}-\frac{y^2}{b^2}=1(a>0,\ b>0) \quad ①$$

来研究双曲线的几何性质.

1. 范围

由①得

$$y=\pm\frac{b}{a}\sqrt{x^2-a^2},\ x=\pm\frac{a}{b}\sqrt{y^2+b^2}.$$

可知 $|x|\geqslant a$，$y\in\mathbf{R}$. 说明双曲线在直线 $x=a$ 和 $x=-a$ 的外侧（图 6－42）.

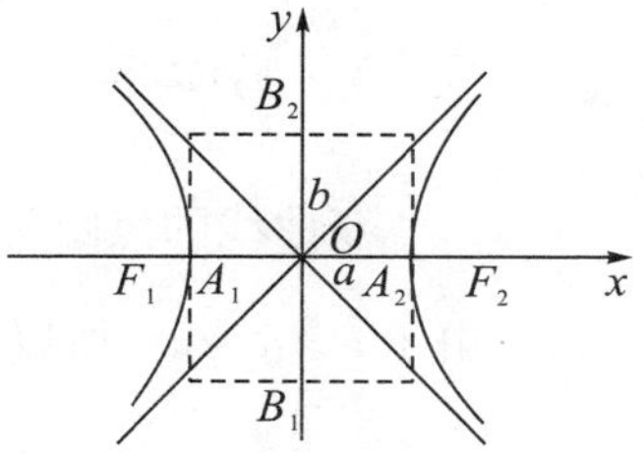

图 6－42

2. 对称性

在①中，把 x 换成 $-x$，或把 y 换成 $-y$，或同时把 x，y 换成 $-x$，$-y$，方程都不变，说明双曲线是关于 x 轴、y 轴和中心都对称的图形．此时，坐标轴是双曲线的对称轴，原点是双曲线的对称中心，双曲线的对称中心叫做双曲线的中心．

3. 顶点

在①中，令 $y=0$，得 $x=\pm a$．这说明双曲线与 x 轴的交点是 $A_1(-a,\ 0)$，$A_2(a,\ 0)$．双曲线和它的对称轴的这两个交点，叫做双曲线的顶点．

> 渐近线 $y=\pm\frac{b}{a}x$ 和双曲线 $\frac{x^2}{a^1}-\frac{y^2}{b^2}=1$ 的关系是：设在第一象限内双曲线上任意取一点 $P(x,\ y)$，那么 $P(x,\ y)$ 到直线 $bx-ay=0$ 的距离
>
> $$d=\frac{|bx-ay|}{\sqrt{a^2+b^2}}=\frac{|bx-b\sqrt{x^2-a^2}|}{\sqrt{a^2+b^2}}=\left|\frac{a^2b}{\sqrt{a^2+b^2}}\cdot\frac{1}{x+\sqrt{a^1-b^2}}\right|.$$
>
> 当 x 的值越大时，d 的值就越小，当 x 的值无限增大时，d 的值就趋近于零．因此当点 P 沿双曲线这部分无限远离

令 $x=0$，得 $y^2=-b^2$，这个方程没有实数根，说明双曲线与 y 轴没有交点，但我们可以在 y 轴上取两点 $B_1(0,\ -b)$，$B_2(0,\ b)$（图 6－42）．线段 A_1A_2 叫做双曲线的实轴，B_1B_2 叫做双曲线的虚轴，它们的长分别等于 $2a$ 和 $2b$，a 和 b 又分别叫做椭圆的实半轴的长和虚半轴的长．

4. 渐近线

为了了解双曲线图象的伸展趋势，我们把①化为

$$y=\pm\frac{b}{a}x\sqrt{1-\frac{a^2}{x^2}}.$$

当 $|x|$ 无限增大时，$\frac{a^2}{x^2}$ 就无限接近于 0，从而 $\sqrt{1-\frac{a^2}{x^2}}$ 就无限接近于 1，所以双曲线就无限接近于直线

$$y=\pm\frac{b}{a}x,$$

这两条直线就叫做双曲线的渐近线．它们是以原点为中心，边平行于坐标轴，边长分别是 $2a$ 和 $2b$ 的矩形的对角线（图 6－42）．

焦点在 y 轴上的双曲线 $\frac{y^2}{a^2}-\frac{x^2}{b^2}=1$ 的渐近线方程是 $x=\pm\frac{b}{a}y$，即 $y=\pm\frac{a}{b}x$．

时，双曲线上的点和直线 $bx-ay=0$ 无限接近，它们的距离趋近于零.

5. 离心率

双曲线的焦距与实轴长之比 $e=\frac{c}{a}$，叫做双曲线的离心率. 由于 $c>a>0$，所以 $e>1$. 由于 $c^2-a^2=b^2$，则有

$$\frac{b}{a}=\frac{\sqrt{c^2-a^2}}{a}=\sqrt{\frac{c^2}{a^2}-1}=\sqrt{e^2-1},$$

因此当 e 越大，$\frac{b}{a}$ 也越大，即渐近线 $y=\pm\frac{b}{a}x$ 的斜率的绝对值越大，这时双曲线的形状就从扁狭逐渐变得开阔. 由此可知，双曲线的离心率越大，它的开口就越阔.

共轭双曲线

如果一条双曲线的方程是

$$\frac{x^2}{a^2}-\frac{y^2}{b^1}=1,$$

则它的共轭双曲线的方程是

$$\frac{y^2}{b^2}-\frac{x^2}{a^2}=1.$$

双曲线和它的共轭双曲线有共同的渐近线，它们的四个焦点在同一个圆上.

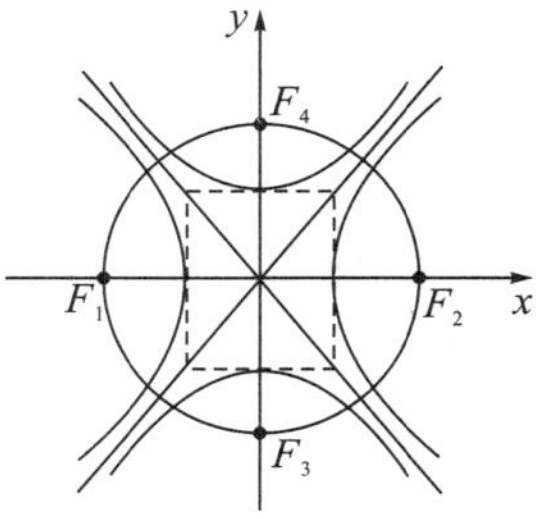

例 3 求渐近线方程为 $y=\pm\frac{4}{3}x$，并且焦距为 20 的双曲线方程.

解 以 $y=\pm\frac{4}{3}x$ 为渐近线的双曲线有以下两种可能：

(1) 焦点在 x 轴上，可设双曲线方程为$\frac{x^2}{a^2}-\frac{y^2}{b^2}=1$，则渐近线为 $y=\pm\frac{b}{a}x$.

由于$\frac{b}{a}=\frac{4}{3}$，且 $2c=20$，$c^2=a^2+b^2$，可得 $a=6$，$b=8$.

故所求的双曲线方程为$\frac{x^2}{36}-\frac{y^2}{64}=1$.

(2) 焦点在 y 轴上，可设双曲线方程为$\frac{y^2}{a^2}-\frac{x^2}{b^2}=1$，则渐近线为 $y=\pm\frac{a}{b}x$.

由于$\frac{a}{b}=\frac{4}{3}$，且 $2c=20$，$c^2=a^2+b^2$，解得 $a=8$，$b=6$.

故所求的双曲线方程为$\frac{y^2}{64}-\frac{x^2}{36}=1$.

在本例中的双曲线$\frac{x^2}{36}-\frac{y^2}{64}=1$ 和$\frac{y^2}{64}-\frac{x^2}{36}=1$，其中任一条双曲线都是以另一条双曲线的虚轴为实轴，实轴为虚轴，这样的两条双曲线互为共轭双曲线.

等轴双曲线

等轴双曲线也叫做直角双曲线，特点是渐近线互相垂直，实轴长与虚轴长相等，两条渐近线

例 4 双曲线 $x^2-y^2=1$ 的两个焦点为 F_1，F_2，点 M 是双曲线上任意一点.

求证：$|MF_1|\cdot|MF_2|=|OM|^2$.

证明 设点 M 的坐标为 $(x_0,\ y_0)$，由双曲线方程可知 F_1，F_2 的坐标分别为$(-\sqrt{2},\ 0)$，$(\sqrt{2},\ 0)$，则

$y=\pm x$ 互相垂直，离心率 $e=\sqrt{2}$，等轴双曲线的标准方程是 $x^2-y^2=a^2$ 或 $y^2-x^2=a^2$.

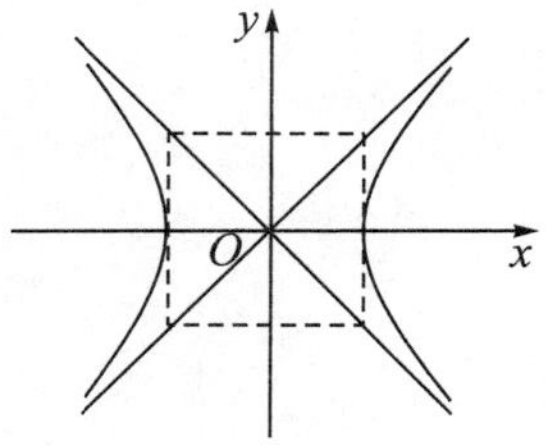

$$|MF_1|\cdot|MF_2|=\sqrt{(x_0+\sqrt{2})^2+y_0^2}\cdot\sqrt{(x_0-\sqrt{2})^2+y_0^2}$$
$$=\sqrt{x_0^2+2\sqrt{2}x_0+2+x_0^2-1}$$
$$\cdot\sqrt{x_0^2-2\sqrt{2}x_0+2+x_0^2-1}$$
$$=\sqrt{(2x_0^2+1)^2-(2\sqrt{2}x_0)^2}$$
$$=\sqrt{(2x_0^2-1)^2}=|2x_0^2-1|.$$
$$|OM|^2=(\sqrt{x_0^2+y_0^2})^2$$
$$=|x_0^2+y_0^2|=|x_0^2+x_0^2-1|=|2x_0^2-1|.$$

所以　$|MF_1|\cdot|MF_2|=|OM|^2$.

本例中双曲线 $x^2-y^2=1$ 的实轴长与虚轴长相等，叫做等轴双曲线.

例 5　已知直线 l 的倾斜角为 $\frac{\pi}{4}$，在 y 轴上的截距为 3，以双曲线 $12x^2-4y^2=3$ 的焦点为焦点作椭圆，且椭圆与直线 l 有交点，若所作椭圆的长轴最短，试求该椭圆的方程.

双曲线的光学性质

从双曲线一个焦点出发的光线，经双曲线发射后，反射光线的反向延长线经过双曲线的另一个焦点.

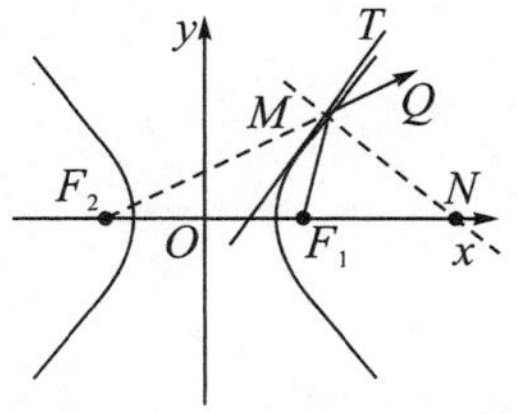

解　所给双曲线的标准方程是 $\frac{x^2}{\frac{1}{4}}-\frac{y^2}{\frac{3}{4}}=1$，焦点坐标为 (1，0) 和 (−1，0).

设椭圆方程为 $\frac{x^2}{a^2}+\frac{y^2}{a^2-1}=1$. 由方程组 $\begin{cases}y=x+3\\ \frac{x^2}{a^2}+\frac{y^2}{a^2-1}=1\end{cases}$ 化简整理得

$$(2a^2-1)x^2+6a^2x+10a^2-a^4=0.$$

令 $\Delta\geqslant0$，得

$$36a^4-4(2a^2-1)(10a^2-a^4)\geqslant0,$$

解得 $a^2\geqslant5$. 所以当 $a^2=5$ 时，所作椭圆的长轴最短，此时椭圆方程为

$$\frac{x^2}{5}+\frac{y^2}{4}=1.$$

例 6　已知双曲线 C：$x^2-\frac{y^2}{3}=1$，F_1，F_2 分别是其左右焦点，点 $Q\left(4,\ \frac{9}{2}\right)$，$P$ 是 C 上的动点，求 $|PF_2|+|PQ|$ 的最小值.

解　如图 6−43，根据双曲线的光学性质可知，当 P 点在 F_1Q 连线上时 $|PF_2|+|PQ|$ 最短. 此时

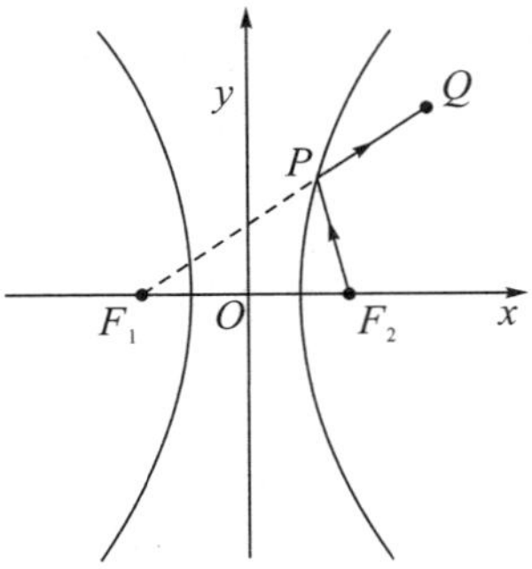

图 6—43

$$|PF_2|+|PQ|=(|PF_1|-2a)+|PQ|=|F_1Q|-2a.$$

而 F_1 坐标为 $(-2,\ 0)$，$a=1$，则

$$|F_1Q|=\sqrt{(4+2)^2+\left(\frac{9}{2}-0\right)^2}=\frac{15}{2},$$

故 $|PF_2|+|PQ|$ 的最小值为 $\frac{15}{2}-2=\frac{11}{2}$.

例 7 一条直线与双曲线及其渐近线都相交，求证：夹在双曲线和渐近线之间的线段长相等，即 $|PR|=|SQ|$.

本例只需证线段 PQ 的中点与 RS 的中点重合. 设它们的中点都是 M，则有

$$|PM|=|QM|,$$
$$|RM|=|SM|.$$

可知

$$|PM|-|RM|=|QM|-|SM|$$

所以

$$|PR|=|SQ|.$$

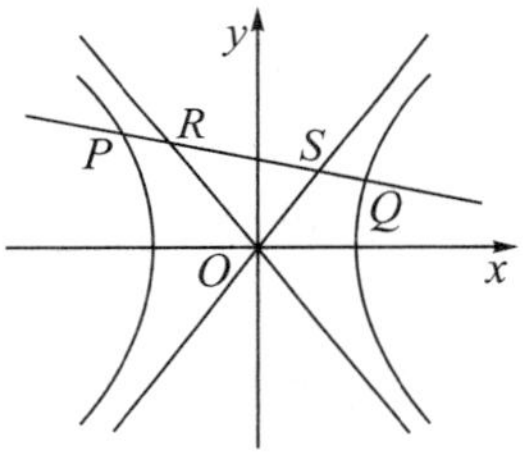

图 6—44

证明 设直线方程为 $y=kx+m$，双曲线方程为 $\frac{x^2}{a^2}-\frac{y^2}{b^2}=1$，其渐近线方程为 $y=\pm\frac{b}{a}x$. 由方程组

$$\begin{cases} y=kx+m \\ \frac{x^2}{a^2}-\frac{y^2}{b^2}=1 \end{cases}$$

可得

$$(b^2-a^2k^2)x^2-2a^2kmx-a^2m^2-a^2b^2=0,$$

可得 $x_1+x_2=\frac{2a^2mk}{b^2-a^2k^2}$，则 PQ 中点的横坐标为 $\frac{a^2mk}{b^2-a^2k^2}$；

由方程组 $\begin{cases} y=kx+m \\ y=\pm\frac{b}{a}x \end{cases}$ 可得 $x_1=\frac{am}{b-ak}$，$x_2=-\frac{am}{b+ak}$，

则有 $x_1+x_2=\frac{2a^2mk}{b^2-a^2k^2}$，因此 RS 中点的横坐标为 $\frac{a^2mk}{b^2-a^2k^2}$.

所以 PQ 的中点与 RS 的中点重合，故 $|PR|=|SQ|$.

习题 6.5

1. 求中心在原点，且满足下列条件的双曲线的方程：

(1) 实轴长为 16，离心率为 $\frac{5}{4}$，焦点在 x 轴上；

(2) 实长轴长 $2\sqrt{5}$，经过点 $(2,\ -5)$，焦点在 y 轴上；

(3) 焦点为 $(-6,\ 0)$ 和 $(6,\ 0)$，且过点 $A(-5,\ 2)$；

(4) 焦距为 10，渐近线为 $y=\pm\frac{1}{2}x$，焦点在 x 轴上.

2. 求与双曲线 $\frac{x^2}{9}-\frac{y^2}{16}=1$ 有共同的渐近线，且过点 $A(-3,\ 2\sqrt{3})$ 的双曲线方程.

3. 已知中心在原点的双曲线的一个焦点是 $F_1(-4,\ 0)$，一条渐近线的方程是 $3x-2y=0$，求双曲线的方程.

4. 在双曲线 $x^2-y^2=1$ 的右支上的一点 $P(a,\ b)$，到直线 $y=x$ 的距离等于 $\sqrt{2}$，求 a，b 的值.

5. 求证双曲线的一个焦点到一条渐近线的距离等于虚半轴的长.

6. 动点 P 到两定点 $(a,\ 0)$，$(-a,\ 0)$（其中 $a>0$）连线的斜率乘积为 k，求动点 P 的轨迹方程，并从 k 值的变化讨论方程表示什么曲线.

7. 求以椭圆 $\frac{x^2}{8}+\frac{y^2}{5}=1$ 的焦点为顶点，以椭圆的顶点为焦点的双曲线方程.

8. 已知双曲线的离心率等于 2，求它的两条渐近线的夹角.

9. 过点 $P(2,\ 1)$ 作一条直线交双曲线 $x^2-\frac{y^2}{3}=1$ 于 A，B 两点，并使 P 为 AB 的中点，求 AB 所在的直线方程和弦 AB 的长.

10. 过点 $M(-2,\ 0)$ 作一条直线交双曲线 $x^2-y^2=1$ 于 A，B 两点，以 OA，OB 为一组邻边作平行四边形 $OAPB$，求点 P 的轨迹方程.

§6.6　抛物线

抛物线在古希腊时期被称为齐曲线，阿波罗尼奥斯在其著作《圆锥曲线论》中对齐曲线有详尽的讨论. 圆锥曲线“焦点”的概念就源于抛物线的光学性质，因抛物面反射镜能将平行于轴的光线聚集到一点，这一概念由数学家狄俄克利斯（Diocles，约公元前 2 世纪）在《取火镜》中提出. 抛物线的几何

抛物线是圆锥曲线的一种，即圆锥面与平行于某条母线的平面相截而得的曲线.

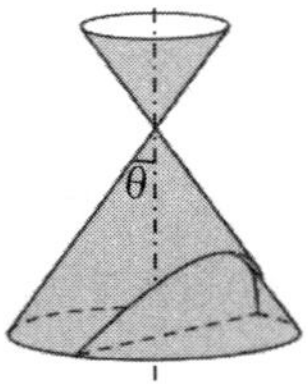

性质以及轨迹定义是由古希腊几何学家喜帕恰斯（Hipparchus，约公元前 190—前 125）在《数学汇编》中给出. 17 世纪解析几何诞生，数学家用代数的方法重新研究圆锥曲线，法国数学家洛必达（L'Hôpital，1661—1704）推导了抛物线的标准方程.

14 世纪，因对火炮射程的判断和控制需要研究斜抛运动的轨迹，起初人们认为轨迹由斜向上的直线段、圆弧、竖直向下的直线段组成. 直到 17 世纪中期，伽利略用实验的方法确定了平抛运动的轨迹不是直线而是类似于抛物线或双曲线抑或是悬链线，而后通过实际测量得出：在相等的时间间隔内，水平位移相等，而竖直位移与时间的平方成正比. 从而通过实验得出平抛运动的轨迹就是阿波罗尼奥斯的齐曲线，理论上的证明则由数学家卡瓦列里（Cavalieri，1598—1647 年）完成. 数学家对抛物体运动轨迹的研究经历了观察猜想、实验验证和理论推理的过程，是运用数学思维理性解决实际问题的范例. 抛物线还有许多重要的应用，从抛物面天线、远光灯到导弹弹道，经常用于物理、工程和许多其他领域.

6.5.1 抛物线及其方程

平面内到一个定点与到一条定直线的距离相等的点的轨迹称为抛物线. 这个定点叫做焦点，定直线叫做准线，焦点到准线的距离称为焦参数.

根据抛物线的定义，我们来求抛物线的方程. 如图 6－45，以过抛物线焦点 F 且垂直于准线 l 的直线为 x 轴，x 轴与 l 相交于 M，以线段 MF 的中点 O 为原点 O 建立直角坐标系.

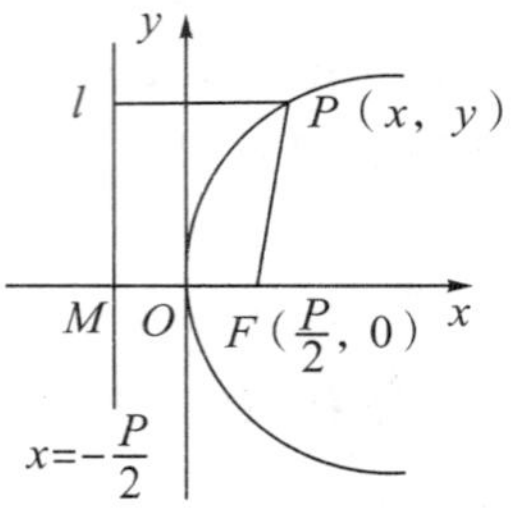

图 6－45

设焦参数为 $p(p>0)$，那么焦点 F 的坐标为 $\left(\frac{p}{2},\ 0\right)$，准线 l 的方程为 $x=-\frac{p}{2}$. 又设 $P(x,\ y)$ 是抛物线上任意一点，点 P 到准线 l 的距离为 d.

二次函数 $y=ax^2+bx+c$ 的图象是一条对称轴与 y 轴平行或重合于 y 轴的抛物线. 在合适的坐标变换下，其方程可化为抛物线的标准方程.

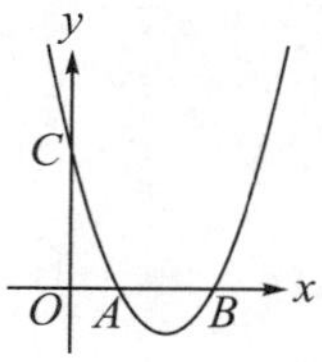

根据抛物线的定义，得 $|PF|=d$. 所以

$$\sqrt{\left(x-\frac{p}{2}\right)^2+y^2}=\left|x+\frac{p}{2}\right|.$$

将上式两边平方，并化简得

$$y^2=2px\ (p>0).$$

这就是抛物线的标准方程. 它所表示的抛物线的焦点在 x 轴的正半轴上.

在实际问题中，由于抛物线的开口方向不同，在建立坐标系时，它们的焦点还可选择在 x 轴的负半轴、y 轴的正半轴或 y 轴的负半轴上，它们的标准方程、图形、焦点坐标以及准线方程列表如下：

标准方程	$y^2=2px$ $(p>0)$	$y^2=-2px$ $(p>0)$	$x^2=2py$ $(p>0)$	$x^2=-2py$ $(p>0)$
图形	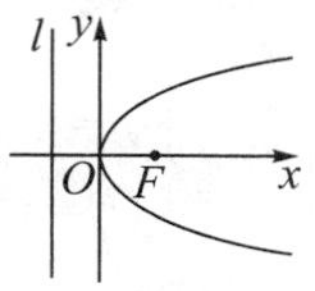	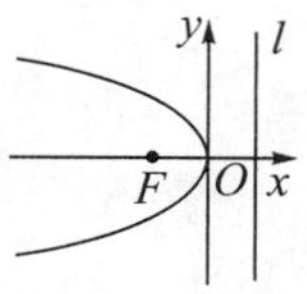	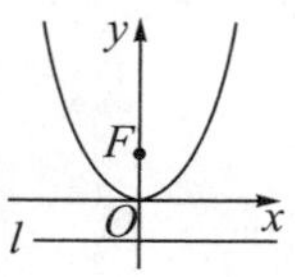	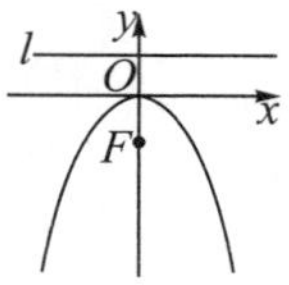
焦点	$F\left(\frac{p}{2},\ 0\right)$	$F\left(-\frac{p}{2},\ 0\right)$	$F\left(0,\ \frac{p}{2}\right)$	$F\left(0,\ -\frac{p}{2}\right)$
准线	$x=-\frac{p}{2}$	$x=\frac{p}{2}$	$y=-\frac{p}{2}$	$y=\frac{p}{2}$

例 1　求以原点为顶点，满足下列条件的抛物线方程：

(1) 以 y 轴为对称轴，焦点和顶点距离为 3；

(2) 以坐标轴为对称轴，且过点 $P(-2,\ -3)$.

解　(1) 以 y 轴为对称轴的抛物线方程有两种形式，可设抛物线方程为 $x^2=\pm 2py$.

由已知条件，$\frac{p}{2}=3\Rightarrow p=6$，故所求的抛物线方程为 $x^2=\pm 12y$.

(2) 点 P 在第三象限，过点 P 的抛物线方程可设为 $y^2=-2p_1x$ 或 $x^2=-2p_2y$，将点 P 坐标分别代入方程中，则有

$$(-3)^2=-2p_1\cdot(-2),\ (-2)^2=-2p_2\cdot(-3),$$

可得 $p_1=\frac{9}{4}$ 或 $p_2=\frac{2}{3}$，故所求的抛物线方程为 $y^2=-\frac{9}{2}x$ 或 $x^2=-\frac{4}{3}y$.

例 2　过抛物线 $y^2=4x$ 的焦点作倾斜角为 $\frac{3\pi}{4}$ 的直线，交抛物线于 A，B 两点，求 A，B 之间的距离.

此处又用到了弦长公式：
直线 $y=kx+b$ 与二次曲线
$Ax^2+Bxy+Cy^2+Dx+Ey+F=0$
交于两点 $A(x_1, y_1)$，$B(x_2, y_2)$，则弦长
$|AB|=\sqrt{(1+k^2)[(x_2+x_1)^2-4x_1x_2]}$.

解 方法一 过抛物线焦点（1，0），倾斜角是$\frac{3\pi}{4}$的直线方程为 $y=-x+1$.

如图 6－46，设 A，B 的坐标分别为 (x_1, y_1)，(x_2, y_2)，由方程组

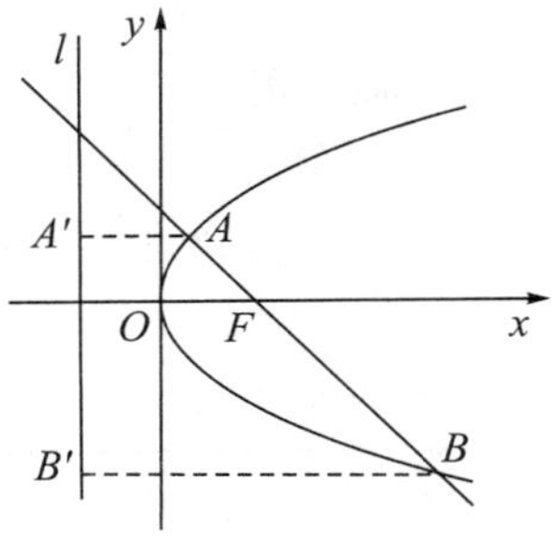

图 6－46

$$\begin{cases} y=-x+1 \\ y^2=4x \end{cases}$$

可得 $x^2-6x+1=0$，则有

$$x_1+x_2=6,\quad x_1x_2=1.$$

由弦长公式可得

$$|AB|=\sqrt{(1+k^2)[(x_1+x_2)^2-4x_1x_2]}$$
$$=\sqrt{2\times(6^2-4\times1)}=8.$$

抛物线上的点，到焦点与到准线的距离相等.

方法二 设 A，B 的坐标分别为 (x_1, y_1)，(x_2, y_2)，l 为准线，如图 6－46，作 $AA'\perp l$，$BB'\perp l$，根据抛物线定义可得

$$|AB|=|AF|+|BF|=|AA'|+|BB'|$$
$$=x_1+\frac{p}{2}+x_2+\frac{p}{2}=x_1+x_2+p.$$

由方程组$\begin{cases} y=-x+1 \\ y^2=4x \end{cases}$可得 $x^2-6x+1=0$，则有

$$x_1+x_2=6,$$

又因为 $p=2$，所以

$$|AB|=x_1+x_2+p=6+2=8.$$

6.5.2 抛物线的几何性质

我们根据抛物线的标准方程

$$y^2=2px\ (p>0) \qquad ①$$

来研究抛物线的几何性质.

1. 范围

由①可知 $x \geqslant 0$，$y \in \mathbf{R}$，说明抛物线①在 y 轴的右侧. 当 x 的值增大时，$|y|$ 的值也增大，说明抛物线①向右上方和右下方无限延伸.

抛物线是轴对称图形，但不是中心对称图形. 像抛物线这样没有对称中心的曲线，称为无心曲线.

2. 对称性

在①中，把 y 换成 $-y$，方程不变，说明抛物线①是关于 x 轴对称. 我们把抛物线的轴叫做抛物线的轴.

3. 顶点

抛物线和它的轴的交点叫做抛物线的顶点. 在①中，当 $y=0$ 时，$x=0$，因此抛物线①的顶点就是坐标原点.

4. 离心率

抛物线上任一点到焦点和准线的距离之比，叫做抛物线的离心率，用 e 表示. 根据抛物线定义可知，抛物线上任一点到焦点和准线的距离相等（如图 6－47），因此 $e=1$.

抛物线的离心率恒为 1. 决定抛物线开口大小的是焦参数 p，p 越大，开口越开阔.

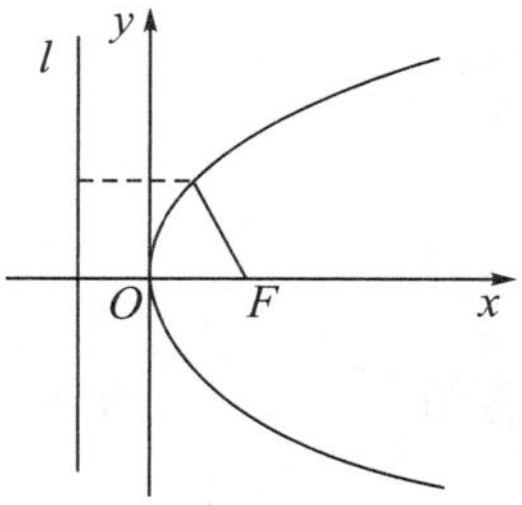

图 6－47

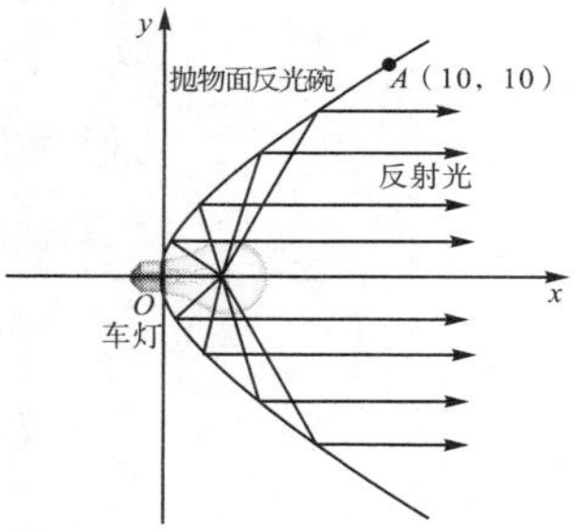

图 6－48

例 3　汽车前灯的反光曲面的纵断面是抛物线的一部分（如图 6－48），已知灯口直径是 20cm，灯深 10cm，求这条抛物线的标准方程和焦点坐标.

解　以反光镜的顶点（即抛物线顶点）为原点，以灯轴（即抛物线的对称轴）为 x 轴建立直角坐标系.

设抛物线方程为 $y^2=2px$，因为点 A 的坐标是（10，10），所以代入方程有

$$10^2=2\times p\times 10,$$

解得 $p=5$，所以抛物线的方程为

$$y^2=10x,$$

故焦点坐标为 $\left(\frac{5}{2},\ 0\right)$，也就是说反光镜的焦点在灯轴上与顶

抛物线的光学性质

1. 从焦点发出的光线，经过抛物线上的一点反射后，反射光线平行于抛物线的轴.

2. 反之，一束平行于

抛物线轴的光线，经过抛物线的反射，反射光线必过焦点.

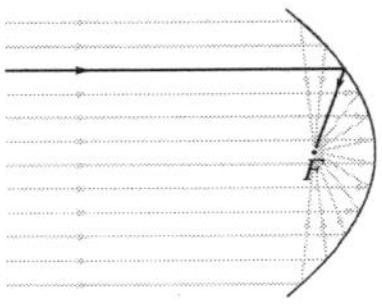

点相距 2.5cm 处.

例 4 如图 6－49，过抛物线 $y^2=2px$ 的顶点 O 任作两条相互垂直的弦，交抛物线于 A，B 两点，求线段 AB 的中点的轨迹方程.

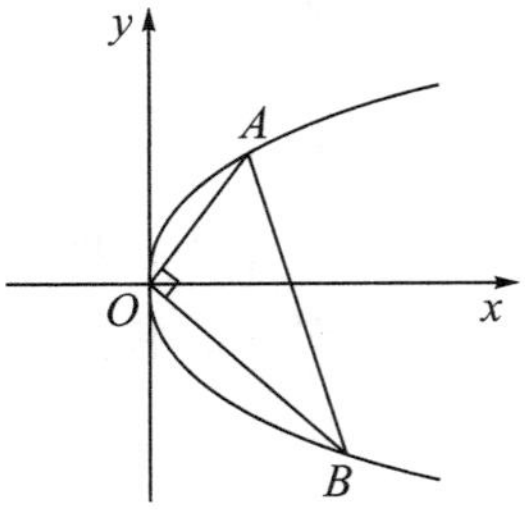

图 6－49

解 设 OA 的斜率为 k，则 OA 的方程为

$$y=kx.$$

因为 $OA\perp OB$，所以 OB 的斜率为 $-\frac{1}{k}$，则 OB 的方程为 $y=-\frac{1}{k}x$.

设 A，B 的坐标分别为 (x_1, y_1)，(x_2, y_2)，由方程组 $\begin{cases}y=kx\\y^2=2px\end{cases}$ 可得

$$x_1=\frac{2p}{k^2},\ y_1=\frac{2p}{k}. \qquad ①$$

又由方程组 $\begin{cases}y=-\frac{1}{k}x\\y^2=2px\end{cases}$ 可得

$$x_2=2pk^2,\ y_2=-2pk. \qquad ②$$

设点 $P(x, y)$ 为 AB 的中点，则有 $\begin{cases}x=\frac{x_1+x_2}{2}\\y=\frac{y_1+y_2}{2}\end{cases}$. ③

把①②代入③，可得 $\begin{cases}x=p\left(\frac{1}{k^2}+k^2\right)\\y=p\left(\frac{1}{k}-k\right)\end{cases}$.

消去参数 k，得到 $y^2=p(x-2p)$，这就是线段 AB 的中点的轨迹方程.

连接抛物线上任意一点与焦点的线段叫做抛物线的焦半径．焦半径公

例 5 在抛物线 $y^2=12x$ 上，求和焦点的距离等于 9 的点的坐标.

解 设所求点为 $P(x_0, y_0)$，点 P 到焦点 $F(3, 0)$ 的

式是

$$|PE|=x_0+\frac{p}{2}.$$

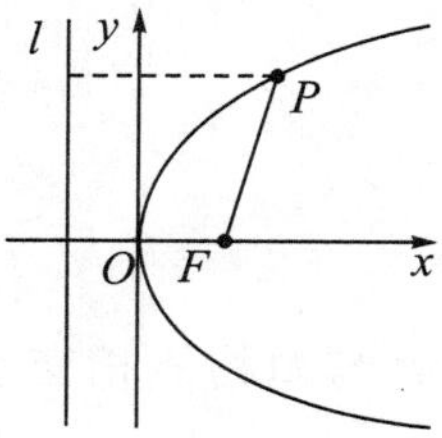

距离

$$|PF|=\sqrt{(x_0-3)^2+y_0{}^2}. \quad ①$$

点 P 在抛物线 $y^2=12x$ 上，则有

$$y_0{}^2=12x_0. \quad ②$$

②代入①，有 $|PF|=\sqrt{x_0{}^2+6x_0+9}=|x_0+3|$.

由题意，$|PF|=9$，则 $x_0=6$，故所求点为（6，$6\sqrt{2}$）或（6，$-6\sqrt{2}$）.

本例也可利用焦半径公式来计算.

例 6　已知抛物线 $y^2=-x$ 与直线 $y=k(x+1)$ 相交于 A，B 两点.

（1）求证 $OA\perp OB$；（2）当△OAB 的面积等于 $\sqrt{10}$ 时，求 k 的值.

解　（1）证：设 A，B 的坐标分别为（x_1，y_1），（x_2，y_2），由方程组

$$\begin{cases} y^2=-x \\ y=k(x+1) \end{cases}$$

可得

$$k^2x^2+(2k^2+1)x+k^2=0,$$

则有 $x_1\cdot x_2=1$. 因为点 A，B 在抛物线 $y^2=-x$ 上，则有

$$y_1^2\cdot y_2^2=x_1\cdot x_2,$$

由题意，A，B 分别在 x 轴两侧，于是 $y_1\cdot y_2<0$，可知

$$y_1\cdot y_2=\pm\sqrt{x_1\cdot x_2}=-1.$$

因此 $k_{OA}\cdot k_{OB}=\frac{y_1}{x_1}\cdot\frac{y_2}{x_2}=\frac{y_1y_2}{x_1x_2}=-1$，所以 $OA\perp OB$.

（2）由方程组 $\begin{cases} y^2=-x \\ y=k(x+1) \end{cases}$ 又可得 $y^2=-\left(\frac{y}{k}-1\right)$，即

$$y^2+\frac{y}{k}-1=0,$$

则有 $y_1+y_2=-\frac{1}{k}$，可得

$$|y_1-y_2|=\sqrt{(y_1+y_2)^2-4y_1y_2}=\sqrt{\frac{1}{k^2}+4},$$

而△OAB 的面积

$$S_{\triangle OAB}=\frac{1}{2}\times1\times|y_1-y_2|=\frac{1}{2}\sqrt{\frac{1}{k^2}+4}=\sqrt{10}.$$

解得 $k=\pm\frac{1}{6}$.

习题 6.6

1. 求顶点在原点，对称轴为坐标轴，并且满足下列条件的抛物线方程：

   (1) 焦点是 $F\left(0, -\frac{1}{2}\right)$；

   (2) 对称轴为 x 轴，并且经过点 $A(9, 6)$；

   (3) 对称轴为 x 轴，顶点到焦点的距离为 6.

2. 经过抛物线 $y^2=2px$ 的焦点 F，作一条直线垂直于它的对称轴且与抛物线相交于 P_1，P_2 两点，线段 P_1P_2 叫做抛物线的通径，求通径的长.
3. 已知抛物线的顶点是双曲线 $16x^2-9y^2=144$ 的中心，而焦点是双曲线的左顶点，求抛物线的方程.
4. 求抛物线 $y^2=12x$ 被点 $M(1, 2)$ 所平分的弦的方程.
5. 求抛物线 $y^2=12x$ 上的点到直线 $4x+3y+46=0$ 的最短距离.
6. 一个正三角形有两个顶点在抛物线 $y^2=2px$ 上，还有一个顶点在原点，求这个正三角形的边长.
7. 证明：当 m 取不同值时，方程 $x^2+y^2-2m(mx+2y)=5-4m^2-m^4$ 所表示的各圆圆心在一条抛物线上.
8. 求证：不论 a 为任何实数，抛物线 $y=x^2+ax+a-2$ 与 x 轴相交于两个不同的点. 并回答 a 为何值时，这两点间的距离最小，最小的距离是多少？
9. 直线 $y=kx+b$ 与抛物线 $y=ax^2$ 及 x 轴交点的横坐标分别为 x_1，x_2，x_3. 求证：$\frac{1}{x_3}=\frac{1}{x_1}+\frac{1}{x_2}$.
10. 椭圆 $\frac{x^2}{25}+\frac{y^2}{16}=1$ 的焦点为 F_1，F_2，动点 A 在抛物线 $y=x^2+3$ 上移动，求 $\triangle AF_1F_2$ 的重心 P 的轨迹方程.

§6.7 坐标变换

坐标变换是从一种坐标系统变换到另一种坐标系统的过程. 通过建立两个坐标系统之间的一一对应关系来实现，是各种比例尺地图测量和编绘中建立地图数学基础必不可少的步骤.

一般来说，在不同的坐标系中，同一个点有不同的坐标，同一条曲线有不同的方程. 例如方程 $(x-3)^2+(y-2)^2=3^2$ 在 xOy 坐标系中表示的是以 $C(3, 2)$ 为圆心，半径为 3 的圆. 如果保持坐标轴的方向不变将其移动，使坐标原点变动到圆心 C 的位置，这就得到一个新的坐标系——$x'O'y'$ 坐标系，在新的坐标系中，圆的方程则变成了 $x'^2+y'^2=3^2$（图 6－50）.

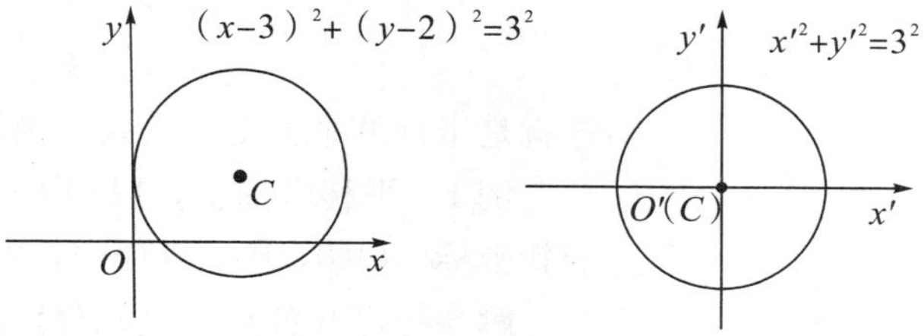

图 6－50

从上面的例子可以看出，虽然点的位置没变，曲线的位置、形状和大小都没改变，但由于坐标系的改变，点的坐标和曲线的方程也随之变化. 如果我们把坐标系进行适当变换，曲线的方程就可以化简，便于我们研究曲线的性质.

在实际问题中，坐标系的选取受各种因素的影响，致使曲线的方程不一定具有标准形式。为了便于研究方程和了解曲线的几何性质，我们需要变动坐标系的位置，使曲线的方程转换为标准方程. 在平面解析几何中，有直角坐标的平移和旋转，还有极坐标与直角坐标之间的相互转换. 本节主要研究如何利用坐标变换，把一般的二元二次方程化为标准方程.

函数图象平移

函数图象平移的本质是函数图象位置的移动，函数图象本身没有发生变化，只是平移后的函数图象在二维坐标系中对应的坐标发生了变化. 函数图象平移有两种情况，即左右平移和上下平移. 左右平移是针对横坐标 x 而言，上下平移是针对纵坐标 y 而言. 当函数图象向左、右平移时，纵坐标保持不变，横坐标遵循左加右减的规则；当函数图象向上、下平移时，横坐标保持不变，纵坐标遵循上减下加的规则.

6.7.1　坐标轴的平移

当坐标轴的方向和长度单位都不改变，只改变原点的位置时，这种坐标系的变换就叫做坐标轴的平移，简称移轴.

1. 平移公式（移轴公式）

设点 O' 在原坐标系 xOy 中的坐标为 (h, k)，以 O' 为新原点平移坐标轴，建立新坐标系 $x'O'y'$. 在平面内任取一点 P，如果它在原坐标系和新坐标系中的坐标分别是 (x, y) 和 (x', y')，如图 6－51，可知

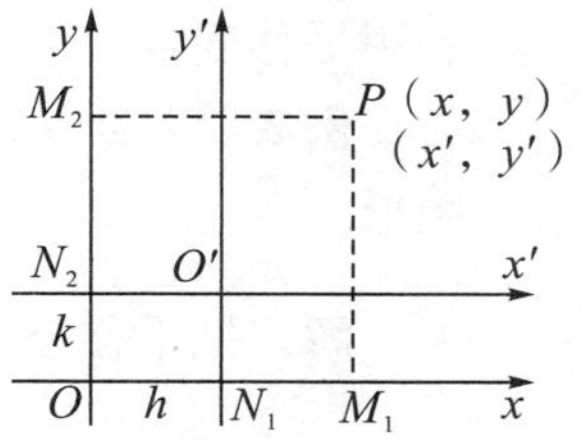

图 6－51

$$\begin{cases} x=OM_1=ON_1+N_1M_1=h+x' \\ y=OM_2=ON_2+N_2M_2=k+y' \end{cases},$$

即

$$\begin{cases}x=x'+h\\y=y'+k\end{cases}\text{或}\begin{cases}x'=x-h\\y'=y-k\end{cases},$$

这就是坐标的平移变换公式，简称为平移公式（移轴公式）.

例 1 平移坐标轴，以 $O'(-3, 4)$ 为新原点，求下列各点的新坐标：$O(0, 0)$，$A(-4, 2)$，$B(0, 4)$，$C(-1, -2)$.

解 把已知各点的坐标分别代入平移公式

$$\begin{cases}x'=x-(-3)\\y'=y-4\end{cases},$$

就得到已知各点在新坐标系 $x'O'y'$ 中的坐标：$O(3, -4)$，$A(-1, -2)$，$B(3, 0)$，$C(2, -6)$.

正弦型函数的相位变换，就是函数图象的左右平移.

例 2 以 $(3, -2)$ 为新的坐标原点平移坐标轴，试求方程 $x^2+y^2-6x+4y-12=0$ 所表示的曲线在新坐标系下的方程.

解 设 P 为曲线上任意一点，它在原坐标系 xOy 下的坐标为 (x, y)，在新坐标系 $x'O'y'$ 下的坐标为 (x', y')，由平移公式 $\begin{cases}x=x'+3\\y=y'-2\end{cases}$ 代入原方程，得

$$(x'+3)^2+(y'-2)^2-6(x'+3)+4(y'-2)-12=0.$$

化简得

$$x'^2+y'^2=25,$$

这就是曲线在新坐标系中的方程.

由例 2 可以看到，适当地平移坐标轴，就可以把曲线方程变得比较简单. 下面，我们来研究如何选择新的坐标原点，通过坐标轴的平移来化简方程.

2. 利用坐标轴的平移化简二元二次方程

对于缺 xy 项的二元二次方程

$$Ax^2+Cy^2+Dx+Ey+F=0(A，C\text{ 不同时为 }0)$$

利用平移变换，可以把它化成标准形式.

例 3 化简方程 $4x^2+9y^2+8x-36y+4=0$，并画出它的图形.

解 把平移公式 $\begin{cases}x=x'+h\\y=y'+k\end{cases}$ 代入原方程，得

$$4(x'+h)^2+9(y'+k)^2+8(x'+h)-36(y'+k)+4=0,$$

整理，得

$$4x'^2+9y'^2+(8h+8)x+(18k-36)y+4h^2+9k^2+8h-36k+4=0. \quad ①$$

本例也可用配方法：把原方程化为 $4(x-1)^2+9(y+1)^2=36$，即 $\dfrac{(x-1)^2}{9}+\dfrac{(y+1)^2}{4}=1.$ 令 $\begin{cases}x'=x-1\\y'=y+1\end{cases}$，代入②，得标准方程

$\frac{x'^2}{9}+\frac{y'^2}{4}=1.$

令$\begin{cases}8h+8=0\\18k-36=0\end{cases}$，解得$\begin{cases}h=-1\\k=2\end{cases}$，代入①，得

$$4x'^2+9y'^2=36,$$

化为标准方程即$\frac{x'^2}{9}+\frac{y'^2}{4}=1.$　②

这是一个椭圆，它的图形如图6－52.

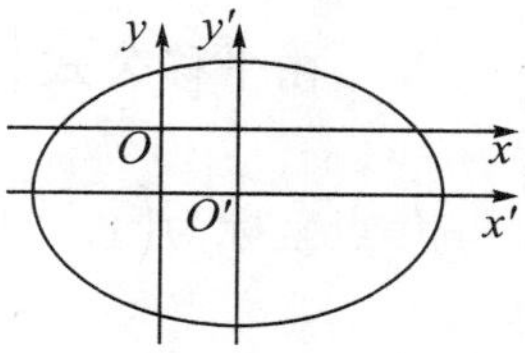

图6－52

方程②是中心在新坐标系的原点$O'(1,\ -1)$，对称轴为直线$x=1$和$y=-1$，长轴长是$2a=6$，短轴长是$2b=4$的一个椭圆. 坐标轴的平移就是把原点$O(0,\ 0)$移到椭圆的中心$O'(1,\ -1)$，使新坐标系$x'O'y'$的坐标轴与椭圆的对称轴相重合，从而达到化简方程的目的.

例4　证明二次函数$y=ax^2+bx+c(a\neq0)$的图形是一条抛物线.

二次函数：$y=ax^2+bx+c(a\neq0)$的图形为抛物线. a决定函数的开口方向. $a>0$时，开口向上；$a<0$时，开口向下. a的绝对值可以决定开口大小. a的绝对值越大开口就越小，a的绝对值越小开口就越大.

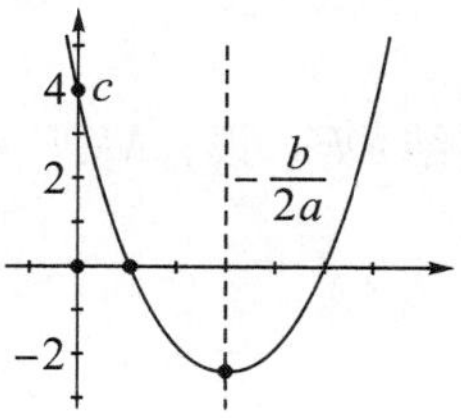

证明　只需要把原方程化简，如果能化成抛物线方程，就可以证明它是一条抛物线. 用配方法

$$y=a\left(x+\frac{b}{2a}\right)^2+c-\frac{b^2}{4a},$$

即

$$\left(x+\frac{b}{2a}\right)^2=\frac{1}{a}\left(y-\frac{4ac-b^2}{4a^2}\right).\qquad ①$$

令$x'=x+\frac{b}{2a}$，$y'=y-\frac{4ac-b^2}{4a}$，代入①，得

$$x'^2=\frac{1}{a}y',$$

所以二次函数$y=ax^2+bx+c(a\neq0)$的图形是一条抛物线.

例5　求双曲线$y^2-2x^2-6y+4x-2=0$的焦点坐标、渐近线方程和离心率.

解　原方程可化为$(y-3)^2-2(x-1)^2=9$，即$\frac{(x-1)^2}{9}+\frac{(y+1)^2}{4}=1$. 可知

$$a=3,\ b=\frac{3\sqrt{2}}{2},\ c=\sqrt{9+\frac{9}{2}}=\frac{3\sqrt{6}}{2}.$$

以 $O'(1,3)$ 为新原点平移坐标系，在新坐标系下双曲线方程为 $\frac{x'^2}{9}-\frac{y'^2}{\frac{9}{2}}$，可知焦点坐标为 $\left(0,\ \pm\frac{3\sqrt{6}}{2}\right)$，渐近线方程为 $y=\pm\frac{3}{\frac{3\sqrt{2}}{2}}x$ 即 $y=\pm\sqrt{2}x$.

由平移公式 $\begin{cases}x'=x-1\\y'=y-3\end{cases}\Rightarrow\begin{cases}x=x'+1\\y=y'+3\end{cases}$，可知在原坐标系下，焦点坐标为 $\left(1,\ 3\pm\frac{3\sqrt{6}}{2}\right)$，渐近线方程为 $y-3=\pm\sqrt{2}\ (x-1)$，离心率仍为 $e=\frac{c}{a}=\frac{\frac{3\sqrt{6}}{2}}{3}=\frac{\sqrt{6}}{2}$.

6.7.2 坐标轴的旋转

当原点的位置和坐标轴的长度单位都不改变，只改变坐标轴的方向时，这种坐标系的变换就叫做坐标轴的旋转，简称转轴.

1. 旋转公式（转轴公式）

如图 6－53，设坐标系 xOy 旋转变换为新坐标系 $x'Oy'$，旋转角为 θ. 在平面内任取一点 P，它在旧坐标系和新坐标系中的坐标分别为 $(x,\ y)$ 和 $(x',\ y')$.

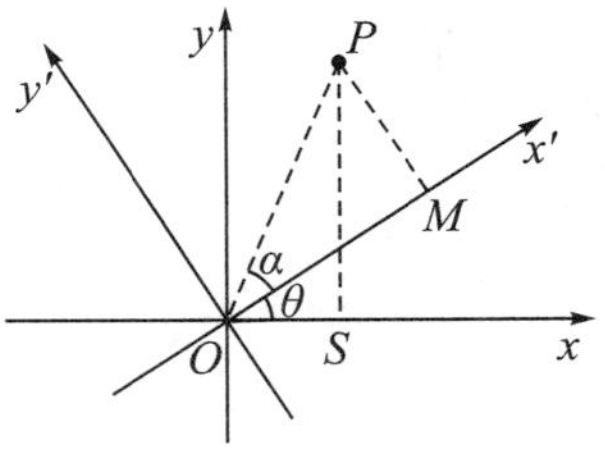

图 6－53

作 PS，PM 分别垂直于 x 轴、x'轴，连结 OP，设 $\angle MOP=\alpha$，则有

$$x'=|OP|\cos\alpha,$$
$$y'=|OP|\sin\alpha,$$

所以

$$\begin{aligned}x&=|OP|\cos(\theta+\alpha)\\&=|OP|(\cos\theta\cos\alpha-\sin\theta\sin\alpha)\\&=x'\cos\theta-y'\sin\theta,\end{aligned}$$

在极坐标系中，点 $M(x,\ y)$ 对应向量模为 r，幅角为 α. 将坐标轴绕原点，按逆时针方向旋转角 θ 形成新坐标系，点 M 在新坐标系中坐标为

$x=r\cos\alpha$,

$y=r\sin\alpha$,

$x_1=r\cos(\alpha-\theta)$,

$y_1=r\sin(\alpha-\theta)$,

于是

$x_1=r(\cos\alpha\cos\theta+\sin\alpha\sin\theta)$
$\quad=x\cos\theta+y\sin\theta$,

$y_1=r(\sin\alpha\cos\theta-\cos\alpha\sin\theta)$
$\quad=y\cos\theta-x\sin\theta$,

得到转轴公式

$$\begin{cases}x_1=x\cos\theta+y\sin\theta\\y_1=y\cos\theta-x\sin\theta\end{cases},$$

将新坐标系看作原坐标系，则旋转角为 $-\theta$，代入上式得

$$\begin{cases}x_1=x\cos\theta-y_1\sin\theta\\y=y_1\cos\theta+x_1\sin\theta\end{cases}.$$

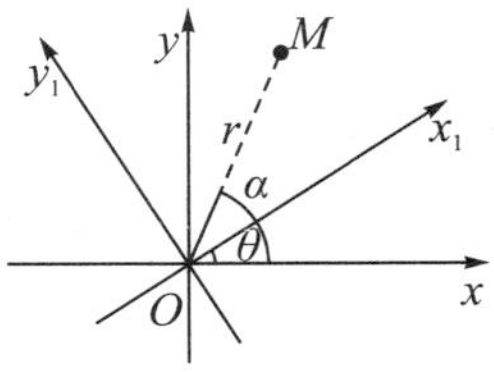

$$
\begin{aligned}
y&=|OP|\sin(\theta+\alpha)\\
&=|OP|(\sin\theta\cos\alpha+\cos\theta\sin\alpha)\\
&=x'\sin\theta+y'\cos\theta.
\end{aligned}
$$

于是，我们得到了同一个点 P 在新旧两个坐标系里的坐标的关系：

$$
\begin{cases}x=x'\cos\theta-y'\sin\theta\\ y=x'\sin\theta+y'\cos\theta\end{cases},\qquad ①
$$

由①解出 x'，y'，得

$$
\begin{cases}x'=x\cos\theta+y\sin\theta\\ y'=-x\sin\theta+y\cos\theta\end{cases}.\qquad ②
$$

公式①是用新坐标表示旧坐标的旋转变换公式，公式②是用旧坐标表示新坐标的旋转变换公式，统称旋转（转轴）公式.

例 6　把坐标轴旋转$\frac{\pi}{6}$，求点 $P(1,\ 2)$ 在新坐标系中的坐标（图 6－54）.

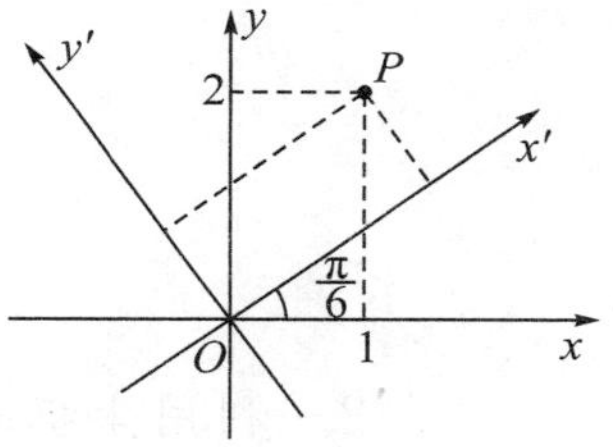

图 6－54

解　把 $\theta=\frac{\pi}{6}$，$x=1$，$y=2$ 代入公式②，得

$$
\begin{aligned}
x'&=1\cdot\cos\frac{\pi}{6}+2\sin\frac{\pi}{6}\\
&=\frac{\sqrt{3}}{2}+2\times\frac{1}{2}=\frac{\sqrt{3}+2}{2},
\end{aligned}
$$

$$
\begin{aligned}
y'&=(-1)\sin\frac{\pi}{6}+2\cos\frac{\pi}{6}\\
&=-\frac{1}{2}+2\times\frac{\sqrt{3}}{2}+=\frac{2\sqrt{3}-1}{2}.
\end{aligned}
$$

所以点 $P(1,\ 2)$ 在新坐标系中的坐标是$\left(\frac{\sqrt{3}+2}{2},\ \frac{2\sqrt{3}-1}{2}\right)$.

例 7　把坐标轴旋转$\frac{\pi}{4}$，求曲线 $13x^2-10xy+13y^2=72$ 在新坐标系中的方程，并画图.

解　把 $\theta=\frac{\pi}{4}$代入公式①，得

$$x=x'\cos\frac{\pi}{4}-y'\sin\frac{\pi}{4}=\frac{x'-y'}{\sqrt{2}},$$

$$y=x'\sin\frac{\pi}{4}+y'\cos\frac{\pi}{4}=\frac{x'+y'}{\sqrt{2}}.$$

对于二元二次方程，应用坐标平移，不会改变二次项的系数. 而应用坐标旋转后，二次项系数往往会发生改变.

代入原方程，得

$$13\left(\frac{x'-y'}{\sqrt{2}}\right)^2-10\left(\frac{x'-y'}{\sqrt{2}}\right)\left(\frac{x'+y'}{\sqrt{2}}\right)+13\left(\frac{x'+y'}{\sqrt{2}}\right)^2=72,$$

化简后得 $4x'^2+9y'^2=36$，即

$$\frac{x'^2}{9}+\frac{y'^2}{4}=1.$$

这就是所给曲线在新坐标系中的方程，它是一个椭圆，如图 6－55所示.

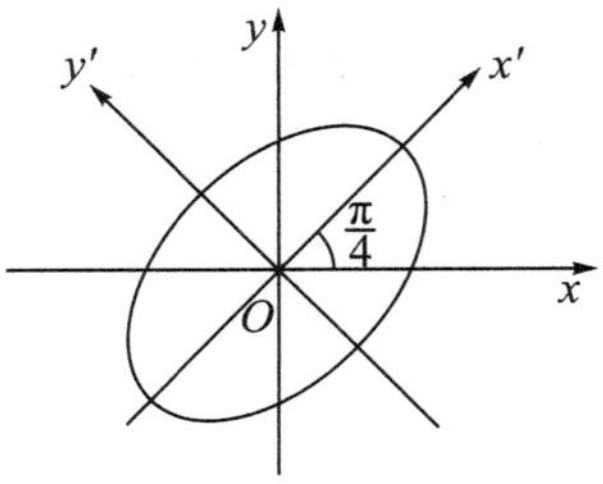

图 6－55

2. 利用坐标轴的旋转化简二元二次方程

从上面的例 7 我们看到，利用坐标轴的旋转，可以消去二元二次方程中的 xy 项，对于二元二次方程

$$Ax^2+Bxy+Cy^2+F=0(B\neq 0), \qquad ③$$

把转轴公式①代入方程③中，整理后得

$$(A\cos^2\theta+B\sin\theta\cos\theta+C\sin^2\theta)x'^2$$
$$+[-(A-C)\sin 2\theta+B\cos 2\theta]x'y'$$
$$+(A\sin^2\theta-B\sin\theta\cos\theta+C\cos^2\theta)y'^2+F=0$$

要消去二元二次方程中的 xy 项，只要把坐标轴旋转一个适当的角 $\theta=\frac{1}{2}\operatorname{arccot}\frac{A-C}{B}$ $\left(0<\theta<\frac{\pi}{2}\right)$.

使 $x'y'$ 的系数等于零，求出旋转角 $\theta\left(0<\theta<\frac{\pi}{2}\right)$. 这就是使

$$-(A-C)\sin 2\theta+B\cos 2\theta=0,$$
$$B\cos 2\theta=(A-C)\sin 2\theta.$$

所以 $$\cot 2\theta=\frac{A-C}{B}(0<2\theta<\pi). \qquad ④$$

取由公式④确定的转角 θ，旋转坐标轴后就可以消去方程③中的 xy 项.

例 8 证明方程 $xy=1$ 的图形是双曲线.

证明　用坐标轴的旋转消去 xy 项，已知 $A=0$，$B=1$，$C=0$. 代入公式④，得

$$\cot 2\theta=\frac{A-C}{B}=0.$$

所以 $2\theta=\frac{\pi}{2}$，$\theta=\frac{\pi}{4}$. 于是 $\sin\theta=\cos\theta=\frac{\sqrt{2}}{2}$，代入①，得

$$\begin{cases} x=\frac{\sqrt{2}}{2}(x'-y') \\ y=\frac{\sqrt{2}}{2}(x'+y') \end{cases}.$$

把这个关系式代入原方程，得曲线在新坐标系中的方程为

$$\frac{x'^2}{2}-\frac{y'^2}{2}=1.$$

这是双曲线的标准方程. 可见方程 $xy=1$ 的图形是双曲线（图 6－56）.

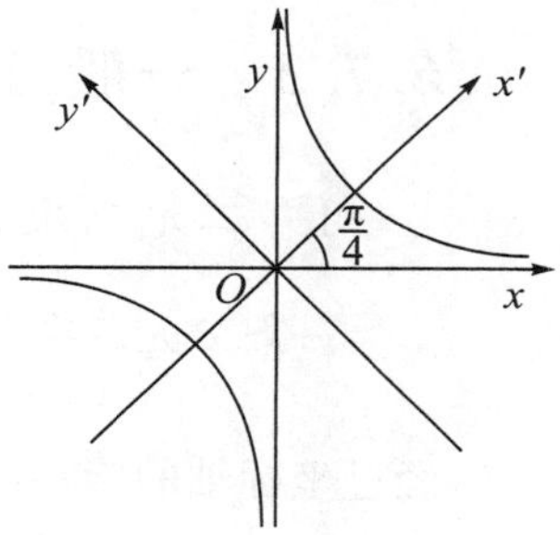

图 6－56

由于旋转公式只用到 $\sin\theta$ 和 $\cos\theta$ 的值，因此不一定求出 θ 角的度数，可以利用下面的三角恒等式来计算：

$$\begin{cases} \cos 2\theta=\frac{\cot 2\theta}{\sqrt{1+\cot^2 2\theta}} \\ \sin\theta=\sqrt{\frac{1-\cos 2\theta}{2}} \\ \cos\theta=\sqrt{\frac{1+\cos 2\theta}{2}} \end{cases}.$$

要消去 xy 项，只要取 2θ 的最小正值就可以了，也就是只要取 $0<2\theta<\pi$，所以 $\cos 2\theta$ 与 $\cot 2\theta$ 的符号相同，这时 $0<\theta<\frac{\pi}{2}$，所以 $\sin\theta$ 和 $\cos\theta$ 都是正值，因此，此公式根号前都取正号.

例 9　化简方程 $2x^2+4xy+5y^2-36=0$，并画出它的图形.

解　作坐标轴的旋转，消去 xy 项，由于 $\cot 2\theta=\frac{2-5}{4}=-\frac{3}{4}$，可知

$$\cos 2\theta=\frac{-\frac{3}{4}}{\sqrt{1+\frac{9}{16}}}=-\frac{3}{5},\quad \sin\theta=\sqrt{\frac{1+\frac{3}{5}}{2}}=\frac{2}{\sqrt{5}},$$

$$\cos\theta=\sqrt{\frac{1-\frac{3}{5}}{2}}=\frac{1}{\sqrt{5}}.$$

所以 $$\begin{cases} x=\frac{1}{\sqrt{5}}x'-\frac{2}{\sqrt{5}}y'=\frac{1}{\sqrt{5}}(x'-2y') \\ y=\frac{2}{\sqrt{5}}x'+\frac{1}{\sqrt{5}}y'=\frac{1}{\sqrt{5}}(2x'+y') \end{cases}.$$

把上式代入原方程化简，得

$$6x'^2+y'^2=36,$$

即

$$\frac{x'^2}{6}+\frac{y'^2}{36}=1.$$

由 $\cot 2\theta=-\frac{3}{4}$，取 2θ 的最小正值，$2\theta=126°52'$，$\theta=63°26''$. 方程的图形是一个椭圆，如图 6－57.

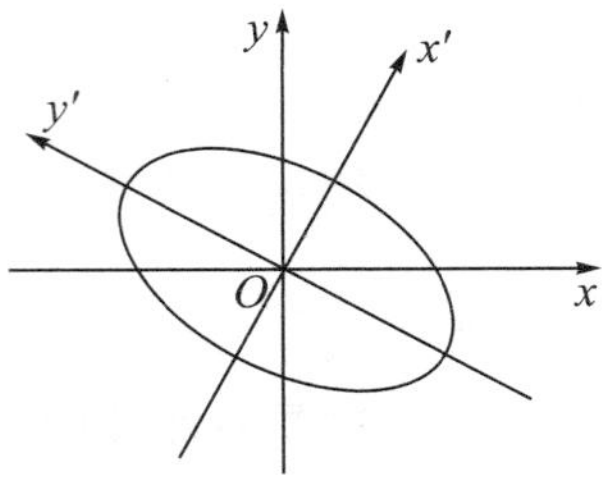

图 6－57

6.7.3 一般二元二次方程的化简

1. 二元二次方程的两个不变式

对于一般二元二次方程 $Ax^2+Bxy+Cy^2+Dx+Ey+F=0$，可以先通过坐标轴的旋转消去 xy 项，再通过坐标轴的平移进行化简. 但若能判定曲线类型，就能知道是该先移轴再转轴，还是该先转轴再移轴，这样往往能简化运算.

一般二元二次方程

$$Ax^2+Bxy+Cy^2+Dx+Ey+F=0 \quad ①$$

经过坐标轴的旋转可以变换为

$$A'x'^2+B'x'y'+C'y'^2+D'x'+E'y'+F'=0 \quad ②$$

的形式. 这里

$$A'=A\cos^2\theta+B\sin\theta\cos\theta+C\sin^2\theta,$$
$$B'=-(A-C)\sin 2\theta+B\cos 2\theta,$$
$$C'=A\sin^2\theta-B\sin\theta\cos\theta+C\cos^2\theta,$$
$$D'=D\cos\theta+E\sin\theta,$$
$$E'=-D\sin\theta+E\cos\theta,$$
$$F'=F.$$

经过直接验证，可以知道方程①和方程②里二次项的系数有以下的关系：

$$A+C=A'+C',$$
$$B^2-4AC=B'^2-4A'C'.$$

应用坐标轴的平移，不会改变二次项的系数，所以这两个不变式对于移轴也同样成立.

这两个关系式叫做二元二次方程的不变式. 通常把前面这个不变式用字母 H 来表示，后面这个不变式用符号Δ来表示.

2. 二元二次方程所表示曲线的类型

具有中心的圆锥曲线叫做有心圆锥曲线，椭圆和双曲线具有中心，都

一般二元二次方程

是有心圆锥曲线；抛物线叫做无心圆锥曲线。为了说法上的方便，通常也把特殊情形下的轨迹叫做退缩圆锥曲线.

$$Ax^2+Bxy+Cy^2+Dx+Ey+F=0$$

所表示的曲线的类型，可以应用不变式$\Delta=B^2-4AC$来直接判定，如下表所示.

方程 $Ax^2+Bxy+Cy^2+Dx+Ey+F=0(\Delta=B^2-4AC)$				
条件		类型	一般情形	特殊情形
$\Delta\neq0$，有心圆锥曲线	$\Delta<0$	椭圆型	椭圆	一点或没有轨迹
	$\Delta>0$	双曲线型	双曲线	两条相交直线
$\Delta=0$，无心圆锥曲线		抛物线型	抛物线	两条平行直线，一条直线或没有轨迹

圆锥曲线的方程都是关于坐标 x，y 的二次方程，而二元二次方程 $f(x, y)=0$ 所表示的曲线，除了一些特殊情形（点和直线）外，都是圆锥曲线，所以圆锥曲线也叫做二次曲线.

3. 一般二元二次方程的化简

一般二元二次方程

$$Ax^2+Bxy+Cy^2+Dx+Ey+F=0$$

可以根据它的类型利用坐标平移和坐标旋转来进行化简. 一般的方法是：

如果是有心圆锥曲线($\Delta=B^2-4AC\neq0$)，那么可以先把原点平移到它的中心，消去方程里的一次项，再把坐标轴旋转，消去方程里的 xy 项.

如果是无心圆锥曲线($\Delta=B^2-4AC=0$)，那么先把坐标轴旋转，消去方程里的 xy 项，再用坐标平移来化简方程.

例 10 化简方程 $5x^2+12xy-22x-12y-19=0$，并且画出它所表示的图形.

本例如果先转轴再移轴，则运算较繁.

解 因为$\Delta=B^2-4AC=12^2=144>0$，方程为双曲线型，因此可先移轴.

设新原点的坐标是 (h, k)，那么把$\begin{cases}x=x'+h\\y=y'+k\end{cases}$代入原方程，化简得

$$5x'^2+12x'y'+(10h+12k-22)x'-(12h-12)y'+(5h^2+12hk-22h-12k-19)=0. \quad ①$$

为了消去一次项，令一次项系数等于零，得

$$\begin{cases}10h+12k-22=0\\12h-12=0\end{cases},$$

解这个方程组，得 $h=1$，$k=1$. 代入①，得平移后的方程为

$$5x'^2+12x'y'-36=0. \quad ②$$

再作转轴. 因为

$$\cot2\theta=\frac{A'-C'}{B'}=\frac{5}{12},$$

$$\cos2\theta=\frac{\frac{5}{12}}{\sqrt{1+\frac{25}{144}}}=\frac{5}{13},$$

$$\sin\theta=\sqrt{\frac{1-\frac{5}{13}}{2}}=\frac{2}{\sqrt{13}},$$

$$\cos\theta=\sqrt{\frac{1+\frac{5}{13}}{2}}=\frac{3}{\sqrt{13}}.$$

所以转轴公式为

$$\begin{cases}x'=x''\cos\theta-y''\sin\theta=\frac{1}{\sqrt{13}}\ (3x''-2y'')\\ y'=x''\sin\theta+y''\cos\theta=\frac{1}{\sqrt{13}}\ (2x''+3y'')\end{cases},$$

代入方程②整理得 $117x''^2-52y''^2-468=0$. 即

$$\frac{x''^2}{4}-\frac{y''^2}{9}=1.$$

这是双曲线，它的实轴在 x''轴上，实半轴长是 2；虚轴在 y''轴上，虚半轴长是 3. 它的图形如图 6－58 所示.

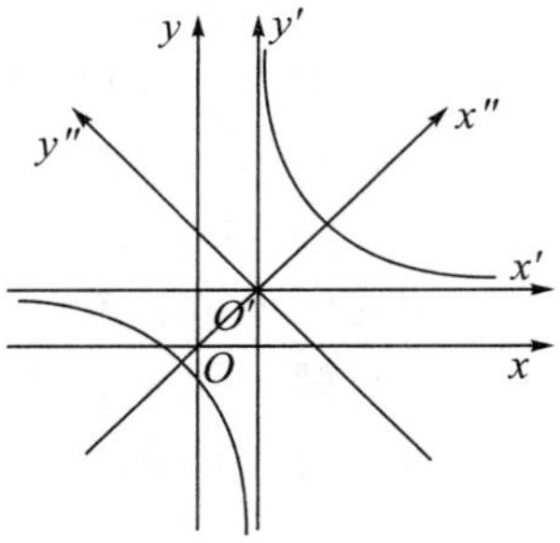

图 6－58

例 11 化简方程 $x^2+2xy+y^2+3x+y=0$，并且画出它所表示的图形.

本例如果先移轴再转轴，则运算较繁.

解 因为$\Delta=B^2-4AC=2^2-4\times1\times1=0$，方程为抛物线型，先转轴，后移轴.

$$\cot2\theta=\frac{A-C}{B}=\frac{1-1}{2}=0,\ 2\theta=\frac{\pi}{2},\ \theta=\frac{\pi}{4}.$$

转轴公式是

$$\begin{cases}x=x'\cos\frac{\pi}{4}-y'\sin\frac{\pi}{4}=\frac{1}{\sqrt{2}}\ (x'-y')\\ y=x'\sin\frac{\pi}{4}+y'\cos\frac{\pi}{4}=\frac{1}{\sqrt{2}}\ (x'+y')\end{cases},$$

代入原方程，化简后得

$$\sqrt{2}x'^2+2x'-y'=0,$$

配方，得

$$\sqrt{2}\left(x'+\frac{1}{\sqrt{2}}\right)^2=y'+\frac{1}{\sqrt{2}}.$$

令$\begin{cases}x''=x'+\dfrac{1}{\sqrt{2}}\\ y''=y'+\dfrac{1}{\sqrt{2}}\end{cases}$，就得到平移后的新方程为

$$\sqrt{2}x''^2=y''，即 x''^2=\frac{\sqrt{2}}{2}y''.$$

它的图形是抛物线，如图 6－59 所示.

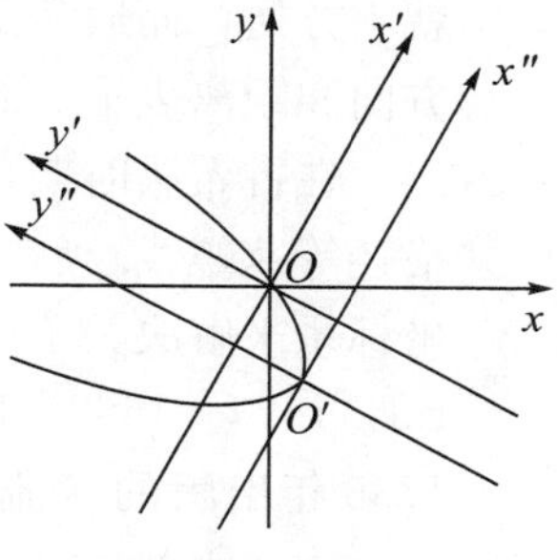

图 6－59

习题 6.7

1. 平移坐标轴，把原点移到 $O'(2, -3)$，写出坐标变换公式，求：
   (1) 点 (3，4) 在新坐标系中的坐标；
   (2) 方程 $x^2+y^2-4x+6y-3=0$ 表示的曲线在新坐标系中的方程.
2. 利用坐标平移，化简下列方程：
   (1) $4x^2+9y^2-40x+36y+100=0$；　(2) $9x^2-16y^2-54x-64y-127=0$.
3. 已知椭圆方程为 $x^2+4y^2-2x+8y+1=0$，求椭圆的焦点坐标和离心率.
4. 求两顶点在 $A_1(5, 1)$，$A_2(-1, 1)$，焦点在 $F_1(7, 1)$ 的双曲线方程.
5. 已知一抛物线的焦点是 $F\left(\frac{3}{8}, -3\right)$，准线是 $x=\frac{13}{8}$，求这条抛物线的方程.
6. 把坐标轴旋转 $\frac{\pi}{6}$：
   (1) 点 A 的旧坐标是 $(-1, \sqrt{3})$，求 A 的新坐标；
   (2) 点 B 的新坐标是 $(-2, 1)$，求 B 的旧坐标.
7. 把坐标轴旋转 $\frac{\pi}{4}$，求曲线 $xy=12$ 在新坐标系中的方程，并作图.
8. 利用坐标轴的旋转，化简方程 $2x^2-\sqrt{3}xy+y^2=10$，并作图.

9. 判别下列方程的类型：

(1) $x^2-3xy+4y-1=0$；　(2) $4x^2+4xy+y^2+6x-12y=0$；

(3) $2x^2+4xy+5y^2-4x-22y+7=0$.

10. 化简方程 $x^2+4xy+4y^2-20x+10y-50=0$.

§6.8　极坐标

直角坐标系是最常用的一种坐标系，但它并不是用数来表示点的位置的唯一方法．在某些实际问题中，用这种方法不太方便，例如，炮兵指挥所向炮兵指出射击目标时，用直角坐标就不方便，而通常是指出目标的方位角（即方向）和距离．用方向和距离表示平面内点的位置的坐标系，就是极坐标系．

在古希腊时期，阿基米德用一个半径随角度变化的方程来描述等速螺线．后来卡瓦列里（Cavalieri，1598—1647）利用极坐标系来解决关于阿基米德螺线内的面积问题，帕斯卡（Pascal，1623—1662）使用极坐标系来计算抛物线的长度．而在1736年出版的《流数术和无穷级数》（*Method of Fluxions*）一书中，牛顿首次引进并使用了极坐标系．雅各布·伯努利（Jakob Bernoulli，1654—1705）则正式命名了极点和极轴，平面内任何一点的坐标都通过该点与极点的距离和与极轴的夹角来表示．赫尔曼在1729年不仅正式宣布了极坐标的普遍可用，还给出了从直角坐标到极坐标的变换公式．欧拉扩充了极坐标的使用范围，而且明确地使用三角函数的记号，欧拉那个时候的极坐标系实际上就是现代的极坐标系．

极坐标系的应用十分广泛．在两点间的关系容易用夹角和距离表示时，极坐标系显得尤为有用．对于很多类型的曲线，极坐标方程是最简单的表达形式，甚至对于某些曲线来说，只有极坐标方程能够表示．

6.8.1　极坐标系

在平面内取一个定点 O，从 O 点出发作一条射线 Ox，并规定一个长度单位和角度的正方向（通常取逆时针方向为正方向）．这样就构成了一个极坐标系（图 6－60）．定点 O 叫做极点，射线 Ox 叫做极轴．

极坐标有四个要素：
(1) 极点；
(2) 极轴；
(3) 长度单位；
(4) 角度单位及它的正方向．

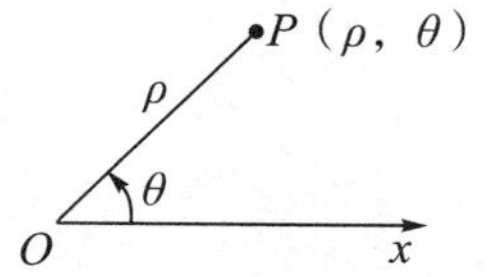

图 6－60

平面内任意一点 P 的位置都可以由 OP 的长度 ρ 和从 Ox 旋转到 OP 的角度 θ 来确定。这样的有序数对 (ρ, θ) 叫做点 P 的极坐标，ρ 叫做点 P 的极径，θ 叫做点 P 的极角. 特别地，当点 P 与极点重合时，它的极径 $\rho=0$，极角 θ 可以取任意值.

一般地，不作特殊说明时，点 P 的极坐标 (ρ, θ) 中，ρ 取非负值（即 $\rho \geqslant 0$）；若 ρ 要取负值，应当注明. $(-\rho, \theta)$ 点的确定方法——在 θ 角的反向延长线上取长度为 $|\rho|$ 的点.

在极坐标中作点，先找到极角的终边，再由极径确定点的位置. “极角确定，极径变，点在一条线”，“极径不变，极角变，点在圆上转”.

例 1　在极坐标系中，画出下列各点.

(1) $A\left(1, \dfrac{\pi}{3}\right)$，$B\left(2, \dfrac{\pi}{3}\right)$，$C\left(3, \dfrac{\pi}{3}\right)$；

(2) $D\left(2, \dfrac{\pi}{6}\right)$，$E\left(2, \dfrac{\pi}{2}\right)$，$F\left(2, \dfrac{2\pi}{3}\right)$，$G\left(2, -\dfrac{\pi}{3}\right)$.

解　如图 6－61 所示.

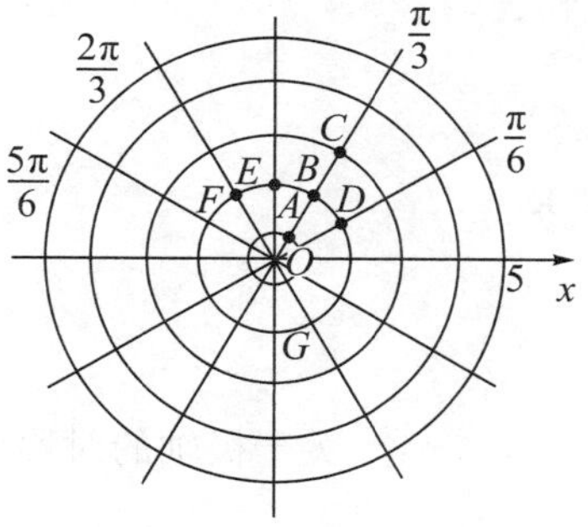

图 6－61

例 2　在极坐标系中，作出下列各点：

$M\left(6, \dfrac{\pi}{3}\right)$，$N\left(6, \dfrac{7\pi}{3}\right)$，$P\left(-6, \dfrac{4\pi}{3}\right)$，$Q\left(-6, -\dfrac{2\pi}{3}\right)$.

解　$M\left(6, \dfrac{\pi}{3}\right)$；$\rho=6$，$\theta=\dfrac{\pi}{3}$；

$N\left(6, \dfrac{7\pi}{3}\right)$；$\rho=6$，$\theta=2\pi+\dfrac{\pi}{3}$；

$P\left(-6, \dfrac{4\pi}{3}\right)$；$\rho=-6$，$\theta=\pi+\dfrac{\pi}{3}$；

$Q\left(-6, -\dfrac{2\pi}{3}\right)$；$\rho=-6$，$\theta=-\pi+\dfrac{\pi}{3}$.

作图后可知，上述各点是重合的（图 6－62）.

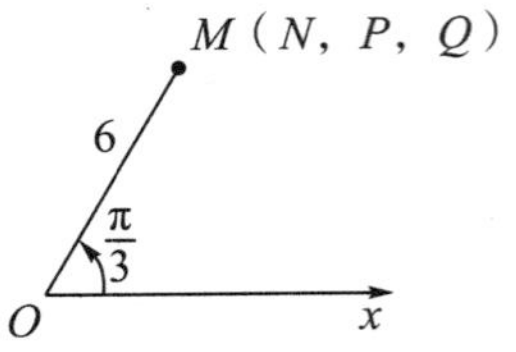

图 6－62

对除极点外的任一点 P，如果(ρ, θ)是点 P 的极坐标，那么$(\rho, \theta+2n\pi)$和$(-\rho, \theta+(2n+1)\pi)$（$n$ 是整数）都是点 P 的极坐标. 若对 ρ，θ 的取值范围加以限制. 如限定 $\rho>0$，$0\leqslant\theta<2\pi$ 或 $\rho<0$，$-\pi<\theta\leqslant\pi$，那么除极点外，平面内的点和极坐标就可以一一对应了. 以后，在不作特殊说明时，认为 $\rho\geqslant0$.

在直角坐标系中，点与坐标是一一对应的. 而在极坐标系中，一对有序实数对应唯一点 P，但点 P 的极坐标却不唯一. 一个点可以有无数个极坐标.

例 3 设点 $A\left(2, \frac{\pi}{3}\right)$，直线 l 为过极点且垂直于极轴的直线，分别求点 A 关于极轴、直线 l、极点的对称点的极坐标（限定 $\rho>0$，$-\pi<\theta\leqslant\pi$）.

解 如图 6－63 所示，

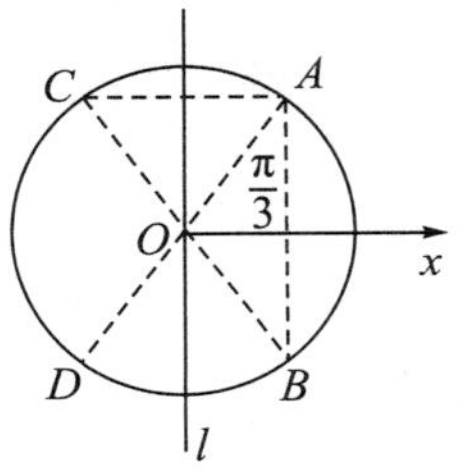

图 6－63

关于极轴的对称点为 $B\left(2, -\frac{\pi}{3}\right)$.

关于直线 l 的对称点为 $C\left(2, \frac{2\pi}{3}\right)$.

关于极点 O 的对称点为 $D\left(2, -\frac{2\pi}{3}\right)$.

本例中若将极角 θ 限定为 $0<\theta\leqslant2\pi$，则各点的极坐标为 $B\left(2, \frac{5\pi}{3}\right)$，$C\left(2, \frac{2\pi}{3}\right)$，$D\left(2, \frac{4\pi}{3}\right)$.

若将极角 θ 改为 $\theta\in\mathbf{R}$，则各点的极坐标为

$B\left(2, \frac{5\pi}{3}+2k\pi\right)$，

$C\left(2, \frac{2\pi}{3}+2k\pi\right)$，

$D\left(2, \frac{4\pi}{3}+2k\pi\right)$，$(k\in\mathbf{Z})$.

设点 M 的极坐标是(ρ, θ)，则 M 点关于极点的对称点的极坐标是$(-\rho, \theta)$或$(\rho, \theta+\pi)$，M 点关于极轴的对称点的极坐标是$(\rho, -\theta)$，M 点关于过极点且垂直于极轴的直线的对称点的极坐标是$(\rho, \pi-\theta)$或$(-\rho, -\theta)$.

6.8.2 曲线的极坐标方程

1. 曲线的极坐标方程的概念

在直角坐标系中，曲线 C 的方程可以用含有变量 x，y 的

方程 $f(x, y)=0$ 表示. 曲线与方程满足如下关系：

(1) 曲线 C 上点的坐标都是方程 $f(x, y)=0$ 的解；

(2) 以方程 $f(x, y)=0$ 的解为坐标的点都在曲线 C 上.

同样的，在极坐标系中，曲线可以用含有变量 ρ，θ 的方程 $f(\rho, \theta)=0$ 来表示. 在极坐标系中，如果曲线 C 和方程 $f(\rho, \theta)=0$ 满足条件：

(1) 曲线上任意一点的所有极坐标中，至少有一个满足方程 $f(\rho, \theta)=0$；

(2) 坐标适合方程 $f(\rho, \theta)=0$ 的所有点都在曲线 C 上.

那么方程 $f(\rho, \theta)=0$ 叫做曲线 C 的极坐标方程.

因此，与直角坐标系中对曲线与方程的讨论一样，我们将讨论关于曲线的极坐标方程的两个基本问题：

(1) 由曲线上的点所具备的条件或性质，求表示曲线的极坐标方程；

(2) 由极坐标方程作出它所表示的曲线（图形）.

求曲线的极坐标方程的方法步骤为：
(1) 建立适当的极坐标系，设 $P(\rho, \theta)$ 是曲线上任意一点；
(2) 列出曲线上任意一点的极径与极角之间的关系式；
(3) 将列出的关系式整理、化简；
(4) 证明所得方程就是曲线的极坐标方程.

2. 求曲线的极坐标方程

求曲线的极坐标方程的方法，和求直角坐标方程基本相同，就是把曲线看作适合某种条件的点的集合或轨迹，将已知条件用曲线上的极坐标 (ρ, θ) 的关系式 $f(\rho, \theta)=0$ 表示出来，就得到曲线的极坐标方程.

例 4　直线 l 经过极点，从极轴到直线 l 的角是 $\frac{\pi}{4}$，求直线 l 的极坐标方程.

解　如图 6－64 所示，以极点 O 为分界点，直线 l 上点的极坐标分成射线 OM、射线 OM' 两部分. 射线 OM 上任意一点的极角都是 $\frac{\pi}{4}$，因此射线 OM 的极坐标方程是

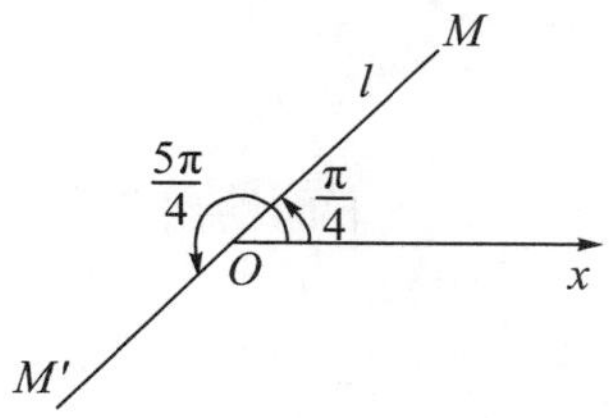

图 6－64

$$\theta=\frac{\pi}{4} \quad (\rho \geqslant 0).$$

射线 OM' 上任意一点的极角都是 $\frac{5\pi}{4}$，因此射线 OM' 的极

若 $\rho<0$，则 $-\rho>0$，点 $M(\rho,\ \theta)$ 与 $M(-\rho,\ \theta)$ 关于极点对称.

求直线的极坐标方程时应注意：
当 $\rho\geqslant 0$ 时，直线上的点的极角不是常量，直线的极坐标方程需要化为两条射线的极坐标方程，所以直线的极坐标方程不如直角坐标方程唯一且简便.
当 $\rho\in\mathbf{R}$ 时，极径可以取负值，直线的极坐标方程就是唯一的了.

坐标方程是

$$\theta=\frac{5\pi}{4}\ (\rho\geqslant 0).$$

因此，直线 l 的方程可以用 $\theta=\frac{\pi}{4}$ 和 $\theta=\frac{5\pi}{4}$ 表示.

与用直角坐标方程 $y=x$ 表示直线 l 相比较，用极坐标方程表示过极点的直线并不方便. 当然，如果允许 ρ 取全体实数，那么极坐标方程

$$\theta=\frac{\pi}{4}\ (\rho\in\mathbf{R})\ 或\ \theta=\frac{5\pi}{4}\ (\rho\in\mathbf{R})$$

都是直线 l 的方程.

例 5 求过点 $A(3,\ \pi)$ 且与极轴的倾斜角为 $\frac{\pi}{4}$ 的直线的极坐标方程.

解 如图 6－65，设 $P(\rho,\ \theta)$ 为直线上任意一点，在 $\triangle OAP$ 中，$\angle APO=\theta-\frac{\pi}{4}$，由正弦定理，有

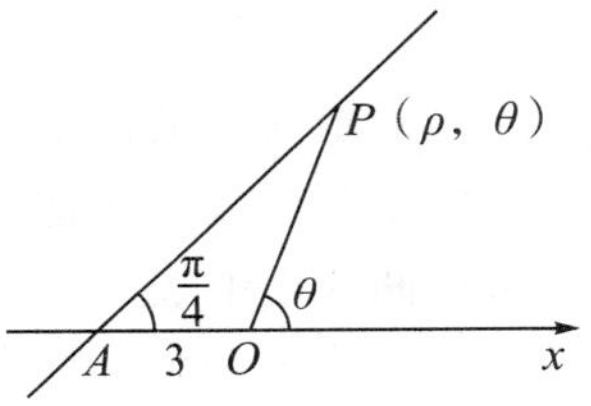

图 6－65

$$\frac{3}{\sin\left(\theta-\frac{\pi}{4}\right)}=\frac{\rho}{\sin\frac{\pi}{4}},$$

得 $$\rho\sin\left(\theta-\frac{\pi}{4}\right)=\frac{3\sqrt{2}}{2}.$$

又因为点 $A(3,\ \pi)$ 适合上式，故所求直线的极坐标方程为

$$\rho\sin\left(\theta-\frac{\pi}{4}\right)=\frac{3\sqrt{2}}{2}.$$

下面给出直线相对于极坐标系的几种不同的位置的方程（图 6－66）.

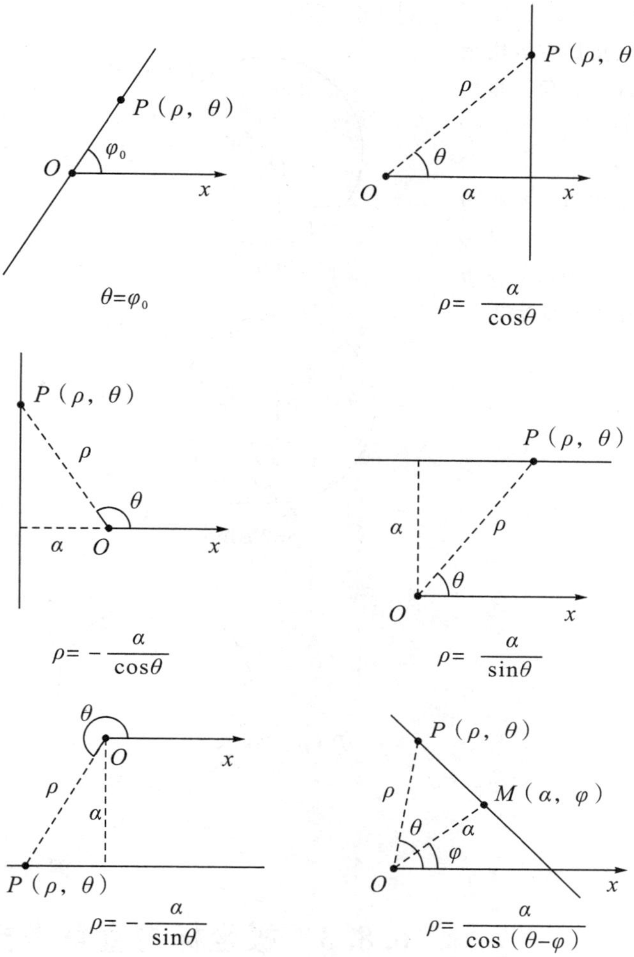

图 6－66

要描述一个圆，要点是圆的大小和圆的位置，不同于直角坐标系下用圆心和半径表示圆的思想，在极坐标系下取圆上任意点 $P(\rho,\ \theta)$，根据它和极点之间的几何关系，得到 ρ 和 θ 的数量关系，得出圆的极坐标方程.

求圆的极坐标方程的步骤：

(1) 设圆上任意一点的极坐标为 $M(\rho,\ \theta)$.

例 6　求圆心在$(\rho_0,\ \theta_0)$，半径为 r 的圆的方程.

解　在圆周上任取一点 P（如图 6－67），设圆上各点的极坐标为$(\rho,\ \theta)$，由余弦定理知

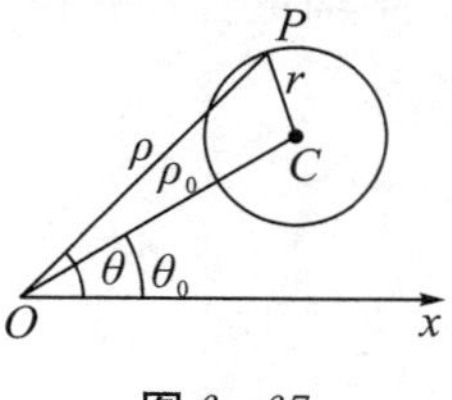

图 6－67

$$CP^2=OP^2+OC^2-2OP\cdot OC\cos\angle COP,$$

故其极坐标方程为

$$r^2=\rho_0^2+\rho^2-2\rho_0\rho\cos(\theta-\theta)_0.$$

同样的，下面给出圆相对于极坐标系的几种不同的位置的方程

(2) 在极点、圆心与 M 构成的三角形中运用余弦定理或解直角三角形列出方程 $f(\rho,\theta)=0$ 并化简.

(3) 验证极点、圆心与点 M 三点共线时，点 $M(\rho,\theta)$ 的极坐标也适合上述极坐标方程.

(图 6－68).

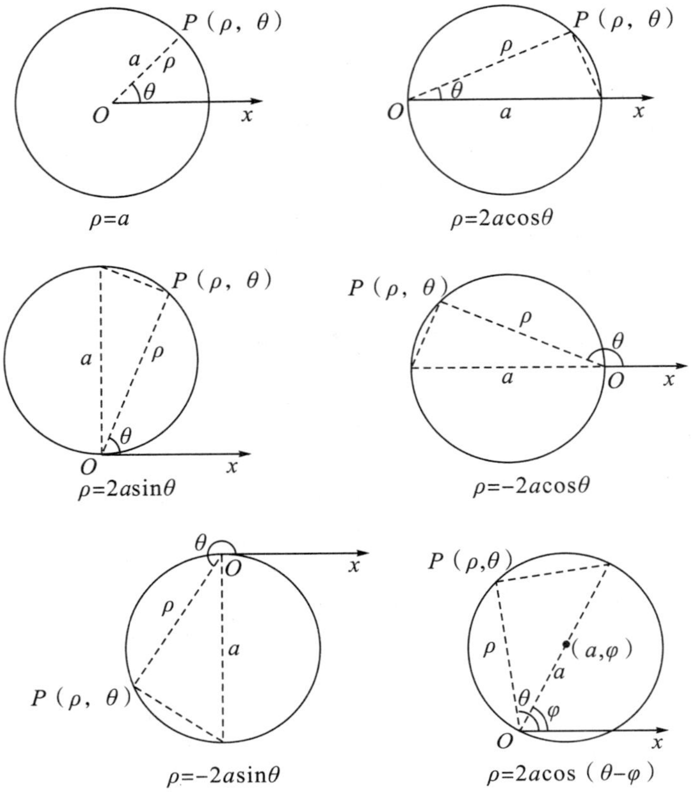

图 6－68

6.8.3 极坐标与直角坐标的互化

平面内的一个点既可以用直角坐标表示，也可以用极坐标表示. 为了研究问题的方便，有时需要将直角坐标化为极坐标，或将极坐标化为直角坐标. 下面讨论它们互化的公式.

使极坐标的极点与直角坐标系的原点重合，极轴与 x 的正半轴重合，并在两种坐标系中取相同的长度单位（图 6－69).

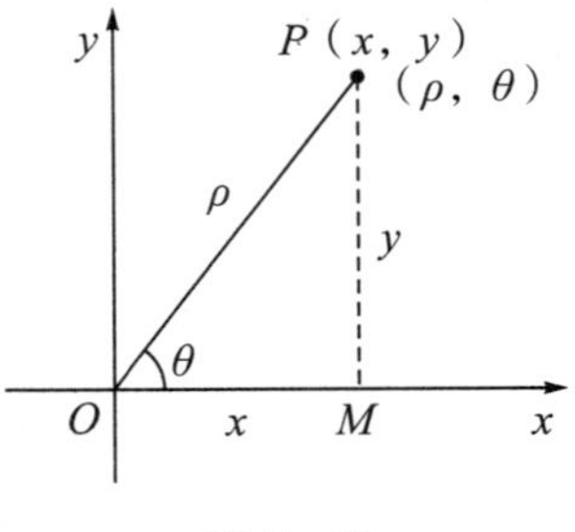

图 6－69

设平面内任一点 P 的直角坐标为 (x,y)，极坐标为$(\rho,$

θ). 从点 P 作 $PM\perp Ox$，由三角函数的定义，可得

$$x=\rho\cos\theta,\ y=\rho\sin\theta.$$

由以上关系式又可得

$$\rho^2=x^2+y^2,\ \tan\theta=\frac{y}{x}\ (x\neq 0).$$

用上式确定极角 θ 时，应根据直角坐标平面内点（x，y）所在象限确定对应的 θ 值. 通常规定 $\rho\geqslant 0$ 且 $0\leqslant\theta<2\pi$ 或 $-\pi\leqslant\theta\leqslant\pi$.

由极坐标化直角坐标，结果是唯一的. 由公式 $\begin{cases}x=\rho\cos\theta\\y=\rho\sin\theta\end{cases}$ 确定.

例 7　把下列点的极坐标化为直角坐标：$A\left(2,\ \frac{7\pi}{6}\right)$，$B\left(3,\ -\frac{\pi}{4}\right)$，$M\left(6,\ \frac{5\pi}{6}\right)$.

解　由公式 $\begin{cases}x=\rho\cos\theta,\\y=\rho\sin\theta,\end{cases}$ 得

(1) $x=2\cos\frac{7\pi}{6}=-\sqrt{3}$，$y=2\sin\frac{7\pi}{6}=-1$，

所以，点 A 的直角坐标为 $(-\sqrt{3},\ -1)$.

(2) $x=3\cos\left(-\frac{\pi}{4}\right)=\frac{3\sqrt{2}}{2}$，$y=3\sin\left(-\frac{\pi}{4}\right)=-\frac{3\sqrt{2}}{2}$，

所以，点 B 的直角坐标为 $\left(\frac{3\sqrt{2}}{2},\ -\frac{3\sqrt{2}}{2}\right)$.

(3) $x=6\cos\frac{5\pi}{6}=-3\sqrt{3}$，$y=6\sin\frac{5\pi}{6}=3$，

所以，点 M 的直角坐标为 $(-3\sqrt{3},\ 3)$.

将直角坐标（x，y）化为极坐标 $(\rho,\ \theta)$，可利用公式 $\begin{cases}\rho^2=x^2+y^2\\\tan\theta=\frac{y}{x}(x\neq 0)\end{cases}$ 求解，先求极径，再求极角.

在 $[0,\ 2\pi)$ 范围内求 θ 时，要根据点的直角坐标判断点所在的象限. 如果允许 $\theta\in\mathbf{R}$，再根据终边相同的角的意义，表示为

$\theta+2k\pi(k\in\mathbf{Z})$

即可.

例 8　分别把下列点的直角坐标化为极坐标（限定 $\rho\geqslant 0$，$0\leqslant\theta<2\pi$）.

(1) $(-2,\ 2\sqrt{3})$；(2) $(\sqrt{6},\ -\sqrt{2})$；(3) $\left(\frac{3\pi}{2},\ \frac{3\pi}{2}\right)$.

解　(1) $\rho=\sqrt{x^2+y^2}=\sqrt{(-2)^2+(2\sqrt{3})^2}=4$，

$$\tan\theta=\frac{y}{x}=-\sqrt{3},\ \theta\in[0,\ 2\pi).$$

由于点 $(-2,\ 2\sqrt{3})$ 在第二象限，所以 $\theta=\frac{2\pi}{3}$.

因此，点的直角坐标 $(-2,\ 2\sqrt{3})$ 化为极坐标为 $\left(4,\ \frac{2\pi}{3}\right)$.

(2) $\rho=\sqrt{x^2+y^2}=\sqrt{(\sqrt{6})^2+(-\sqrt{2})^2}=2\sqrt{2}$，

$$\tan\theta=\frac{y}{x}=-\frac{\sqrt{3}}{3},\ \theta\in[0,\ 2\pi).$$

由于点 $(\sqrt{6},\ -\sqrt{2})$ 在第四象限，所以 $\theta=\frac{11\pi}{6}$.

因此，点的直角坐标$(\sqrt{6}，-\sqrt{2})$化为极坐标为$\left(2\sqrt{2}，\frac{11\pi}{6}\right)$.

(3) $\rho=\sqrt{x^2+y^2}=\sqrt{(\frac{3\pi}{2})^2+(\frac{3\pi}{2})^2}=\frac{3\sqrt{2}\pi}{2}$，

$\tan\theta=\frac{y}{x}=1$，$\theta\in[0，2\pi)$.

由于点$\left(\frac{3\pi}{2}，\frac{3\pi}{2}\right)$在第一象限，所以$\theta=\frac{\pi}{4}$.

因此，点的直角坐标$\left(\frac{3\pi}{2}，\frac{3\pi}{2}\right)$化为极坐标为$\left(\frac{3\sqrt{2}\pi}{2}，\frac{\pi}{4}\right)$.

例 9 已知$A\left(-3，\frac{4\pi}{3}\right)$，$B\left(5，-\frac{5\pi}{6}\right)$，$O$为极点，求$|AB|$和$S_{\triangle AOB}$.

例 9 分别在两种坐标系下来求解，从解题过程来看，直角坐标系下的计算量比极坐标系下的计算量要大. 但是也不能就此断定极坐标优于直角坐标，两种坐标系各有特点，选取哪种坐标更为便利，还是要具体问题具体分析.

解 方法一 A，B两点坐标又可表示为$A\left(3，\frac{\pi}{3}\right)$，$B\left(5，\frac{7\pi}{6}\right)$，则

$$\angle AOB=\frac{7\pi}{6}-\frac{\pi}{3}=\frac{5\pi}{6}，$$

则由余弦定理可得

$$|AB|=\sqrt{3^2+5^3-2\times3\times5\times\cos\frac{5\pi}{6}}=\sqrt{34+15\sqrt{3}}.$$

$$S_{\triangle AOB}=\frac{1}{2}\times3\times5\times\sin\frac{5\pi}{6}=\frac{15}{4}.$$

方法二 转化为直角坐标来求解.

在解决极坐标系下较为复杂的图形问题时，若不方便利用极坐标直接解决，可先将极坐标化为直角坐标，利用直角坐标系中的公式、性质解决，再转化为极坐标系中的问题即可.

以极点O为原点，极轴为x轴建立直角坐标系（图 6－70），则A，B的直角坐标分别为

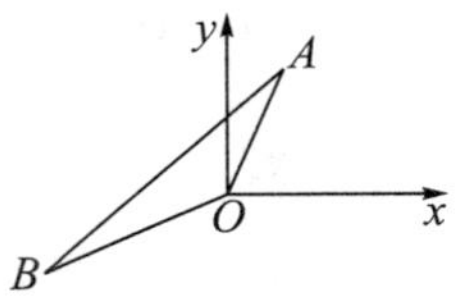

图 6－70

$$A\left(\frac{3}{2}，\frac{3\sqrt{3}}{2}\right)，B\left(-\frac{5\sqrt{3}}{2}，-\frac{5}{2}\right)，$$

则

$$|AB|=\sqrt{\left(\frac{3}{2}+\frac{5\sqrt{3}}{2}\right)^2+\left(\frac{3\sqrt{3}}{2}+\frac{5}{2}\right)^2}$$
$$=\sqrt{34+15\sqrt{3}}.$$

记s为由于$\triangle AOB$的周长的一半，则$s=4+$

$\frac{1}{2}\sqrt{34+15\sqrt{3}}$，所以

$$S_{\triangle AOB}=\sqrt{s(s-a)(s-b)(s-c)}$$
$$=\sqrt{\left(4+\frac{1}{2}\sqrt{34+15\sqrt{3}}\right)\left(1+\frac{1}{2}\sqrt{34+15\sqrt{3}}\right)\left(-1+\frac{1}{2}\sqrt{34+15\sqrt{3}}\right)\left(4-\frac{1}{2}\sqrt{34+15\sqrt{3}}\right)}$$
$$=\sqrt{\frac{30-15\sqrt{3}}{4}\cdot\frac{30+15\sqrt{3}}{4}}=\frac{15}{4}.$$

由直角坐标方程求极坐标方程时，从理论上讲不是唯一的，但一般约定只在 $0\leqslant\theta<2\pi$ 范围内求解.

例 10 把下列直角坐标方程化为极坐标方程.

(1) $x^2+y^2=1$；　　(2) $x^2+y^2-4x+4=0$；

(3) $x^2+y^2-2x-2y-2=0$.

解 把 $\begin{cases}x=\rho\cos\theta\\ y=\rho\sin\theta\end{cases}$ 代入各方程：

(1) 可得 $(\rho\cos\theta)^2+(\rho\sin\theta)^2=1$，化简，得 $\rho^2=1$，即 $\rho=1$ 为所求极坐标方程；

(2) 可得 $(\rho\cos\theta)^2+(\rho\sin\theta)^2-4\rho\cos\theta+4=0$，化简，得

$$\rho^2-4\rho\cos\theta+4=0,$$

即为所求极坐标方程；

(3) 可得 $(\rho\cos\theta)^2+(\rho\sin\theta)^2-2\rho\cos\theta-2\rho\sin\theta-2=0$，化简，得

$$\rho^2-2\rho(\cos\theta+\sin\theta)-2=0,$$

即为所求极坐标方程.

化极坐标方程为直角坐标方程时，通常要进行配凑：

(1) 用 ρ 去乘方程的两边，使之出现 ρ^2，$\rho\cos\theta$，$\rho\sin\theta$ 的形式；

(2) 取 $\tan\theta$，使之能用公式 $\tan\theta=\frac{y}{x}$ 转化.

要注意变换后的方程是否和原方程等价.

例 11 把下列极坐标方程化为直角坐标方程.

(1) $\theta=\frac{\pi}{3}$；　　(2) $\rho\sin\left(\theta+\frac{\pi}{4}\right)=\frac{\sqrt{2}}{2}$；

(3) $\rho=2\cos\left(\theta-\frac{\pi}{4}\right)$；　　(4) $\rho=\frac{1}{2-\cos\theta}$.

解 (1) 由于 $\theta=\frac{\pi}{3}$，所以 $\tan\theta=\sqrt{3}$，即 $\frac{y}{x}=\sqrt{3}\,(x\neq0)$，则直角坐标方程为

$$y=\sqrt{3}x\ (x\neq0).$$

又因为点 $(0, 0)$ 适合此方程，故 $\theta=\frac{\pi}{3}$ 的直角方程为 $y=\sqrt{3}x$.

(2) 由 $\rho\sin\left(\theta+\frac{\pi}{4}\right)=\frac{\sqrt{2}}{2}$，可得到 $\rho\sin\theta+\rho\cos\theta=1$，即

$$x+y-1=0$$

为 $\rho\sin\left(\theta+\frac{\pi}{4}\right)=\frac{\sqrt{2}}{2}$ 的直角坐标方程.

(3) 由 $\rho=2\cos\left(\theta-\frac{\pi}{4}\right)$，可得

$$\rho=2\cos\theta\cos\frac{\pi}{4}+2\sin\theta\sin\frac{\pi}{4}=\sqrt{2}\cos\theta+\sqrt{2}\sin\theta,$$

即

$$\rho^2=\sqrt{2}\rho\cos\theta+\sqrt{2}\rho\sin\theta$$

化为直角坐标方程是

$$x^2+y^2-\sqrt{2}x-\sqrt{2}y=0.$$

(4) 由 $\rho=\dfrac{1}{2-\cos\theta}$，可得 $2\rho-\rho\cos\theta=1$，则有

$$2\sqrt{x^2+y^2}-x=1,$$

化简，得 $3x^2+4y^2-2x-1=0$ 为所求的直角坐标方程.

6.8.4 圆锥曲线的统一定义及其方程

通常提到的圆锥曲线包括椭圆（包括圆）、双曲线和抛物线，但严格来讲，它还包括一些退化情形：
当平面与二次锥面两侧都相交，且过圆锥顶点，结果为两条相交直线。
当平面与二次锥面的两侧都不相交，且过圆锥顶点，结果为一点。

前面已经介绍过圆锥曲线的统一定义：圆锥曲线是平面内到定点（焦点）与到定直线（准线）距离之比为常数 e（离心率）的点的轨迹。并且有

(1) 当 $0<e<1$ 时轨迹是椭圆. 特别地，$e=0$ 时轨迹是圆.

(2) 当 $e=1$ 时轨迹是抛物线.

(3) 当 $e>1$ 时轨迹是双曲线.

下面根据圆锥曲线的统一定义来推导圆锥曲线在极坐标系中的方程.

例 12 一个动点 P 到一个定点 O 的距离和到一定直线 l 的距离的比是一个常数 e，求点 P 的轨迹的极坐标方程.

解 以定点 O 为极点，过 O 点垂直于 l 的射线为极轴，建立极坐标系（图 6－71）. 设定点 O 与定直线 l 的距离是 p，$P(\rho,\theta)$是曲线上的任意一点.

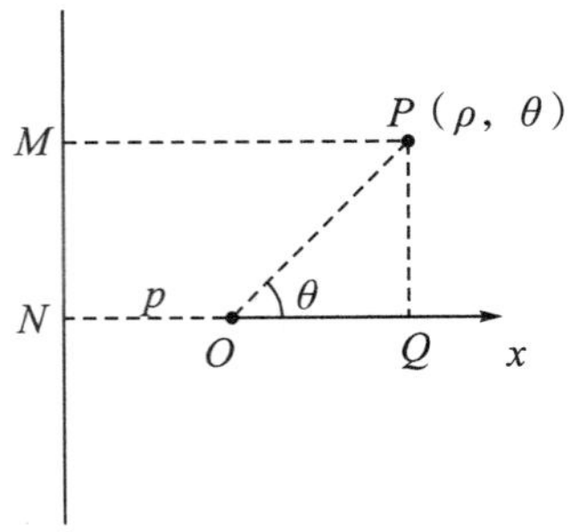

图 6－71

圆锥曲线的统一方程

$$\rho=\frac{ep}{1-e\cos\theta}$$

是准线在极点左侧时推出的，若准线在极点右

由于 $OP=\rho$，$\angle POQ=\theta$，可得

$$|MP|=|NQ|=p+\rho\cos\theta,$$

根据题意，有 $\dfrac{|OP|}{|MP|}=e$，即 $\dfrac{\rho}{p+\rho\cos\theta}=e$，

化简，得

侧，则方程为

$$\rho=\frac{ep}{1+e\cos\theta}.$$

$$ep+\rho e\cos\theta=\rho,$$

即 $\rho=\frac{ep}{1-e\cos\theta}$，这就是所求轨迹的极坐标方程.

因此，以焦点为极点，以焦点向相应准线所作垂线的反向延长线为极轴，在此极坐标系中，圆锥曲线的统一方程为 $\rho=\frac{ep}{1-e\cos\theta}$，其中 e 是离心率，p 是焦点到相应准线的距离.

本例也可以化为直角坐标方程来证明和求解.

例 13　证明方程 $\rho=\frac{1}{3-4\cos\theta}$ 表示双曲线，并求实轴与虚轴的长.

解　根据圆锥曲线的统一方程，可将原方程化为

$$\rho=\frac{1}{3-4\cos\theta}=\frac{\frac{4}{3}\times\frac{1}{4}}{1-\frac{4}{3}\cos\theta},$$

可知 $e=\frac{4}{3}$，所以方程表示的是双曲线，且有

$$\begin{cases}e=\frac{c}{a}=\frac{4}{3}\\c^2=a^2+b^2\\p=c-\frac{a^2}{c}=\frac{1}{4}\end{cases}.$$

解得 $a=\frac{3}{7}$，$b=\frac{\sqrt{7}}{7}$，$c=\frac{4}{7}$，故实轴长为 $\frac{6}{7}$，虚轴长为 $\frac{2\sqrt{7}}{7}$.

例 14　已知过抛物线 $y^2=2px$ 的焦点 F 且与对称轴不垂直的直线交抛物线于 P，Q 两点，PQ 的垂直平分线 CR 交抛物线的对称轴于点 R.

求证：$|PQ|=2|FR|$.

利用圆锥曲线统一方程，解决有关焦点弦长的问题较简便.

证明　以 F 点为极点，FR 为极轴建立极坐标系（图 6－72），则抛物线的极坐标方程为

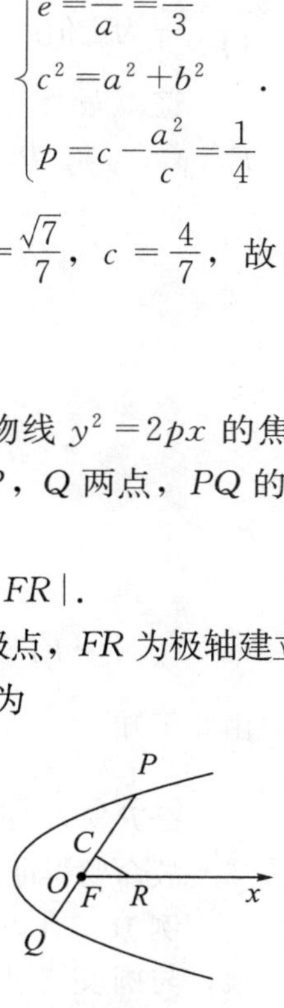

图 6－72

$$\rho=\frac{ep}{1-e\cos\theta},$$

而 P，Q 两点的极坐标分别为 $P(\rho_1, \alpha)$，$Q(\rho_2, \pi+\alpha)$，则有

$$\rho_1=\frac{p}{1-\cos\alpha},\ \rho_2=\frac{p}{1-\cos(\pi+\alpha)}=\frac{p}{1+\cos\alpha}.$$

可得

$$|PQ|=\rho_1+\rho_2=\frac{p}{1-\cos\alpha}+\frac{p}{1+\cos\alpha}=\frac{2p}{1-\cos^2\alpha}=\frac{2p}{\sin^2\alpha},$$

$$|FC|=\left|\rho_1-\frac{\rho_1+\rho_2}{2}\right|=\frac{1}{2}|\rho_1-\rho_2|$$

$$=\frac{1}{2}\left|\frac{p}{1-\cos\alpha}-\frac{p}{1+\cos\alpha}\right|=\frac{p|\cos\alpha|}{\sin^2\alpha},$$

$$|FR|=\frac{|FC|}{|\cos\alpha|}=\frac{p|\cos\alpha|}{\sin^2\alpha}\cdot\frac{1}{|\cos\alpha|}=\frac{p}{\sin^2\alpha}.$$

所以

$$|PQ|=2|FR|.$$

例 15 已知 P_1P_2 是椭圆或抛物线的焦点弦，求证 $\frac{1}{|FP_1|}+\frac{1}{|FP_2|}$ 为定值.

若 P_1P_2 是双曲线的焦点弦，则当 P_1，P_2 在双曲线的同一支上时 $\frac{1}{|FP_1|}+\frac{1}{|FP_2|}$ 为定值；当 P_1，P_2 在双曲线的不同支上时 $\frac{1}{|FP_1|}-\frac{1}{|FP_2|}$ 为定值.

证 如图 6－73 建立极坐标系，P_1，P_2 的极坐标为 $P_1(\rho_1, \alpha)$，$P_2(\rho_2, \pi+\alpha)$，则有

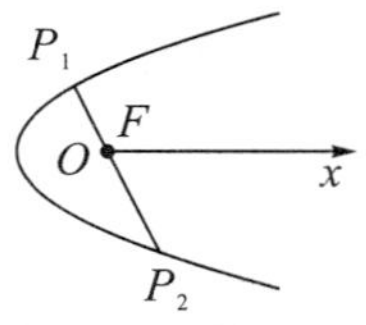

图 6－73

$$|FP_1|=\rho_1=\frac{ep}{1-e\cos\alpha},$$

$$|FP_2|=\rho_2=\frac{ep}{1-e\cos(\pi+\alpha)}=\frac{ep}{1+e\cos\alpha}.$$

由此可知

$$\frac{1}{|FP_1|}+\frac{1}{|FP_2|}=\frac{1}{\rho_1}+\frac{1}{\rho_2}=\frac{1-e\cos\alpha}{ep}+\frac{1+e\cos\alpha}{ep}=\frac{2}{ep}.$$

故命题得证.

例 16 在以 a 为半径的定圆的一定点 O 为端点引一条射线，与圆交于点 P，已知 Q 为射线上一动点，且 $|OP|\cdot|OQ|=a^2$，求动点 Q 的轨迹方程.

解 以 O 为极点，O 与定圆圆心的连线为极轴建立极坐标系（图 6－74），则定圆方程为 $\rho=2a\cos\theta$. 设 $Q(\rho, \theta)$所求轨

迹上任意一点，点 P 坐标为(ρ',θ).

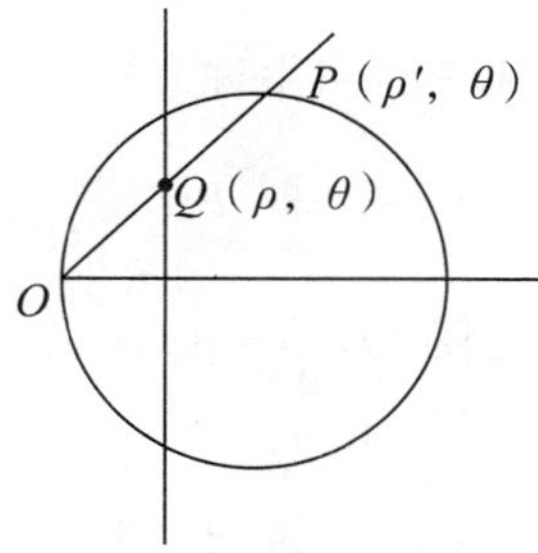

图 6−74

因为 P，Q 同在以 O 为端点的射线上，且 $\rho\rho'>0$，而 $|OP|\cdot|OQ|=a^2$，即 $\rho\rho'=a^2$，得 $\rho'=\dfrac{a^2}{\rho}$.

又因为点 P 在定圆上，则有

$$\rho'=2a\cos\theta \quad 即 \quad \frac{a^2}{\rho}=2a\cos\theta,$$

则得

$$a=2\rho\cos\theta,$$

化作直角坐标方程得 $a=2x$，即 $x=\dfrac{a}{2}$为动点 Q 的轨迹方程.

它是过$\left(\dfrac{a}{2},0\right)$且与极轴垂直的一条直线.

习题 6.8

1. 若以极点为原点，极轴为 x 轴正半轴建立直角坐标系.

(1) 已知点 A 的极坐标为$\left(4,\dfrac{5\pi}{3}\right)$，求它的直角坐标；

(2) 已知点 B 和点 C 的直角坐标为$(2,-2)$和$(0,-15)$，求它们的极坐标$(\rho>0,0\leqslant\theta<2\pi)$.

2. 在极坐标系中，已知点 $A\left(3,\dfrac{5\pi}{3}\right)$，$B\left(4\sqrt{3},\dfrac{7\pi}{6}\right)$.

(1) 求$|AB|$的值；　(2) 求$\triangle AOB$ 的面积（O 为极点）.

3. 在极坐标系中，已知三点 $M\left(2,-\dfrac{\pi}{3}\right)$，$N(2,0)$，$P\left(2\sqrt{3},\dfrac{\pi}{6}\right)$. 试判断 M，N，P 三点是否共线.

4. 已知点 M 的极坐标为$\left(4,\dfrac{\pi}{6}\right)$，极点 O'在直角坐标系 xOy 中的直角坐标为$(2,3)$，极轴平行于 x 轴，极轴的方向与 x 轴的正方向相同，两坐标系的长度单位相同，求点 M 的直角坐标.

5. 从极点 O 引定圆 $\rho=2\cos\theta$ 的弦 OP，延长 OP 到 Q 使$\dfrac{OP}{PQ}=\dfrac{2}{3}$，求点 Q 的轨迹方程.

6. 若圆 C 的方程是 $\rho=2a\sin\theta$，求：(1) 关于极轴对称的圆的极坐标方程；(2) 关于

直线 $\theta=\frac{3\pi}{4}$对称的圆的极坐标方程.

7. 把下列极坐标方程化为直角坐标方程.

(1) $\rho=4\cos\theta+2\sin\theta$； (2) $\rho^2=\frac{20}{4\cos^2\theta+5\sin^2\theta}$.

8. 在极坐标系中，已知圆 O：$\rho=\cos\theta+\sin\theta$ 和直线 l：$\rho\sin\left(\theta-\frac{\pi}{4}\right)=\frac{\sqrt{2}}{2}$（$\rho\geqslant 0$，$0\leqslant\theta<2\pi$）.

(1) 求圆 O 和直线 l 的直角坐标方程；

(2) 当 $0\in(0,\pi)$时，求直线 l 与圆 O 的公共点的极坐标.

9. 已知双曲线的极坐标方程为 $\rho=\frac{3}{1-2\cos\theta}$，过极点作直线与它交于 A，B 两点，且 $|AB|=6$. 求直线 AB 的极坐标方程.

10. 判定下列方程表示何种曲线.

(1) $\rho=\frac{7}{2-3\cos\theta}$；(2) $\rho=\frac{7}{2-3\cos\theta}$；(3) $\rho=\frac{1}{2+\cos\theta}$.

11. 已知极坐标方程 $\rho=\frac{9}{5-4\cos\theta}$，则

(1) 证明方程表示曲线的是椭圆；

(2) 求椭圆长轴与短轴的长；

(3) 求椭圆的焦距和两准线间的距离.

12. 根据 k 值的变化，讨论方程 $\rho=\frac{9}{k^2-4\cos\theta}$表示的是何种曲线.

§6.9 参数方程

参数是参变数的简称，它是研究运动类问题中产生的. 质点运动时，它的位置必然与时间有关系，也就是说，质点坐标 x，y 与时间 t 之间有函数关系 $x=f(t)$，$y=g(t)$，这两个函数式中的变量 t，相对于表示质点的几何位置的变量 x，y 来说，就是一个“参与的变量”. 参数的任务在于沟通变量 x，y 及一些常量之间的联系，为研究曲线的形状和性质提供方便. 1748 年，在欧拉的《引论》中，他引进了曲线的参数表示.

有些重要但较复杂的曲线（例如圆的渐开线），建立它们的普通方程比较困难，即使列出普通方程也既复杂又不易理解. 而利用参数方程把两个变量 x，y 间接地联系起来，常常比较容易，方程简单明确. 用参数方程描述运动规律时，也常常比用普通方程更为直接简便. 对于解决求最大射程、最大高度、

飞行时间或轨迹等一系列问题都比较理想.

6.9.1　参数方程

1. 曲线的参数方程

普通方程和参数方程是同一曲线的两种不同表达形式，参数方程可以与普通方程进行互化.

在平面直角坐标系中，如果曲线上任一点的坐标 x，y 都是某个变数 t 的函数

$$\begin{cases}x=f(t)\\y=g(t)\end{cases},\qquad ①$$

并且对于 t 的每一个允许值，由方程组①所确定的点 $M(x, y)$ 都在这条曲线上，那么方程组①就叫做这条曲线的参数方程. t 叫参变数，简称参数.

参数是联系变数 x，y 的桥梁，可以是有物理意义或几何意义的变数，也可以是没有明显实际意义的变数.

例 1　已知曲线 C 的参数方程是 $\begin{cases}x=3t\\y=2t^2+1\end{cases}$（$t$ 为参数）.

（1）判断点 $M_1(0, 1)$，$M_2(5, 4)$ 与曲线 C 的位置关系；

（2）已知点 $M_3(6, a)$ 在曲线 C 上，求 a 的值.

参数方程是曲线方程的另一种表达形式，点与曲线位置关系的判断，与平面直角坐标普通方程下的判断方法是一致的.

解　（1）把点 M_1 的坐标（0，1）代入方程组，得

$$\begin{cases}0=3t\\1=2t^2+1\end{cases}，解得\ t=0.$$

所以点 M_1 在曲线 C 上.

同理可知，点 M_2 不在曲线 C 上.

（2）因为点 $M_3(6, a)$ 在曲线 C 上，所以

$$\begin{cases}6=3t\\a=2t^2+1\end{cases}，解得\ t=2，a=9.$$

所以 $a=9$.

2. 求曲线的参数方程

一般来说，求曲线参数方程主要有以下步骤：

（1）画出轨迹草图，设 $M(x, y)$ 是轨迹上任意一点；

（2）选择适当的参数，参数的选择要考虑以下两点：

①曲线上每一点的坐标 x，y 与参数的关系比较明显，容易列出方程；

② x，y 的值可以由参数唯一确定.

（3）根据已知条件、图形的几何性质、问题的物理意义等，建立点的坐标与参数的函数关系式，证明可以省略.

例 2　$\triangle ABP$ 是等腰直角三角形，$\angle B$ 是直角，腰长为 a，

顶点 B，A 分别在 x 轴、y 轴上滑动，求点 P 在第一象限的轨迹的参数方程.

求曲线参数方程的步骤：
第一步，建坐标系，设轨迹上任意一点坐标是 $M(x, y)$；
第二步，选择参数，比如选参数 t；
第三步，建立 x，y 与参数间的关系，即 $\begin{cases}x=f(t)\\y=g(t)\end{cases}$.

解 方法一 设点 P 的坐标为 (x, y)，过 P 点作 x 轴的垂线交 x 轴于点 Q. 如图 6－75 所示，则

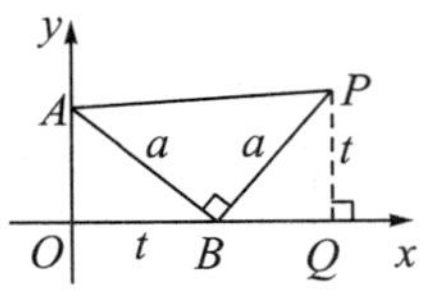

图 6－75

$$\text{Rt}\triangle OAB \cong \text{Rt}\triangle QBP.$$

取 $OB=t$，t 为参数 $(0<t<a)$. 因为

$$|OA|=\sqrt{a^2-t^2},$$

所以

$$|BQ|=\sqrt{a^2-t^2}.$$

又因为 $|PQ|=|OB|=t$，所以点 P 在第一象限的轨迹的参数方程为

$$\begin{cases}x=t+\sqrt{a^2-t^2}\\y=t\end{cases}\ (0<t<a).$$

方法二 设点 P 坐标为 (x, y)，过 P 作 x 轴的垂线交 x 轴于点 Q（图 6－76）.

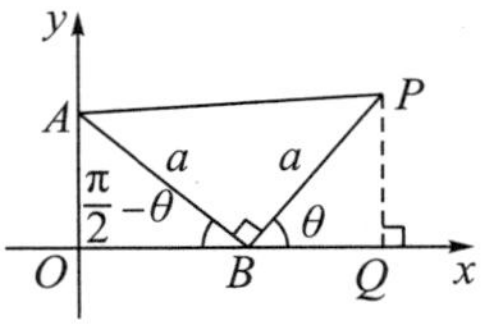

图 6－76

取 $\angle QBP=\theta$，θ 为参数 $\left(0<\theta<\frac{\pi}{2}\right)$，则

$$\angle ABO=\frac{\pi}{2}-\theta,$$

参数方程与普通方程的统一性：
(1) 参数的作用：参数是间接地建立横、纵坐标 x，y 之间的关系的中间变量，起到了桥梁的作用.

在 $\text{Rt}\triangle OAB$ 中，

$$|OB|=a\cos\left(\frac{\pi}{2}-\theta\right)=a\sin\theta.$$

在 $\text{Rt}\triangle QBP$ 中，

$$|BQ|=a\cos\theta，|PQ|=a\sin\theta.$$

故所求轨迹的参数方程为 $\begin{cases}x=a(\sin\theta+\cos\theta)\\y=a\sin\theta\end{cases}$ (θ 为参数，

（2）参数方程与普通方程的转化：曲线的普通方程是相对参数方程而言的，普通方程反映了坐标变量 x 与 y 之间的直接联系，而参数方程是通过参变量反映坐标变量 x 与 y 之间的间接联系.

$0<\theta<\frac{\pi}{2}\Big)$.

例 3　如图 6－77，圆 O 的半径为 2，P 是圆 O 上的动点，$Q(4,0)$ 在 x 轴上. M 是 PQ 的中点，当点 P 绕 O 作匀速圆周运动时，

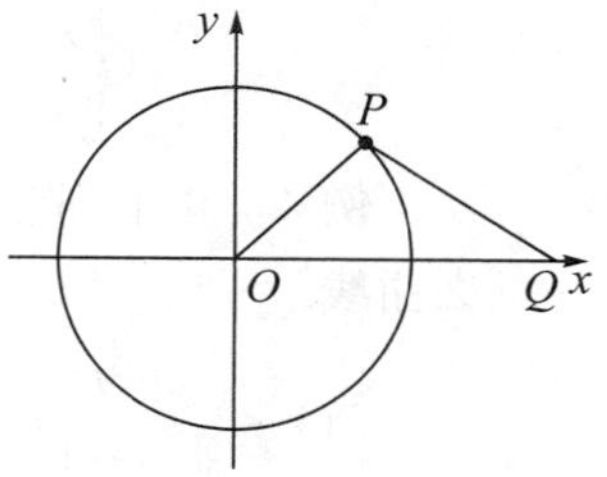

图 6－77

（1）求点 M 的轨迹的参数方程，并判断轨迹所表示的图形；

（2）若 (x, y) 是 M 轨迹上的点，求 $x+2y$ 的取值范围.

解　（1）设点 M 的坐标为 (x, y)，取 $\angle xOP=\theta$ 为参数，则圆 O 的参数方程为

$$\begin{cases}x=2\cos\theta\\y=2\sin\theta\end{cases},$$

所以点 P 的坐标为 $(2\cos\theta, 2\sin\theta)$. 由中点坐标公式有

$$\begin{cases}x=\dfrac{2\cos\theta+4}{2}=\cos\theta+2\\[2mm]y=\dfrac{2\sin\theta+0}{2}=\sin\theta\end{cases}.$$

所以点 M 的轨迹的参数方程为 $\begin{cases}x=\cos\theta+2\\y=\sin\theta\end{cases}$（$\theta$ 为参数）.

由参数方程知，点 M 的轨迹是以 $(2, 0)$ 为圆心，1 为半径的圆.

（2）$x+2y=\cos\theta+2+2\sin\theta=\sqrt{5}\sin(\theta+\varphi)+2$，

因为 $-1\leqslant\sin(\theta+\varphi)\leqslant1$，所以

$$-\sqrt{5}+2\leqslant x+2y\leqslant\sqrt{5}+2.$$

即 $x+2y$ 的取值范围是 $[-\sqrt{5}+2, \sqrt{5}+2]$.

6.9.2　曲线参数方程与普通方程的互化

曲线的参数方程和普通方程是曲线方程的不同形式. 一般地，可以通过消去参数而从参数方程得到普通方程. 如果知道变量 x，y 中的一个与参数 t 的关系，例如 $x=f(t)$，把它代入

普通方程，求出另一个变数与参数的关系 $y=g(t)$，那么

$$\begin{cases}x=f(t)\\y=g(t)\end{cases}$$

就是曲线的参数方程. 这个过程如下所示：

参数方程　　　　　普通方程

$$\begin{cases}x=f(t)\\y=g(t)\end{cases}\underset{\text{引入参数}}{\overset{\text{消去参数}}{\rightleftharpoons}}F(x,\ y)=0.$$

化参数方程为普通方程的消参方法：
(1) 代入消参法；
(2) 三角公式消参法；
(3) 一些特殊的消参法.

例 4　化下列参数方程为普通方程，并说明它们各表示什么曲线.

(1) $\begin{cases}x=2t^2\\y=-1-t^2\end{cases}$ (t 为参数)；

(2) $\begin{cases}x=\sin\theta\\y=\cos2\theta+1\end{cases}$ (θ 为参数)；

(3) $\begin{cases}x=\dfrac{a(1-t^2)}{1+t^2}\\y=\dfrac{2bt}{1+t^2}\end{cases}$ (t 为参数).

解　(1) 由 $x=2t^2$ 得 $t^2=\frac{x}{2}(x\geqslant0)$代入

$$y=-1-t^2,$$

方程表示直线
$x+2y+2=0$
上 $x\geqslant0$ 的部分，即方程表示一条射线.

整理得

$$x+2y+2=0(x\geqslant0),$$

所以方程表示的是一条射线（图 6－78).

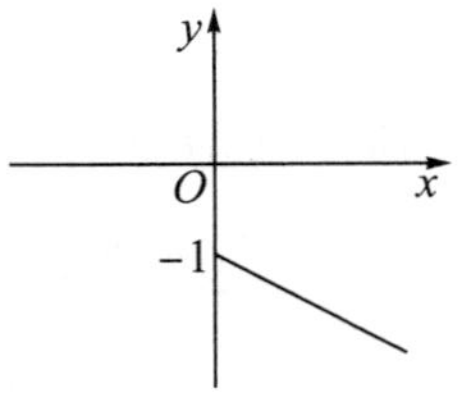

图 6－78

(2) 由 $y=\cos2\theta+1=2-2\sin^2\theta$，将 $x=\sin\theta$ 代入整理得

$$x^2=-\frac{1}{2}(y-2).$$

又由 $|x|=|\sin\theta|\leqslant1$，得

$$y=-2x^2+2.$$

所以方程表示抛物线 $x^2=-\frac{1}{2}(y-2)$上 $|x|\leqslant1$ 的那一段（图 6－79).

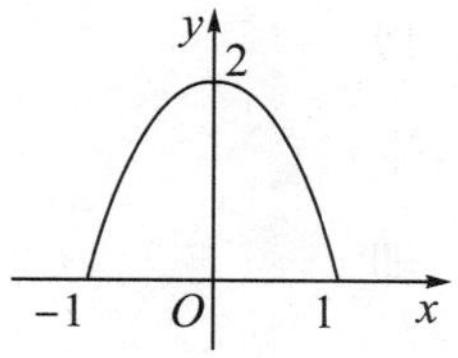

图 6－79

（3）若 $t=0$，则 $x=a$，$y=0$ 表示一点.

若 $t\neq 0$，有 $\begin{cases}\dfrac{x}{a}=\dfrac{1-t^2}{1+t^2}\\ \dfrac{y}{b}=\dfrac{2t}{1+t^2}\end{cases}$，得 $\begin{cases}\dfrac{x^2}{a^2}=\dfrac{(1-t^2)^2}{(1+t^2)^2}\\ \dfrac{y^2}{b^2}=\dfrac{4t^2}{(1+t^2)^2}\end{cases}$，即

$$\frac{x^2}{a^2}+\frac{y^2}{b^2}=\frac{(1-t^2)^2}{(1+t^2)^2}+\frac{4t^2}{(1+t^2)^2}=\frac{(1+t^2)^2}{(1+t^2)^2}=1.$$

所以方程表示椭圆 $\dfrac{x^2}{a^2}+\dfrac{y^2}{b^2}=1$ 上除点 $(-a,0)$ 的部分（图 6－80）.

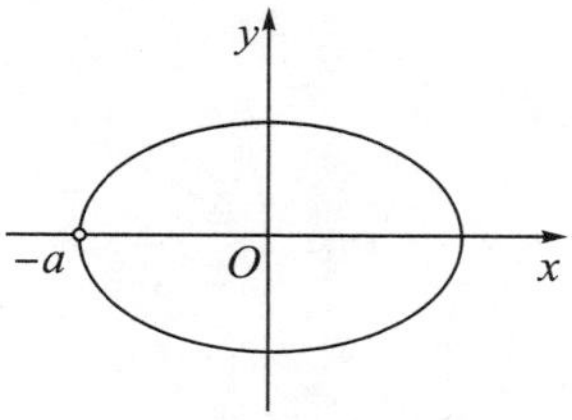

图 6－80

双曲线的参数方程也常设

$$\frac{x}{a}=\frac{1+t^2}{1-t^2}\ (t\neq 1),$$

可得

$$\frac{y^2}{b^2}=\frac{x^2}{a^2}-1=\left(\frac{1+t^2}{1-t^2}\right)^2-1=\left(\frac{2t}{1-t^2}\right)^2.$$

由此可得双曲线参数方程为

$$\begin{cases}x=\dfrac{a(1+t)^2}{1-t^2}\\ y=\dfrac{2bt}{1-t^2}\end{cases}$$ 或

例 5　把双曲线的普通方程 $\dfrac{x^2}{a^2}-\dfrac{y^2}{b^2}=1$ 化为参数方程.

解　由 $\dfrac{x^2}{a^2}=1+\dfrac{y^2}{b^2}\geqslant 1$，可知 $\left|\dfrac{x}{a}\right|\geqslant 1$，则可设 $\dfrac{x}{a}=\sec\theta$，从而有

$$\frac{y^2}{b^2}=\frac{x^2}{a^2}-1=\sec^2\theta-1=\tan^2\theta,$$

得

$$\frac{y}{b}=\pm\tan\theta.$$

由此可得双曲线的参数方程是

$$\begin{cases}x=a\sec\theta\\ y=b\tan\theta\end{cases}\text{或}\begin{cases}x=a\sec\theta\\ y=-b\tan\theta\end{cases}\text{（其中 }\theta\text{ 是参数）.}$$

例 6　求经过 $P(x_0,y_0)$ 并且倾角是 θ 的直线的参数方程.

解　直线的点斜式方程为

$$y-y_0=(x-x_0)\tan\theta,$$

$$\begin{cases} x=\dfrac{a(1+1t^2)}{1-t^2}, \\ y=-\dfrac{2bt}{1-t^2} \end{cases}$$

其中 t 是参数，$t\neq\pm1$.

关于直线的参数方程，需注意以下两点：

(1) t 是直线上任一点 $P(x, y)$ 与定点 $P_0(x_0, y_0)$ 之间的有向线段的数量，若 P 在 P_0 的上方，则 $t>0$；若 P 在 P_0 下方，则 $t<0$. 而 $|t|=|P_0P|$.

(2) 过点 $P_0(x_0, y_0)$ 并且斜率是 $\dfrac{b}{a}$ 的直线的参数方程是 $\begin{cases} x=x_0+at \\ y=y_0+bt \end{cases}$ (t 为参数，$t\in\mathbf{R}$).

但是，这里的参数 t 却不一定具有上面所说的几何意义，只有当 a 与 b 满足关系式 $a^2+b^2=1$ 时，才具有 (1) 所说的几何意义.

得

$$y-y_0=(x-x_0)\frac{\sin\theta}{\cos\theta},$$

即

$$\frac{x-x_0}{\cos\theta}=\frac{y-y_0}{\sin\theta},$$

则设 $\dfrac{x-x_0}{\cos\theta}=\dfrac{y-y_0}{\sin\theta}=t$，所以直线的参数方程为

$$\begin{cases} x=x_0+t\cos\alpha \\ y=y_0+t\sin\alpha \end{cases} \quad (t \text{ 为参数}，-\infty<t<+\infty).$$

如图 6－81，设 $P(x, y)$ 为直线上任意一点，过点 P_0，P 分别作 x 轴的垂线，交 x 轴于点 R，N，过 P_0 作 NP 的垂线交 NP 于 Q. 取直线 l 向上的方向为正方向，则直线 l 上任意一点 P 与有向线段 $\overline{P_0P}$ 的数量 $t=P_0P$ 一一对应，取 t 作参数. 有

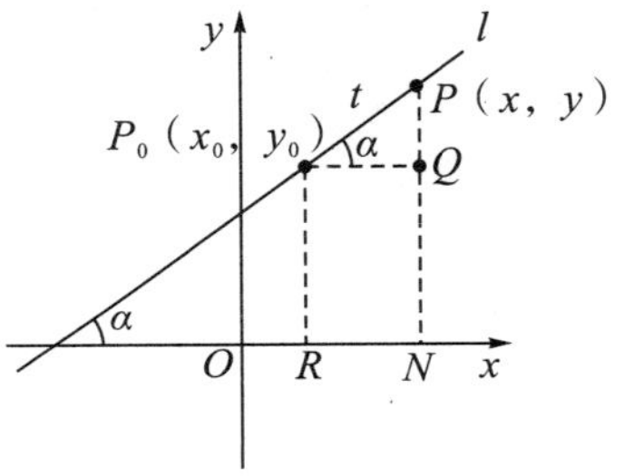

图 6－81

$$\begin{cases} P_0Q=P_0P\cos\alpha \\ QP=P_0P\sin\alpha \end{cases},$$

则

$$\begin{cases} x-x_0=t\cos\alpha \\ y-y_0=t\sin\alpha \end{cases} \quad (-\infty<t<+\infty),$$

即

$$\begin{cases} x=x_0+t\cos\alpha \\ y=y_0+t\sin\alpha \end{cases} \quad (-\infty<t<+\infty).$$

相对于参数方程来说，前面学过的直接给出曲线上点的坐标关系的方程，叫做曲线的普通方程.

例 7 已知直线 l：$\begin{cases} x=2-\dfrac{1}{2}t \\ y=-1+\dfrac{1}{2}t \end{cases}$ (t 是参数) 与圆 $x^2+y^2=4$ 交于 A，B 两点，点 $P_0(4, -3)$ 是直线 l 上一点（图 6－82），求 $|P_0A|\cdot|P_0B|$ 与 $|AB|$.

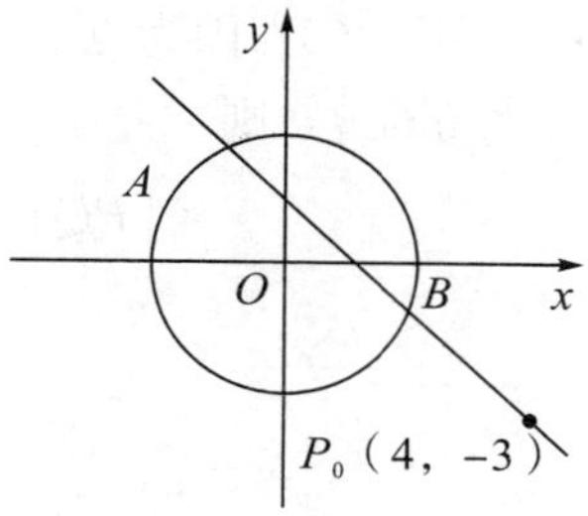

图 6-82

解　由于 $a^2+b^2=1$，为此先把直线 l 的参数方程化为标准形式，由

$$\begin{cases} x=2-\dfrac{1}{2}t \\ y=-1+\dfrac{1}{2}t \end{cases},$$

消去 t，得 $y=-x+1$，则有 $k=\tan\theta=-1$，可知

$$\cos\theta=-\frac{\sqrt{2}}{2},\ \sin\theta=\frac{\sqrt{2}}{2},$$

所以直线 l 的参数方程标准形式为

$$\begin{cases} x=4-\dfrac{\sqrt{2}}{2}t' \\ y=-3+\dfrac{\sqrt{2}}{2}t' \end{cases}（t'\text{为参数}），\qquad ①$$

把①代入圆方程 $x^2+y^2=4$，整理，得

$$t'^2-7\sqrt{2}t'+21=0,$$

则有 $t_1'+t_2'=7\sqrt{2}$，$t_1'\cdot t_2'=21$，因此可得

$$|P_0A|\cdot|P_0B|=t_1'\cdot t_2'=21,$$

所以

$$|AB|=|t_1'-t_2'|=\sqrt{(t_1'+t_2')^2-4t_1'\cdot t_2'}$$
$$=\sqrt{(7\sqrt{2})^2-4\times 21}=\sqrt{14}.$$

例 8　已知等轴双曲线 C 的实轴长为 2，焦点在 x 轴上.

（1）求双曲线的普通方程和参数方程；

（2）已知点 $P(0, 1)$，点 Q 在双曲线 C 上，求 $|PQ|$ 的最小值.

运用双曲线的参数方程时，常用的三角函数关系式：
（1）$\sin^2\varphi+\cos^2\varphi=1$；

解　（1）设等轴双曲线 C 的普通方程为

$$x^2-y^2=a^2,$$

由题意可知 $a=1$，所以方程为 $x^2-y^2=1$，化为参数方程为

$$\begin{cases} x=\sec\varphi \\ y=\tan\varphi \end{cases}（\varphi\text{ 为参数}）.$$

(2) $1+\tan^2\varphi=\frac{1}{\cos^2\varphi}=\sec^2\varphi$；
(3) $\sec^2\varphi-\tan^2\varphi=1$.

(2) 因为点 P，Q 在双曲线 C 上，设 Q 点坐标为（$\sec\varphi$，$\tan\varphi$），则

$$\begin{aligned}|PQ|&=\sqrt{\sec^2\varphi+(1-\tan\varphi)^2}\\&=\sqrt{\sec^2\varphi+\tan^2\varphi-2\tan\varphi+1}\\&=\sqrt{2\tan^2\varphi-2\tan\varphi+2}\\&=\sqrt{2\left(\tan\varphi-\frac{1}{2}\right)^2+\frac{3}{2}}\geqslant\sqrt{\frac{3}{2}}=\frac{\sqrt{6}}{2},\end{aligned}$$

故当且仅当 $\tan\varphi=\frac{1}{2}$时，$|PQ|$有最小值$\frac{\sqrt{6}}{2}$.

在不同的坐标系下，同一曲线的方程的表现形式不同，同一问题的计算繁易程度也不相同. 因此在解决实际问题时，若能选取适当的坐标系或方程形式，往往能简化运算.

例 9 如图 6－83 所示，已知椭圆长轴 $|A_1A_2|=6$，焦距 $|F_1F_2|=4\sqrt{2}$，过 F_1 作一直线交椭圆于 M，N 两点，设 $\angle FF_1M=\alpha$，求 $|MN|$.

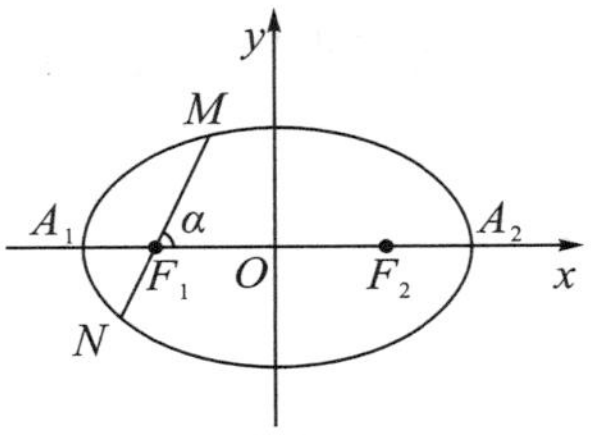

图 6－83

解 方法一 以椭圆中心为原点，长轴所在直线为 x 轴建立直角坐标系，在椭圆方程中已知 $2a=6$，$2c=4\sqrt{2}$，则

$$a=3,\ c=2\sqrt{2},\ b^2=a^2-c^2=1,$$

所以椭圆方程为

$$\frac{x^2}{9}+y^2=1. \qquad ①$$

由于椭圆左焦点为 $F_1(-2\sqrt{2},0)$，则直线 MN 的方程为

$$y=\tan\alpha(x+2\sqrt{2}). \qquad ②$$

把②代入①并化简整理，得

$$(1+9\tan^2\alpha)x^2+36\sqrt{2}\tan^2\alpha\cdot x+72\tan^2\alpha-9=0. \qquad ③$$

由

$$\begin{aligned}\Delta&=(36\sqrt{2}\tan^2\alpha)^2-4(1+9\tan^2\alpha)(72\tan^2\alpha-9)\\&=36^2\times2\tan^4\alpha-36^2\times2\tan^4\alpha+36\tan^2\alpha+36\\&=36\tan^2\alpha+36=36(1+\tan^2\alpha)=36\sec^2\alpha\end{aligned}$$

如果设方程的两根为 x_1，x_2（这里 MN 肯定与椭圆相交，故无须计算Δ），由韦达定理有

$$\begin{cases}x_1+x_1=\dfrac{-36\sqrt{2}\tan^2\alpha}{1+9\tan^2\alpha},\\x_1\cdot x_2=\dfrac{72\tan^2\alpha-9}{1+9\tan^2\alpha}\end{cases}$$

那么

$$|x_1-x_2|=\sqrt{(x_1+x_2)^2-4x_1\cdot x_2}.$$

这样来计算 $|MN|$ 反倒不如直接求根简洁.

方法一运算的合理之处在于求得 $x_{1,2}$后，不用去求 $y_{1,2}$，这样反倒避

免了用两点之间的距离公式去求 $|MN|$ 的繁杂计算.

可得

$$x_{1,2}=\frac{-36\sqrt{2}\tan^2\alpha\pm\sqrt{\Delta}}{2(1+9\tan^2\alpha)}=\frac{-36\sqrt{2}\tan^2\alpha\pm\sqrt{36\sec^2\alpha}}{2(1+9\tan^2\alpha)}$$

$$=\frac{-18\sqrt{2}\tan^2\alpha\pm3\sqrt{36\sec^2\alpha}}{1+9\tan^2\alpha}.$$

因此

$$|x_1-x_2|=\frac{6\sqrt{36\sec^2\alpha}}{1+9\tan^2\alpha}=\frac{6|\sec\alpha|}{1+9\tan^2\alpha},$$

所以

$$|MN|=\frac{|x_1-x_2|}{|\cos\alpha|}=\frac{1}{|\cos\alpha|}\cdot\frac{6|\sec\alpha|}{1+9\tan^2\alpha}$$

$$=\frac{6}{\cos^2\alpha\left(1+\frac{9\sin^2\alpha}{\cos^2\alpha}\right)}=\frac{6}{\cos^2\alpha+9\sin^2\alpha}$$

$$=\frac{6}{1+8\sin^2\alpha}.$$

方法二　以椭圆中心为原点，长轴所在直线为 x 轴建立直角坐标系，则椭圆方程中已知 $2a=6$，$2c=4\sqrt{2}$，则 $a=3$，$c=2\sqrt{2}$，$b^2=a^2-c^2=1$，所以椭圆方程为

$$\frac{x^2}{9}+y^2=1.$$

方法二选择了直线的参数方程去求直线与曲线的两个交点间的距离，从而简化了运算。可见利用直线的参数方程，解决有关过定点的割线长或弦长的问题是很方便的.

由于椭圆左焦点为 $F_1(-2\sqrt{2},0)$，则直线 MN 的方程为

$$\begin{cases}x=-2\sqrt{2}+t\cos\alpha\\ y=t\sin\alpha\end{cases}(t\in\mathbf{R},\ t\text{ 为参数}).$$

代入椭圆方程整理，得

$$(1+8\sin^2\alpha)t^2-4\sqrt{2}\cos t\cdot t-1=0.$$

设方程的二根为 t_1，t_2，则由韦达定理有

$$t_1+t_2=\frac{4\sqrt{2}\cos\alpha}{1+8\sin^2\alpha},\quad t_1\cdot t_2=-\frac{1}{1+8\sin^2\alpha},$$

所以

$$|MN|=|t_1-t_2|=\sqrt{(t_1+t_2)^2-4t_1\cdot t_2}$$

$$=\sqrt{\left(\frac{4\sqrt{2}\cos\alpha}{1+8\sin^2\alpha}\right)^2+\frac{4}{1+8\sin^2\alpha}}$$

$$=\sqrt{\frac{32\cos^2\alpha+32\sin^2\alpha+4}{(1+8\sin^2\alpha)^2}}$$

$$=\sqrt{\frac{36}{(1+8\sin^2\alpha)^2}}=\frac{6}{1+8\sin^2\alpha}.$$

方法三　以 F_1 为极点，直线 F_1F_2 为极轴建立极坐标系.

利用圆锥曲线的统一方程，解决有关焦点弦长的问题比较方便.

由 $2a=6$，$2c=4\sqrt{2}$，则

$$e=\frac{c}{a}=\frac{2\sqrt{2}}{3},\ p=\frac{a^2}{c}-c=\frac{9}{2\sqrt{2}}-2\sqrt{2}=\frac{\sqrt{2}}{4},$$

所以椭圆的极坐标方程为

$$\rho=\frac{ep}{1-e\cos\theta}=\frac{\frac{2\sqrt{2}}{3}\times\frac{\sqrt{2}}{4}}{1-\frac{2\sqrt{2}}{3}\cos\theta}=\frac{1}{3-2\sqrt{2}\cos\theta}.$$

比较本例三种求解方法可知，方法一是常规做法，但运算量大，而方法二、三的运算更为简洁. 故以后凡求过定点的弦长的问题应首先考虑方法二，若定点为焦点则考虑用方法三.

设 M，N 两点的坐标为 $M(\rho_1,\ \alpha)$，$N(\rho_2,\ \pi+\alpha)$，则

$$|MF_1|=\rho_1=\frac{1}{3-2\sqrt{2}\cos\alpha},$$

$$|F_1N|=\rho_2=\frac{1}{3-2\sqrt{2}\cos(\pi+\alpha)}=\frac{1}{3+2\sqrt{2}\cos\alpha},$$

所以

$$|MN|=\rho_1+\rho_2=\frac{1}{3-2\sqrt{2}\cos\alpha}+\frac{1}{3+2\sqrt{2}\cos\alpha}$$

$$=\frac{6}{9-8\cos^2\alpha}=\frac{6}{1+8\sin^2\alpha}.$$

习题 6.9

1. 已知曲线 C 的参数方程是 $\begin{cases}x=1+2t\\ y=at^2\end{cases}$（$t$ 为参数，$a\in\mathbf{R}$），点 $M(-3,\ 4)$ 在曲线 C 上.

   （1）求常数 a 的值；（2）判断点 $P(1,\ 0)$，$Q(3,\ -1)$ 是否在曲线 C 上.

2. 已知直线 $y=x$ 与曲线 $\begin{cases}x=1+2\cos\alpha,\\ y=2+2\sin\alpha\end{cases}$（$\alpha$ 为参数）相交于两点 A 和 B，求弦长 $|AB|$.

3. 已知曲线 C：$\begin{cases}x=\cos\theta\\ y=-1+\sin\theta\end{cases}$（$\theta$ 为参数），如果曲线 C 与直线 $x+y+a=0$ 有公共点，求实数 a 的取值范围.

4. 如图所示，OA 是圆 C 的直径，且 $OA=2a$，射线 OB 与圆交于 Q 点，和经过 A 点的切线交于 B 点，作 $PQ\perp OA$，$PB /\!/ OA$，试求 P 点的轨迹方程.

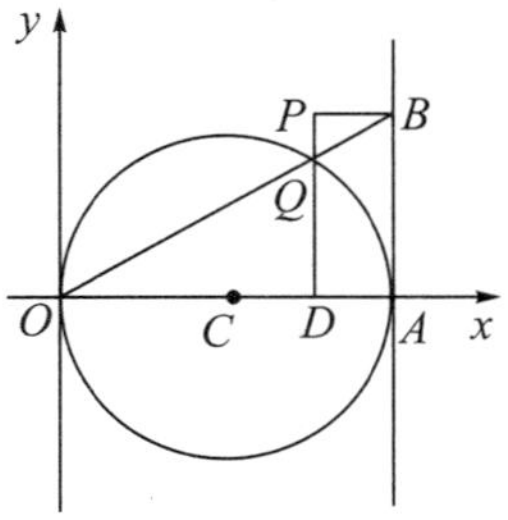

第 4 题图

5. 在平面直角坐标系 xOy 中，曲线 C 的参数方程为 $\begin{cases} x=r\cos\alpha \\ y=r\sin\alpha \end{cases}$（$\alpha$ 为参数，r 为常数，$r>0$）．以 O 为极点，x 轴的正半轴为极轴建立极坐标系，直线 l 的极坐标方程为 $\sqrt{2}\rho\cos\left(\theta+\frac{\pi}{4}\right)+2=0$．若直线 l 与曲线 C 交于 A，B 两点，且 $|AB|=2\sqrt{2}$，求 r 的值．

6. 已知曲线 C_1 的参数方程为 $\begin{cases} x=-2+\sqrt{10}\cos\theta \\ y=\sqrt{10}\sin\theta \end{cases}$（$\theta$ 为参数），曲线 C_2 的极坐标方程为 $\rho=2\cos\theta+6\sin\theta$．

(1) 将曲线 C_1 的参数方程化为普通方程，将曲线 C_2 的极坐标方程化为直角坐标方程．

(2) 曲线 C_1，C_2 是否相交？若相交，请求出公共弦的长；若不相交，请说明理由．

7. 在直角坐标系 xOy 中，已知直线 l 的参数方程为 $\begin{cases} x=\frac{3}{5}t \\ y=1+\frac{4}{5}t \end{cases}$（$t$ 为参数）．以直角坐标系的原点为极点，x 轴的正半轴为极轴建立极坐标系，曲线 C 的极坐标方程为 $\rho=2\sin\theta$．

(1) 求曲线 C 的直角坐标方程；

(2) 若 $P(x, y)$ 在直线 l 上，且在曲线 C 内，求 $x-y$ 的取值范围；

(3) 若 $Q(x, y)$ 在曲线 C 上，求 Q 到直线 l 的最大距离．

8. 已知直线 l 经过点 $P(1, 1)$，倾斜角 $\alpha=\frac{\pi}{6}$，

(1) 写出直线 l 的参数方程；

(2) 设 l 与圆 $x^2+y^2=4$ 相交于两点 A，B，求点 P 到 A，B 两点的距离之积．

9. 已知曲线 C_1：$\begin{cases} x=-4+\frac{\sqrt{2}}{2}t \\ y=\frac{\sqrt{2}}{2}t \end{cases}$（$t$ 为参数），C_2：$\begin{cases} x=-2+\cos\theta \\ y=1+\sin\theta \end{cases}$（$\theta$ 为参数）．

(1) 化 C_1，C_2 的方程为普通方程，并说明它们分别表示什么曲线；

(2) 若曲线 C_1 和 C_2 相交于 A，B 两点，求 $|AB|$．

10. 极坐标系中曲线 F 的极坐标方程为 $\rho=\frac{4\cos\theta}{\sin 2\theta}$．以极点为原点，极轴为 x 轴正半轴建立平面直角坐标系，单位长度不变，直线 l_1，l_2 均过点 $F(1, 0)$，且 $l_1\perp l_2$，直线 l_1 的倾斜角为 α．

(1) 写出曲线 F 的直角坐标方程和 l_1，l_2 的参数方程；

(2) 设直线 l_1 和 l_2 分别与曲线 F 交于点 A，B 和 C，D，线段 AB，CD 的中点分别为 M，N，求 $|MN|$ 最小值．

§6.10 习题选解

6.10.1 习题6.1选解

1. 证明从略.

2. **解** 由已知，$\frac{AB}{BC}=\frac{2}{3}$，如图所示，可知（1）$\frac{CB}{BA}=\frac{-3}{-2}=\frac{3}{2}$；（2）$\frac{BA}{AC}=\frac{-2}{5}=-\frac{2}{5}$；（3）$\frac{AC}{CB}=\frac{5}{-3}=-\frac{5}{3}$.

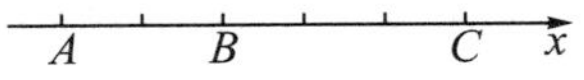

第2题图

3. **证明** 如下左图，以△ABC的直角边CA，CB为轴建立直角坐标系，设A，B坐标分别为（a，0），（0，b），$M(x, y)$为斜边AB的中点，由中点坐标公式，得$x=\frac{a}{2}$，$y=\frac{b}{2}$.

因为$|AM|=\sqrt{\left(\frac{a}{2}-a\right)^2+\left(\frac{b}{2}-0\right)^2}=\frac{\sqrt{a^2+b^2}}{2}$，

$|BM|=\sqrt{\left(\frac{a}{2}-0\right)^2+\left(\frac{b}{2}-b\right)^2}=\frac{\sqrt{a^2+b^2}}{2}$，

$|CM|=\sqrt{\left(\frac{a}{2}-0\right)^2+\left(\frac{b}{2}-0\right)^2}=\frac{\sqrt{a^2+b^2}}{2}$

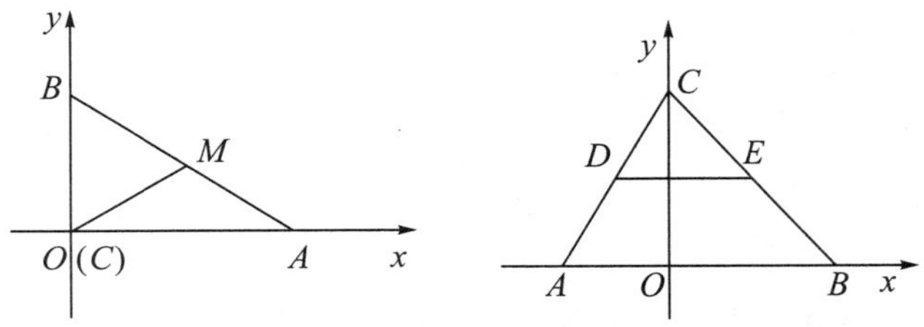

第3题图

所以$|MA|=|MB|=|MC|$，原命题得证.

（2）如上右图，以△ABC的底边AB为x轴，AB边上的高OC为y轴建立直角坐标系，设A，B，C的坐标分别为（a，0），（b，0），（0，c），DE为中位线，则D，E坐标分别为$\left(\frac{a}{2}, \frac{c}{2}\right)$，$\left(\frac{b}{2}, \frac{c}{2}\right)$，则$|AB|=|a-b|$，$|DE|=\left|\frac{a}{2}-\frac{b}{2}\right|=\frac{|a-b|}{2}$，

所以$|AB|=2|DE|$，原命题得证.

4. **证明**　设 $P_1(x_1, y_1)$，$P_2(x_2, y_2)$ 为坐标平面上任意两点，如果

(1) 点 O，P_1，P_2 不在同一条直线上，则有 $|P_1P_2|<|OP_1|+|OP_2|$，即

$$\sqrt{(x_2-x_1)^2+(y_2-y_1)^2}<\sqrt{x_1{}^2+y_1{}^2}+\sqrt{x_2{}^2+y_2{}^2}.$$

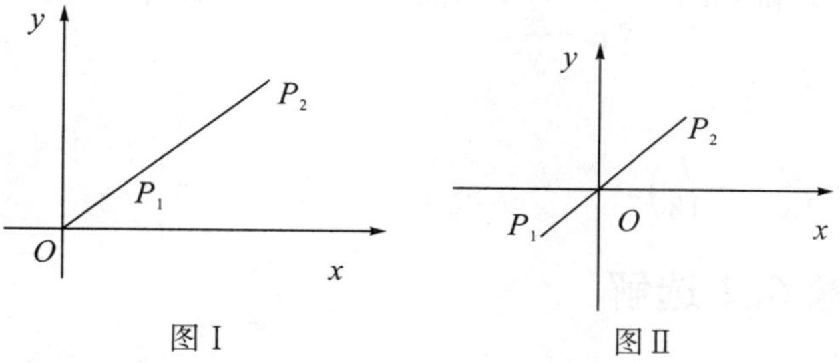

第 4 题图

(2) 点 O，P_1，P_2 在同一条直线上，又分为以下两种情况

①当点 O 在线段 P_1P_2 外（图Ⅰ），$|P_1P_2|<|OP_1|+|OP_2|$，即

$$\sqrt{(x_2-x_1)^2+(y_2-y_1)^2}<\sqrt{x_1{}^2+y_1{}^2}+\sqrt{x_2{}^2+y_2{}^2}.$$

②当点 O 在线段 P_1P_2 内（图Ⅱ），$|P_1P_2|=|OP_1|+|OP_2|$，即 $\sqrt{(x_2-x_1)^2+(y_2-y_1)^2}=\sqrt{x_1{}^2+y_1{}^2}+\sqrt{x_2{}^2+y_2{}^2}$.

综上所述，对于任意实数 x_1，x_2，y_1，y_2，都有 $\sqrt{(x_2-x_1)^2+(y_2-y_1)^2}\leqslant\sqrt{x_1{}^2+y_1{}^2}+\sqrt{x_2{}^2+y_2{}^2}$.

5. $x^2+y^2=a^2$，此即为点 P 的轨迹方程.

6. **解**　以点 A 为原点，直线 AB 为 x 轴建立直角坐标系，则可设定点 B 的坐标为 $(a, 0)$，动点 C 与 D 的坐标分别为 (x, y)，(x', y'). 由中点坐标公式可得 $x'=\dfrac{x+a}{2}$，$y'=\dfrac{y+0}{2}$①，由于 $|AD|=m$，可知 $\sqrt{x'^2+y'^2}=m$，即 $x'^2+y'^2=m^2$②.

把①代入②，得 $\left(\dfrac{x+a}{2}\right)^2+\left(\dfrac{y}{2}\right)^2=m^2$. 化简，得 $(x+a)^2+y^2=4m^2$，此即为顶点 C 的轨迹方程.

7. $(x-y)^2+y^2=a^2$，此即为顶点 B 的轨迹方程.

8. $\left(x-\dfrac{2a}{3}\right)^2+y^2=\left(\dfrac{r}{3}\right)^2$，此即为点 P 的轨迹方程.

9. **解**　设 M，N 坐标分别为 (x_1, y_1)，$(x_2, 0)$，MN 中点为 $P(x, y)$，则有

$$\begin{cases}x=\dfrac{x_1+x_2}{2}\\ y=\dfrac{y_1}{2}\end{cases}\Rightarrow\begin{cases}x_1+x_2=2x\\ y_1=2y\end{cases}.\ ①$$

又知 $S_{\triangle MON}=\dfrac{1}{2}x_2\cdot y_1=4\Rightarrow x_2=\dfrac{8}{y_1}$②，而且 $\tan\alpha=\dfrac{y_1}{x_1}$，③将②代入①，有

$$\begin{cases} x_1 = 2x - \dfrac{4}{y}, \\ y_1 = 2y \end{cases} ④$$

再把④代入③，得 $\tan\alpha = \dfrac{2y}{2x - \dfrac{4}{y}}$，化简，得 $y^2 - \tan\alpha \cdot xy + 2\tan\alpha = 0$，此即为点 P 的轨迹方程.

10. (0，0)，$\left(-\dfrac{4}{13}, -\dfrac{7}{13}\right)$.

6.10.2 习题 6.2 选解

1. (1)$4x - y + 11 = 0$；(2)$x + 4y + 11 = 0$；(3)$2x - 2\sqrt{3}y + 3 = 0$；(4)$y - 2 = 0$.
2. (1)$m \neq 1$ 且 $m \neq -2$；(2)$m = 1$；(3)$m = -2$.
3. (1)$x - 7y - 4 = 0$；(2)$\angle B = 90°$.
4. **证明** 证以圆心 O 为原点，直径 AB 所在直线为 x 轴建立直角坐标系. 设圆的半径为 r，则点 A，B 的坐标分别为$(-r, 0)$，$(r, 0)$，圆方程为 $x^2 + y^2 = r^2$. 设 $C(x_1, y_1)$ 为圆上一点，连接 AC，BC，则有

$$k_{AC} \cdot k_{BC} = \frac{y_1}{x_1 + r} \cdot \frac{y_1}{x_1 - r} = \frac{y_1^2}{x_1^2 - r^2}.$$

由于点 $C(x_1, y_1)$ 在圆 $x^2 + y^2 = r^2$ 上，有 $x_1^2 + y_1^2 = r^2 \Rightarrow y_1^2 = r^2 - x_1^2$. 所以 $k_{AC} \cdot k_{BC} = \dfrac{r^2 - x_1^2}{x_1^2 - r^2} = -1$，即 $AC \perp BC$. 命题得证.

5. 直线 l 的方程为 $3x - 7y - 13 = 0$ 或 $7x + 3y - 11 = 0$.
6. $y = -\dfrac{1}{4}x + 1$，即 $x + 4y - 4 = 0$ 为所求的直线方程.
7. $y^2 = 4ax$ 为所求的轨迹方程.
8. **解** (1) 设 AB 中点为 $P(x, y)$，则有 $\begin{cases} x = \dfrac{a}{2} \\ y = \dfrac{b}{2} \end{cases} \Rightarrow \begin{cases} a = 2x \\ b = 2y \end{cases}$，①

由题意又有 $\dfrac{|b + a - ab|}{\sqrt{b^2 + a^2}} = 1 \Rightarrow (b + a - ab)^2 = b^2 + a^2 \Rightarrow a^2b^2 + 2ab - 2a^2b - 2ab^2 = 0 \Rightarrow$ $ab - 2a - 2b + 2 = 0$，②

将①代入②，得 $4xy - 4x - 4y + 2 = 0$，即 $xy - x - y + \dfrac{1}{2} = 0$ 为所求轨迹方程.

(2) 由②有 $(a-2)b = 2a - 2 \Rightarrow b = \dfrac{2a-2}{a-2}$，由于 $S_{\triangle AOB} = \dfrac{1}{2}ab$，令 $S_{\triangle AOB} = S$，则有 $S = \dfrac{1}{2}a \cdot \dfrac{2a-2}{a-2} \Rightarrow a^2 - (S+1)a + 2S = 0$，

由$\Delta \geqslant 0$，可得$(S+1)^2 - 8S \geqslant 0 \Rightarrow S^2 - 6S + 1 \geqslant 0$，则有 $S \geqslant 3 + 2\sqrt{2}$ 或 $S \leqslant 3 + 2\sqrt{2}$（不合题意）. 所以$\triangle AOB$ 面积的最小值为 $3 + 2\sqrt{2}$.

9. (1) 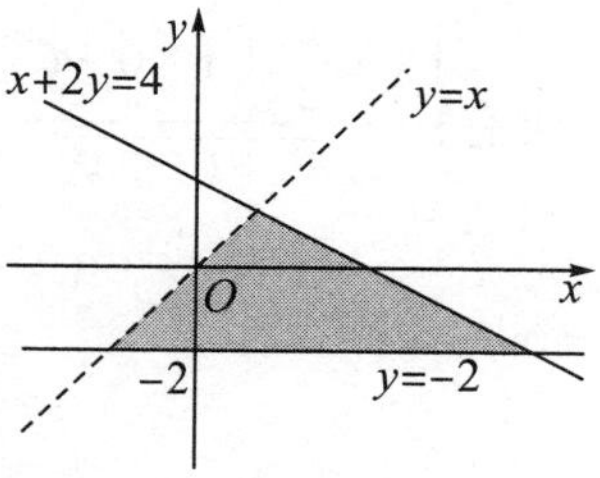

(2) 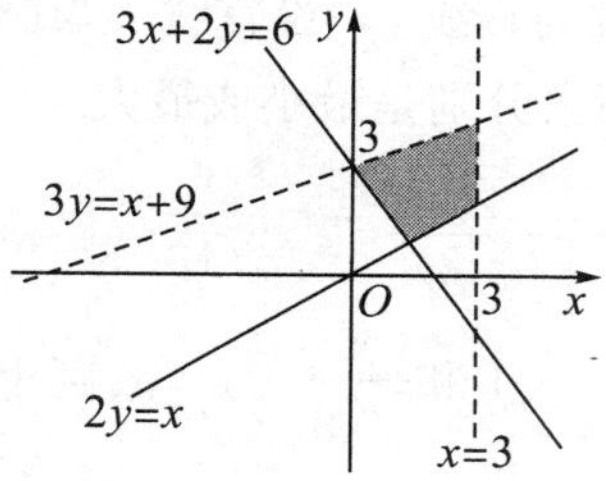

10. 从略.

6.10.3　习题 6.3 选解

1. (1) $(x-3)^2+(y-4)^2=5$;

(2) $(x-8)^2+(y+3)^2=25$;

(3) $(x-3)^2+(y+5)^2=32$.

2. **证明**　此圆圆心坐标为$\left(\frac{x_1+x_2}{2}, \frac{y_1+y_2}{2}\right)$，半径为$\frac{1}{2}\sqrt{(x_1-x_2)^2-(y_1-y_2)^2}$，则圆的方程是

$$\left(x-\frac{x_1+x_2}{2}\right)^2+\left(y-\frac{y_1+y_2}{2}\right)^2=\frac{(x_1-x_2)^2-(y_1-y_2)^2}{4}$$

$$\Rightarrow x^2-(x_1+x_2)x+\frac{(x_1+x_2)^2}{4}+y^2-(y_1+y_2)y+\frac{(y_1+y_2)^2}{4}$$

$$=\frac{(x_1-x_2)^2-(y_1-y_2)^2}{4}$$

$$\Rightarrow x^2-(x_1+x_2)x+x_1x_2+y^2-(y_1+y_2)y+y_1y_2=0$$

$$\Rightarrow (x-x_1)(x-x_2)+(y-y_1)(y-y_2)=0.$$

故命题得证.

3. 当$-\frac{\sqrt{3}}{3}<k<\frac{\sqrt{3}}{3}$时，相交；当$k=\pm\frac{\sqrt{3}}{3}$时，相切；$k<-\frac{\sqrt{3}}{3}$或$k>\frac{\sqrt{3}}{3}$时，相离.

4. (1) 当$1+6t-7t^2>0$即$-\frac{1}{7}<t<1$时，方程表示圆；

(2) 由于$1+6t-7t^2=-7\left(t-\frac{3}{7}\right)^2+\frac{16}{7}$，因此当$t=\frac{3}{7}$时，圆的半径最大.

5. $\left(x+\frac{7}{5}\right)^2+\left(y-\frac{9}{5}\right)^2=\frac{1}{10}$.

6. **解**　圆方程可化为$\left(x+\frac{5}{2}\right)^2+y^2=\left(\frac{5}{2}\right)^2$，圆心坐标为$\left(-\frac{5}{2}, 0\right)$，半径为$\frac{5}{2}$.

由题意，可设切线方程为 $3x+4y+C=0$，由切线性质有 $\frac{\left|3\times\frac{5}{2}+4\times0+C\right|}{\sqrt{4^2+(-3)^2}}=\frac{5}{2}\Rightarrow$

$C=-5$ 或 $C=20$，

故所求的切线方程为 $3x+4y-5=0$ 或 $3x+4y+20=0$.

7. $3x^2+4y^2-18x-81=0$，即为动圆圆心的轨迹方程.

8. **解** 作过圆心（1，0）且与直线 $2x-3y-6=0$ 垂直的直线 l，设直线 l 与圆的两个交点为 A，B，则 A，B 到直线 $2x-3y-6=0$ 的距离分别是最小或最大.

圆心（1，0）到直线 $2x-3y-6=0$ 的距离为 $\frac{|2\times1-3\times0-6|}{\sqrt{2^2+(-3)^2}}=\frac{4}{\sqrt{13}}$.

因此 A，B 到直线 $2x-3y-6=0$ 的距离分别是 $\frac{4}{\sqrt{13}}-1$ 和 $\frac{4}{\sqrt{13}}+1$. 故圆上的点到直线距离的最小值为 $\frac{4\sqrt{13}}{13}-1$.

9. **解** 圆方程可化为 $(x-4)^2+(y-1)^2=25$，故圆心在 $C(4，1)$，半径为 5.

可知直径 CP 的斜率为 $\frac{1-0}{4-3}=1$，而所求弦的斜率即为 -1，则弦方程为 $y=-(x-3)$.

由方程组 $\begin{cases}(x-4)2+(y-1)2=25\\ y=-(x-3)\end{cases}\Rightarrow 2x^2-12x+15=0$，可得 $x_1+x_2=6$，$x_1\cdot x_2=\frac{15}{2}$.

由弦长公式，所求弦的弦长为 $\sqrt{[1+(-1)^2]\ (6^2-4\times\frac{15}{2})}=\sqrt{12}=2\sqrt{3}$.

10. **解** 设题中各点的坐标分别为 $P(x，y)$，$M(x_1，y_1)$，$N(x_2，y_2)$.

由于 $AM\perp AN$，则有 $\frac{y_1}{x_1-a}\cdot\frac{y_2}{x_2-a}=-1$，即 $x_1x_2+y_1y_2=a(x_1+x_2)-a^2$，①

又因 AP，MN 相互平分，则中点重合，可得 $\begin{cases}\frac{x+a}{2}=\frac{x_1+x_2}{2}\\ \frac{y}{2}=\frac{y_1+y_2}{2}\end{cases}\Rightarrow\begin{cases}x_1+x_2=x+a & ②\\ y_1+y_2=y & ③\end{cases}$，

而点 M，N 在圆上，又有 $\begin{cases}{x_1}^2+{y_1}^2=r^2 & ④\\ {x_2}^2+{y_2}^2=r^2 & ⑤\end{cases}$，

①×2+④+⑤，可得 $(x_1+x_2)^2+(y_1+y_2)^2=2r^2+2a(x_1+x_2)-2a^2$，

把②③代入上式，可得 $(x+a)^2+y^2=2r^2+2a(x+a)-2a^2$. 化简，得 $x^2+y^2=2r^2-a^2$ 即为所求的轨迹方程.

6.10.4 习题 6.4 选解

1. （1）$\frac{x^2}{169}+\frac{y^2}{25}=1$ 或 $\frac{x^2}{25}+\frac{y^2}{169}=1$；　　（2）$\frac{x^2}{36}+\frac{y^2}{16}=1$；

(3) $\frac{x^2}{9}+\frac{y^2}{25}=1$； (4) $\frac{x^2}{5}+\frac{y^2}{9}=1$ 或 $\frac{x^2}{9}+\frac{y^2}{5}=1$.

2. 点 A 的轨迹方程为 $\frac{x^2}{4}+\frac{y^2}{3}=1$.

3. **解** 由椭圆方程可知左、右焦点为 $F_1(-5, 0)$，$F_2(5, 0)$，设点 M 的坐标为 (x, y).

由题意，$\frac{|MF_1|}{|MF_2|}=\frac{2}{3}$，则有 $\frac{\sqrt{(x+5)^2+y^2}}{\sqrt{(x-5)^2+y^2}}=\frac{2}{3}$.

化简，得 $x^2+y^2+26x+25=0$，此即为点 M 的轨迹方程. 方程可化为 $(x+13)^2+y^2=12^2$，这是一个圆心在 $(-13, 0)$，半径为 12 的圆.

4. **解** 左准线方程为 $x=-\frac{25}{4}$，设 P 点的坐标为 (x_0, y_0)，由题意有 $\left|x_0+\frac{25}{4}\right|=\frac{5}{2}$.

解得 $x_0=-\frac{15}{4}$，则 $y_0=\pm\frac{3\sqrt{7}}{4}$，则 P 到右焦点 $F_2(4, 0)$ 的距离为 $\sqrt{\left(-\frac{15}{4}-4\right)^2+\left(\frac{3\sqrt{7}}{4}-0\right)^2}=8$.

注：本题也可用圆锥曲线的统一定义来求.

P 到左焦点 F_1 和到左准线的距离 d 之比为 $\frac{|PF_1|}{d}=e$，可知 $|PF_1|=\frac{5}{2}\times\frac{4}{5}=2$.

又因为 $|PF_1|+|PF_2|=10$，故 $|PF_2|=8$.

5. **解** 由椭圆方程可知左、右焦点为 $F_1(-5, 0)$，$F_2(5, 0)$，设所求的点为 $P(x_1, y_1)$.

由于 $PF_1\perp PF_2$，则有 $\frac{y_1}{x_1+5}\cdot\frac{y_1}{x_1-5}=-1$，化简，得 $x_1^2+y_1^2=25$，①

又因为 $P(x_1, y_1)$ 在椭圆上，则有 $\frac{x_1^2}{45}+\frac{y_1^2}{20}=1$，化简，得 $4x_1^2+9y_1^2=180$，②

由①②可求得点 P 坐标为 $(3, 4)$，或 $(3, -4)$，或 $(-3, 4)$，或 $(-3, -4)$.

6. 证明从略.

7. **证明** 如图建立坐标系，则椭圆方程为 $\frac{x^2}{9}+y^2=1$. 设直线 MN 方程为 $y=k(x+2\sqrt{2})$.

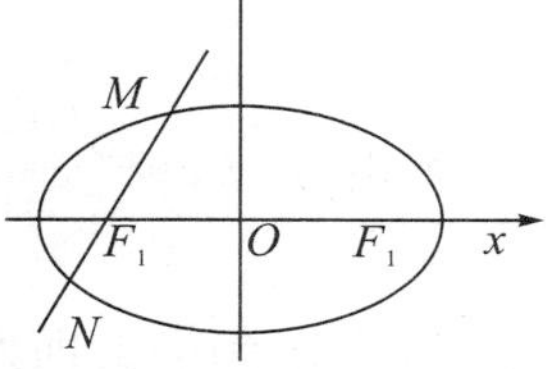

第 7 题图

由方程组 $\begin{cases} y=k(x+2\sqrt{2}) \\ \frac{x^2}{9}+y^2=1 \end{cases}$ 可得 $(9k^2+1)x^2+36\sqrt{2}k^2x+72k^2-9=0$,

则有 $x_1+x_2=\frac{-36\sqrt{2}k^2}{9k^2+1}$，$x_1x_2=\frac{72k^2-9}{9k^2+1}$. 由 $|MN|=2$，可得

$$\sqrt{(1+k^2)\left[\left(\frac{-36\sqrt{2}k^2}{9k^2+1}\right)^2-4\times\frac{72k^2-9}{9k^2+1}\right]}=\frac{6(1+k^2)}{9k^2+1}=2,$$

解得 $k=\pm\frac{1}{3}$，而 $k=\tan\angle MF_1F_2=\tan\alpha$，故 $\alpha=30°$或 $\alpha=150°$.

8. **解** 如图，F_2 的坐标为（1，0），则直线 AB 的方程为 $y=x-1$.

由方程组$\begin{cases}y=x-1\\ \frac{x^2}{2}+y^2=1\end{cases}$可得 $3x^2-4x=0$，求得 A，B 坐标分别为（0，−1），$(\frac{4}{3},\frac{1}{3})$. 因此

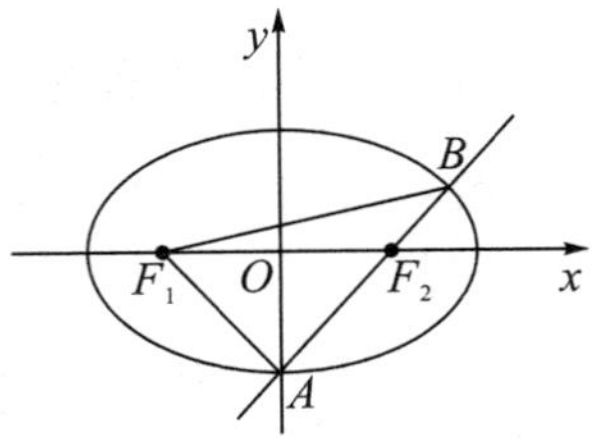

第 8 题图

$$S_{\triangle ABF_1}=S_{\triangle AF_1F_2}+S_{\triangle BF_1F_2}$$
$$=\frac{1}{2}|F_1F_2|\cdot|-1|+\frac{1}{2}|F_1F_2|\cdot|\frac{1}{3}|=\frac{4}{3}.$$

9. **解** 设图中各点坐标为 $Q(x,y)$，$R(x_1,y_1)$，$P(x_2,y_2)$，又设 OP 方程为 $y=kx$.

由于Q，R，P 都在OP 上，Q，R，P 坐标可表示为$Q(x,kx)$，$R(x_1,kx_1)$，$P(x_2,kx_2)$.

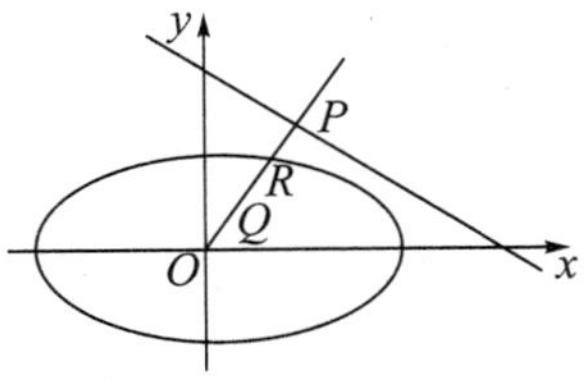

第 9 题图

已知$|OQ|\cdot|OP|=|OR|^2$，则有$\sqrt{x^2+y^2}\cdot\sqrt{x_2^2+y_2^2}=(\sqrt{x_1^2+y_1^2})^2$，

即

$$\sqrt{(1+k^2)x^2}\cdot\sqrt{(1+k^2)x_2^2}=(1+k^2)x_1^2.$$

化简，得 $x\cdot x_2=x_1^2$. ①

（由于 x，x_1 同正负，可知$\sqrt{x^2}\cdot\sqrt{x_2^2}=|x|\cdot|x_2|>0$.）

P 在直线 l 上，则有$\frac{x_2}{12}+\frac{kx_2}{8}=1\Rightarrow x_2=\frac{24}{3+2k}$，②又 R 在椭圆上，则有$\frac{x_1^2}{24}+\frac{(kx_1)^2}{16}=1\Rightarrow x_1^2=\frac{48}{2+3k^2}$. ③

把②③代入①，有 $x\cdot\frac{24}{3+2k}=\frac{48}{2+3k^2}\Rightarrow x=\frac{2(3+2k)}{2+3k^2}$. ④

而由 $y=kx\Rightarrow\frac{y}{x}=k$，把 $k=\frac{y}{x}$代入④中，有 $x=\frac{2(3+\frac{2y}{x})}{2+3\cdot(\frac{y}{x})^2}$. 化简，得 $2x^2+3y^2-6x-4y=0$，此即为点 Q 的轨迹方程.

10. **解** 设椭圆方程为$\frac{x^2}{a^2}+\frac{y^2}{b^2}=1$，设 $Q(x_1,y_1)$ 为椭圆上到点 P 的距离最远的点.

已知 $e=\frac{\sqrt{3}}{2}$，则$\frac{c^2}{a^2}=\frac{3}{4}$，又 $c^2=a^2-b^2$，可得 $b^2=\frac{1}{4}a^2$，则椭圆方程为$\frac{x^2}{a^2}+\frac{4y^2}{a^2}=1$.

由于 $Q(x_1,y_1)$ 在椭圆上，则有$\frac{x_1^2}{a^2}+\frac{4y_1^2}{a^2}=1\Rightarrow x_1^2=a^2-4y_1^2$，可知

$$|PQ|=\sqrt{(x_1-0)^2+\left(y_1-\frac{3}{2}\right)^2}=\sqrt{(a^2-4y_1^2)+\left(y_1{}^2-3y_1+\frac{9}{4}\right)}$$

$$=\sqrt{-3y_1^2-3y_1+a^2+\frac{9}{4}}=\sqrt{-3\left(y_1+\frac{1}{2}\right)^2+(a^2+3)}.$$

当 $y_1=-\frac{1}{2}$时，$|PQ|$有最大值$\sqrt{a^2+3}$，由$\sqrt{a^2+3}=7$得 $a=2$. 故椭圆方程为 $\frac{x^2}{4}+y^2=1$，所求点的坐标为$\left(\sqrt{3}，-\frac{1}{2}\right)$或$\left(-\sqrt{3}，-\frac{1}{2}\right)$.

6.10.5 习题 6.5 选解

1. (1) $\frac{x^2}{64}-\frac{y^2}{36}=1$ 或$\frac{y^2}{64}-\frac{x^2}{36}=1$；　(2) $\frac{y^2}{20}-\frac{x^2}{16}=1$；

(3) $\frac{x^2}{20}-\frac{y^2}{16}=1$；　(4) $\frac{x^2}{20}-\frac{y^2}{5}=1$.

2. $\frac{4x^2}{9}-\frac{y^2}{4}=1$.　3. $\frac{13x^2}{64}-\frac{13y^2}{144}=1$.　4. $\begin{cases}a=\frac{5}{4}\\b=-\frac{3}{4}\end{cases}$.

5. 证明从略.

6. 当 $k=0$ 时，方程化为 $y=0$，表示的是一条直线（x 轴）；

当 $k\neq0$ 时，方程可化为$\frac{x^2}{a^2}-\frac{y^2}{k\cdot a^2}=1$，则又可分三种情况

①若 $k>0$，曲线是一条双曲线；②若 $k=-1$，方程化为 $x^2+y^2=a^2$，曲线是一个圆；③若 $-1<k<0$ 或 $k<-1$，曲线是一个椭圆.

7. $\frac{x^2}{3}-\frac{y^2}{5}=1$.　8. $60°$.

9. **解** 设直线 AB 的方程为 $y-1=k(x-2)$，由方程组$\begin{cases}y-1=k(x-2)\\x^2-\frac{y^2}{3}=1\end{cases}$ 有 $(3-k^2)x^2+(4k^2-2k)x-4k^2+4k-4=0$，

可知 $x_1+x_2=\frac{4k^2-2k}{k^2-3}$，$x_1\cdot x_2=\frac{4k^2-4k+4}{k^2-3}$. 由中点坐标公式，$\frac{x_1+x_2}{2}=\frac{2k^2-k}{k^2-3}=2\Rightarrow k=6$，则 $x_1+x_2=4$，$x_1\cdot x_2=\frac{124}{33}$.

因此 AB 的方程为 $y-1=6(x-2)$ 即 $6x-y-11=0$，而弦长

$$|AB|=\sqrt{(1+6^2)\left[(x_1+x_2)^2-4x_1x_2\right]}=\sqrt{37\left(16-\frac{496}{33}\right)}=\sqrt{37\times\frac{32}{33}}=\frac{4\sqrt{2442}}{33}.$$

10. **解** 设点 P 坐标为 (x, y)，因为平行四边形的两条对角线相互平分，所以线段 OP，AB 的中点重合于一点，设为 Q. 又设直线 l 斜率为 k，则 l 方程为 $y=k(x+2)$，A，B 的坐标分别为 (x_1, y_1)，(x_2, y_2).

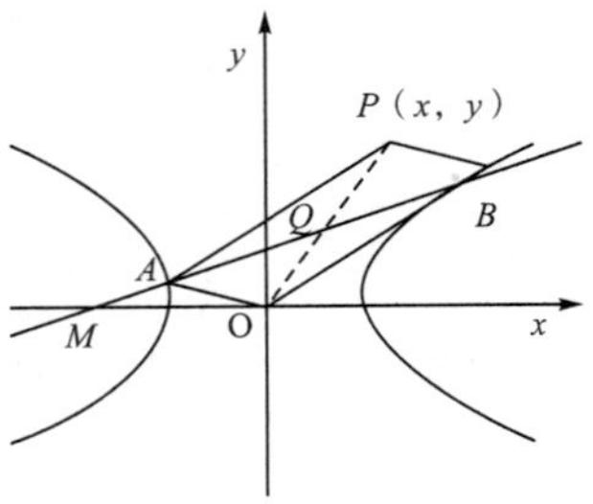

第 10 题图

由方程组$\begin{cases}x^2-y^2=1\\ y=k(x+2)\end{cases}$可得 $(1-k^2)x^2-4k^2x-4k^2-1=0$，

可知 $x_1+x_2=\dfrac{4k^2}{1-k^2}$，则点 Q 的横坐标 $x_0=\dfrac{x_1+x_2}{2}=\dfrac{2k^2}{1-k^2}$. 由于点 Q 在直线 l 上，则点 Q 的纵坐标 $y_0=k\left(\dfrac{2k^2}{1-k^2}+2\right)=\dfrac{2k}{1-k^2}$. 又因为 Q 也是 OP 的中点，则点 Q 的坐标也可表示为$\left(\dfrac{x}{2},\ \dfrac{y}{2}\right)$. 于是有

$$\begin{cases}\dfrac{x}{2}=\dfrac{2k^2}{1-k^2} & ①\\[2ex] \dfrac{y}{2}=\dfrac{2k}{1-k^2} & ②\end{cases}.$$

将①②两式相除，得 $k=\dfrac{x}{y}$，代入②中，化简得 $x^2-y^2+4x=0$，此即为点 P 的轨迹方程.

6.10.6 习题 6.6 选解

1. (1) $x^2=-2y$；(2) $y^2=4x$；(3) $y^2=\pm 24y$.
2. 通径 P_1P_2 的长为 $2p$.
3. $y^2=-12x$.
4. **解** 设所求弦方程为 $y-2=k(x-1)$，由$\begin{cases}y^2=12x\\ y-2=k(x-1)\end{cases}$可得 $k^2x^2+(-2k^2+4k-12)x+(k^2-4k+4)=0$.

   可知 $x_1+x_2=\dfrac{2k^2-4k+12}{k^2}$. 由于 M 为此弦中点，则有$\dfrac{x_1+x_2}{2}=1\Rightarrow\dfrac{k^2-2k+6}{k^2}=1$，解得 $k=3$.

   故所求弦方程为 $y-2=3(x-1)$ 即 $3x-y-1=0$.
5. **解** 设 $P(x_1,\ y_1)$ 为抛物线上一点，则点 P 到已知直线的距离

$$d=\frac{|4x_1+3y_1+46|}{\sqrt{4^2+3^2}}=\frac{1}{5}\cdot|4x_1+4y_1+46|.$$

   由于点 P 在抛物线上，则有 $y_1{}^2=12x_1$，即 $x_1=\dfrac{y_1^2}{12}$，代入上式，得

$$d=\frac{1}{5}\cdot\left|\frac{1}{3}y_1^2+3y_1+46\right|=\frac{1}{15}\cdot|y_1^2+9y_1+138|=\frac{1}{15}\cdot\left|\left(y_1+\frac{9}{2}\right)^2+\frac{471}{4}\right|.$$

   当 $y_1=-\dfrac{9}{2}$时，d 有最小值$\dfrac{157}{20}$，此即为抛物线上的点到直线的最短距离.
6. $4\sqrt{3}$.

7. 证明从略.

8. **解**　由方程组 $\begin{cases} y=x^2+ax+a-2 \\ y=0 \end{cases}$ 有 $x^2+ax+a-2=0$.

由于$\Delta=a^2-4(a-2)=a^2-4a+8=(a-2)^2+4>0$，可知 a 取任何实数，抛物线与 x 轴都有两个不同的交点.

又由 $x_1+x_2=-a$，$x_1x_2=a-2$，两个交点间的距离为

$$|x_1-x_2|=\sqrt{(x_1-x_2)^2}=\sqrt{(x_1+x_2)^2-4x_1x_2}=\sqrt{a^2-4(a-2)}=\sqrt{(a-2)^2+4}$$

故当 $a=2$ 时，两交点间的距离最小，最小距离为 2.

9. 证明从略.

10. **解**　设点 P 坐标为 (x, y)，点 A 坐标为 (x_1, y_1)，椭圆的焦点是 $F_1(-3, 0)$，$F_2(3, 0)$，则$\triangle AF_1F_2$ 的重心坐标为

$$\begin{cases} x=\dfrac{-3+3+x_1}{3} \\ y=\dfrac{0+0+y_1}{3} \end{cases} \Rightarrow \begin{cases} x=\dfrac{x_1}{3} \\ y=\dfrac{y_1}{3} \end{cases} \Rightarrow \begin{cases} x_1=3x \\ y_1=3y \end{cases}. \quad ①$$

又由于点 A 在抛物线上，则有 $y_1=x_1^2+3$，②①代入②中，得 $3y=(3x)^2+3$. 化简，得 $y=3x^2+1$，此即为$\triangle AF_1F_2$ 的重心 P 的轨迹方程.

10.6.7　习题 6.7 选解

1. (1) $(1, 7)$；(2) $x^2+y^2=16$.

2. (1) $\dfrac{x'^2}{9}+\dfrac{y'^2}{4}=1$；(2) $\dfrac{x'^2}{16}-\dfrac{y'^2}{9}=1$.

3. $(\sqrt{3}+1, -1)$，$(\sqrt{3}+1, -1)$；$e=\dfrac{c}{a}=\dfrac{\sqrt{3}}{2}$.　　4. $\dfrac{(x-2)^2}{9}-\dfrac{(y-1)^2}{16}=1$.

5. $(y+3)^2=-\dfrac{5}{2}(x-1)$.

6. (1) $A(0, 2)$；(2) $B\left(-\dfrac{1+2\sqrt{3}}{2}, \dfrac{2+\sqrt{3}}{2}\right)$.

7. **解**　把 $\theta=\frac{\pi}{4}$代入旋转公式 $\begin{cases} x=x'\cos\theta-y'\sin\theta \\ y=x'\sin\theta+y'\cos\theta \end{cases}$，得

$$x=x'\cos\frac{\pi}{4}-y'\sin\frac{\pi}{4}=\frac{x'-y'}{\sqrt{2}},$$

$$y=x'\sin\frac{\pi}{4}+y'\cos\frac{\pi}{4}=\frac{x'+y'}{\sqrt{2}},$$

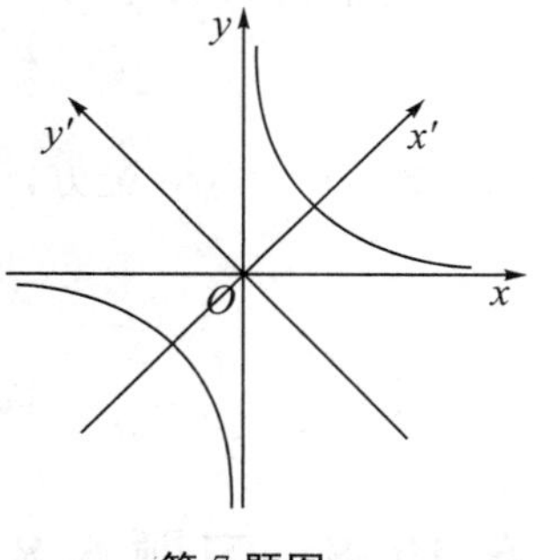

第 7 题图

代入原方程，得 $\left(\dfrac{x'-y'}{\sqrt{2}}\right)\left(\dfrac{x'+y'}{\sqrt{2}}\right)=12$，化简后得 $x'^2-y'^2=24$，这就是该曲线在新坐标系中的方程，它是一条双曲线，如图所示.

8. **解**　由于 $\cot 2\theta=\dfrac{2-1}{-\sqrt{3}}=-\dfrac{\sqrt{3}}{3}$，可知

$$\cos 2\theta=\frac{-\frac{\sqrt{3}}{3}}{\sqrt{1+\frac{1}{3}}}=-\frac{1}{2}，\sin\theta=\sqrt{\frac{1+\frac{1}{2}}{2}}=\frac{\sqrt{3}}{2}，$$

$$\cos\theta=\sqrt{\frac{1-\frac{1}{2}}{2}}=\frac{1}{2}.$$

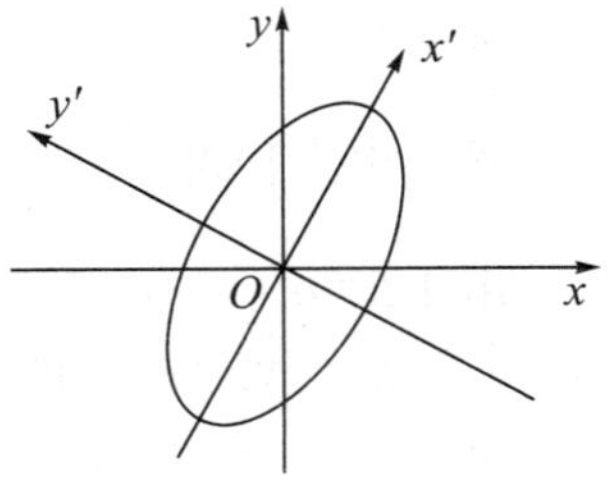

第 8 题图

所以$\begin{cases}x=\frac{1}{2}x'-\frac{\sqrt{3}}{2}y'\\ y=\frac{\sqrt{3}}{2}x'+\frac{1}{2}y'\end{cases}$，代入原方程化简，得 $x'^2+5y'^2=20$. 即$\frac{x'^2}{20}+\frac{y'^2}{4}=1$.

由 $\cot 2\theta=-\frac{\sqrt{3}}{3}$，取 2θ 的最小正值，$2\theta=120°$，$\theta=60°'$. 方程的图形是一个椭圆，如图所示.

9. (1) 双曲线型；(2) 抛物线型；(3) 椭圆型.

10. **解** 因为$\Delta=B^2-4AC=4^2-4\times1\times4=0$，方程为抛物线型，先转轴，后移轴.

由于 $\cot 2\theta=\frac{A-C}{B}=\frac{1-4}{4}=-\frac{3}{4}$，则有 $\cos 2\theta=\frac{-\frac{3}{4}}{\sqrt{1+\frac{9}{16}}}=-\frac{3}{5}$，$\sin\theta=\sqrt{\frac{1+\frac{3}{5}}{2}}=\frac{2}{\sqrt{5}}$，

$\cos\theta=\sqrt{\frac{1-\frac{3}{5}}{2}}=\frac{1}{\sqrt{5}}$.

转轴公式为$\begin{cases}x=x'\cos\theta-y'\sin\theta=\frac{1}{\sqrt{5}}(x'-2y')\\ y=x'\sin\theta+y'\cos\theta=\frac{1}{\sqrt{5}}(2x'+y')\end{cases}$，代入原方程，化简后得 $x'^2+2\sqrt{5}y'=10$，配方，得

$$x'^2=-2\sqrt{5}(y'-\sqrt{5}).$$

令$\begin{cases}x''=x'\\ y''=y'-\sqrt{5}\end{cases}$，就得到平移后的新方程为 $x''^2=-2\sqrt{5}y''$.

6.10.8 习题 6.8 选解

1. (1) $(2, -2\sqrt{3})$.

(2) 点 B 的极坐标为$\left(2\sqrt{2}, \frac{7\pi}{4}\right)$，点 C 的极坐标为$\left(15, \frac{3\pi}{2}\right)$.

2. (1) $|AB|=\sqrt{93}$.　(2) $3\sqrt{3}$.

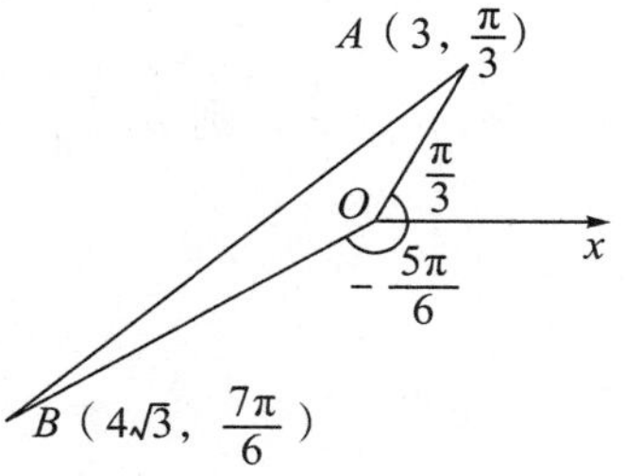

第2题

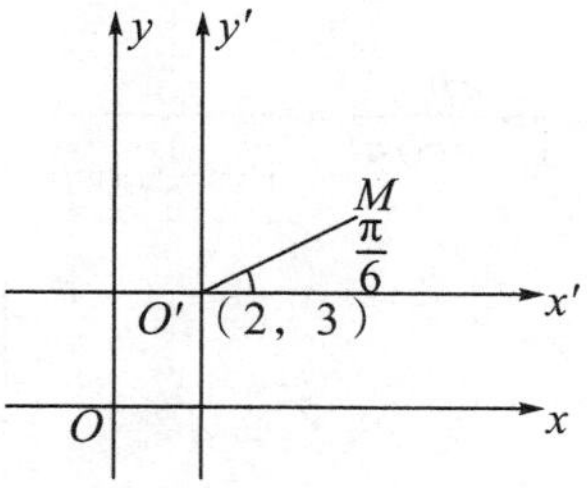

第4题

3. M，N，P 三点共线.

4. **解** 设 M 在直角坐标系 $x'Oy'$ 中的坐标为（x'，y'），则

$$x'=\rho\cos\theta=4\cos\frac{\pi}{6}=2\sqrt{3}，y'=\rho\sin\theta=4\sin\frac{\pi}{6}=2，$$

又 M 在原坐标系中的坐标为（x，y），则

$$x=x'+2=2\sqrt{3}+2，y=y'+3=5，$$

故点 M 的直角坐标是（$2\sqrt{3}+2$，5）.

5. $\rho=5\cos\theta$，它表示一个圆.

6. （1）$\rho=-2a\sin\theta$ 为所求轨迹方程；（2）$\rho=-2a\cos\theta$ 为所求轨迹方程.

7. （1）$(x-2)^2+(y-1)^2=5$；（2）$\dfrac{x^2}{5}+\dfrac{y^2}{4}=1$.

8. （1）圆 O 的直角坐标方程为 $x^2+y^2-x-y=0$. 直线 l 的直角坐标系为 $x-y+1=0$.（2）极坐标为 $\left(1，\dfrac{\pi}{2}\right)$.

9. **解** 直线 AB 的极坐标方程为 $\theta=\theta_1$. 设 A，B 的极坐标为 $A(\rho_1，\theta_1)$，$B(\rho_2，\theta_1+\pi)$，则

$$\rho_1=\frac{3}{1-2\cos\theta 1}，\rho_2=\frac{3}{1-2\cos(\theta_1+\pi)}=\frac{3}{1+2\cos\theta_1}.$$

可知

$$|AB|=|\rho_1+\rho_2|=\frac{3}{1-2\cos\theta_1}+\frac{3}{1+2\cos\theta_1}=\frac{6}{1-4\cos^2\theta_1}=6，$$

所以

$$\frac{1}{1-4\cos^2\theta_1}=\pm1，即 \cos\theta_1=0 或 \cos\theta_1=\pm\frac{\sqrt{2}}{2}.$$

故直线 AB 的极坐标方程为 $\theta=\dfrac{\pi}{2}$，$\theta=\dfrac{\pi}{4}$ 或 $\theta=\dfrac{3\pi}{4}$.

10. （1）抛物线；（2）双曲线；（3）椭圆.

11. **解** （1）由 $\rho=\dfrac{9}{5-4\cos\theta}$，得 $\rho=\dfrac{\frac{9}{5}}{1-\frac{4}{5}\cos\theta}$，则有 $e=\dfrac{4}{5}$，所以方程表示的曲线是椭圆.

(2) 由 $\rho=\dfrac{ep}{1-e\cos\theta}=\dfrac{\frac{9}{5}}{1-\frac{4}{5}\cos\theta}$，可得 $ep=\dfrac{9}{5}$，$e=\dfrac{4}{5}$，则 $p=\dfrac{9}{4}$. 于是有

$$\begin{cases} e=\dfrac{c}{a}=\dfrac{4}{5} \\ p=\dfrac{a^2}{c}-c=\dfrac{9}{4} \end{cases},$$

解得 $a=5$，$b=3$，$c=4$，故长轴长 $2a=10$，短轴长 $2b=6$.

(3) 由 (2) 可知焦距 $2c=8$，两准线间距离为 $2\dfrac{a^2}{c}=2\times\dfrac{5^2}{4}=\dfrac{25}{2}$.

12. **解** 当 $k=0$ 时，有 $\rho=\dfrac{9}{-4\cos\theta}$，可得 $\rho\cos\theta=-\dfrac{9}{4}$，即 $x=-\dfrac{9}{4}$，表示一条直线.

当 $k\neq0$ 时，由 $\rho=\dfrac{9}{k^2-4\cos\theta}$，可得 $\rho=\dfrac{\frac{9}{k^2}}{1-\frac{4}{k^2}\cos\theta}$，分三种情况讨论：

(1) 若 $k=\pm2$，则有 $\rho=\dfrac{9}{1-\cos\theta}$，即 $e=1$，表示一条抛物线；

(2) 若 $k<-2$ 或 $k>2$，可知 $0<e<1$，表示一个椭圆；

(3) 若 $-2<k<2$ 且 $k\neq0$ 时，可知 $e>1$，表示一条双曲线.

6.10.9 习题 6.9 选解

1. (1)$a=1$；(2) 点 (1，0) 在曲线 C 上，点 (3，-1) 不在曲线 C 上.

2. $|AB|=\dfrac{r}{14}$.　　3. 实数 a 的取值范围是 $[1-\sqrt{2},\ 1+\sqrt{2}]$.

4. **解** 设点 $P(x,\ y)$ 是轨迹上任意一点，取 $\angle DOQ=\theta$，由 $PQ\perp OA$，$PB/\!/OA$，得

$$x=OD=OQ\cos\theta=OA\cos^2\theta=2a\cos^2\theta,$$
$$y=AB=OA\tan\theta=2a\tan\theta.$$

所以 P 点的轨迹的参数方程为 $\begin{cases} x=2a\cos2\theta \\ y=2a\tan\theta \end{cases}$，$\theta\in\left(-\dfrac{\pi}{2},\ \dfrac{\pi}{2}\right)$.

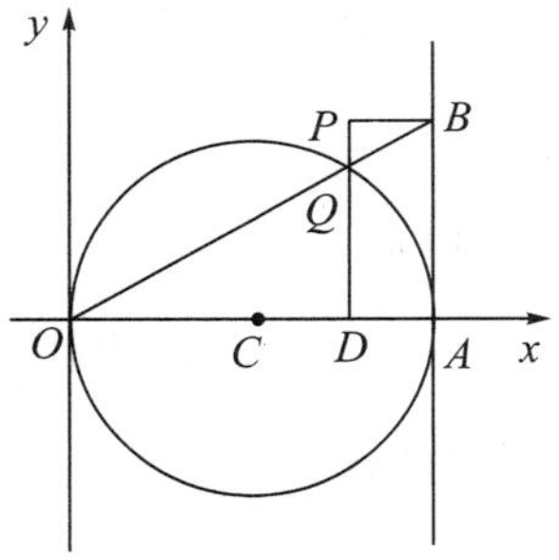

第 4 题图

5. $r=2$.

6. **解** (1) $(x-1)^2+(y-3)^2=10$ 为曲线 C_2 的直角坐标方程.

(2) 因为圆 C_1 的圆心为 $C_1(-2,\ 0)$，圆 C_2 的圆心为 $C_2(1,\ 3)$，所以

$$|C_1C_2|=\sqrt{(-2-1)^2+(0-3)^2}=3\sqrt{2}<2\sqrt{10},$$

所以两圆相交.

设公共弦的长为 d，由于两圆半径相等，所以公共弦平分线段 C_1C_2，即